U0231880

"十三五"职业教育建筑类专业规划教材

建筑与装饰工程计量与计价

主　编　张洪军

参　编　张圣国　刘丹丹　张　震

　　　　曹少华　李秉清　周　琳

　　　　李　科　李　健　杨　柳

主　审　李贤美

机械工业出版社

本书采用案例式教学理念进行编写，图文并茂，能用图和表格"说话"、浅显易懂、一目了然。全书共 5 篇，主要内容包括建设工程造价基础知识、建筑安装工程费用构成与计价方法、工程计量基础知识与建筑面积计算、主要分部分项工程的计量与计价、房屋建筑与装饰工程施工图预算编制实例。

在"建筑与装饰工程计量与计价"一篇中，采用定额计量与计价和清单计量与编制两种计算方法进行对比编写，目的在于区分定额计价与清单计价工程量计算规则的异同。本书采用了最新的《建筑工程建筑面积计算规范》（GB/T 50353—2013）、《房屋建筑与装饰工程工程量计算规范》（GB 50854—2013）、《山东省建筑工程消耗量定额××市价目表》（2015）等，贴近工程实际，实用性强。

本书可作为职业院校建筑工程技术专业及工程造价专业的教学用书，也可作为成人教育以及相关职业岗位的培训教材，还可作为相关专业工程技术人员的参考或自学用书。

本书配有精美电子课件，选用本书作为授课教材的老师可登录www. cmedu. com 注册、下载，或联系编辑（010 - 88379865）索取。

图书在版编目（CIP）数据

建筑与装饰工程计量与计价/张洪军主编 .—北京：机械工业出版社，2016.2

"十三五"职业教育建筑类专业规划教材

ISBN 978-7-111-52859-3

Ⅰ.①建… Ⅱ.①张… Ⅲ.①建筑工程—工程造价—职业教育—教材 ②建筑装饰—工程造价—职业教育—教材 Ⅳ.①TU723.3

中国版本图书馆 CIP 数据核字（2016）第 021390 号

机械工业出版社(北京市百万庄大街 22 号　邮政编码 100037)
策划编辑：王莹莹　责任编辑：王莹莹　臧程程
版式设计：霍永明　责任校对：樊钟英
封面设计：马精明　责任印制：李　洋
三河市宏达印刷有限公司印刷
2016 年 3 月第 1 版第 1 次印刷
184mm×260mm · 23.25 印张 · 573 千字
0001—3000 册
标准书号：ISBN 978-7-111-52859-3
定价：53.00 元

前　言

本书依据《建筑工程建筑面积计算规范》（GB/T 50353—2013）、《房屋建筑与装饰工程工程量计算规范》（GB 50854—2013）、《建设工程工程量清单计价规范》（GB 50500—2013）以及《山东省建筑工程消耗量定额》（2003）、《山东省建筑工程量计算规则》（DXD$_{GZ}$37—101—2002）、《山东省建筑工程消耗量定额××市价目表》（2015）等最新规范与规定编写，全书共5篇，主要内容包括建设工程造价基础知识、建筑安装工程费用构成与计价方法、工程计量基础知识与建筑面积计算、主要分部分项工程的计量与计价、房屋建筑与装饰工程施工图预算编制实例。

全书内容以满足企业或行业岗位需求为目标，以"学中做，做中学"为主线，以案例教学为立足点，使本书具有以下特色。

1. 体现创新。采用新规范、新标准、新模式、新方法（计量过程采用列表法），适应课改方向。

2. 图文并茂、浅显易懂。能用图及表格"说话"的，尽量不用文字，易学易教。

3. 一目了然、突出实用性。计量计价部分的每一单元都按照定额计量与计价→清单计量与编制的顺序进行编写，并在知识回顾中用表格将主要分项工程的两种工程量计算规则的相同点与不同点进行了比较，使读者对两种计价方法计量规则的印象更加深刻，便于读者掌握。

4. 教材内容对应行业标准和职业岗位的能力要求，贴近工程实际，与时俱进。

5. 理实一体化。各篇后均有检查测试，并在书后附有答案，便于读者检查学习情况。

本书的参考学时数为215学时，各单元学时数分配如下（仅供参考）：

篇	单元	学时数	篇	单元	学时数
第1篇	单元1	4		单元11	12
	单元2	5		单元12	24
第2篇	单元3	9	第4篇	单元13	10
	单元4	2		单元14	10
	单元5	4		单元15	6
	单元6	8		单元16	4
第3篇	单元7	4		单元17	28
	单元8	14		单元18	22
第4篇	单元9	12	第5篇	单元19	20
	单元10	5		单元20	12

本书地区性、政策性很强，因此要结合当时、当地建设工程造价信息的实际情况进行学习与教学。

本书由山东省淄博建筑工程学校高级教师、国家一级注册建造师、全国建设工程注册造价员张洪军主编，山东省潍坊市财政预算评审中心高级工程师、国家注册造价师李贤美担任主审。编写人员多数来自建筑施工、房地产开发、工程造价咨询等企业，常年从事预（结）算编审工作，实践经验丰富、专业能力强，还有教学经验丰富的专业教师鼎力相助。参编人员互相取长补短，理实融合，使编写内容更加翔实、具体。

在编写本书的过程中，查阅了各种最新规范、标准与规定，多次与工程造价方面专家进行交流与磋商，将多年积淀的工程实践经验与丰富的教学理论和工程造价专家人士的指导融为一体，优中取精，并参考了许多优秀书籍，在此一并向这些专家、作者表示衷心的感谢。

由于编者的水平有限，虽尽心尽力，但书中难免存在疏漏之处，敬请有关专家和读者予以指正。

编　者

目　　录

第1篇

建设工程造价基础知识

导语

学习建筑工程与装饰计量与计价，首先需要明确工程造价的含义、工程计价的特征、工程项目的组成及分类；其次，应熟悉我国工程造价管理的基本制度，包括工程造价专业人员管理制度以及工程造价咨询企业管理制度。

学习目标

1. 理解工程造价的含义、工程计价的特征，能对工程项目从不同角度进行分类。
2. 熟悉建设工程造价专业人员管理制度；了解工程造价咨询企业资质等级及业务承接标准；掌握注册造价师与造价员的区别。

重点与要求

1. 理解工程造价的含义、工程计价的特征；掌握工程项目的组成及分类。
2. 熟悉建设工程造价专业人员管理制度；了解工程造价咨询企业管理制度。
3. 掌握注册造价师的权利与义务、执业范围及法律责任；熟悉造价师管理制度。

相关知识

单元1　工程造价的基本内容

课题1　工程造价及其计价特征

1. 工程造价的含义

工程造价通常是指工程建设预计或实际支出的费用。由于所处的角度不同，工程造价有不同的含义。

含义一：从投资者（业主）的角度分析，工程造价是指建设一项工程，预期开支或实际开支的全部固定资产投资费用。投资者为了获得投资项目的预期收益，需要对项目进行策划、决策及建设实施，直至竣工验收等一系列投资管理活动。在上述活动中所花费的全部费用，就构成了工程造价。从这个意义上讲，建设工程造价就是建设工程项目固定资产总投资。

含义二：从市场交易的角度分析，工程造价是指建设一项工程，预计或实际在工程发承包交易活动中所形成的建筑安装工程费用或建设工程总费用。显然，工程造价的这种含义是指以建设工程这种特定的商品形式作为交易对象，通过招标投标或其他交易方式，在进行多次预估的基础上，最终由市场形成的价格。

工程承发包价格是工程造价中一种重要的，也是较为典型的价格交易形式，是在建筑市场通过招标投标，由需求主体（投资者）和供给主体（承包商）共同认可的价格。

2. 工程计价的特征

根据工程项目的特点，工程计价具有以下特征。

（1）计价的单件性　建筑产品的单件性特点决定了每项工程都必须单独计算造价。

（2）计价的多次性　工程项目需要按一定的建设程序进行决策和实施，工程计价也需要在不同阶段多次进行，以保证工程造价计算的准确性和控制的有效性。多次计价是一个逐步深化、逐步细化和逐步接近实际造价的过程。工程多次计价过程如图 1-1 所示。

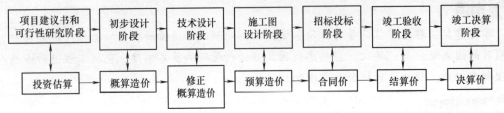

图 1-1　工程多次计价示意图

注：图中竖向箭头表示对应关系，横向箭头表示多次计价流程及逐步深化过程。

1）投资估算：是指在项目建议书和可行性研究阶段，通过编制估算文件，预先测算和确定工程造价。投资估算是建设项目进行决策、筹集资金和合理控制造价的主要依据。

2）概算造价：是指在初步设计阶段，根据设计意图，通过编制工程概算文件，预先测算和确定的工程造价。与投资估算造价相比，概算造价的准确性有所提高，但受估算造价的控制。概算造价一般又可分为建设项目概算总造价、各个单项工程概算综合造价、各单位工程概算造价。

3）修正概算造价：是指在技术设计阶段，根据技术设计的要求，通过编制修正概算文件，预先测算和确定的工程造价。修正概算是对初步设计阶段的概算造价的修正和调整，比概算造价准确，但受概算造价控制。

4）预算造价：是指在施工图设计阶段，根据施工图，通过编制预算文件，预先测算和确定的工程造价。预算造价比概算造价或修正概算造价更为详尽和准确，但同样要受前一阶段工程造价的控制。并非每一个工程项目均要确定预算造价。目前，有些工程项目需要确定招标控制价以限制最高投标报价。

5）合同价：是指在工程发承包阶段通过签订总承包合同、建筑安装工程承包合同、设备材料采购合同以及技术和咨询服务合同确定的价格。合同价属于市场价格，它是由发承包双方根据市场行情通过招标投标等方式达成一致、共同认可的成交价格。但应注意，合同价并不等于最终结算的实际工程造价。根据计价方法不同，建筑工程合同有许多类型，不同类型合同的合同价内涵也会有所不同。

6）结算价：是指在工程竣工验收阶段，按合同调价范围和调价方法，对实际发生的工程量增减、设备和材料价差等进行调整后计算和确定的价格，反映的是工程项目实际造价。工程结算文件一般由承包单为编制，由发包单位审查，也可以委托具有相应资质的工程造价咨询机构进行审查。

7）决算价：是指工程竣工决算阶段，以实物数量和货币指标为计量单位，综合反映竣工项目从筹建开始到项目竣工交付使用为止的全部建设费用。工程决算文件一般由建设单位编制，上报相关主管部门审查。

（3）计价的组合性　工程造价的计算是分步组合而成的，这一特征与建设项目的组合性有关。一个建设项目是一个工程综合体，它可以按单项工程、单位工程、分部工程、分项工程等不同层次分解为许多有内在联系的工程。建设项目的组合性决定了确定工程造价的逐步组合过程。工程造价的组合过程是：分部分项工程造价→单位工程造价→单项工程造价→建设项目总造价。

（4）计价方法的多样性　工程项目的多次计价有其各不相同的计价依据，每次计价的精确度要求也各不相同，由此决定了计价方法的多样性。

（5）计价依据的复杂性　由于影响工程造价的因素较多，决定了计价依据的复杂性。

3. 建筑安装工程造价

建筑安装工程造价亦称建筑安装产品价格。从投资者的角度看，它是建设项目投资中建筑安装工程部分的投资，也是工程造价的组成部分。从市场交易角度看，建筑安装工程实际造价是投资者和承包商双方共同认可的、由市场形成的价格。

 交流与讨论

> 李华买了一套商品性住房，价格96万元，装修花了10万多元，请问：96万元与10万多元，分别是工程造价含义中的哪一种？

课题2　工程项目的组成和分类

1. 工程项目的组成

工程项目可分为单项工程、单位（子单位）工程、分部（子分部）工程和分项工程。

（1）单项工程　单项工程是指具有独立的设计文件，竣工后可以独立发挥生产能力、投资效益的一组配套齐全的工程项目。单项工程是工程项目的组成部分，一个工程项目有时可以仅包括一个单项工程，也可以包括多个单项工程。如某个工厂中的各个生产车间、厂房建筑等；一所大学中的教学楼、宿舍楼、实验楼等；一所医院中的门诊楼、病房楼、办公楼等。

（2）单位（子单位）工程　单位工程是指具有独立施工条件并能形成独立使用功能的工程。对于建筑规模较大的单位工程，可将其能形成独立使用功能的部分作为一个子单位工程。根据《建筑工程施工质量验收统一标准》（GB 50300—2013），具有独立施工条件和能形成独立使用功能是划分单位（子单位）工程的基本要求。在施工前，应由建设单位、监理单位和施工单位商议确定。

单位工程是单项工程的组成部分。如工业厂房中的建筑工程、设备安装工程、工业管道等；住宅楼的土建工程、给水排水工程、电气照明工程等。

（3）分部（子分部）工程　分部工程是指将单位工程按专业性质、建筑部位等划分的工程，是单位工程的组成部分。如建筑工程可划分为地基与基础、主体结构、装饰装修、屋面工程、给水排水及采暖、智能建筑、通风与空调、电梯等分部工程。

（4）分项工程　分项工程是指将分部工程按主要工种、材料、施工工艺、设备类别等划分的工程。如土方开挖、土方回填、钢筋、模板、混凝土、砖砌体、门窗制作与安装、玻璃幕墙等工程。

分项工程是工程项目施工生产活动的基础，也是计量工程用工用料和机械台班消耗的基本单元；同时又是工程质量形成的直接过程。分项工程既有其作业活动的独立性，又有相互联系、相互制约的整体性。

2. 工程项目的分类

为了适应科学管理的需要，可以从不同角度对工程项目进行分类。

（1）按建设性质划分　工程项目可分为新建项目、扩建项目、改建项目、迁建项目和恢复项目。

（2）按投资作用划分　工程项目可分为生产性建设项目和非生产性建设项目。

1）生产性建设项目。是指直接用于物质资料生产或直接为物质资料生产服务的工程项目。主要包括：

① 工业建设项目。包括工业、国防和能源建设项目。

② 农业建设项目。包括农、林、牧、渔、水利建设项目。

③ 基础设施建设项目。包括交通、邮电、通信建设项目；地质普查、勘探建设项目等。

④ 商业建设项目。包括商业、饮食、仓储、综合技术服务事业的建设项目。

2）非生产性建设项目：是指用于满足人民物质和文化、福利需要的建设和非物质资料生产部门的建设项目。主要包括：

① 办公用房。国家各级党政机关、社会团体、企业管理机关的办公用房。

② 居住建筑。住宅、公寓、别墅等。

③ 公共建筑。科学、教育、文化艺术、广播电视、卫生、博览、体育、社会福利事业、公共事业、咨询服务、宗教、金融、保险等建设项目。

④ 其他工程项目。不属于上述各类的其他非生产性建设项目。

（3）按投资效益和市场需求划分　工程项目可分为竞争性项目、基础性项目和公益性项目。

1）竞争性项目。是指投资回报率比较高、竞争性比较强的工业项目。例如，商务办公楼、酒店、度假村、高档公寓等工程项目。其投资主体一般为企业，由企业自主决策、自担投资风险。

2）基础性项目。是指具有自然垄断性、建设周期长、投资额大而收益低的基础设施和需要政府重点扶持的一部分基础工业项目，以及直接增强国力的符合经济规模的支柱产业项目。例如，交通、能源、水利、城市公用设施等。

3）公益性项目。是指为社会服务、难以产生直接经济回报的工程项目。包括科教、文教、卫生、体育和环保等设施，公检法等政权机关以及政府机关、社会团体办公设施，国防建设等。公益性项目的投资主体由政府用财政资金安排。

（4）按投资来源划分　工程项目可分为政府投资项目和非政府投资项目。

1）政府投资项目。政府投资项目在国外也称为公共工程，是指为了适应和推动国民经济或区域经济的发展，满足社会的文化、生活需要，以及出于政治、国防等因素的考虑，由政府通过财政投资、发行国债或地方财政债券、利用外国政府赠款以及国家财政担保的国内外金融组织的贷款等方式独资或合资兴建的工程项目。

2）非政府投资项目。非政府投资项目是指企业、集体单位、外商和私人投资兴建的工程项目。这类项目一般均实行项目法人责任制，使项目的建设与建成后的运营实现一条龙管理。

单元2　建设工程造价管理制度

课题1　工程造价专业人员管理制度

根据《注册造价工程师管理办法》（建设部令第150号）和《全国建设工程造价人员管理办法》等文件的规定，我国目前对建设工程造价人员分为"注册造价工程师"和"全国建设工程造价员"两种。

1. 造价工程师管理制度

造价工程师指通过全国造价工程师执业资格统一考试，或者通过资格认定或资格互认，取得中华人民共和国造价工程师执业资格，按有关规定进行注册并取得中华人民共和国造价工程师注册证书和执业印章，从事工程造价活动的专业人员。

我国实行造价工程师注册执业管理制度。取得造价工程师执业资格的人员，必须经过注册方能以注册造价工程师的名义进行执业。

（1）执业资格考试

1）报考条件。凡中华人民共和国公民，工程造价或相关专业大专及其以上学历毕业，从事工程造价业务工作一定年限后，均可申请参加造价工程师执业资格考试。

2）考试科目。造价工程师执业资格考试分为四个科目：建设工程造价管理、建设工程计价、建设工程技术与计量（土建或安装专业）和工程造价案例分析。参加全部科目考试的人员，须在连续两个考试年度中通过。

3）证书取得。造价工程师执业资格考试合格者，由省、自治区、直辖市人事（职改）部门颁发统一印制、由国家人力资源主管部门和住房城乡建设主管部门统一用印的造价工程师执业资格证书，该证书全国范围内有效，并作为造价工程师注册的凭证。

（2）造价工程师的素质要求和职业道德

1）造价工程师的素质要求。造价工程师的职责关系到国家和社会公众的利益，对其专业和身体素质的要求应包括以下几方面：

① 造价工程师是复合型的专业管理人才。作为工程造价管理者，造价工程师应是具备工程、经济和管理知识与实践经验的高素质复合型专业人才。

② 造价工程师应具备技术技能。技术技能是指能使用经验、教育及培训的知识、方法、技能及设备，来达到特定任务的能力。

③ 造价工程师应具备人文技能。人文技能是指与人共事的能力和判断力。

④ 造价工程师应具备观念技能。观念技能是指了解整个组织及自己在组织中的地位的能力，使自己不仅能按本身所属群体的目标行事，而且能按整个组织的目标行事。

⑤ 造价工程师应有健康的体魄。健康的心理和较好的身体素质是造价工程师适应紧张、繁忙工作的基础。

2）造价工程师的职业道德。造价工程师的职业道德又称职业操守，通常是指在职业活动中所遵守的行为规范的总称，是专业人士必须遵从的道德标准和行业规范。

（3）造价工程师的注册规定　造价工程师的注册分为初始注册、延续注册和变更注册三种。

1）初始注册：取得造价工程师执业资格证书的人员，可自资格证书签发之日起1年内申请初始注册。初始注册的有效期为4年。

2）延续注册：注册造价工程师注册有效期满需继续执业的，应当在注册有效期满30日前，按照规定的程序申请延续注册。延续注册的有效期为4年。

3）变更注册：在注册有效期内，注册造价工程师变更执业单位的，应当与原聘用单位解除劳动合同，并按照规定的程序办理变更注册手续。变更注册后延续原注册有效期。

（4）注册造价工程师的权利与义务

1）权利。注册造价工程师享有下列权利：

① 使用注册造价工程师名称。

② 依法独立执行工程造价业务。

③ 在本人执业活动中所形成的工程造价成果文件上签字并加盖执业印章。

④ 发起设立工程造价咨询企业。

⑤ 保管和使用本人的注册证书和执业印章。

⑥ 参加继续教育。

2）义务。注册造价工程师应履行下列义务：

① 遵守法律、法规和有关管理规定，恪守职业道德。

② 保证执业活动成果的质量。

③ 接受继续教育，提高执业水平。

④ 执行工程造价计价标准和计价方法。

⑤ 与当事人有利害关系的，应当主动回避。

⑥ 保守在执业中知悉的国家秘密和他人的商业、技术秘密。

？ 注意！

　　注册造价工程师应当在本人承担的工程造价成果文件上签字并盖章。修改经注册造价工程师签字盖章的工程造价成果文件，应当由签字盖章的注册造价工程师本人进行。注册造价工程师本人因特殊情况不能进行修改的，应当由其他注册造价工程师修改，并签字盖章；修改工程造价成果文件的注册造价工程师对修改部分承担相应的法律责任。

（5）注册造价工程师的执业范围

1）建设项目建议书、可行性研究投资估算的编制和审核，项目经济评价，工程概算、预算、结算，竣工结（决）算的编制和审核。

2）工程量清单、标底（或者控制价）、投标报价的编制和审核，工程合同价款的签订及变更、调整，工程款支付与工程索赔费用的计算。

3）建设项目管理过程中设计方案的优化、限额设计等工程造价分析与控制，工程保险理赔的核查。

4）工程经济纠纷的鉴定。

（6）注册管理和继续教育　国务院建设主管部门作为造价工程师的注册机关，负责全国注册造价工程师的注册和执业活动，实施统一监督管理工作。各省、自治区、直辖市人民政府建设主管部门对其行政区域内造价工程师的注册、执业活动实施监督管理。

继续教育应贯穿于造价工程师的整个执业过程，是注册造价工程师持续执业资格的必备条件之一，注册造价工程师有义务接受并按照要求完成继续教育。

注册造价工程师，在每一注册有效期内应接受必修课和选修课各为 60 学时的继续教育。注册造价工程师继续教育由中国建设工程造价管理协会负责组织。

（7）法律责任　造价工程师应承担的法律责任，包括：

1）对擅自从事工程造价业务的处罚。

2）对注册违规的处罚。

3）对执业活动违规的处罚。

4）对未提供信用档案信息的处罚。

2. 造价员管理制度

中国建设工程造价管理协会 2011 年修订的《全国建设工程造价员管理办法》指出，全国建设工程造价员（以下简称造价员）是指通过造价员资格考试，取得《全国建设工程造价员资格证书》（以下简称资格证书），并经登记注册取得从业印章，从事工程造价活动的专业人员。

资格证书和从业印章是造价员从事工程造价活动的资格证明和工作经历证明。造价员资格证书在全国范围内有效。

（1）造价员从业　造价员应在本人完成的工程造价成果文件上签字、加盖从业印章，并承担相应的责任。

（2）造价员考试　造价员资格考试原则上每年一次，实行全国统一考试大纲、统一通用专业和考试科目。

1）报考条件。凡中华人民共和国公民，遵纪守法，具备下列条件之一者，均可申请参加造价员资格考试。

① 普通高等学校工程造价专业、工程或工程经济类专业在校生。

② 工程造价专业、工程或工程经济类专业中专及以上学历。

③ 其他专业，中专及以上学历，且从事工程造价活动满一年。

2）考试科目。造价员考试科目分为建设工程造价管理基础知识和专业工程计量与计价两个科目。其中，专业工程计量与计价分为建筑工程、安装工程、市政工程三个专业。两个科目须在一次考试期间全部通过，考试合格者由管理机构颁发资格证书。

　知识拓展

符合下列条件之一者，可向相关管理机构申请免试"建设工程造价管理基础知识"科目的考试。

① 普通高等学校工程造价专业的应届毕业生。

② 工程造价专业大专及其以上学历的考生，自毕业之日起两年内。

③ 已取得资格证书，申请其他专业考试（即增项专业）的考生。

（3）资格管理和继续教育　中国建设工程造价管理协会统一印刷资格证书，统一规定资格证书编号规则和从业印章样式。造价员的资格证书和从业印章应由本人保管、使用。资格证书原则上每 4 年验证一次，验证结论分为合格、不合格和注销三种。

造价员应接受继续教育，每两年参加继续教育的时间累计不得少于 20 学时。

课题 2　工程造价咨询企业管理制度

1. 工程造价咨询企业性质

工程造价咨询企业是指接受委托，对建设工程造价的确定与控制提供专业咨询服务的企业。工程造价咨询企业可以为政府部门、建设单位、施工单位、设计单位提供相关专业技术服务，这种以造价咨询业务为核心的服务有时是单项或分阶段的，有时覆盖工程建设全过程。

工程造价咨询企业从事工程造价咨询活动，应当遵循独立、客观、公正、诚实信用的原则，不得损害社会公共利益和他人的合法权益。同时，任何单位和个人不得非法干预依法进行的工程造价咨询活动。

2. 工程造价咨询企业资质等级标准

工程造价咨询企业资质等级分为甲级和乙级两类。截至 2012 年，我国共有工程造价咨询企业 6500 多家，其中甲级资质企业 2000 多家，乙级资质企业 4500 多家，分别占总数的 31% 和 69%。

（1）甲级工程造价咨询企业资质标准

1）已取得乙级工程造价咨询企业资质证书满 3 年。

2）企业出资人中注册造价工程师人数不低于出资人总人数的 60%，且其出资额不低于企业注册资本总额的 60%。

3）技术负责人是注册造价工程师，并具有工程或工程经济类高级专业技术职称，且从事工程造价专业工作 15 年以上。

4）专职从事工程造价专业工作的人员（以下简称专职专业人员）不少于 20 人。其中，具有工程或者工程经济类中级以上专业技术职称的人员不少于 16 人，注册造价工程师不少于 10 人，其他人员均需要具有从事工程造价专业工作的经历。

5）企业与专职专业人员签订劳动合同，且专职专业人员符合国家规定的职业年龄（出资人除外）。

6）专职专业人员人事档案关系由国家认可的人事代理机构代为管理。

7）企业注册资本不少于人民币 100 万元。

8）企业近 3 年工程造价咨询营业收入累计不低于人民币 500 万元。

9）具有固定的办公场所，人均办公建筑面积不少于 $10m^2$。

10）技术档案管理制度、质量控制制度、财务管理制度齐全。

11）企业为本单位专职专业人员办理的社会基本养老保险手续齐全。

12）在申请核定资质等级之日前 3 年内无违规行为。

（2）乙级工程造价咨询企业资质标准

1）企业出资人中注册造价工程师人数不低于出资人总人数的 60%，且其出资额不低于企业注册资本总额的 60%。

2）技术负责人是注册造价工程师，并具有工程或工程经济类高级专业技术职称，且从事工程造价专业工作10年以上。

3）专职专业人员不少于12人，其中，具有工程或者工程经济类中级以上专业技术职称的人员不少于8人，注册造价工程师不少于6人，其他人员均需要具有从事工程造价专业工作的经历。

4）企业与专职专业人员签订劳动合同，且专职专业人员符合国家规定的职业年龄（出资人除外）。

5）专职专业人员人事档案关系由国家认可的人事代理机构代为管理。

6）企业注册资本不少于人民币50万元。

7）具有固定的办公场所，人均办公建筑面积不少于$10m^2$。

8）技术档案管理制度、质量控制制度、财务管理制度齐全。

9）企业为本单位专职专业人员办理的社会基本养老保险手续齐全。

10）暂定期内工程造价咨询营业收入累计不低于人民币50万元。

11）在申请核定资质等级之日前无违规行为。

（3）工程造价咨询企业资质证书有效期 工程造价咨询企业资质证书有效期为3年。资质有效期届满，需要继续从事工程造价咨询活动的，应当在资质有效期届满30日前向资质许可机关提出资质延续申请。资质许可机关应当根据申请做出是否准予延续的决定。准予延续的，资质有效期延续3年。

3. 业务承接

工程造价咨询企业应当依法取得工程造价咨询企业资质，并在其资质等级许可的范围内从事工程造价咨询活动。工程造价咨询企业依法从事工程造价咨询活动，不受行政区域限制。其中，甲级工程造价咨询企业可以从事各类建设项目的工程造价咨询业务；乙级工程造价咨询企业可以从事工程造价5000万元人民币以下的各类建设项目的工程造价咨询业务。

知识回顾

本篇包括4个单元，主要知识点汇总见表1-1。

表1-1 建筑工程造价基础知识主要知识点

单　元			主　要　内　容
单元1	工程造价及其计价特征	工程造价的两种含义	①从投资者（业主）的角度分析，工程造价是指建设一项工程，预期开支或实际开支的全部固定资产投资费用；②从市场交易的角度分析，工程造价是指建设一项工程，预计或实际在工程发承包交易活动中所形成的建筑安装工程费用或建设工程总费用
		五个计价特征	主要内容：①计价的单件性；②计价的多次性；③计价的组合性；④计价方法的多样性；⑤计价依据的复杂性。 特别注意：①结算价反映的是工程项目实际造价；②工程造价的组合过程是分部分项工程造价→单位工程造价→单项工程造价→建设项目总造价
	工程项目的组成和分类	工程项目的组成	工程项目可分为单项工程、单位（子单位）工程、分部（子分部）工程和分项工程
		工程项目的分类	从不同角度对工程项目进行分类：①按建设性质分为5类；②按投资作用分为2类；③按投资效益和市场需求分为3类；④按投资来源分为2类

(续)

单 元		主 要 内 容
单元2	工程造价专业人员管理制度	造价工程师管理制度	① 造价工程师的素质要求，包括五方面 ② 造价工程师的注册规定：造价工程师的注册分为初始注册、延续注册和变更注册三种。初始注册、延续注册的有效期均为4年，变更注册延续原注册有效期 ③ 注册造价工程师的执业范围，包括四方面内容 ④ 注册造价工程师的权利与义务：六项权利、六项义务 ⑤ 注册造价工程师的继续教育：在每一注册有效期内应接受必修课和选修课各为60学时的继续教育；继续教育由中国建设工程造价管理协会负责组织 ⑥ 造价工程师应承担的法律责任，包括五方面
		造价员管理制度	① 造价员从业：造价员应在本人完成的工程造价成果文件上签字、加盖从业印章，并承担相应的责任 ② 资格管理和继续教育：造价员应接受继续教育，每两年参加继续教育的时间累计不得少于20学时
	工程造价咨询企业管理制度	资质等级	我国工程造价咨询企业资质等级分为甲级、乙级两类
		业务承接	工程造价咨询企业应当依法取得工程造价咨询企业资质，并在其资质等级许可的范围内从事工程造价咨询活动

检查测试

一、填空题

1. 工程造价通常是指工程建设_____或_____支出的费用。由于所处的角度不同，工程造价有不同的含义：

含义一：从投资者（业主）的角度分析，工程造价是指建设一项工程，预期开支或实际开支的全部_____投资费用。

含义二：从市场交易的角度分析，工程造价是指建设一项工程，预计或实际在工程发承包交易活动中所形成的_____费用或_____总费用。

2. 工程计价具有以下特征：（1）_____；（2）_____；（3）_____；（4）_____；（5）_____。

3. 工程项目可分为_____工程、_____工程、_____工程和_____工程。

4. 工程项目按建设性质划分可分为_____项目、_____项目、_____项目、_____项目和_____项目；按投资作用划分可分为_____建设项目和_____建设项目。

5. 我国目前对建设工程造价人员分为"_____"和"_____"两种。

6. 造价工程师的注册分为_____、_____和_____三种。工程造价咨询企业资质等级分为_____、_____两类。

二、单项选择题

1. 建设工程造价中较为典型的价格交易形式是（　　）。

A. 业主方估算的全部固定资产投资　　　　B. 发承包方共同认可的发承包价格

C. 经投资主管部门审批的设计概算　　　　D. 建设单位编制的工程竣工决算价格

2. 生产性建设项目的总投资由（　　）两部分组成。

A. 固定资产投资和流动资产投资

B. 有形资产投资和无形资产投资

C. 建筑安装工程费用和工器具购置费

D. 建筑安装工程费用和工程建设其他费

3. 从投资者（业主）的角度分析，工程造价是指建设一项工程预期或实际开支的（　　）。

A. 全部建筑安装工程费用

B. 建设工程费用

C. 全部固定资产投资费用

D. 发承包方共同认可的发承包价格

4. 根据《注册造价工程师管理办法》，注册造价工程师的继续教育应由（　　）负责组织。

A. 国务院建设主管部门

B. 省级人民政府建设主管部门

C. 全国注册造价工程师注册管理机构

D. 中国建设工程造价管理协会

5. 根据《注册造价工程师管理办法》，注册造价工程师注册有效期满需继续执业的，应申请延续注册，延续注册的有效期为（　　）年。

A. 2　　　　　　　B. 3　　　　　　　C. 4　　　　　　　D. 5

6. 造价员应接受继续教育，每两年参加继续教育的时间累计不得少于（　　）学时。

A. 20　　　　　　B. 60　　　　　　C. 100　　　　　　D. 120

7. 乙级工程造价咨询企业可以从事工程造价（　　）万元人民币以下的各类建设项目的工程造价咨询业务。

A. 2000　　　　　B. 3000　　　　　C. 4000　　　　　D. 5000

三、多项选择题

1. 按投资效益和市场需求划分，工程项目可分为（　　）。

A. 商业建设项目　　B. 竞争性项目　　C. 基础性项目　　D. 改建项目

E. 公益性项目

2. 根据《注册造价工程师管理办法》，注册造价工程师的权利包括（　　）。

A. 确定工程计价办法

B. 使用注册造价工程师名称

C. 制定执业活动成果的质量文件

D. 审批工程价款支付额度

E. 保管和使用本人的执业印章

3. 根据《注册造价工程师管理办法》，下列事项中，属于注册造价工程师业务范围的有（　　）。

A. 建设项目可行性研究

B. 建设项目经济评价

C. 工程标底的编制

D. 工程保险理赔的核查

E. 建设项目设计方案优化

第 2 篇

建筑安装工程费用构成与计价方法

 导语

　　学习建筑与装饰工程计量与计价，应熟悉建筑安装工程费用项目的划分，掌握建筑、装饰工程费用项目计算程序的运用。同时，还要正确理解建设工程计价方法及计价依据、工程定额与工程量清单计量与计价规范中的基本原理及概念。

学习目标

　　1. 掌握我国现行建筑安装工程费用项目两种不同计价方式的划分及计算。
　　2. 熟悉工程类别划分标准以及费率的确定。
　　3. 理解建筑、装饰工程费用计算程序。
　　4. 了解建设工程计价方法及计价依据，理解基本原理及概念。

重点与要求

　　1. 掌握建筑安装工程费用项目的划分及计算；运用建筑、装饰工程费用计算程序，会计算建筑、装饰工程费用。
　　2. 理解建设工程计价方法及计价依据的基本原理及概念。

相关知识

单元3　建筑安装工程费用构成及计算

课题1　建筑安装工程费用构成

1. 建筑安装工程费用内容

建筑安装工程费是指为完成工程项目建造、生产性设备及配套工程安装所需的费用。

（1）建筑工程费用内容

1）各类房屋建筑工程和列入房屋建筑工程预算的供水、供暖、卫生、通风、煤气等设备费用及其装设、油饰工程的费用，列入建筑工程预算的各种管道、电力、电信和电缆导线敷设工程的费用。

2）设备基础、支柱、工作台、烟囱、水塔、水池、灰塔等建筑工程以及各种炉窑的砌筑工程和金属结构的费用。

3）为施工而进行的场地平整，工程和水文地质勘查，原有建筑物和障碍物的拆除以及施工临时用水、电、气、路和完工后的场地清理，环境绿化、美化等工作的费用。

4）矿井开凿、井巷延伸、露天矿剥离，石油、天然气钻井，修建铁路、公路、桥梁、水库、堤坝、灌渠及防洪等工程的费用。

（2）安装工程费用内容

1）生产、动力、起重、运输、传动和医疗、实验等各种需要安装的机械设备的装配费用，与设备相连的工作台、梯子、栏杆等设施的工程费用，附属于被安装设备的管线敷设工程费用，以及被安装设备的绝缘、防腐、保温、油漆等工作的材料费和安装费。

2）为测定安装工程质量，对单台设备进行单机试运转、对系统设备进行系统联动无负荷试运转工作的调试费。

2. 我国现行建筑安装工程费用项目组成

根据住房城乡建设部、财政部颁布的"关于印发《建筑安装工程费用项目组成》的通知"（建标〔2013〕44 号），我国现行建筑安装工程费用项目按两种不同的方式划分，即按费用构成要素划分和按造价形成划分，其具体构成如图 2-1 所示。

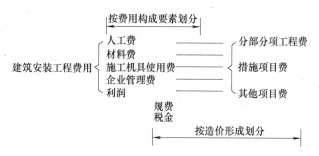

图 2-1　建筑安装工程费用项目构成

课题 2　按费用构成要素划分建筑安装工程费用项目构成和计算

按照费用构成要素划分，建筑安装工程费包括：人工费、材料费、施工机具使用费、企业管理费、利润、规费和税金。

1. 人工费

建筑安装工程费中的人工费，是指按照工资总额构成规定，支付给直接从事建筑安装工程施工作业的生产工人和附属生产单位工人的各项费用。计算人工费的基本要素有两个，即人工工日消耗量和人工日工资单价。

1）人工工日消耗量，是指在正常施工生产条件下，生产建筑安装产品（分部分项工程或结构构件）必须消耗的某种技术等级的人工工日数量。它由分项工程所综合的各个工序劳动定额包括的基本用工、其他用工两部分组成。

2）人工日工资单价，是指达到施工企业平均技术熟练程度的生产工人在每工作日（国家法定工作时间内）按规定从事施工作业应得的日工资总额。

人工费的基本计算公式为

$$人工费 = \sum （工日消耗量 \times 日工资单价）$$

2. 材料费

建筑安装工程费用中的材料费，是指工程施工过程中耗费的各种原材料、辅助材料、构配件、零件、半成品或成品、工程设备的费用。计算材料费的基本要素是材料消耗量和材料单价。

（1）材料消耗量　材料消耗量，是指在合理使用材料的条件下，生产建筑安装产品（分部分项工程或结构构件）必须消耗的一定品种、规格的原材料、辅助材料、构配件、零件、半成品或成品等的数量。它包括材料净用量和材料不可避免的损耗量。

材料的损耗一般以损耗率表示，材料损耗率可以通过观察法或统计法确定。材料损耗率及材料损耗量的计算，通常采用以下公式。

$$损耗率 = \frac{损耗量}{净用量} \times 100\%$$

$$材料消耗量 = 净用量 + 损耗量 = 净用量 \times (1 + 损耗率)$$

 知识拓展

材料消耗量是通过现场技术测定、实验室试验、现场统计和理论计算等方法获得的。

1）现场技术测定法，又称观测法，是根据对材料消耗过程的测定与观察，通过完成产品数量和材料消耗量的计算，而确定各种材料消耗定额的一种方法。

2）实验室试验法，主要用于编制材料净用量定额。

3）现场统计法，是指以施工现场积累的分部分项工程使用材料数量、完成产品数量、完成工作原材料的剩余数量等统计资料为基础，经过整理分析，获得材料消耗的数据。

4）理论计算法，是指运用一定的数学公式计算材料消耗定额。

① 标准砖用量的计算。如每立方米砖墙的用砖数，可用下列理论计算公式计算各自的净用量：

$$砖净用量（块）= \frac{1}{墙厚 + （砖长 + 灰缝）\times （砖厚 + 灰缝）} \times k$$

式中　k——墙厚的砖数 ×2。

$$砂浆净用量（m^3）= 1 - 砖数 \times 砖块体积$$

【例2-1】　计算 $1m^3$ 标准砖一砖外墙砌体块数和砂浆的净用量。

解：$砖净用量（块）= \dfrac{1}{0.24 \times （0.24 + 0.01）\times （0.053 + 0.01）} \times 1 \times 2 块 = 529 块$

$砂浆净用量 = （1 - 529 \times 0.24 \times 0.115 \times 0.053）m^3 = 0.226m^3$

② 块料面层的材料用量计算。每 $100m^2$ 面层块料数量、灰缝及结合层材料计算用量公式如下：

$$100m^2 块料净用量（块）= \frac{100}{（块料长 + 灰缝宽）\times （块料宽 + 灰缝宽）}$$

$$100m^2 灰缝材料净用量（m^3）= [100 - （块料长 \times 块料宽 \times 100m^2 块料用量）] \times 灰缝深$$

$$结合层材料用量 = 100m^2 \times 结合层厚度$$

【例2-2】　用 1:1 水泥砂浆贴 $150mm \times 150mm \times 5mm$ 瓷砖墙面，结合层厚度为 $10mm$。试计算每 $100m^2$ 瓷砖墙面中瓷砖和砂浆的消耗量（灰缝宽为 $2mm$）。假设瓷砖损耗率为 1.5%，砂浆损耗率为 1%。

解：每 $100m^2$ 瓷砖墙面中瓷砖的净用量 $= \dfrac{100}{(0.15+0.002)\times(0.15+0.002)}$ 块 $= 4328.25$ 块

每 $100m^2$ 瓷砖墙面中瓷砖的消耗量 $= 4328.85\times(1+1.5\%)$ 块 $= 4393.17$ 块

每 $100m^2$ 瓷砖墙面中结合层砂浆净用量 $= 100\times0.01m^3 = 1m^3$

每 $100m^2$ 瓷砖墙面中灰缝砂浆净用量 $= [100-(4328.25\times0.15\times0.15)]\times0.005m^3$
$= 0.013m^3$

每 $100m^2$ 瓷砖墙面中水泥砂浆消耗量 $= (1+0.013)\times(1+1\%)m^3 = 1.02m^3$

（2）材料单价　材料单价，是指建筑材料从其来源地运到施工工地仓库直至出库形成的综合平均单价，其内容包括材料原价（或供应价格）、材料运杂费、运输损耗费、采购及保管费等。

材料费的基本计算公式为

材料费 $= \Sigma$（材料消耗量 × 材料单价）

（3）工程设备　工程设备，是指构成或计划构成永久工程一部分的机电设备、金属结构设备、仪器装置及其他类似的设备和装置。

3. 施工机具使用费

建筑安装工程费中的施工机具使用费，是指施工作业所发生的施工机械、仪器仪表使用费或其租赁费。

1）施工机械使用费，是指施工机械作业发生的使用费用或租赁费。构成施工机械使用费的基本要素是施工机械台班消耗量和机械台班单价。施工机械使用费的基本计算公式为

施工机械使用费 $= \Sigma$（施工机械台班消耗量 × 机械台班单价）

施工机械台班单价通常由折旧费、大修理费、经常修理费、安拆费及场外运输费、人工费、燃料动力费和税费组成。

2）仪器仪表使用费，是指工程施工所需使用的仪器仪表的摊销及维修费用。仪器仪表使用费的基本计算公式为

仪器仪表使用费 = 工程使用的仪器仪表摊销费 + 维修费

4. 企业管理费

（1）企业管理费的内容　企业管理费，是指建筑安装企业组织施工生产和经营管理所需的费用。包括以下内容。

1）管理人员工资，是指按规定支付给管理人员的计时工资、奖金、津贴补贴、加班加点工资及特殊情况下支付的工资等。

2）办公费，是指企业管理办公用的文具、纸张、账表、印刷、邮电、书报、办公软件、现场监控、会议、水电、烧水和集体取暖降温（包括现场临时宿舍取暖降温）等费用。

3）差旅交通费，是指职工因公出差、调动工作的差旅费、住勤补助费，市内交通费和误餐补助费，职工探亲路费，劳动力招募费，职工退休、退职一次性路费，工伤人员就医路费，工地转移费以及管理部门使用的交通工具的油料、燃料等费用。

4）固定资产使用费，是指管理和试验部门及附属生产单位使用的属于固定资产的房

屋、设备、仪器等的折旧、大修、维修或租赁费。

5）工具用具使用费，是指企业施工生产和管理使用的不属于固定资产的工具、器具、家具、交通工具和检验、试验、测绘、消防用具等的购置、维修和摊销费。

6）劳动保险和职工福利费，是指由企业支付的职工退职金、按规定支付给离休干部的经费，集体福利费、夏季防暑降温、冬季取暖补贴、上下班交通补贴等。

7）劳动保护费，是指企业按规定发放的劳动保护用品的支出，如工作服、手套、防暑降温饮料以及在有碍身体健康的环境中施工的保健费用等。

8）检验试验费，是指施工企业按照有关标准规定，对建筑以及材料、构件和建筑安装物进行一般鉴定、检查所发生的费用，包括自设试验室进行试验所耗用的材料费等费用。

 注意！

> 该检验试验费，不包括新结构、新材料的试验费，对构件做破坏性试验及其他特殊要求检验试验的费用和建设单位委托检测机构进行检测的费用；对此类检测发生的费用，由建设单位在工程建设其他费用中列支。但对施工企业提供的具有合格证明的材料进行检测不合格的，该检测费用由施工企业支付。

9）工会经费，是指企业按《中华人民共和国工会法》规定的全部职工工资总额比例计提的工会经费。

10）职工教育经费，是指按职工工资总额的规定比例计提，企业为职工进行专业技术和职业技能培训，专业技术人员继续教育、职工职业技能鉴定、职业资格认定以及根据需要对职工进行各类文化教育所发生的费用。

11）财产保险费，是指施工管理用财产、车辆等的保险费用。

12）财务费，是指企业为施工生产筹集资金或提供预付款担保、履约担保、职工工资支付担保等所发生的各种费用。

13）税金，是指企业按规定缴纳的房产税、车船使用税、土地使用税、印花税等。

14）其他。包括技术转让费、技术开发费、投标费、业务招待费、绿化费、广告费、公证费、法律顾问费、审计费、咨询费、保险费等。

（2）企业管理费的计算方法　企业管理费，一般采用取费基数乘以费率的方法计算，取费基数有三种，分别是：以分部分项工程费为计算基础、以人工费和机械费合计为计算基础及以人工费为计算基础。企业管理费费率计算方法如下。

1）以分部分项工程费为计算基础。

$$企业管理费费率（\%）=\frac{生产工人年平均管理费}{年有效施工天数×人工单价}×人工费占分部分项工程费比例（\%）$$

2）以人工费和机械费合计为计算基础。

$$企业管理费费率（\%）=\frac{生产工人年平均管理费}{年有效施工天数×（人工单价+每一工日机械使用费）}×100\%$$

3）以人工费为计算基础。

$$企业管理费费率（\%）=\frac{生产工人年平均管理费}{年有效施工天数×人工单价}×100\%$$

注意!

> 工程造价管理机构在确定计价定额中的企业管理费时，应以定额人工费或定额人工费和机械费之和作为计算基数，其费率根据历年积累的工程造价资料，辅以调查数据确定，计入分部分项工程和措施项目费中。

5. 利润

利润，是指施工企业完成所承担工程获得的盈利，由施工企业根据企业自身需求并结合建筑市场实际自主确定。工程造价管理机构在确定计价定额中的利润时，应以定额人工费或定额人工费和机械费之和作为计算基数，其费率根据历年积累的工程造价资料，并结合建筑市场实际确定，以单位（单项）工程测算，利润在税前建筑安装工程费中的比重可按不低于 5% 且不高于 7% 的费率计算。利润应列入分部分项工程费和措施项目费中。

6. 规费

（1）规费的内容　规费，是指按国家法律、法规规定，由省级政府和省级有关权力部门规定必须缴纳或计取的费用。主要包括社会保险费、住房公积金和工程排污费。

1）社会保险费包括以下内容。

① 养老保险费：企业按照规定标准为职工缴纳的基本养老保险。

② 失业保险费：企业按照国家规定标准为职工缴纳的失业保险费。

③ 医疗保险费：企业按照规定标准为职工缴纳的基本医疗保险费。

④ 生育保险费：企业按照国家规定为职工缴纳的生育保险费。

⑤ 工伤保险费：企业按照国务院制定的行业费率为职工缴纳的工伤保险费。

2）住房公积金：企业按规定标准为职工缴纳的住房公积金。

3）工程排污费：企业按规定缴纳的施工现场工程排污费。

（2）规费的计算

1）社会保险费和住房公积金。社会保险费和住房公积金应以定额人工费为计算基础，根据工程所在地省、自治区、直辖市或行业建设主管部门规定费率计算。

$$社会保险费和住房公积金 = \sum（工程定额人工费 \times 社会保险费和住房公积金费率）$$

社会保险费和住房公积金费率可以每万元发承包价的生产工人人工费和管理人员工资含量与工程所在地规定的缴纳标准综合分析确定。

2）工程排污费。工程排污费应按工程所在地环境保护等部门规定的标准缴纳，按实计取列入。

7. 税金

建筑安装工程税金，是指国家税法规定的应计入建筑安装工程费用的营业税、城市维护建设税、教育费附加及地方教育附加。

（1）营业税　营业税，以计税营业额乘以营业税税率确定。其中建筑安装企业营业税税率为 3%。计算公式为

$$应纳营业税 = 计税营业额 \times 3\%$$

计税营业额是含税营业额，指从事建筑、安装、修缮、装饰及其他工程作业收取的全部收入，包括建筑、修缮、装饰工程所用原材料及其他物资和动力的价款。当安装的设备的价

值作为安装工程产值时，亦包括所安装设备的价款。但建筑安装工程总承包人将工程分包或转包给他人的，其营业额中不包括付给分包或转包方的价款。营业额的纳税地点为应税劳务的发生地。

（2）城市维护建设税　城市维护建设税，是为筹集城市维护和建设资金，稳定和扩大城市、乡镇维护建设的资金来源，而对有经营收入的单位和个人征收的一种税。

城市维护建设税，按应纳营业税额乘以适用税率确定，计算公式为

$$应纳税额 = 应纳营业税额 \times 适用税率$$

城市维护建设税的纳税地点在市区的，其适用税率为营业税的7%；所在地为县镇的，其适用税率为营业税的5%，所在地为农村的，其适用税率为营业税的1%。城建税的纳税地点与营业税纳税地点相同。

（3）教育费附加　教育费附加，按应纳营业税额乘以3%确定，计算公式为

$$应纳税额 = 应纳营业税额 \times 3\%$$

建筑安装企业的教育费附加要与其营业税同时缴纳。即使办有职工子弟学校的建筑安装企业，也应当先缴纳教育费附加，教育部门可根据企业的办学情况，酌情返还给办学单位，作为对办学经费的补助。

（4）地方教育附加　地方教育附加，通常按应纳营业税额乘以2%确定，各地方有不同规定的，应遵循其规定，计算公式为

$$应纳税额 = 应纳营业税额 \times 2\%$$

地方教育附加应专项用于发展教育事业，不得从地方教育附加中提取或列支征收或代征手续费。

（5）税金的综合计算　在工程造价的计算过程中，上述税金通常一并计算。由于营业额的计税依据是含税营业额，城市维护建设税、教育费附加和地方教育附加的计税依据是应纳营业税额，而在计算税金时，往往已知条件是税前造价，即人工费、材料费、施工机具使用费、企业管理费、利润、规费之和，因此税金的计算往往需要将税前造价先转化为含税营业额，再按相应的公式计算缴纳税金。营业额的计算公式为

$$营业额 = \frac{人工费 + 材料费 + 施工机具使用费 + 企业管理费 + 利润 + 规费}{1 - 营业税率 - 营业税率 \times 城市维护建设税率 - 营业税率 \times 教育费附加率 - 营业税率 \times 地方教育附加率}$$

为了简化计算，可以直接将三种税合并为一个综合税率，按下式计算应纳税额

$$应纳税额 = 税前造价 \times 综合税率（\%）$$

综合税率的计算，因纳税地点所在地的不同而不同。

1）纳税地点在市区的企业，综合税率的计算为

$$税率（\%） = \frac{1}{1 - 3\% - (3\% \times 7\%) - (3\% \times 3\%) - (3\% \times 2\%)} - 1$$

2）纳税地点在县城、镇的企业，综合税率的计算为

$$税率（\%） = \frac{1}{1 - 3\% - (3\% \times 5\%) - (3\% \times 3\%) - (3\% \times 2\%)} - 1$$

3）纳税地点不在市区、县城、镇的企业，综合税率的计算：

$$税率（\%） = \frac{1}{1 - 3\% - (3\% \times 1\%) - (3\% \times 3\%) - (3\% \times 2\%)} - 1$$

4）实行营业税改增值税的，按纳税地点现行税率计算。

【例 2-3】　某市建筑公司承建某县政府办公楼，工程税前造价为 1000 万元，问该施工企业应缴纳的营业税、城市维护建设税、教育费附加和地方教育附加分别是多少？

分析：本题应先求计税营业额，再计算应缴纳的营业税、城市维护建设税、教育费附加和地方教育附加。但要注意的是城市维护建设税、教育费附加和地方教育附加的计算基数都是应缴纳的营业税。

解：计税营业额 $= \dfrac{1000}{1 - 3\% - (3\% \times 5\%) - (3\% \times 3\%) - (3\% \times 2\%)}$ 万元

　　　　　　$= 1034.126$ 万元

① 应缴纳的营业税 $= 1034.3126$ 万元 $\times 3\% = 31.024$ 万元

② 应缴纳的城市维护建设税 $= 31.024$ 万元 $\times 5\% = 1.551$ 万元

③ 应缴纳的教育费附加 $= 31.024$ 万元 $\times 3\% = 0.931$ 万元

④ 应缴纳的地方教育附加 $= 31.024$ 万元 $\times 2\% = 0.620$ 万元

课题 3　按造价形成划分建筑安装工程费用项目构成及其计算

建筑安装工程费，按照工程造价形成由分部分项工程费、措施项目费、其他项目费、规费和税金组成。

1. 分部分项工程费

分部分项工程费，是指各专业工程的分部分项工程应予列支的各项费用。各类专业工程的分部分项工程划分应遵循现行国家或行业计量规范的规定。分部分项工程费通常用分部分项工程量乘以综合单价进行计算。

$$分部分项工程费 = \sum (分部分项工程量 \times 综合单价)$$

综合单价包括人工费、材料费、施工机具使用费、企业管理费和利润以及一定范围的风险费用。

2. 措施项目费

（1）措施项目费的构成　措施项目费，是指为完成建设工程施工，发生于工程施工前和施工过程中的技术、生活、安全、环境保护等方面的费用。措施项目费及其包含的内容应遵循各类专业工程的现行国家或行业计量规范。以《房屋建筑与装饰工程工程量计算规范》（GB 50854—2013）中的规定为例，措施项目费可以归纳为以下几项。

1）安全文明施工费，是指工程施工期间按照国家现行的环境保护、建筑施工安全、施工现场环境与卫生标准和有关规定，购置和更新施工安全防护用具及设施、改善安全生产条件和作业环境所需要的费用。通常由环境保护费、文明施工费、安全施工费、临时设施费组成。

① 环境保护费，是指施工现场为达到环保部门要求所需要的各项费用。

② 文明施工费，是指施工现场文明施工所需要的各项费用。

③ 安全施工费，是指施工现场安全施工所需要的各项费用。

④ 临时设施费，是指施工企业为进行建设工程施工所必须搭设的生活和生产用的临时建筑物、构筑物和其他临时设施费用。包括临时设施的搭设费、维修费、拆除费、清理费或摊销费等。

各项安全文明施工费的具体内容，见表 2-1。

表 2-1　安全文明施工措施费的主要内容

项目名称	工作内容及包含范围
环境保护费	现场施工机械设备降低噪声、防扰民措施费用
	水泥和其他易飞扬细颗粒建筑材料密闭存放或采取覆盖措施等费用
	工程防扬尘洒水费用
	土石方、建渣外运车辆防护措施费用
	现场污染源的控制、生活垃圾清理外运、场地排水排污措施费用
	其他环境保护措施费用
文明施工费	"五牌一图"费用
	现场围挡的墙面美化（包括内外粉刷、刷白、标语等）、压顶装饰费用
	现场厕所便槽刷白、贴面砖，水泥砂浆地面或地砖费用，建筑物内临时便溺设施费用
	其他施工现场临时设施的装饰装修、美化措施费用
	现场生活卫生设施费用
	符合卫生要求的饮水设备、淋浴、消毒等设施费用
	生活用洁净燃料费用
	防煤气中毒、防蚊虫叮咬等措施费用
	施工现场操作场地硬化费用
	现场绿化费用、治安综合治理费用
	现场配备医药保健器材、物品费用和急救人员培训费用
	现场工人的防暑降温、电风扇、空调等设备及用电费用
	其他文明施工措施费用
安全施工费	安全资料、特殊作业专项方案的编制，安全施工标志的购置及安全宣传的费用
	"三宝"（安全帽、安全带、安全网），"四口"（楼梯口、电梯井口、通道口、预留洞口），"五临边"（阳台围边、楼板围边、屋面围边、槽坑围边、卸料平台两侧），水平防护架、垂直防护架、外架封闭等防护的费用
	施工安全用电的费用，包括配电箱三级配电、两级保护装置要求、外电防护措施费用
	起重机、塔式起重机等起重设备（含井架、门架）及外用电梯的安全防护措施（含警示标志）及卸料平台的临边防护、层间安全门、防护棚等设施费用
	建筑工地起重机械的检验检测费用
	施工机具防护棚及其围栏的安全保护设施费用
	施工安全防护通道的费用
	工人的安全防护用品、用具购置费用
	消防设施与消防器材的配置费用
	电气保护、安全照明设施费
	其他安全防护措施费用
临时设施费	施工现场采用彩色、定型钢板，砖、混凝土砌块等围挡的安砌、维修、拆除费用
	施工现场临时建筑物、构筑物的搭设、维修、拆除，如临时宿舍、办公室、食堂、厨房、厕所、诊疗所、临时文化福利用房、临时仓库、加工场、搅拌台、临时简易水塔、水池等费用
	施工现场临时设施的搭设、维修、拆除，如临时供水管道、临时供电管线、小型临时设施等费用
	施工现场规定范围内临时简易道路铺设，临时排水沟、排水设施安砌、维修、拆除费用
	其他临时设施的搭设、维修、拆除费用

2）夜间施工增加费，是指因夜间施工所发生的夜班补助费、夜间施工降效、夜间施工照明设备摊销及照明用电等费用。内容由以下各项组成：

① 夜间固定照明灯具和临时可移动照明灯具的设置、拆除费用。

② 夜间施工时，施工现场交通标志、安全标牌、警示灯的设置、移动、拆除费用。

③ 夜间照明设备摊销及照明用电、施工人员夜班补助、夜间施工劳动效率降低等费用。

3）非夜间施工照明费，是指为保证工程施工正常进行，在地下室等特殊施工部位施工时所采用的照明设备的安拆、维护及照明用电等费用。

4）二次搬运费，是指由于施工场地条件限制而发生的材料、成品、半成品等一次运输不能达到堆放地点，必须进行二次或多次搬运的费用。

5）冬雨期施工增加费，是指在冬期或雨期施工需增加的临时设施、防滑、排除雨雪，人工及施工机械效率降低等费用。内容由以下各项组成：

① 冬雨（风）期施工时，增加的临时设施（防寒保暖、防雨、防风设施）的搭设、拆除费用。

② 冬雨（风）期施工时，对砌体、混凝土等采用的特殊加温、保温和养护措施费用。

③ 冬雨（风）期施工时，施工现场的防滑处理、对影响施工的雨雪的清除费用。

④ 冬雨（风）期施工时，增加的临时设施、施工人员的劳动保护用品、冬雨（风）期施工劳动效率降低等费用。

6）地上、地下设施、建筑物的临时保护设施费，是指在工程施工过程中，对已建成的地上、地下设施和建筑物进行的遮盖、封闭、隔离等必要保护措施所发生的费用。

7）已完工程及设备保护费，是指竣工验收前，对已完工程及设备采取的覆盖、包裹、封闭、隔离等必要保护措施所发生的费用。

8）脚手架费，是指施工需要的各种脚手架搭、拆、运输费用以及脚手架购置费的摊销（或租赁）费用。通常包括以下内容：

① 施工时可能发生的场内、场外材料搬运费用。

② 搭、拆脚手架、斜道、上料平台费用。

③ 安全网的铺设费用。

④ 拆除脚手架后材料的堆放费用。

9）混凝土模板及支架（撑）费，是指混凝土施工过程中需要的各种钢模板、木模板、支架等的支、拆、运输费用及模板、支架的摊销（或租赁）费用。内容由以下各项组成：

① 混凝土施工过程中需要的各种模板制作费用。

② 模板安装、拆除、整理、堆放及场内外运输费用。

③ 清理模板黏结物及模内杂物、刷隔离剂等费用。

10）垂直运输费，是指现场所用材料、机具从地面运至相应高度以及职工人员上下工作面等所发生的运输费用。内容由以下各项组成：

① 垂直运输机械的规定装置、基础制作、安装费。

② 行走式垂直运输机械轨道的铺设、拆除、摊销费。

11）超高施工增加费。当单层建筑物檐口高度超过 20m，多层建筑物超过 6 层时，可计算超高施工增加费，内容由以下各项组成：

① 建筑物超高引起的人工工效降低以及由于人工工效降低引起的机械降效费。

② 高层施工用水加压水泵的安装、拆除及工作台班费。

③ 通信联络设备的使用及摊销费。

12）大型机械设备进出场及安拆费，是指机械整体或分体自停放场地运至施工现场或由一个施工地点运至另一个施工地点，所发生的机械进出场运输及转移费用及机械在施工现场进行安装、拆卸所需的人工费、材料费、机械费、试运转费和安装所需的辅助设施的费用。内容由安拆费和进出场费组成：

① 安拆费包括施工机械、设备在现场进行安装与拆卸所需的人工、材料、机械和试运转费以及机械辅助设施的折旧、搭设、拆除等费用。

② 进出场费包括施工机械、设备整体或分体自停放场地运至施工现场或由一个施工地点运至另一个施工地点所发生的运输、装卸、辅助材料等费用。

13）施工排水、降水费，是指将施工期间有碍施工作业和影响工程质量的水排到施工场地以外，以及防止在地下水位较高的地区开挖深基坑出现基坑浸水，地基承载力下降，在动水压力作用下还可能引起流砂、管涌和边坡失稳等现象而必须采取有效的降水和排水措施费用。该项费用由成井和排水、降水两个独立的费用项目组成。

① 成井。成井的费用主要包括：钻孔机械、埋设护筒、钻机就位，泥浆制作、固壁，成孔、出渣、清孔等费用；对接上、下井管（滤管），焊接，安防，下滤料，洗井，连接试抽等费用。

② 排水、降水。排水、降水的费用主要包括：管道安装、拆除，场内搬运等费用；抽水、值班、降水设备维修等费用。

14）其他。根据项目的专业特点或所在地区不同，可能会出现其他的措施项目费。如工程定位复测费和特殊地区施工增加费等。

（2）措施项目费的计算　按照有关专业计量规范规定，措施项目分为应予计量的措施项目和不宜计量的措施项目两类。

1）应予计量的措施项目。基本与分部分项工程费的计算方法相同，公式为

$$措施项目费 = \sum(措施项目工程量 \times 综合单价)$$

不同的措施项目，其工程量的计算单位是不同的，分列如下：

① 脚手架费，通常按建筑面积或垂直投影面积以 m^2 计算。

② 混凝土模板及支架（撑）费，通常按照模板与现浇混凝土构件接触面积以 m^2 计算。

③ 垂直运输费，可根据需要用两种方法进行计算：按照建筑面积以 m^2 为单位计算；按照施工工期日历天数以天为单位计算。

④ 超高施工增加费，通常按照建筑物超高部分的建筑面积以 m^2 为单位计算。

⑤ 大型机械设备进出场及安拆费，通常按照机械设备的使用数量以台次为单位计算。

⑥ 施工排水、降水费分两个不同的独立部分计算。成井费用通常按照设计图示尺寸以钻孔深度按 m 计算；排水、降水费用通常按照排水、降水日历天数按昼夜计算。

2）不宜计量的措施项目。对于不宜计量的措施项目，通常用计算基数乘以费率的方法予以计算。

① 安全文明施工费。计算公式为

安全文明施工费 = 计算基数 × 安全文明施工费费率（%）

计算基数应为定额基价（定额分部分项工程费 + 定额中可以计量的措施项目费）、定额人工费或定额人工费与机械费之和，其费率由工程造价管理机构根据各专业工程的特点综合确定。

② 其余不宜计量的措施项目。包括夜间施工增加费，非夜间施工照明费，二次搬运费，冬雨期施工增加费，地上、地下设施、建筑物的临时保护设施费，已完工程及设备保护费等。计算公式为

措施项目费 = 计算基数 × 措施项目费费率（%）

注意！

此公式中的计算基数，应为定额人工费或定额人工费与定额机械费之和，其费率由工程造价管理机构根据各专业工程特点和调查资料综合分析后确定。

3. 其他项目费

（1）暂列金额　暂列金额是指建设单位在工程量清单中暂定并包括在工程合同价款中的一笔款项。用于施工合同签订时尚未确定或者不可预见的所需材料、工程设备、服务的采购，施工中可能发生的工程变更、合同约定调整因素出现时的工程价款调整以及发生的索赔、现场签证确认等的费用。

暂列金额由建设单位根据工程特点，按有关计价规定估算，施工过程中由建设单位掌握使用、扣除合同价款调整后如有余额，归建设单位。

（2）计日工　计日工是指在施工过程中，施工企业完成建设单位提出的施工图以外的零星项目或工作所需的费用。

计日工由建设单位和施工企业按施工过程中的签证计价。

（3）总承包服务费　总承包服务费是指总承包人为配合、协调建设单位进行的专业工程发包，对建设单位自行采购的材料、工程设备等进行保管以及施工现场管理、竣工资料汇总整理等服务所需的费用。

总承包服务费由建设单位在招标控制价中根据总包服务范围和有关计价规定编制，施工企业投标时自主报价，施工过程中按签约合同价执行。

4. 规费和税金

规费和税金的构成和计算与按费用构成要素划分建筑安装工程费用项目组成部分相同。

单元 4　工程类别划分标准、费率

课题 1　工程类别划分标准

1. 建筑工程类别划分标准

建筑工程类别划分标准，见表 2-2。

表 2-2 建筑工程类别划分标准

工程名称			单位	工程类别		
				I	II	III
工业建筑工程	钢结构		跨度 建筑面积	m m²	>30 >16000	>18 >10000	≤18 ≤10000
	其他结构	单层	跨度 建筑面积	m m²	>24 >10000	>18 >6000	≤18 ≤6000
		多层	檐高 建筑面积	m m²	>50 >10000	>30 >6000	≤30 ≤6000
民用建筑工程	公用建筑	砖混结构	檐高 建筑面积	m m²	— —	30<檐高<50 6000<面积<10000	≤30 ≤6000
		其他结构	檐高 建筑面积	m m²	>50 >12000	>30 >8000	≤30 ≤8000
	居住建筑	砖混结构	层数 建筑面积	层 m²	— —	8<层数<12 8000<面积<12000	≤8 ≤8000
		其他结构	层数 建筑面积	层 m²	>18 >12000	>8 >8000	≤8 ≤8000
构筑物工程	烟囱		混凝土结构高度 砖结构高度	m m	>100 >60	>60 >40	≤60 ≤40
	水塔		高度 容积	m m³	>60 >100	>40 >60	≤40 ≤60
	筒仓		高度 容积（单体）	m m³	>35 >2500	>20 >1500	≤20 ≤1500
	贮池		容积（单体）	m³	>3000	>1500	≤1500
单独土石方工程			单独挖、填土石方	m³	>15000	>1000	5000<体积≤10000
桩基础工程			桩长	m	>30	>12	≤12

2. 装饰工程类别划分标准

装饰工程类别划分标准，见表 2-3。

表 2-3 装饰工程类别划分标准

工程名称	工程类别		
	I	II	III
工业与民用建筑	四星级宾馆以上	三星级宾馆	二星级宾馆以下
单独外墙装饰	幕墙高度 50m 以上	幕墙高度 30m 以上	幕墙高度 30m 以下（含 30m）

3. 工程类别划分说明

工程类别划分标准是根据不同的单位工程，按其施工难易程度，结合山东省建筑市场的实际情况确定的。建筑工程的工程类别按工业建筑工程、民用建筑工程、构筑物工程、单独土石方工程、桩基础工程、装饰工程分列并分若干类别。

（1）类别划分

1）工业建筑工程，指从事物质生产和直接为物质生产服务的建筑工程。一般包括：生产（加工、储运）车间、实验车间、仓库、民用锅炉房和其他生产用建筑物。

2）民用建筑工程，指直接用于满足人们物质和文化生活需要的非生产性建筑物。一般包括住宅及各类公用建筑工程。

科研单位独立的实验室、化验室按民用建筑工程确定工程类别。

3）构筑物工程，指与工业或民用建筑配套或独立于工业与民用建筑工程的工程。一般包括烟囱、水塔、仓类、池类等。

4）单独土石方工程，指建筑物、构筑物、市政设施等基础土石方以外的，且单独编制概预算的土石方工程。包括土石方的挖、填、运等。

5）桩基础工程，指天然地基上的浅基础不能满足建筑物和构筑物的稳定要求，而采用的一种深基础。主要包括各种现浇和预制混凝土桩及其他桩基。

6）装饰工程，指建筑物主体结构完成后，在主体结构表面及相关部位进行抹灰、镶贴和铺挂面层等，以达到建筑设计效果的装饰装修工程。

（2）使用说明

1）工程类别的确定，以单位工程为划分对象。

2）与建筑物配套使用的零星项目，如化粪池、检查井等，按其相应建筑物的类别确定工程类别。其他附属项目，如围墙、院内挡土墙、庭院道路、室外管沟架，按建筑工程Ⅲ类标准确定类别。

3）建筑物、构筑物高度，自设计室外地坪算起，至屋面檐口高度。高出屋面的电梯间、水箱间、塔楼等不计算高度。建筑物的面积，按建筑面积计算规则的规定计算。建筑物的跨度，按设计图示尺寸标注的轴线跨度计算。

4）非工业建筑的钢结构工程，参照工业建筑工程的钢结构工程确定工程类别。

5）居住建筑的附墙轻型框架结构，按砖混结构的工程类别套用；但设计层数大于 18 层，或建筑面积大于 12000m² 时，按居住建筑其他结构的Ⅰ类工程套用。

6）工业建筑的设备基础，单体混凝土体积大于 1000m³，按构筑物Ⅰ类工程计算；单体混凝土体积大于 600m³，按构筑物Ⅱ类工程计算；单体混凝土体积小于 600m³ 且大于 50m³，按构筑物Ⅲ类工程计算；小于等于 50m³ 的设备基础，按相应建筑物或构筑物的工程类别确定。

7）同一建筑物，结构形式不同时，按建筑面积大的结构形式确定工程类别。

8）强夯工程，均按单独土石方工程Ⅱ类执行。

（3）装饰工程有关说明

1）民用建筑中的特殊建筑，包括影剧院、体育馆、展览馆、高级会堂等建筑的装饰工程类别，均按Ⅰ类工程确定。

2）民用建筑中的公用建筑，包括综合楼、办公楼、教学楼、图书馆等建筑的装饰工程类别，均按Ⅱ类工程确定。

3）一般居住类建筑的装饰，均按Ⅲ类工程确定。

4）单独招牌、灯箱、美术字等工程，均按Ⅲ类工程确定。

5）单独外墙装饰，包括幕墙工程、各种外墙干挂。

课题 2 建筑工程费率

1. 措施费费率

措施费费率,见表 2-4。

表 2-4 措施费费率(%)

专业名称	费用名称	夜间施工费	二次搬运费	冬雨期施工增加费	已完工程及设备保护费	总承包服务费
建筑工程	建筑工程	0.7	0.6	0.8	0.15	3
	装饰工程	4.0	3.6	4.5	0.15	

2. 企业管理费、利润费率

企业管理费、利润费率,见表 2-5。

表 2-5 企业管理费、利润费率(%)

	费用名称及工程类别	企业管理费			利润		
专业名称		Ⅰ	Ⅱ	Ⅲ	Ⅰ	Ⅱ	Ⅲ
建筑工程	工业、民用建筑工程	8.7	6.9	5.0	7.4	4.2	3.1
	构筑物工程	6.9	6.2	4.0	6.2	5.0	2.4
	单独土石方工程	5.7	4.0	2.4	4.6	3.3	1.4
	桩基工程	4.5	3.4	2.4	3.5	2.7	1.0
	装饰工程	102	81	49	34	22	16

3. 规费费率

规费费率,见表 2-6。

表 2-6 规费费率(%)

	专业名称	建筑工程	
费用名称		建筑工程	装饰工程
安全文明施工费		3.38	3.84
其中:(1)安全施工费		2.00	2.00
(2)环境保护费		0.11	0.12
(3)文明施工费		0.55	0.10
(4)临时设施费		0.72	1.62
工程排污费		编制施工图预算、投标报价、招标标底、招标控制价暂按工程造价的 0.15% 计取,工程结算时,凭环保部门实际收取的金额按实结算	
社会保障费		按工程造价的 2.60% 计取	
住房公积金		编制施工图预算、投标报价、招标标底、招标控制价暂按人工费之和的 2% 计取,竣工结算按市造价管理机构核定的企业年度计取标准计取	
危险作业意外伤害保险		一般工业与民用建筑工程按 1.2 元/m² 计取,装饰装修、设备安装等工程按工程造价的 0.15% 计取,水塔、烟囱等工程按工程造价的 0.25% 计取	

注:1. 安全施工费,编制工程标底及投标报价时,建筑工程及附属装饰装修工程按工程造价的 2% 计取,在工程造价中列暂定金额;工程结算时,以工程造价管理机构核定的金额办理。

2. 以上"工程造价"不含规费和税金。

4. 税金费率

税金费率，见表 2-7。

表 2-7　税金费率（%）

工程所在地	费率
市区	3.48
县城、镇	3.41
市区及县城、镇以外	3.28

单元 5　建筑、装饰工程费用计算程序

课题 1　建筑、装饰工程定额费用计算程序

1. 建筑工程定额计价的计算程序

建筑工程定额计价的计算程序，见表 2-8。

表 2-8　建筑工程定额计价的计算程序

序号	费用项目名称	计 算 方 法
一	直接费	（一）+（二）
	（一）直接工程费 即：市价直接工程费	$\sum\{$工程量$\times\sum[$（定额工日消耗数量$\times$人工单价）+（定额材料消耗数量$\times$材料单价）+（定额机械台班消耗量$\times$机械台班单价）]$\}$ 即：$\sum$（工程量$\times$市价目表基价）
	（一）′省价直接工程费（计费基础 JF_1）	$\sum$（工程量$\times$省基价）
	（二）措施费	1.1 + 1.2 + 1.3 + 1.4
	1.1 参照定额规定计取的市价措施费	按定额规定计算
	1.1′参照定额规定计取的省价措施费	$\sum$（措施项目工程量$\times$省基价）
	1.2 参照省发布费率计取的措施费	计费基础 $JF_1 \times$ 相应费率
	1.3 按施工组织设计（方案）计取的措施费	按施工组织设计（方案）计取
	1.4 总承包服务费	专业分包工程费（不包括设备费）$\times$费率
	计费基础 JF_2 按照表 2-10 "计费基础及其计算方法" 计算	1.1′ + 1.2
二	企业管理费	$(JF_1 + JF_2) \times$ 管理费费率
三	利润	$(JF_1 + JF_2) \times$ 利润率
四	有关费用调整	见说明
五	规费	5.1 + 5.2 + 5.3 + 5.4 + 5.5
	5.1 安全文明施工费	（一+二+三+四）$\times$费率
	5.2 工程排污费	按工程所在地设区市相关规定计算
	5.3 社会保障费	（一+二+三+四）$\times$费率
	5.4 住房公积金	按工程所在地设区市相关规定计算
	5.5 危险作业意外伤害保险	按工程所在地设区市相关规定计算

（续）

序号	费用项目名称	计 算 方 法
六	税金	（一＋二＋三＋四＋五）×税率
七	建筑工程费用合计	一＋二＋三＋四＋五＋六 结算时按（一＋二＋三＋四＋五＋六－5.3）计算

2. 装饰工程定额计价的计算程序

装饰工程定额计价的计算程序，见表 2-9。

表 2-9　装饰工程定额计价的计算程序

序号	费用项目名称	计 算 方 法
	直接费	（一）＋（二）
	（一）直接工程费 即：市价直接工程费	∑｛工程量×∑［（定额工日消耗数量×人工单价）＋（定额材料消耗数量×材料单价）＋（定额机械台班消耗量×机械台班单价）］｝ ∑（工程量×市价目表基价）
	（一）′省价直接工程费（计费基础 JF$_1$）	∑［工程量×（定额工日消耗数量×省人工单价）］
	（二）措施费	1.1＋1.2＋1.3＋1.4
一	1.1 参照定额规定计取的市价措施费	按定额规定计算
	1.1′参照定额规定计取的省价措施费	∑（措施项目工程量×省基价）
	1.2 参照省发布费率计取的措施费	计费基础 JF$_1$×相应费率
	1.3 按施工组织设计（方案）计取的措施费	按施工组织设计（方案）计取
	1.4 总承包服务费	专业分包工程费（不包括设备费）×费率
一	计费基础 JF$_2$ 按照表 2-10"计费基础及其计算方法"计算	1.1′＋1.2
二	企业管理费	（JF$_1$＋JF$_2$）×管理费费率
三	利润	（JF$_1$＋JF$_2$）×利润率
四	有关费用调整	见说明
	规费	5.1＋5.2＋5.3＋5.4＋5.5
	5.1 安全文明施工费	（一＋二＋三＋四）×费率
五	5.2 工程排污费	按工程所在地设区市相关规定计算
	5.3 社会保障费	（一＋二＋三＋四）×2.6%
	5.4 住房公积金	按工程所在地设区市相关规定计算
	5.5 危险作业意外伤害保险	按工程所在地设区市相关规定计算
六	税金	（一＋二＋三＋四＋五）×税率
七	建筑工程费用合计	一＋二＋三＋四＋五＋六 结算时按（一＋二＋三＋四＋五＋六－5.3）计算

注：规费中危险作业意外伤害保险，在装饰装修工程单独签订施工合同时计取。

3. 说明

1）定额人工工日单价。《山东省建筑工程消耗量定额××市价目表》中省、市基价中人工工日单价为 76 元，自 2015 年 5 月 16 日施行。省人工工日单价调整后相应的机械台班单价调整见山东省工程建设标准造价信息网中刊登的《山东省建筑工程施工机械台班单价表》（2015）。

2）计费基础及其计算方法，见表 2-10。

表 2-10　计费基础及其计算方法

专业名称	计费基础		计算方法
建筑工程	计费基础 JF$_1$	直接工程费	∑（工程量 × 省基价）
装饰工程		人工费	∑［工程量 ×（定额工日消耗量 × 省价人工单价）］
建筑工程	计费基础 JF$_2$	措施费	按照省价人、材、机单价计算的措施费与按照省发布费率及规定计取的措施费之和计算
装饰工程		人工费	按照省价人工单价计算的措施费中人工费和按照省发布费率及其规定计算的措施费中人工费之和计算

3）有关措施费说明。

① 参照定额规定计取的措施费，是指消耗量定额中列有相应子目或规定有计算方法的措施项目费用。例如：建筑工程中混凝土、钢筋混凝土模板及支架费，混凝土泵送费、脚手架费，垂直运输机械费，构件吊装机械费等。

② 参照省发布费率计取的措施费，是指省建设主管部门根据建筑市场状况和多数企业经营管理情况、技术水平等测算发布了费率的措施项目费用。包括夜间施工费、冬雨期施工增加费、二次搬运费以及已完工程及设备保护费等。

③ 按施工组织设计（方案）计取的措施费，是指按施工组织设计（技术方案）计算的措施项目费用。例如：大型机械进出场及安拆费，施工排水、降水费以及按拟建工程实际需要采取的其他措施性项目费用等。

④ 措施费中的总包服务费不计入计费基础 JF$_2$，并且不计取企业管理费和利润。

4）计算程序中，直接工程费中的"工程量"，不包括消耗量定额单元10"地基处理与防护工程"中排水与降水及单元18"施工技术措施项目"。

5）关于人、材、机价差处理。

① 工程招标投标企业，自主报价，按规定的现行计价程序进行计价，不再找补差价。各种费用参照《山东省建设工程费用项目组成及计算规则》发布的费率计取（有合同约定的除外）。

② 以现行的价目表和费用费率进行计价，其差价（基期价与承发包双方确认的相应价格之间的差价）做如下处理：

人工费、材料费、机械台班费的差价，除合同另有规定外，采用找补差价的方法进行处理。其差价除计取规费、税金外，不再作为计取其他费用的基础。

6）企业投标报价时，计算程序中除规费和税金外的费率均可按费用项目组成及计算方法自主确定，但环境保护费、文明施工费、临时设施费费率按市地相应规定计取。即环境保护费、文明施工费、临时设施费费率，不得低于按省发布费率的90%计算。

7）各项规费费率说明。

① 安全文明施工费由安全施工费、环境保护费、文明施工费、临时设施费组成，按省发布费率执行。其中安全施工费，在编制施工图预算、招标控制价、招标标底、投标报价时，按规定费率计价；工程结算时，以市工程造价管理机构核定的金额办理工程结算。

② 工程排污费是指噪声超标准排污费。编制施工图预算、投标报价、招标标底、招标控制价暂按工程造价的 0.15% 计取，工程结算时，凭环保部门实际收取的金额按实结算。

③ 社会保障费：工程开工前，由建设单位向建筑企业劳保机构交纳。编制招标控制价、

投标报价时应包括社会保障费。编制竣工结算时，若建设单位已按规定交纳社会保障费的，该费用仅作为计税基础，结算时不包括该费用；建设单位未交纳社会保障费的，结算时应包括该费用，按工程造价的 2.6% 计取。

④ 住房公积金：编制施工图预算、投标报价、招标标底、招标控制价暂按人工费之和的 2% 计取；竣工结算按市造价管理机构核定的企业年度计取标准计算。人工费之和是指直接工程费中的人工费和措施费中的人工费之和。

⑤ 危险作业意外伤害保险：危险作业意外伤害保险的面积按建筑面积计算。一般工业与民用建筑工程按建筑面积计取后，包括了附属的装饰、装修、水、电、暖通、智能项目等。若实际交纳金额高于规定费用，工程结算时，按实际交纳的金额计入工程结算。

4. 建筑、装饰工程定额费用计算典型案例

（1）案例描述　某县城某小区内一幢住宅楼，地上 8 层，框架剪力墙结构，建筑面积为 4800m² （含地下室）。经造价员计算的地上 8 层的各项费用数据见表 2-11。

表 2-11　经计算的各项费用及有关费率 　　　　　（单位：元）

序　号	费　用　名　称	建筑工程	装饰工程
1	按市价目表计算的直接工程费合计	2880384.18	826203.98
2	按省价目表计算的直接工程费合计	1504183.32	1041727.19
3	按定额规定和市场价计取的措施费合计	997804.20	0
4	按省价目表计算的措施费合计	975400.94	0
5	按施工组织设计（方案）计取的措施费	0	0

根据工程类别划分标准，该工程属于民用建筑工程中的居住建筑，其他结构，层数 11 层 > 8 层，建筑面积 4400m² < 8000m²。两个指标，有一个满足 II 类工程要求，属 II 类工程。

（2）问题　请按照定额计价程序分别计算该住宅楼的建筑工程费用和装饰工程费用。措施费费率查表 2-4；企业管理费费率、利润率查表 2-5；县城税率查表 2-7。

（3）解题　计算过程见表 2-12 和表 2-13。

表 2-12　建筑工程定额计价费用计算程序表

序号	费用项目名称	计　算　方　法	费用金额/元
一	直接费	（一）+（二）	2880384.18
	（一）直接工程费	Σ（工程量×市价目表基价）	1844223.31
	（一）'省价直接工程费（计费基础 JF₁）	Σ（工程量×省基价）	1504183.32
	（二）措施费	1.1+1.2+1.3+1.4	1036160.87
	1.1 参照定额规定计取的市价措施费	按定额规定计算	997804.20
	1.1'参照定额规定计取的省价措施费	Σ（措施项目工程量×省基价）	975400.94
	1.2 参照省发布费率计取的措施费	计费基础 JF₁ ×（0.7% + 0.6% + 0.8% +0.15%）	33844.12
	1.3 按施工组织设计（方案）计取的措施费	按施工组织设计（方案）计取	0
	1.4 总承包服务费	专业分包工程费（不包括设备费）× 费率	4512.55
	（二）'省价措施费（计费基础 JF₂）	按照表 2-10 "计费基础及其计算方法" 计算 即：1.1'+1.2+1.3	1009245.06

（续）

序号	费用项目名称	计 算 方 法	费用金额/元
二	企业管理费	$(JF_1 + JF_2) \times 5.0\%$	125897.05
三	利润	$(JF_1 + JF_2) \times 3.1\%$	78056.17
四	有关费用调整	4.1 + 4.2	401941.98
	4.1 人、材、机价差		289124.96
	4.2 其他费用调整		112817.02
五	规费	5.1 + 5.2 + 5.3 + 5.4 + 5.5	98318.64
	5.1 安全文明施工费	（一 + 二 + 三 + 四）× 费率	
	5.2 工程排污费	按工程所在地设区市相关规定计算	
	5.3 社会保障费	（一 + 二 + 三 + 四）× 费率	92803.66
	5.4 住房公积金	按工程所在地设区市相关规定计算	
	5.5 危险作业意外伤害保险	按工程所在地设区市相关规定计算	5514.98
六	税金	（一 + 二 + 三 + 四 + 五）× 3.41%	122234.79
七	建筑工程费用合计	一 + 二 + 三 + 四 + 五 + 六 结算时按（一 + 二 + 三 + 四 + 五 + 六 − 5.3）计算	3706832.81

表 2-13　装饰工程定额计价的计算程序

序号	费用项目名称	计 算 方 法	费用金额/元
	直接费	（一）+（二）	865304.83
	（一）直接工程费 ∑（工程量×市价目表基价）	$\sum\{$工程量×$\sum[$（定额工日消耗数量×人工单价）+（定额材料消耗数量×材料单价）+（定额机械台班消耗量×机械台班单价）$]\}$ ∑（工程量×市价目表基价）	826203.98
	（一）′省价直接工程费	∑（工程量×省基价）	1041727.19
	其中，省价人工费（计费基础 JF_1）	$\sum[$工程量×（定额工日消耗数量×省人工单价）$]$	248597.85
	（二）措施费	1.1 + 1.2 + 1.3 + 1.4	39100.85
	1.1 参照定额规定计取的市价措施费	按定额规定计算	0
	1.1′参照定额规定计取的省价措施费	∑（措施项目工程量×省基价）	0
	其中，省价措施费中的人工费	∑（工程量×定额工日消耗数量×省人工单价）	0
一	1.2 参照省发布费率计取的措施费	计费基础 JF_1 × 相应费率（① + ② + ③ + ④）	31642.92
	① 夜间施工费	$JF_1 \times 4.0\% = 248597.85 \times 4.0\%$	9943.91
	② 二次搬运费	$JF_1 \times 3.6\% = 248597.85 \times 3.6\%$	8949.52
	③ 冬雨期施工增加费	$JF_1 \times 4.5\% = 248597.85 \times 4.5\%$	11186.90
	④ 已完工程及设备保护费	（一）′ × 0.15% = 1041727.19 × 0.15%	1562.59
	1.2.1 其中，人工费	（① + ② + ③）× 20% + ④ × 10% = （9943.91 + 8949.52 + 11186.90）× 20% + 1562.59 × 10%	6172.33
	1.3 按施工组织设计（方案）计取的措施费	按施工组织设计（方案）计取	0
	1.4 总承包服务费	$JF_1 \times 3.0\% = 248597.85 \times 3.0\%$	7457.93
	计费基础 JF_2	按照表 2 − 10 "计费基础及其计算方法"计算 $\sum[$（1.1′ + 1.2 + 1.3）中人工费$]$	6172.33

（续）

序号	费用项目名称	计 算 方 法	费用金额/元
二	企业管理费	$(JF_1 + JF_2) \times 49\%$	124837.39
三	利润	$(JF_1 + JF_2) \times 16\%$	40763.23
四	有关费用调整	见说明	
五	规费	5.1 + 5.2 + 5.3 + 5.4 + 5.5	26803.54
	5.1 安全文明施工费	（一 + 二 + 三 + 四）× 费率	
	5.2 工程排污费	按工程所在地设区市相关规定计算	
	5.3 社会保障费	（一 + 二 + 三 + 四）× 2.6%	26803.54
	5.4 住房公积金	按工程所在地设区市相关规定计算	
	5.5 危险作业意外伤害保险	按工程所在地设区市相关规定计算	
六	税金	（一 + 二 + 三 + 四 + 五）× 3.41%	36067.88
七	建筑工程费用合计	一 + 二 + 三 + 四 + 五 + 六 结算时按（一 + 二 + 三 + 四 + 五 + 六 − 5.3）计算	1093776.87

注：规费中危险作业意外伤害保险，在装饰装修工程单独签订施工合同时计取。

课题2 建筑、装饰工程量清单费用计算程序

1）建筑工程工程量清单计算程序，见表2-14。

表2-14 建筑工程工程量清单计算程序

序号	费用项目名称	计 算 方 法
一	分部分项工程费合价	$\sum_{i=1}^{n} J_i \times L_i$
	分部分项工程综合单价（J_i）	1.1 + 1.2 + 1.3 + 1.4 + 1.5
	1.1 人工费	∑清单项目每计量单位∑（工日消耗量 × 人工单价）
	1.1′省价人工费	∑清单项目每计量单位∑（工日消耗量 × 省价人工单价）
	1.2 材料费	∑清单项目每计量单位∑（材料消耗量 × 材料单价）
	1.2′省价材料费	∑清单项目每计量单位∑（材料消耗量 × 省价材料单价）
	1.3 施工机械使用费	∑清单项目每计量单位∑（施工机械台班消耗量 × 机械台班单价）
	1.3′省价施工机械使用费	∑清单项目每计量单位∑（施工机械台班消耗量 × 省价机械台班单价）
	1.4 企业管理费	计费基础 JFQ_1 × 管理费费率
	1.5 利润	计费基础 JFQ_1 × 利润率
	分部分项工程量（L_i）	按工程量清单数量计算
二	措施项目费	∑单项措施费
	单项措施费	1. 按费率计取的措施费：计费基础 JFQ_2 × 措施费费率 × $[1 + H \times (管理费费率 + 利润率)]$ 2. 参照定额或施工方案计取的措施费：措施项目的人、材、机费之和 + 计费基础 JFQ_3 × （管理费费率 + 利润率）

（续）

序号	费用项目名称	计 算 方 法
	其他项目费	3.1 + 3.2 + 3.3 + 3.4（结算时为3.2 + 3.3 + 3.4 + 3.5 + 3.6）
	3.1 暂列金额	按省清单计价规则规定
	3.2 特殊项目费用	按省清单计价规则规定
三	3.3 计日工	按省清单计价规则规定
	3.4 总承包服务费	专业分包工程费（不包括设备费）×费率
	3.5 索赔与现场签证	按省清单计价规则规定
	3.6 价格调整费用	按省清单计价规则规定
	规费	4.1 + 4.2 + 4.3 + 4.4 + 4.5
	4.1 安全文明施工费	（一 + 二 + 三）×费率
四	4.2 工程排污费	按工程所在地设区市相关规定计算
	4.3 社会保障费	（一 + 二 + 三）×费率
	4.4 住房公积金	按工程所在地设区市相关规定计算
	4.5 危险作业意外伤害保险	按工程所在地设区市相关规定计算
五	税金	（一 + 二 + 三 + 四）×费率
六	工程费用合计	一 + 二 + 三 + 四 + 五 结算时按（一 + 二 + 三 + 四 + 五 - 4.3）计算

注：1. 计费基础 JFQ_1，建筑工程为（$1.1' + 1.2' + 1.3'$）。
　　2. 计费基础 JFQ_2，建筑工程为按省价计算的分部分项工程费合计中的人、材、机费之和。
　　3. 计费基础 JFQ_3，建筑工程为按省价计算的措施项目的人、材、机费之和。
　　4. 按费率计取的措施费公式中的 H，建筑工程为 1.0。

2）装饰工程工程量清单计价计算程序，见表2-15。

表2-15　装饰工程工程量清单计算程序

序号	费用项目名称	计 算 方 法
	分部分项工程费合价	$\sum_{i=1}^{n} J_i \times L_i$
	分部分项工程综合单价（J_i）	1.1 + 1.2 + 1.3 + 1.4 + 1.5
	1.1 人工费	∑清单项目每计量单位∑（工日消耗量×人工单价）
	1.1'省价人工费	∑清单项目每计量单位∑（工日消耗量×省价人工单价）
	1.2 材料费	∑清单项目每计量单位∑（材料消耗量×材料单价）
	1.2'省价材料费	∑清单项目每计量单位∑（材料消耗量×省价材料单价）
一	1.3 施工机械使用费	∑清单项目每计量单位∑（施工机械台班消耗量×机械台班单价）
	1.3'省价施工机械使用费	∑清单项目每计量单位∑（施工机械台班消耗量×省价机械台班单价）
	1.4 企业管理费	计费基础 JFQ_1 ×管理费费率
	1.5 利润	计费基础 JFQ_1 ×利润率
	分部分项工程量（L_i）	按工程量清单数量计算

（续）

序号	费用项目名称	计算方法
二	措施项目费	Σ 单项措施费
	单项措施费	1. 按费率计取的措施费：计费基础 JFQ_2 ×措施费费率×[1 + H ×（管理费费率＋利润率）] 2. 参照定额或施工方案计取的措施费：措施项目的人、材、机费之和＋计费基础 JFQ_3 ×（管理费费率＋利润率）
三	其他项目费	3.1＋3.2＋3.3＋3.4（结算时 3.2＋3.3＋3.4＋3.5＋3.6）
	3.1 暂列金额	按省清单计价规则规定
	3.2 特殊项目费用	按省清单计价规则规定
	3.3 计日工	按省清单计价规则规定
	3.4 总承包服务费	专业分包工程费（不包括设备费）×费率
	3.5 索赔与现场签证	按省清单计价规则规定
	3.6 价格调整费用	按省清单计价规则规定
四	规费	4.1＋4.2＋4.3＋4.4＋4.5
	4.1 安全文明施工费	（一＋二＋三）×费率
	4.2 工程排污费	按工程所在地设区市相关规定计算
	4.3 社会保障费	（一＋二＋三）×2.60%
	4.4 住房公积金	按工程所在地设区市相关规定计算
	4.5 危险作业意外伤害保险	按工程所在地设区市相关规定计算
五	税金	（一＋二＋三＋四）×费率
六	工程费用合计	一＋二＋三＋四＋五 结算时按（一＋二＋三＋四＋五－4.3）计算

注：1. 计费基础 JFQ_1，装饰工程为 1.1′。
　　2. 计费基础 JFQ_2，装饰工程为按省价计算的分部分项工程费合计中的人工费。
　　3. 计费基础 JFQ_3，装饰工程为按省价计算的措施项目的人工费。
　　4. 按费率计取的措施费公式中的 H，装饰工程为措施费中人工费含量。
　　5. 规费中危险作业意外伤害保险，指装饰装修工程单独签订施工合同时计取。

单元6　建设工程计价方法及计价依据

课题1　工程计价方法

工程计价，是指按照规定的程序、方法和依据，对工程造价及其构成内容进行估计或确定的行为。工程计价依据，是指在计价活动中，所要依据的与计价内容、计价方法和价格标准相关的工程计量计价标准，工程计价定额及工程造价信息等。

1. 工程计价基本原理

任何一个建设项目都可以分解为一个或几个单项工程，任何一个单项工程都由一个或几个单位工程组成。作为单位工程的各类建筑工程和安装工程仍然是一个比较复杂的综合体，还需要进一步分解。分解成分部工程后，从工程计价的角度还需要把分部工程按照不同的施工方法、不同的构造及不同的规格，加以更为细致的分解，划分为更为简单细小的部分，即分项工程。分解到分项工程后还可以根据需要进一步划分为定额项目或清单项目，这样就可以得到基本构造单元了。

工程造价计价的基本思路，就是将建设项目细分至最基本的构造单元，找到了适当的计量单位及当时当地的单价，就可以采取一定的计价方法，进行分部组合汇总，计算出相应的工程造价。工程计价的基本原理就在于项目的分解与组合。

工程计价的基本原理，可以用公式的形式表达。

分部分项工程费 = $\sum$ [基本构造单元工程量 (定额项目或清单项目) × 相应单价]

工程造价的计价，可分为工程计量和工程计价两个环节。

（1）工程计量　工程计量工作包括工程项目的划分和工程量的计算。

1）单位工程基本构造单元的确定，即划分工程项目。编制工程概算预算时，主要按照工程定额进行项目的划分；编制工程量清单时主要按照工程量清单计量规范规定的清单项目进行划分。

2）工程量的计算，就是按照工程项目的划分和工程量计算规则，就施工图设计文件和施工组织设计对分项工程实物量进行计算。工程实物量是计价的基础，不同的计价依据有不同的计算规则。目前工程量计算规则包括两大类。

① 各类工程定额规定的计算规则。

② 各类专业工程计量规范规定的计算规则。

（2）工程计价　工程计价包括工程单价的确定和工程总价的计算。

1）工程单价，是指完成单位工程基本构造单元的工程量所需要的基本费用。工程单价包括工料单价和综合单价。

① 工料单价也称直接工程费单价，包括人工、材料、机械台班费用，是各种人工消耗量、各种材料消耗量、各种机械台班消耗量与相应单价的乘积。用公式表示为

工料单价 = $\sum$ （人材机消耗量 × 人材机单价）

② 综合单价包括人工费、材料费、机械台班费，还包括企业管理费、利润和风险因素。综合单价根据国家、地区、行业定额或企业定额消耗量和相应生产要素的市场价格来确定。

2）工程总价，是指经过规定的程序或办法逐级汇总形成的相应工程造价。

根据采用单价的不同，总价的计算程序有所不同。

① 采用工料单价时，在工料单价确定以后，乘以相应定额项目工程量并汇总，得出相应工程直接工程费，再按照相应的取费程序计算其他各项费用，汇总后形成相应工程造价。

② 采用综合单价时，在综合单价确定以后，乘以相应项目工程量，汇总即可得出分部分项工程费，再按相应的办法计取措施项目费、其他项目费、规费项目费、税金项目费，各项目费汇总后得出相应工程造价。

2. 工程计价标准和依据

工程计价标准和依据主要包括计价活动的相关规章规程、工程量清单计量和计价规范、工程定额和相关信息。

3. 工程计价基本程序

（1）工程概预算编制的基本程序　工程概预算的编制，是国家通过颁布统一的计价定

额或指标，对建筑产品价格进行计价的活动。工程概预算编制的基本程序用公式表示。

1）每一计量单位基本构造要素的直接工程费单价＝人工费＋材料费＋施工机械使用费

其中：人工费＝∑（人工工日数量×人工单价）

材料费＝∑（材料用量×材料单价）

机械费＝∑（机械台班用量×机械台班单价）

2）单位工程直接费＝∑（建筑产品工程量×直接工程费单价）＋措施费

3）单位工程概预算造价＝单位工程直接费＋企业管理费＋规费＋利润＋税金

4）单项工程概预算造价＝∑单位工程概预算造价＋设备、工器具购置费

5）建设项目全部工程概预算造价＝∑单项工程概预算造价＋预备费＋其他费用

（2）工程量清单计价的基本程序　工程量清单计价的过程可以分为两个阶段，即工程量清单的编制和工程量清单计价两个阶段。工程量清单计价的基本原理可以描述为：按照工程量清单计价规范规定，在各相应专业工程计量规范规定的工程量清单项目设置和工程量计算规则基础上，针对具体工程的施工图和施工组织设计计算出的各个清单项目的工程量，根据规定的办法计算出综合单价，并汇总各清单合价得出工程总价。工程量清单计价的基本程序用公式表示如下。

1）分部分项工程费＝∑（分部分项工程量×相应分部分项综合单价）

2）措施项目费＝∑各措施项目费

3）其他项目费＝暂列金额＋暂估价＋计日工＋总承包服务费

4）单项工程报价＝分部分项工程费＋措施项目费＋其他项目费＋规费＋税金

5）单项工程报价＝∑单位工程报价

6）建设项目总报价＝∑单项工程报价

课题2　工程定额及其分类

工程定额，是完成规定计量单位的合格建筑安装产品所消耗资源的数量标准。工程定额是一个综合概念，是建设工程造价计价和管理中各类定额的总称，包括许多种类的定额，可以按照不同的原则和方法对它进行分类。

1. 按定额反映的生产要素消耗内容分类

可以把工程定额划分为劳动消耗定额、材料消耗定额、机械消耗定额三种。

1）劳动消耗定额。简称劳动定额（也称人工定额），是指在正常的施工技术和组织条件下，完成规定计量单位合格的建筑安装产品所消耗的人工工日的数量标准。劳动定额的主要表现形式是时间定额，但同时也表现为产量定额。时间定额与产量定额互为倒数。

2）材料消耗定额。简称材料定额，是指在正常的施工技术和组织条件下，完成规定计量单位合格的建筑安装产品所消耗的原材料、成品、半成品、构配件、燃料以及水、电等动力资源的数量标准。

3）机械消耗定额。机械消耗定额以一台机械一个工作班为计量单位，所以又称为机械台班定额。机械消耗定额是指在正常的施工技术和组织条件下，完成规定计量单位合格的建筑安装产品所消耗的施工机械台班的数量标准。机械消耗定额的主要表现形式是机械时间定额，同时也以产量定额表现。

2. 按定额的编制程序和用途分类

可以把工程定额划分为施工定额、预算定额、概算定额、概算指标、投资估算指标五种。

1）施工定额。施工定额是完成一定计量单位的某一施工过程或基本工序所消耗的人工、材料和机械台班的数量标准。施工定额是施工企业（建筑安装企业）为组织生产和加强管理，在企业内部使用的一种定额，属于企业定额的性质。施工定额是以某一施工过程或某基本工序作为研究对象，表现生产产品数量与生产要素消耗的综合关系而编制的定额。为了适应组织生产和管理的需要，施工定额的项目划分很细，是工程定额分项最细、定额子目最多的一种定额，也是工程定额中的基础定额。

2）预算定额。预算定额是指在正常的施工条件下，完成一定计量单位合格的分项工程结构构件所消耗的人工、材料、施工机械台班数量及其费用标准。预算定额是一种计价性定额。从编制程序上看，预算定额是以施工定额为基础综合扩大编制的，同时它也是编制概算定额的基础。

3）概算定额。概算定额是完成单位合格扩大分项工程或扩大结构构件所需消耗的人工、材料、施工机械台班的数量及其费用标准，是一种计价性定额。概算定额是编制扩大初步设计概算、确定建设项目投资额的依据。

4）概算指标。概算指标是以单位工程为对象，反映完成一个规定计量单位建筑安装产品的经济消耗的指标。概算指标是概算定额的扩大与合并，以更为扩大的计量单位来编制，概算指标的内容包括人工、材料、机械台班三个基本部分，是一种计价性定额。

5）投资估算指标。投资估算指标是以建设项目、单项工程、单位工程为对象，反映建设总投资及其各项费用构成的经济指标。它是在项目建议书和可行性研究阶段编制投资估算、计算投资需要量时使用的一种定额。

上述五种定额相互关系的比较，见表 2-16。

表 2-16　五种定额相互关系的比较

名称	施工定额	预算定额	概算定额	概算指标	投资估算指标
对象	施工过程或基本工序	分项工程和结构构件	扩大的分项工程或扩大的结构构件	单位工程	建设项目单项工程单位工程
用途	编制施工预算	编制施工图预算	编制扩大初步设计概算	编制初步设计概算	编制投资估算
项目划分	最细	细	较细	粗	很粗
定额水平	平均先进	平均			
定额性质	生产性定额	计价性定额			

3. 按照专业划分

1）建筑工程定额按专业对象分为建筑及装饰工程定额、房屋修缮工程定额、市政工程定额、铁路工程定额、公路工程定额、矿山井巷工程定额等。

2）安装工程定额按专业对象分为电气设备安装工程定额、机械设备安装工程定额、热力设备安装工程定额、通信设备安装工程定额、化学工业设备安装工程定额、工业管道安装工程定额、工艺金属结构安装工程定额等。

4. 按主编单位和管理权限分类

工程定额可以分为全国统一定额、行业统一定额、地区统一定额、企业定额、补充定额五种。

课题3　工程量清单计价与计量规范

工程量清单，是载明建设工程分部分项工程项目、措施项目和其他项目的名称和相应数量以及规费和税金项目等内容的明细清单。其中由招标人根据国家标准、招标文件、设计文件，以及施工现场实际情况编制的称为招标工程量清单，而作为投标文件组成部分的已标明价格并经承包人确认的称为已标价工程量清单。招标工程量清单应由具备编制能力的招标人或受其委托、具有相应资质的工程造价咨询人或招标代理人编制。采用工程量清单方式招标，招标工程量清单必须作为招标文件的组成部分，其准确性和完整性由招标人负责。招标工程量清单应以单位（项）工程为单位编制，由分部分项工程量清单，措施项目清单，其他项目清单，规费项目、税金项目清单组成。

1. 工程量清单计价与计量规范概述

工程量清单计价与计量规范由《建设工程工程量清单计价规范》（GB 50500—2013）、《房屋建筑与装饰工程工程量计算规范》（GB 50854—2013）、《仿古建筑工程工程量计算规范》（GB 50855—2013）、《通用安装工程工程量计算规范》（GB 50856—2013）、《市政工程工程量计算规范》（GB 50857—2013）、《园林绿化工程工程量计算规范》（GB 50858—2013）、《矿山工程工程量计算规范》（GB 50859—2013）、《构筑物工程工程量计算规范》（GB 50860—2013）、《城市轨道交通工程工程量计算规范》（GB 50861—2013）、《爆破工程工程量计算规范》（GB 50862—2013）组成。

（1）工程量清单计价的适用范围　计价规范适用于建设工程发承包及其实施阶段的计价活动。使用国有资金投资的建设工程发承包，必须采用工程量清单计价；非国有资金投资的建设工程，宜采用工程量清单计价；不采用工程量清单计价的建设工程，应执行计价规范中除工程量清单等专门性规定外的其他规定。

国有资金投资的项目，包括全部使用国有资金（含国家融资资金）投资或国有资金投资为主的工程建设项目。

1）国有资金投资的工程建设项目包括：

① 使用各级财政预算资金的项目。

② 使用纳入财政管理的各种政府性专项建设资金的项目。

③ 使用国有企事业单位自有资金，并且国有资产投资者实际拥有控制权的项目。

2）国家融资资金投资的工程建设项目包括：

① 使用国家发行债券所筹资金的项目。

② 使用国家对外借款或者担保所筹资金的项目。

③ 使用国家政策性贷款的项目。

④ 国家授权投资主体融资的项目。

⑤ 国家特许的融资项目。

3）国有资金（含国家融资资金）为主的工程建设项目是指国有资金占投资总额50%以上，或虽不足50%但国有投资者实质上拥有控股权的工程建设项目。

（2）工程量清单计价的作用

1）提供一个平等的竞争条件。

2）满足市场经济条件下竞争的需要。

3）有利于提高工程计价效率，能真正实现快速报价。

4）有利于工程款的拨付和工程造价的最终结算。

5）有利于业主对投资的控制。

2. 分部分项工程项目清单

分部分项工程，是"分部工程"和"分项工程"的总称。"分部工程"是单位工程的组成部分，是按结构部位、路段长度及施工特点或施工任务将单位工程划分为若干分部的工程。例如，砌筑工程分为砖砌体、砌块砌体、石砌体、垫层分部工程。"分项工程"是分部工程的组成部分，是按不同施工方法、材料、工序及路段长度等将分部工程划分为若干个分项或项目的工程。例如砖砌体分为砖基础、砖砌挖孔桩护壁、实心砖墙、多孔砖墙、空心砖墙、空斗墙、空花墙、填充墙、实心砖柱、多孔砖柱、砖检查井、零星砌砖、砖散水、地坪、砖地沟、明沟等分项工程。

分部分项工程项目清单，必须载明项目编码、项目名称、项目特征、计量单位和工程量。分部分项工程项目清单必须根据各专业工程计量规范规定的项目编码、项目名称、项目特征、计量单位和工程量计算规则进行编制。其格式见表 2-17，在分部分项工程量清单的编制过程中，由招标人负责前六项内容的填列，金额部分在编制招标控制价或投标报价时填列。

表 2-17　分部分项工程和单价措施项目清单与计价表

工程名称：　　　　　　标段：　　　　　　　　　　　第　页　共　页

序号	项目编码	项目名称	项目特征描述	计量单位	工程量	金额/元		
						综合单价	合价	其中：暂估价

（1）项目编码　项目编码，是分部分项工程和措施项目清单名称的阿拉伯数字标识。分部分项工程量清单项目编码以五级编码设置，用十二位阿拉伯数字表示。一、二、三、四级编码为全国统一，即一至九位应按计价规范附录的规定设置；第五级即十至十二位为清单项目编码，应根据拟建工程的工程量清单项目名称设置，不得有重号，这三位清单项目编码由招标人针对招标工程项目具体编制，并应自 001 起顺序编制。

各级编码代表的含义如下：

1）第一级表示专业工程代码（分二位）。

2）第二级表示附录分类顺序码（分二位）。

3）第三级表示分部工程顺序码（分二位）。

4）第四级表示分项工程项目名称顺序码（分三位）。

5）第五级表示工程量清单项目名称顺序码（分三位）。

项目编码结构如图 2-2 所示（以房屋建筑与装饰工程为例）。

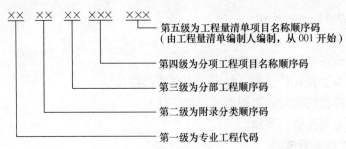

第五级为工程量清单项目名称顺序码
（由工程量清单编制人编制，从001开始）

第四级为分项工程项目名称顺序码

第三级为分部工程顺序码

第二级为附录分类顺序码

第一级为专业工程代码

图2-2　工程量清单项目编码结构

？注意！

当同一标段（或合同段）的一份工程量清单中含有多个单位工程且工程量清单以单位工程为编制对象时，在编制工程量清单时应特别注意对项目编码十至十二位的设置不得有重码的规定。

（2）项目名称　分部分项工程量清单的项目名称，应按各专业工程计量规范附录的项目名称结合拟建工程的实际确定。

（3）项目特征　项目特征，是构成分部分项工程项目、措施项目自身价值的本质特征。项目特征是对项目的准确描述，是确定一个清单项目综合单价不可缺少的重要依据，是区分清单项目的依据，是履行合同义务的基础。

（4）计量单位　计量单位应采用基本单位，除各专业另有特殊规定外均按以下单位计量：

1）以质量计算的项目：吨或千克（t或kg）。

2）以体积计算的项目：立方米（m^3）。

3）以面积计算的项目：平方米（m^2）。

4）以长度计算的项目：米（m）。

5）以自然计量单位计算的项目：个、套、块、樘、组、台……

6）没有具体数量的项目：宗、项……

说明：各专业有特殊计量单位的另外加以说明，当计量单位有两个或两个以上时，应根据所编工程量清单项目的特征要求，选择最适宜表现该项目特征并方便计量的单位。

计量单位的有效位数，应遵守下列规定：

1）以"t"为单位，应保留小数点后三位数字，第四位小数四舍五入。

2）以"m""m^2""m^3""kg"为单位，应保留小数点后两位数字，第三位小数四舍五入。

3）以"个""件""根""组""系统"等为单位，应取整数。

（5）工程数量的计算　工程数量，主要通过工程量计算规则计算得到。工程量计算规则是指对清单项目工程量的计算规定。除另有说明外，所有清单项目的工程量应以实体工程量为准，并以完成后的净值计算；投标人投标报价时，应在单价中考虑施工中的各种损耗和需要增加的工程量。

3. 措施项目清单

措施项目，是指为完成工程项目施工，发生于该工程施工准备和施工过程中的技术、生活、安全、环境保护等方面的项目。

措施项目清单，应根据相关工程现行国家计量规范的规定编制，并应根据拟建工程的实际情况列项。例如，《房屋建筑与装饰工程工程量计算规范》（GB 50854—2013）中规定的措施项目，包括脚手架工程，混凝土模板及支架（撑），垂直运输，超高施工增加，大型机械设备进出场及安拆，施工排水、降水，安全文明施工及其他措施项目。

4. 其他项目清单

其他项目清单，是指在分部分项工程量清单、措施项目清单所包含的内容以外，因招标人的特殊要求而发生的与拟建工程有关的其他费用项目和相应数量的清单。其他项目清单包括暂列金额；暂估价（包括材料暂估单价、工程设备暂估单价、专业工程暂估价）；计日工；总承包服务费。

（1）暂列金额　暂列金额，是指招标人在工程量清单中暂定并包括在合同价款中的一笔款项。用于工程合同签订时尚未确定或者不可预见的所需材料、工程设备、服务的采购，施工中可能发生的工程变更、合同约定调整因素出现时合同价款的调整，以及发生的索赔、现场签证确认等的费用。

（2）暂估价　暂估价，是指招标人在工程量清单中提供的用于支付必然发生但暂时不能确定价格的材料、工程设备的单价以及专业工程的金额，包括材料暂估单价、工程设备暂估单价和专业工程暂估价；只是因为标准不明确或者需要由专业承包人完成，暂时无法确定价格。暂估价数量和拟建项目应当结合工程量清单中的"暂估列表"予以补充说明。

（3）计日工　在施工过程中，承包人完成发包人提出的工程合同范围以外的零星项目或工作，按合同中约定的单价计价的一种方式。计日工是为了解决现场发生的零星工作的计价而设立的。

（4）总承包服务费　总承包服务费，是指总承包人为配合、协调发包人进行的专业工程发包，对发包人自行采购的材料、工程设备等进行保管以及施工现场管理，竣工资料汇总整理等服务所需的费用。招标人应预计该项费用并按投标人的投标报价向投标人支付该项费用。

5. 规费、税金项目清单

规费项目清单，应按照下列内容列项：社会保险费，包括养老保险费、失业保险费、医疗保险费、工伤保险费、生育保险费；住房公积金；工程排污费；出现计价规范中未列的项目，应根据省级政府或省级有关权力部门的规定列项。

税金项目清单，应包括下列内容：营业税；城市维护建设税；教育费附加；地方教育附加。出现计价规范未列的项目，应根据税务部门的规定列项。

知识回顾

本篇包括 4 个单元，主要知识点汇总见表 2-18。

表 2-18　建筑安装工程费用构成与计价方法主要知识点

单　元			主　要　内　容
单元 3	建筑安装工程费用构成及计算	建筑安装工程费用构成	建筑安装工程费用分为建筑工程费用和安装工程费用。我国现行建筑安装工程费用项目按费用构成要素和造价形成两种形式划分
		按费用构成要素划分	按照费用构成要素划分，建筑安装工程费包括：人工费、材料费、施工机具使用费、企业管理费、利润、规费和税金
		按造价形成划分	建筑安装工程费，按照工程造价形成由分部分项工程费、措施项目费、其他项目费、规费和税金组成

（续）

单　元			主　要　内　容
单元4	工程类别划分标准、费率	工程类别划分	建筑工程的工程类别按工业建筑工程、民用建筑工程、构筑物工程、单独土石方工程、桩基础工程、装饰工程分列并分若干类别
		费率	措施费、企业管理费、利润、税费费率，见费率表
单元5	建筑工程费用计算程序	定额计价	建筑、装饰工程费用计算程序
		清单计价	建筑、装饰工程费用计算程序
单元6	建筑工程计价方法及计价依据	工程计价方法	工程单价包括工料单价（定额计价）和综合单价（清单计价）
		工程定额及其分类	工程定额，是完成规定计量单位的合格建筑安装产品所消耗资源的数量标准。可以按照不同的原则和方法对它进行分类
		工程量清单计价与计量规范	工程量清单计价范围；分部分项工程项目清单，必须载明项目编码、项目名称、项目特征、计量单位和工程量

检查测试

一、填空题

1. 我国现行建筑安装工程费用项目按两种不同的方式划分，即按＿＿＿＿＿＿划分和按＿＿＿＿＿＿划分。计算人工费的基本要素有两个，即＿＿＿＿＿＿和＿＿＿＿＿＿。

2. 材料单价是指建筑材料从其来源地运到施工工地仓库直至出库形成的综合平均单价，其内容包括＿＿＿＿＿＿、＿＿＿＿＿＿、＿＿＿＿＿＿、＿＿＿＿＿＿等。

3. 施工机械台班单价通常由＿＿＿＿＿＿、＿＿＿＿＿＿、＿＿＿＿＿＿、＿＿＿＿＿＿、＿＿＿＿＿＿和＿＿＿＿＿＿组成。

4. 规费主要包括＿＿＿＿＿＿、＿＿＿＿＿＿和＿＿＿＿＿＿。

5. 综合单价包括＿＿＿＿＿＿、＿＿＿＿＿＿、＿＿＿＿＿＿和＿＿＿＿＿＿，以及一定范围的＿＿＿＿＿＿。

6. 一般居住类建筑的装饰，均按＿＿＿＿＿＿类工程确定。

7. 工程造价的计价，可分为＿＿＿＿＿＿和＿＿＿＿＿＿两个环节。工程单价包括＿＿＿＿＿＿单价和＿＿＿＿＿＿单价。

8. 工程量清单由＿＿＿＿＿＿清单，＿＿＿＿＿＿清单，＿＿＿＿＿＿清单，＿＿＿＿＿＿、＿＿＿＿＿＿清单组成。

二、单项选择题

1. 根据我国现行建筑安装工程费用项目的组成，下列属于规费的是（　　　）。

A. 环境保护费　　　　B. 生育保险费　　　　C. 财务保险费　　　　D. 文明施工费

2. 施工企业按规定缴纳的车船使用税，应计入建筑安装工程造价的（　　　）。

A. 税金　　　　B. 利润　　　　C. 企业管理费　　　　D. 规费

3. 下列工程中，属于概算指标编制对象的是（　　　）。

A. 分项工程　　　　B. 工序或施工过程　　　　C. 分部工程　　　　D. 单位工程

4. 《房屋建筑与装饰工程工程量计算规范》（GB 50854—2013）规定，分部分项工程量清单项目编码的第三级为表示（　　　）的顺序码。

A. 分项工程　　　　B. 专业工程　　　　C. 分部工程　　　　D. 单项工程

5. 在工程量清单中，最能体现分部分项工程自身价值特征的是（　　）。

A. 项目特征　　　　　　B. 项目编码　　　　　　C. 项目名称　　　　　　D. 计量单位

三、多项选择题

1. 下列费用中，属于企业管理费的是（　　）。

A. 劳动保护费　　　　　B. 职工福利费　　　　　C. 场地准备费

D. 检验试验费　　　　　E. 工程保险费

2. 根据我国现行建筑安装工程费用项目的组成，下列属于社会保险费的是（　　）。

A. 住房公积金　　　　　B. 养老保险费　　　　　C. 医疗保险费

D. 失业保险费　　　　　E. 工伤保险费

3. 按定额的编制程序和用途，建设工程定额可划分为（　　）。

A. 施工定额　　　　　　B. 企业定额　　　　　　C. 预算定额

D. 补充定额　　　　　　E. 投资估算指标

第3篇

工程计量基础知识与建筑面积计算

导语

工程造价的确定，应以工程所要完成的分部分项工程项目以及为完成分部分项工程所采取的措施项目的工程数量为依据，对分部分项工程项目或措施项目工程数量做出正确的计算，并以一定的计量单位表述，这就需要进行工程计量。

由于工程计价的多阶段性和多次性，工程计量也具有多阶段性和多次性，不仅包括招标阶段工程量定额编制或清单编制的工程计量，也包括投标报价以及合同履行阶段的变更、索赔、支付和结算中的工程计量。图3-1为某高层住宅，工程从开工建设到竣工验收，在不同阶段，工程计量需要进行多次，如在招标阶段主要依据施工图和工程量计算规则确定拟完工程分部分项工程项目和措施项目的工程数量；在施工阶段主要依据合同约定、施工图及工程量计算规则对已完成工程工程量进行确认。

图3-1 某高层住宅效果图

本篇主要介绍工程计量基础知识与建筑面积计算。

学习目标

1. 了解工程量的含义及其作用，理解工程量计算方法，掌握基数计算。

2. 理解《建筑工程建筑面积计算规范》（GB/T 50353—2013）中的主要术语，掌握建筑面积的概念及计算规则，通过阅读施工图能进行建筑面积计算。

重点与要求

1. 理解工程量计算方法，掌握基数计算。
2. 掌握建筑面积的计算规则，能进行建筑面积计算。

相关知识

单元 7　工程计量基础知识及基数计算

课题 1　工程量计算基础知识

1. 工程量的含义及其作用

（1）工程量的含义　工程量是指以物理计量单位或自然计量单位所表示的分部分项工程项目和措施项目的实物数量。物理计量单位是指以公制度量表示的长度、面积、体积和质量等计量单位。自然计量单位是指以建筑成品表现在自然状态下的简单点数所表示的个、条、樘、块等计量单位。

（2）工程量的作用

1）工程量是确定建筑安装工程造价的重要依据。只有准确地计算工程量，才能正确计算工程相关费用，合理确定工程造价。

2）工程量是承包方生产经营管理的重要依据。工程量是编制项目管理规划，安排工程施工进度，编制材料供应计划，进行工料分析，编制人工、材料、机械台班需用量，进行工程统计和经济核算的重要依据。也是编制工程形象进度统计报表，向建设单位发包方结算工程价款的重要依据。

3）工程量是发包方管理工程建设的重要依据。工程量是编制建设计划，筹集资金，编制工程招标文件、工程量清单，建筑工程预算，安排工程价款的拨付和结算，进行投资控制的重要依据。

2. 工程量计算的依据

工程量是根据施工图及其说明，按照一定的工程量计算规则逐项进行计算并汇总得到的。计算的主要依据如下：

1）经审定的施工设计图及其设计说明。

2）工程施工合同、招标文件的商务条款。

3）经审定的施工组织设计或施工技术措施方案。

4）工程量计算规则。工程量计算规则是规定在计算工程实物数量时，从设计文件和图样中摘取数值的取定原则的方法。我国目前的工程量计算规则主要有两类，一是与定额计价相配套的工程量计算规则，原建设部制定了《全国统一建筑工程预算工程量计算规则》，各个地方及不同行业也都制定了相应的工程量计算规则；二是与清单计价相配套的计算规则，现在执行的是 2013 年住建部公布的《工程量计算规范》。《工程量计算规范》是正确计算工程量、编制工程量清单的依据，工程量清单是载明建设工程分部分项工程项目、措施项目、其他项目的名称和数量以及规费和税金项目等内容的明细清单。

3. 工程量计算的方法

工程量计算又称工程计量，工程计量一般分为手工计量与计算机软件计量两种方法。

（1）手工计量　为了避免漏算或重算，提高计算的准确程度，工程量的计算应按照一定的顺序进行。具体的计算顺序应根据具体工程和个人的习惯来确定。一般分为单位工程计算顺序和单个分部分项工程计算顺序。单位工程计算顺序，一般按计价规范（清单计价）清单列项顺序或按照工程定额（定额计价）上的章节顺序计算工程量；单个分部分项工程计算顺序，一般有按顺时针方向计算法，按"先横后竖、先上后下、先左后右"计算法，按图样分项编号顺序计算法等，如图 3-2 所示。

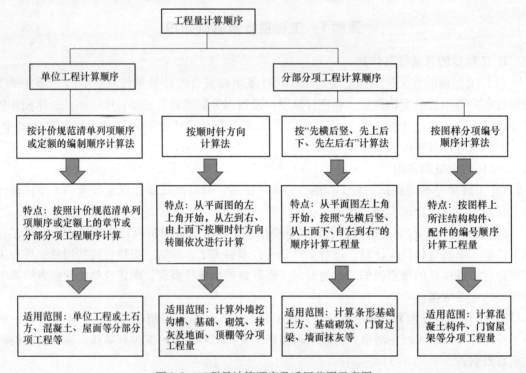

图 3-2　工程量计算顺序及适用范围示意图

（2）应用计算机软件计算工程量　工程计量可利用计算机软件进行。建筑工程计量软件可分为图形算量软件与钢筋算量软件。图形算量软件与钢筋算量软件均是以工程量计算规则为依据，结合现行设计规范、施工验收规范和施工工艺而进行设计的。造价人员通过画图或 CAD 图导入，确定构件实体的位置，并输入与计量有关的构件属性，软件通过默认计算规则，自动计算得到构件实体（或非实体）的工程量，并自动进行统计汇总，得到各分部分项工程的工程量。

课题 2　用统筹法计算工程量

运用统筹法计算工程量，就是分析在工程量计算过程中各分部分项工程量之间的固有规律和相互之间的依赖关系。实践表明，每个分部分项工程的工程量计算虽有着各自的特点，但都离不开"线""面"之类的基数，另外，某些分部分项工程的工程量计算结果往往是另一些分部分项工程的工程量计算的基础数据，因此，根据这个特性，运用统筹法原理，对每个分部分项工程的工程量进行分析，然后依据计算过程的内在联系，按先主后次，统筹安排计算程序，可以简化烦琐的计算，形成统筹计算工程量的方法。

1. 统筹法计算工程量的基本要点

统筹法计算工程量的基本要点是：统筹程序，合理安排；利用基数，连续计算；一次算出，多次使用；结合实际，灵活机动（图 3-3）。

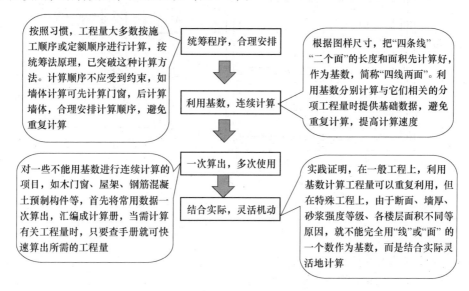

图 3-3　统筹法计算工程量要点示意图

2. 运用统筹法，常遇到的几种情况及采用的方法

1）分段计算法。当基础断面不同，在计算基础工程量时，就应分段计算。

2）分层计算法。如遇多层建筑物，各楼层的建筑面积或砌筑砂浆强度等级不同时，均可分层计算。

3）补加计算法。即在同一分项工程中，遇到局部外形尺寸或结构不同时，为便于利用基数进行计算，可先将其看作相同条件计算，然后再加上多出部分的工程量。如基础深度不同的内外墙基础、宽度不同的散水等工程。

4）补减计算法。与补加计算法相似，只是在原计算结果上减去局部不同部分的工程量。如在楼地面工程中，各层楼面除每层盥洗室间为水磨石面层外，其余均为水泥砂浆面层，则可先按各楼层均为水泥砂浆面层计算，然后补减盥洗室间的水磨石地面工程量。

3. 基数计算

在工程量计算过程中，有些数据需要反复使用，这些基本数据称为基数。基数的计算一般分为一般线面基数的计算、偏轴线基数的计算和基数的扩展计算三种类型。

（1）一般线面基数的计算　按照统筹法原理，一般线面基数包括以下内容：

$L_{中}$——建筑平面图中外墙（墙厚相同）中心线的总长度；

$L_{外}$——建筑平面图中外墙外边线的总长度；

$L_{内}$——建筑平面图中内墙净长线长度；

$L_{净}$——建筑基础平面图中内墙基槽或垫层净长线长度；

$S_{底}$——建筑物底层建筑面积；

$S_房$——建筑平面图中房心净面积。

以上各基数简称"四线两面"。

【例3-1】   某建筑物基础平面图、剖面图如图 3-4 所示，试计算各基数。

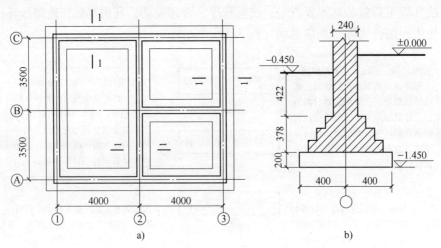

图 3-4   某建筑物基础平面与剖面图

a）基础平面图   b）基础 1—1 剖面图

解： 各基数计算过程如下。

$L_中 = (4m \times 2 + 3.5m \times 2) \times 2 = 30.00m$

$L_外 = (4m \times 2 + 0.24m + 3.5m \times 2 + 0.24m) \times 2 = 30.96m$

$L_内 = 4m - 0.24m + 3.5m \times 2 - 0.24m = 10.52m$

$L_净 = 4m - 0.4m \times 2 + 3.5m \times 2 - 0.4m \times 2 = 9.40m$

$S_底 = (4m \times 2 + 0.24m) \times (3.5m \times 2 + 0.24m) = 59.66m^2$

$S_房 = (4m - 0.24m) \times (3.5m \times 2 - 0.24m) + (4m - 0.24m) \times (7m - 0.24m \times 2) = 49.93m^2$

（2）偏轴线基数的计算   当轴线与中心线不重合时，可以根据两者之间的关系，计算各轴线。

【例3-2】   计算如图 3-5 所示基础平面图的各个基数。

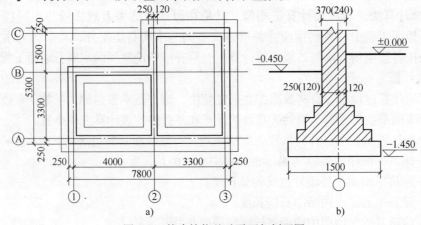

图 3-5   某建筑物基础平面与剖面图

a）基础平面图   b）外墙（内墙）基础剖面图

解：各基数计算过程，见表3-1。

表 3-1　各基数计算表

序　号	项目名称	单　位	计　算　过　程	工　程　量
1	$L_{中}$	m	$(7.8 - 0.185 \times 2 + 5.3 - 0.185 \times 2) \times 2$	24.72
2	$L_{外}$	m	$(7.8 + 5.3) \times 2$	26.20
3	$L_{内}$	m	$3.3 - 0.12 \times 2$	3.06
4	$L_{净}$	m	$3.3 + 0.065 \times 2 - 0.75 \times 2$	1.93
5	$S_{底}$	m^2	$7.8 \times 5.3 - 4 \times 1.5$	35.34
6	$S_{房}$	m^2	$(4 - 0.12 \times 2) \times (3.3 - 0.12 \times 2) + (3.3 - 0.12 \times 2) \times$ $(4.8 - 0.12 \times 2)$（或 $S_{底} - L_{中} \times$ 外墙厚 $- L_{内} \times$ 内墙厚）	25.46

知识拓展

基数的扩展计算

某些工程项目的计算不能直接使用基数，但与基数之间有着必然的联系，可以利用基数扩展计算，下面利用万能公式进行基数的扩展计算。

如图3-6所示，一个任意非圆弧形状的多边形，如果已知其内周长为 L_1，每边都向外平行扩展 a，那么，外周长 $L_2 = L_1 + 8a$（此公式称为万能公式）。

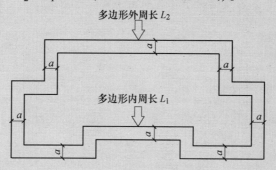

图 3-6　万能公式计算图

【例 3-3】　某建筑物屋顶平面图及挑檐剖面图，如图3-7所示，试利用基数计算挑檐板的底面积及翻檐的体积、翻檐的内、外侧面积。

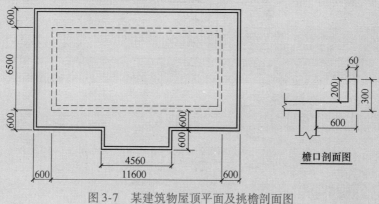

图 3-7　某建筑物屋顶平面及挑檐剖面图

解：在基数计算中，利用万能公式，可简化计算过程，提高计算速度及准确度。本工程计算过程，见表3-2。

表3-2　工程量计算表

序号	项目名称	单位	计算过程	工程量
1	外墙所围建筑面积 $S_{底}$	m²	11.6 × 6.5	75.40
2	外墙外边线长度 $L_{外}$	m	(11.6 + 6.5) × 2	36.20
3	翻檐外边线长度	m	(11.6 + 0.6 × 2 + 6.5 + 0.6 × 3) × 2	42.20
4	翻檐中心线长度	m	42.20 − 8 × 0.03	41.96
5	翻檐内边线长度	m	42.20 − 8 × 0.06	41.72
6	挑檐板底面积	m²	(11.6 + 0.6 × 2) × (6.5 + 0.6 × 2) − 75.40 + 4.56 × 0.6	25.90
7	翻檐体积	m³	41.96 × 0.06 × 0.20	0.50
8	翻檐内侧面面积	m²	41.72 × 0.20	8.34
9	翻檐外侧面面积	m²	42.20 × 0.30	12.66

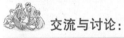 交流与讨论：

某建筑物基础平面示意图及断面示意图如图3-8所示，试计算"四线两面"。

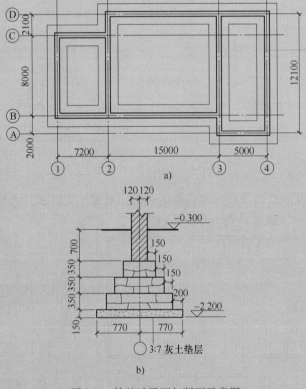

图3-8　某基础平面与断面示意图

a）基础平面示意图　b）基础断面示意图

单元8　建筑面积计算

根据国家住房和城乡建设部文件要求，新版《建筑工程建筑面积计算规范》(GB/T 50353—2013)，自2014年7月1日起实施。

课题1　主要术语解析

1）建筑面积：建筑物（包括墙体）所形成的楼地面面积。建筑面积包括使用面积、辅助面积和结构面积。使用面积和辅助面积的总和称为有效面积，如图3-9所示。

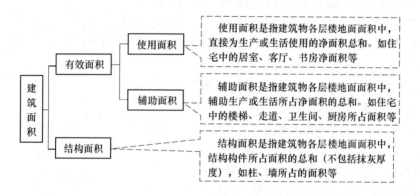

图3-9　建筑面积组成示意图

建筑面积计算是工程计量的最基础工作，在工程建设中具有重要意义。建筑面积的作用，具体有以下几个方面：

① 确定建设规模的重要指标。根据项目立项批准文件所核准的建筑面积，是初步设计的重要控制指标。

② 确定各项技术经济指标的基础。建筑面积与使用面积、辅助面积、结构面积之间存在着一定的关系。有了建筑面积，才能确定每平方米建筑面积的工程造价。

$$单位面积工程造价 = \frac{工程造价}{建筑面积}$$

③ 评价设计方案的依据。建筑设计和建筑规划中，经常使用建筑面积控制某些指标，例如容积率、建筑密度等指标，它们都与建筑面积密切相关。因此，为了评价设计方案，必须准确计算建筑面积。

一般城区：
$$容积率 = \frac{地上总建筑面积}{规划用地面积} \times 100\%$$

工业区：
$$容积率 = \frac{厂区建筑面积 + 构筑物面积}{厂区占地面积} \times 100\%$$

$$建筑密度 = \frac{建筑物底层建筑面积}{建筑占地面积} \times 100\%$$

④ 计算有关分项工程量的依据。在编制一般土建工程预算时，建筑面积是确定一些分项工程量的基本数据。应用统筹计算方法，根据底层建筑面积，就可以很方便地推算出室内

回填土、地（楼）面面积和顶棚面积等。另外，建筑面积也是脚手架、垂直运输机械费用的计算依据。

⑤ 选择概算指标和编制概算的基础数据。概算指标通常以建筑面积为计量单位，用概算指标编制概算时，要以建筑面积为计算基础。

2）自然层：按楼地面结构分层的楼层称为自然层。

3）结构层高：楼面或地面结构层上表面至上部结构层上表面之间的垂直距离。

4）围护结构：围合建筑空间的墙体、门、窗。

5）建筑空间：以建筑界面限定的、供人们生活和活动的场所。

6）结构净高：楼面或地面结构层上表面至上部结构层下表面之间的垂直距离。

7）围护设施：为保障安全而设置的栏杆、栏板等围挡。

8）地下室：室内地平面低于室外地平面的高度超过室内净高的1/2的房间。

9）半地下室：室内地平面低于室外地平面的高度超过室内净高的1/3，且不超过1/2的房间。

10）架空层：仅有结构支撑而无外围护结构的开敞空间层。

11）走廊：建筑物中的水平交通空间。

12）架空走廊：专门设置在建筑物的二层或二层以上，作为不同建筑物之间水平交通的空间。

13）结构层：整体结构体系中承重的楼板层。

14）落地橱窗：突出外墙面且根基落地的橱窗。

15）凸窗（飘窗）：凸出建筑物外墙面的窗户。

16）檐廊：建筑物挑檐下的水平交通空间，如图3-10所示。

17）挑廊：挑出建筑物外墙的水平交通空间。

18）门斗：建筑物入口处两道门之间的空间。

19）雨篷：建筑出入口上方为遮挡雨水而设置的部件。

20）门廊：建筑物入口前有顶棚的半围合空间。

21）楼梯：由连续行走的梯级、休息平台和维护安全的栏杆（或栏板）、扶手以及相应的支托结构组成的作为楼层之间垂直交通使用的建筑部件。

图3-10　某建筑物檐廊

22）阳台：附设于建筑物外墙，设有栏杆或栏板，可供人活动的室外空间。

23）主体结构：接受、承担和传递建设工程所有上部荷载，维持上部结构整体性、稳定性和安全性的有机联系的构造。

24）变形缝：防止建筑物在某些因素作用下引起开裂甚至破坏而预留的构造缝。

25）骑楼：建筑底层沿街面后退且留出公共人行空间的建筑物，如图3-11a所示。

26）过街楼：跨越道路上空并与两边建筑相连接的建筑物，如图3-11b所示。

27）建筑物通道：为穿过建筑物而设置的空间，如图3-11b所示。

a)　　　　　　　　　　　　　　　　b)

图 3-11　骑楼、过街楼与建筑物通道
a）骑楼　b）过街楼

28）露台：设置在屋面、首层地面或雨篷上的供人室外活动的有围护设施的平台。

注意！

露台应满足四个条件：一是位置，设置在屋面、地面或雨篷顶；二是可出入；三是有围护设施；四是无盖。这四个条件须同时满足。如果设置在首层并有围护设施的平台，且其上层为同体量阳台，则该平台应视为阳台，按阳台的规则计算建筑面积。

29）勒脚：在房屋外墙接近地面部位设置的饰面保护构造。

30）台阶：联系室内外地坪或同楼层不同标高而设置的阶梯形踏步。

课题2　计算建筑面积的规定与计算实例

1）建筑物的建筑面积，应按自然层外墙结构外围水平面积之和计算。结构层高在 2.20m 及以上的，应计算全面积；结构层高在 2.20m 以下的，应计算 1/2 面积。

【例3-4】　计算如图 3-12 所示建筑物的建筑面积。

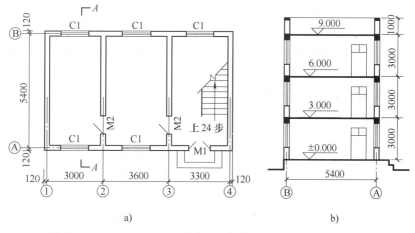

a)　　　　　　　　　　　　　　　　b)

图 3-12　某建筑物平面与剖面图
a）底层平面图　b）A—A 剖面图

分析：该建筑物 3 个自然层，结构层高均大于 2.2m，所以，按 3 个自然层的全面积之和计算。

解：建筑面积 $= (3m + 3.6m + 3.3m + 0.12m \times 2) \times (5.4m + 0.12m \times 2) \times 3 = 171.57m^2$

2）建筑物内设有局部楼层时，如图 3-13 所示，对于局部楼层的二层及以上楼层，有围护结构的应按其围护结构外围水平面积计算，无围护结构的应按其结构底板水平面积计算，且结构层高在 2.20m 及以上的，应计算全面积，结构层高在 2.20m 以下的，应计算 1/2 面积。

3）对于形成建筑空间的坡屋顶，结构净高在 2.10m 及以上的部位应计算全面积；结构净高在 1.20m 及以上至 2.10m 以下的部位应计算 1/2 面积；结构净高在 1.20m 以下的部位不应计算建筑面积。

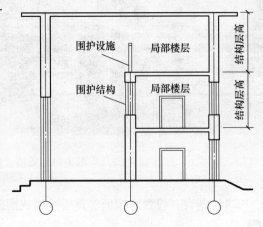

图 3-13　建筑物内的局部楼层

【**例 3-5**】　计算如图 3-14 所示某建筑物坡屋顶的建筑面积。

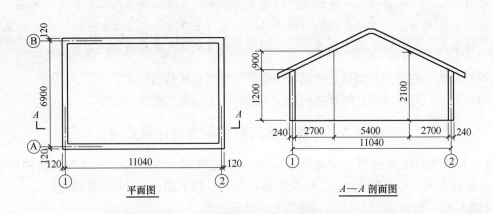

平面图　　　　　　　　　　　　　　　　$A—A$ 剖面图

图 3-14　某建筑物坡屋顶平面与剖面示意图

分析：该建筑物屋顶为坡屋顶，结构净高在 2.10m 及以上的部位应计算全面积；结构净高在 1.20m 及以上至 2.10m 以下的部位应计算 1/2 面积。

解：该建筑物坡屋顶的建筑面积：

$$2.70m \times (6.90m + 0.12m \times 2) \times \frac{1}{2} \times 2 + 5.40m \times (6.90m + 0.12m \times 2) = 57.83m^2$$

4）对于场馆看台下的建筑空间，结构净高在 2.10m 及以上的部位应计算全面积；结构净高在 1.20m 及以上至 2.10m 以下的部位应计算 1/2 面积；结构净高在 1.20m 以下的部位不应计算建筑面积。室内单独设置的有围护设施的悬挑看台，应按看台结构底板水平投影面积计算建筑面积。有顶盖无围护结构的场馆看台应按其顶盖水平投影面积的 1/2 计算面积。

【**例 3-6**】　某体育场馆看台平面图与剖面图如图 3-15 所示，试计算该体育场馆看台上下的建筑面积。

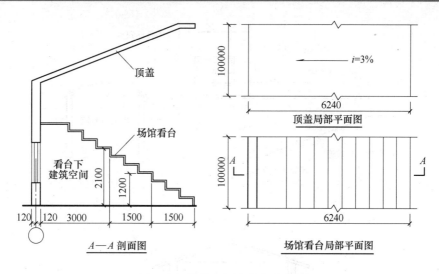

图 3-15 某体育场馆看台示意图

分析：一般而言，体育场是指露天敞开的，而体育馆是室内封闭的。不管是哪一种，只要是带看台的，建筑面积包括两个内容：①看台上的建筑面积，有顶盖无围护结构的场馆看台应按其顶盖水平投影面积的 1/2 计算面积；②看台下的建筑面积，结构净高在 2.10m 及以上的部位应计算全面积；结构净高在 1.20m 及以上至 2.10m 以下的部位应计算 1/2 面积；结构净高在 1.20m 以下的部位不应计算建筑面积。

解：建筑面积 $S = S_{上}($看台上$) + S_{下}($看台下$)$

$S_{上} = 100\mathrm{m} \times 6.24\mathrm{m} \times 0.5 = 312.00\mathrm{m}^2$

$S_{下} = 100\mathrm{m} \times 3.24\mathrm{m} + 100\mathrm{m} \times 1.50\mathrm{m} \times 0.5 = 399.00\mathrm{m}^2$

$S = 312\mathrm{m}^2 + 399\mathrm{m}^2 = 711.00\mathrm{m}^2$

5）地下室、半地下室应按其结构外围水平面积计算。结构层高在 2.20m 及以上的，应计算全面积；结构层高在 2.20m 以下的，应计算 1/2 面积，如图 3-16 所示。

6）出入口外墙外侧坡道有顶盖的部位，应按其外墙结构外围水平面积的 1/2 计算面积，如图 3-17 所示。

7）建筑物架空层及坡地建筑物吊脚架空层，应按其顶板水平投影计算建筑面积。结构层高在 2.20m 及以上的，应计算全面积；结构层高在 2.20m 以下的，应计算 1/2 面积，如图 3-18 所示。

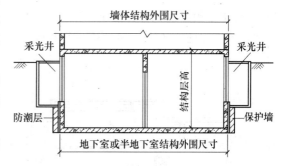

图 3-16 某地下室剖面示意图

8）建筑物的门厅、大厅应按一层计算建筑面积，门厅、大厅内设置的走廊应按走廊结构底板水平投影面积计算建筑面积。结构层高在 2.20m 及以上的，应计算全面积；结构层高在 2.20m 以下的，应计算 1/2 面积。

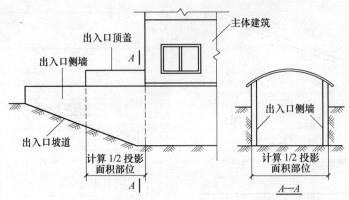

图 3-17　某地下室出入口示意图

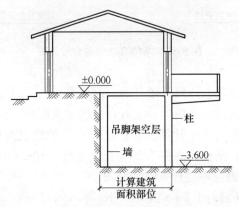

图 3-18　建筑物吊脚架空层示意图

【例 3-7】　某二层建筑物，其二层平面图，如图 3-19 所示，大厅一二层连通并带走廊，结构层高 3.2m，试求该建筑物的建筑面积。

分析：建筑物的门厅、大厅应按一层计算建筑面积，门厅、大厅内设置的走廊应按走廊结构底板水平投影面积计算建筑面积。

解：建筑面积 $= (15m + 4m \times 2 + 0.12m \times 2) \times (5m \times 2 + 0.12m \times 2) \times 2 - 11.56m \times 6.56m$
$= 400.12m^2$

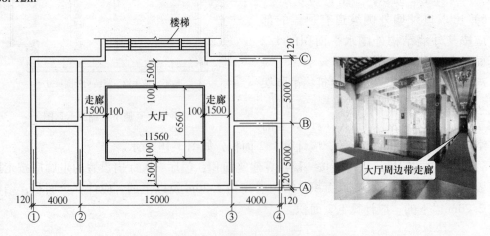

图 3-19　一二层连通的大厅周边带走廊的平面图

9）对于建筑物间的架空走廊，有顶盖和围护设施的，应按其围护结构外围水平面积计算全面积；无围护结构、有围护设施的，应按其结构底板水平投影面积计算 1/2 面积，如图 3-20 所示。

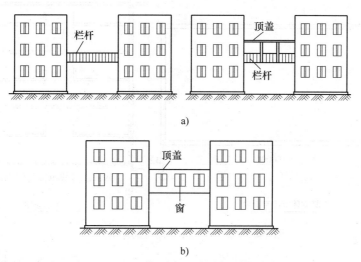

图 3-20　建筑物间的架空走廊示意图

a）无围护结构的架空走廊　b）有围护结构的架空走廊

【例 3-8】　某建筑物间的架空走廊如图 3-21 所示，试计算其建筑面积。

分析：该架空走廊一层为建筑物通道，不计算建筑面积；二层有顶盖和围护结构，应按其围护结构外围水平面积计算全面积；三层无围护结构、有围护设施，故应按其结构底板水平投影面积计算 1/2 面积。

解：建筑面积 $= (8\text{m} - 0.12\text{m} \times 2) \times 2\text{m} + (8\text{m} - 0.12\text{m} \times 2) \times 2\text{m} \times \dfrac{1}{2} = 23.28\text{m}^2$

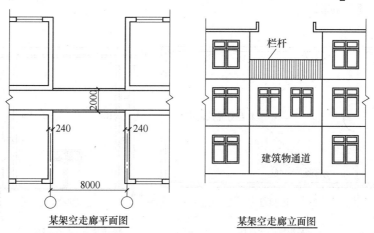

图 3-21　建筑物间架空走廊平面与立面示意图

10）对于立体书库、立体仓库、立体车库，有围护结构的，应按其围护结构外围水平面积计算建筑面积；无围护结构、有围护设施的，应按其结构底板水平投影面积计算建筑面积。无结构层的应按一层计算，有结构层的应按其结构层面积分别计算。结构层高在 2.20m

及以上的，应计算全面积；结构层高在 2.20m 以下的，应计算 1/2 面积。

【例3-9】 某图书馆立体书库平面与剖面示意图如图 3-22 所示，试计算其建筑面积。

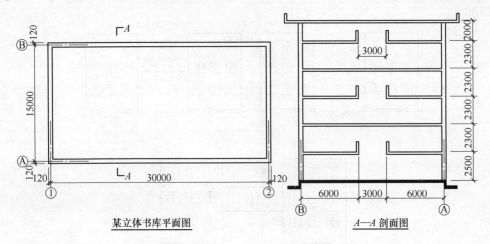

某立体书库平面图　　　　　　　　　　　　　　　　　*A—A* 剖面图

图 3-22　某立体书库平面与剖面示意图

分析：该立体书库分三个自然层，每层又增加了一个结构层。根据计算规则：结构层高在 2.20m 及以上的，应计算全面积；结构层高在 2.20m 以下的，应计算 1/2 面积。

解：建筑面积 = (30m + 0.12m × 2) × (15.0m + 0.12m × 2) × 3 + (30m + 0.12m × 2) × (6m + 0.12m) × 2 × 2 + (30m + 0.12m × 2) × (6m + 0.12m) × 2 × $\frac{1}{2}$ = 2307.92m²

11）有围护结构的舞台灯光控制室，应按其围护结构外围水平面积计算。结构层高在 2.20m 及以上的，应计算全面积；结构层高在 2.20m 以下的，应计算 1/2 面积。

【例3-10】 某影剧院，室内有舞台灯光控制室，平面与剖面示意图如图 3-23 所示，试计算该影剧院的建筑面积。

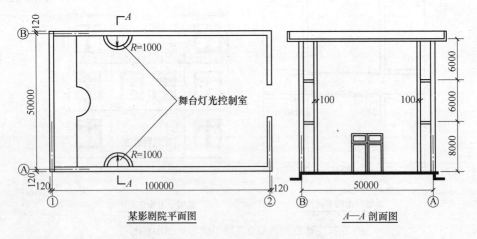

某影剧院平面图　　　　　　　　　　　　　　　　　*A—A* 剖面图

图 3-23　某影剧院平面与剖面示意图

分析：该工程建筑面积的计算包括两个内容，即单层建筑物的建筑面积与有围护结构的舞台灯光控制室的建筑面积。有围护结构的舞台灯光控制室，应按其围护结构外围水平面积计算。结构层高在 2.20m 及以上的，应计算全面积；结构层高在 2.20m 以下的，应计算 1/2 面积。

　　解：建筑面积 = $(100m + 0.12m × 2) × (50m + 0.12m × 2) + 3.14 × 0.5 × (1m)^2 × 2 × 2 = 5042.34m^2$

　　12）附属在建筑物外墙的落地橱窗，应按其围护结构外围水平面积计算。结构层高在 2.20m 及以上的，应计算全面积；结构层高在 2.20m 以下的，应计算 1/2 面积。

　　13）窗台与室内楼地面高差在 0.45m 以下且结构净高在 2.10m 及以上的凸（飘）窗，应按其围护结构外围水平面积计算 1/2 面积。

　　【例 3-11】 某建筑物飘窗共 50 樘，示意图如图 3-24 所示，试计算该飘窗的建筑面积。

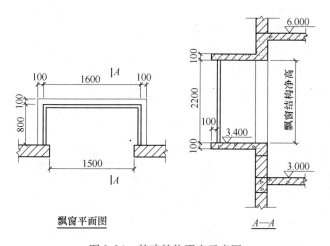

图 3-24　某建筑物飘窗示意图

　　分析：该建筑物飘窗窗台与室内楼地面高差为 0.4m < 0.45m，且飘窗的净高为 2.2m > 2.1m，所以，该飘窗的建筑面积应按其围护结构外围水平面积计算 1/2 面积。

　　解：建筑面积 = $1.6m × 0.8m × \dfrac{1}{2} × 50 = 32.00m^2$

　　14）有围护设施的室外走廊（挑廊），应按其结构底板水平投影面积计算 1/2 面积，有围护设施（或柱）的檐廊，应按其围护设施（或柱）外围水平面积计算 1/2 面积，如图 3-25 所示。

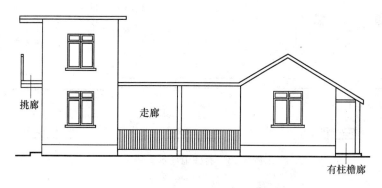

图 3-25　室外挑廊、走廊、檐廊示意图

15）门斗应按其围护结构外围水平面积计算建筑面积，且结构层高在 2.20m 及以上的，应计算全面积；结构层高在 2.20m 以下的，应计算 1/2 面积。如图 3-26 所示。

【例 3-12】 某建筑物门斗，平面与剖面图如图 3-27 所示，试计算其建筑面积。

分析： 该建筑物门斗应按其围护结构外围水平面积计算建筑面积，因为结构层高为 3.6m＞2.2m，所以应计算全面积。

解： 建筑面积 =（3.6m + 0.12m×2）×4.0m

= 15.36m²

16）门廊应按其顶板的水平投影面积的 1/2 计算建筑面积；有柱雨篷应按其结构板水平投影面积

图 3-26　建筑物门斗示意图

的 1/2 计算建筑面积；无柱雨篷的结构外边线至外墙结构外边线的宽度在 2.10m 及以上的，应按雨篷结构板的水平投影面积的 1/2 计算建筑面积。

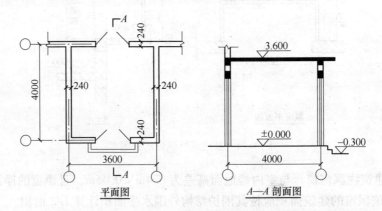

图 3-27　某建筑物门斗平面与剖面示意图

【例 3-13】 某建筑物雨篷，如图 3-28 所示，试计算其建筑面积。

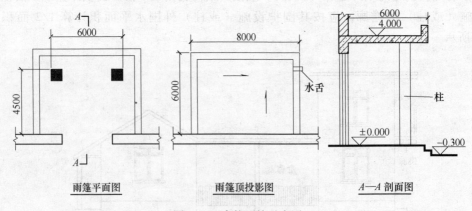

图 3-28　有柱雨篷示意图

分析： 建筑物雨篷分为有柱雨篷和无柱雨篷，有柱雨篷应按其结构板水平投影面积的

1/2 计算建筑面积；无柱雨篷的结构外边线至外墙结构外边线的宽度在 2.10m 及以上的，应按雨篷结构板的水平投影面积的 1/2 计算建筑面积。

解：建筑面积 $= 6.00\text{m} \times 8.00\text{m} \times \dfrac{1}{2} = 24.00\text{m}^2$

17）设在建筑物顶部的、有围护结构的楼梯间、水箱间、电梯机房等，结构层高在 2.20m 及以上的应计算全面积；结构层高在 2.20m 以下的，应计算 1/2 面积，如图 3-29 所示。

18）围护结构不垂直于水平面的楼层，应按其底板面的外墙外围水平面积计算。结构净高在 2.10m 及以上的部位，应计算全面积；结构净高在 1.20m 及以上至 2.10m 以下的部位，应计算 1/2 面积；结构净高在 1.20m 以下的部位，不应计算建筑面积，如图 3-30 所示。

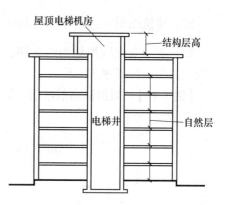

图 3-29　建筑物电梯机房、电梯井示意图

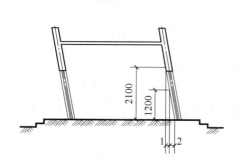

图 3-30　斜围护结构

1—计算 1/2 建筑面积部位　2—不计算建筑面积部位

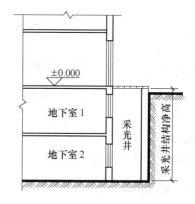

图 3-31　地下室采光井局部示意图

19）建筑物的室内楼梯、电梯井、提物井、管道井、通风排气竖井、烟道，应并入建筑物的自然层计算建筑面积。有顶盖的采光井应按一层计算面积，且结构净高在 2.10m 及以上的，应计算全面积；结构净高在 2.10m 以下的，应计算 1/2 面积，如图 3-31 所示。

20）室外楼梯应并入所依附建筑物自然层，并应按其水平投影面积的 1/2 计算建筑面积。

21）在主体结构内的阳台，应按其结构外围水平面积计算全面积；在主体结构外的阳台，应按其结构底板水平投影面积计算 1/2 面积。

【例3-14】　某建筑物阳台，如图 3-32 所示，试计算其建筑面积。

分析：建筑面积计算规则规定，在主体结构内的阳台，应按其结构外围水平面积计算全面积；在主体结构外的阳台，应按其结构底板水平投影面积计算

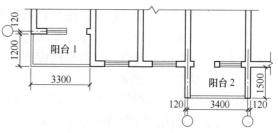

图 3-32　某建筑物阳台平面示意图

1/2 面积。也就是说，建筑物的阳台，不论其形式如何，均以建筑物主体结构为界分别计算建筑面积。

解：建筑面积 $= (3.4m + 0.12m \times 2) \times 1.5m + 3.3m \times 1.2m \times \dfrac{1}{2} = 7.44m^2$

22）有顶盖无围护结构的车棚、货棚、站台、加油站、收费站等，应按其顶盖水平投影面积的 1/2 计算建筑面积。

【例3-15】 某加油站示意图，如图 3-33 所示，试计算其建筑面积。

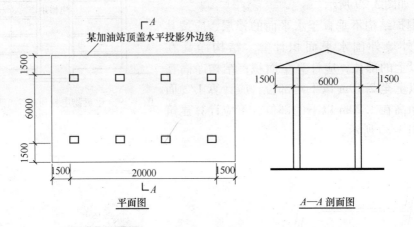

图 3-33 某加油站平面与剖面示意图

分析：有顶盖无围护结构的车棚、货棚、站台、加油站、收费站等，应按其顶盖水平投影面积的 1/2 计算建筑面积。

解：建筑面积 $= (20m + 1.5m \times 2) \times (6m + 1.5m \times 2) \times \dfrac{1}{2} = 103.50m^2$

23）以幕墙作为围护结构的建筑物，应按幕墙外边线计算建筑面积。

? **注意！**

> 直接作为外墙起围护作用的幕墙，按其外边线计算建筑面积；设置在建筑物墙体外起装饰作用的幕墙，不计算建筑面积。

24）建筑物的外墙外保温层，应按其保温材料的水平截面积计算，并计入自然层建筑面积，如图 3-34 所示。

25）与室内相通的变形缝，应按其自然层合并在建筑物建筑面积内计算。对于高低联跨的建筑物，当高低跨内部连通时，其变形缝应计算在低跨面积内，如图 3-35 所示。

26）对于建筑物内的设备层、管道层、避难层等有结构层的楼层，结构层高在 2.20m 及以上的，应计算全面积；结构层高在 2.20m 以下的，

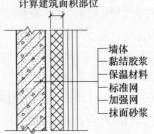

图 3-34 外墙外保温示意图

应计算1/2面积。

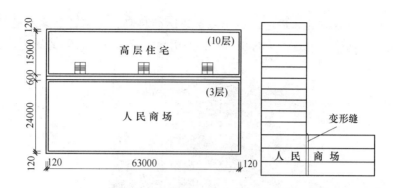

图3-35　高低联跨的建筑物示意图

课题3　不计算建筑面积的项目

1）与建筑物内不相连通的建筑部件。

这里的建筑部件，指的是依附于建筑物外墙外不与户室开门连通，起装饰作用的敞开式挑台（廊）、平台，以及不与阳台相通的空调室外机搁板（箱）等设备平台部件。

2）骑楼、过街楼底层的开放公共空间和建筑物通道，如图3-11所示。

3）舞台及后台悬挂幕布和布景的天桥、挑台等。

4）露台、露天游泳池、花架、屋顶的水箱及装饰性结构构件。

5）建筑物内的操作平台、上料平台、安装箱和罐体的平台。

 注意！

> 建筑物内不构成结构层的操作平台、上料平台（包括：工业厂房、搅拌站和料仓等建筑中的设备操作控制平台、上料平台等），其主要作用为室内构筑物或设备服务的独立上人设施，不计算建筑面积。

6）勒脚、附墙柱、垛、台阶、墙面抹灰、装饰面、镶贴块料面层、装饰性幕墙，主体结构外的空调室外机搁板（箱）、构件、配件，挑出宽度在2.10m以下的无柱雨篷和顶盖高度达到或超过两个楼层的无柱雨篷。

注意！

> 附墙柱是指非结构性装饰柱。

7）窗台与室内地面高差在0.45m以下且结构净高在2.10m以下的凸（飘）窗，窗台与室内地面高差在0.45m及以上的凸（飘）窗。

8）室外爬梯、室外专用消防钢楼梯。

？注意！

　　室外钢楼梯需要区分具体用途，如专用于消防的楼梯，则不计算建筑面积，如图3-36所示。如果是建筑物唯一通道，兼用于消防，则需要按计算建筑面积的规定第20条执行。

室外消防楼梯

图3-36　室外消防楼梯

　　9）无围护结构的观光电梯。

　　10）建筑物以外的地下人防通道，独立的烟囱、烟道、地沟、油（水）罐、气柜、水塔、贮油（水）池、贮仓、栈桥等构筑物。

知识回顾

本篇包括两个单元，主要知识点汇总见表3-3。

表3-3　工程计量基础知识与建筑面积计算主要知识点

单 元		主 要 内 容	
单元7	工程量计算基础知识	工程量的含义	工程量，是指以物理计量单位或自然计量单位所表示的分部分项工程项目和措施项目的实物数量
		工程量的作用	①工程量是确定建筑安装工程造价的重要依据 ②工程量是承包方生产经营管理的重要依据 ③工程量是发包方管理工程建设的重要依据
		计算方法	手工计量与计算机软件计量两种方法
	用统筹法计算工程量	基本要点	统筹程序，合理安排；利用基数，连续计算；一次算出，多次使用；结合实际，灵活机动
		基数计算	"四线两面" $L_中$、$L_外$、$L_内$、$L_净$、$S_底$、$S_房$ 的计算
单元8	主要术语解析	30个主要术语解析	特别关注：建筑面积、建筑空间、围护结构、围护设施、主体结构、结构层、阳台、露台、雨篷、台阶等主要术语
	计算建筑面积的项目	共26个项目	计算建筑面积注意点： ①屋顶，结构层高≥2.2m的部分计全面积；<2.2m的部分计一半面积；②坡屋顶，结构净高≥2.1m的部分计全面积；1.2m≤结构净高<2.1m的部分计一半面积；结构净高<1.2m的部分不计算
	不计算建筑面积的项目	共10个项目	不计算建筑面积注意点： ①窗台与室内地面高差<0.45m且结构净高≤2.10m的凸（飘）窗，窗台与室内地面高差≥0.45m的凸（飘）窗；②无围护结构的观光电梯

检查测试

一、填空题

1. 工程量是指以＿＿＿＿＿或＿＿＿＿＿所表示的分部分项工程项目和措施项目的实物数量。

2. 工程量清单是载明建设工程＿＿＿＿＿、＿＿＿＿＿和＿＿＿＿＿以及＿＿＿＿＿和＿＿＿＿＿等内容的明细清单。

3. 统筹法计算工程量的基本要点是：＿＿＿＿＿，＿＿＿＿＿；＿＿＿＿＿，＿＿＿＿＿；＿＿＿＿＿，＿＿＿＿＿；＿＿＿＿＿，＿＿＿＿＿。

4. 建筑面积是指建筑物（包括墙体）所形成的＿＿＿＿＿面积。建筑面积包括＿＿＿＿＿、＿＿＿＿＿和＿＿＿＿＿。＿＿＿＿＿和＿＿＿＿＿的总和称为有效面积。

5. 按楼地面结构分层的楼层称为＿＿＿＿＿。整体结构体系中承重的楼板层称为＿＿＿＿＿。

6. 建筑物的建筑面积，应按＿＿＿＿＿外围水平面积之和计算。结构层高在＿＿＿＿＿的，应计算全面积；结构层高在＿＿＿＿＿的，应计算1/2面积。

7. 对于形成建筑空间的坡屋顶，结构净高在＿＿＿＿＿的部位应计算全面积；结构净高在＿＿＿＿＿至＿＿＿＿＿的部位应计算1/2面积；结构净高在＿＿＿＿＿部位不应计算建筑面积。

8. 在主体结构内的阳台，应按其＿＿＿＿＿面积计算全面积；在主体结构外的阳台，应按其＿＿＿＿＿面积计算1/2面积。

二、单项选择题

1. 以下内容中，哪项不是工程量的作用（　　）。

A. 工程量是确定建筑安装工程造价的重要依据

B. 工程量是承包方生产经营管理的重要依据

C. 工程量是编制施工组织设计的重要依据

D. 工程量是发包方管理工程建设的重要依据

2. 下列内容中，属于建筑面积中辅助面积的是（　　）。

A. 阳台面积　　　　B. 墙体所占面积　　　C. 柱所占面积　　　D. 会议室所占面积

3. 根据《建筑工程建筑面积计算规范》（GB/T 50533—2013），建筑物内设有局部楼层时，对于局部楼层的二层及以上楼层，其建筑面积计算正确的是（　　）。

A. 有围护结构的应按其围护结构外围水平面积计算

B. 无围护结构的应按其结构底板水平面积计算

C. 结构层高在2.10m及以上的，应计算全面积

D. 结构层高在2.20m以下的，应计算1/2面积

4. 根据《建筑工程建筑面积计算规范》（GB/T 50533—2013），下列关于建筑物雨篷的建筑面积计算正确的是（　　）。

A. 有柱雨篷按结构外边线计算

B. 无柱雨篷按雨篷水平投影面积计算

C. 无柱雨篷结构外边线至外墙结构外边线的宽度不足2.1m不计算建筑面积

D. 无柱雨篷结构外边线至外墙结构外边线的宽度超过 2.1m 按水平投影计算面积

5. 根据《建筑工程建筑面积计算规范》（GB/T 50533—2013），形成建筑空间的坡屋顶和场馆看台下的建筑空间，建筑面积的计算，正确的是（　　）。

A. 结构层高在 2.1m 及以上的部位应计算全面积

B. 结构层高在 2.2m 及以上的部位应计算全面积

C. 结构净高在 1.2m 及以上至 2.2m 的部位应计算 1/2 全面积

D. 结构净高在 1.2m 以下的部位不应计算建筑面积

三、多项选择题

1. 下列内容中，属于物理计量单位的是（　　）。

A. m³   B. m²   C. 樘   D. m   E. kg

2. 下列内容，属于建筑面积指标的表达式，正确的有（　　）。

A. 容积率 = 底层建筑面积/建筑占地面积×100%

B. 容积率 = 建筑总面积/建筑占地面积×100%

C. 容积率 = 建筑占地面积/建筑总面积×100%

D. 建筑密度 = 建筑物底层建筑面积/建筑占地总面积×100%

E. 建筑密度 = 建筑占地面积/建筑总面积×100%

3. 根据《建筑工程建筑面积计算规范》（GB/T 50533—2013），不应计算建筑面积的是（　　）。

A. 悬挑宽度为 1.8m 的无柱雨篷   B. 与建筑物内不相连通的建筑部件

C. 室外专用消防钢楼梯   D. 结构净高 <1.2m 的单层建筑坡屋顶空间

E. 结构层高不足 2.2m 的地下室

第4篇

主要分部分项工程的计量与计价 ●

导语

　　本篇共分 10 个单元, 内容包括: 土石方工程; 地基处理与防护工程; 砌筑工程; 钢筋及混凝土工程; 门窗及木结构工程; 屋面、保温、防水、防腐工程; 金属结构工程; 构筑物及其他工程; 装饰工程; 施工技术措施项目。

　　本篇各单元工程计量按照定额计量与清单计量两种规则进行计算, 计价采用工料单价(定额计价)和综合单价(清单计价)两种方式计价; 本篇清单计价方式只介绍清单编制。依据内容如下:

　　1.《山东省建筑工程消耗量定额》

　　2.《山东省建筑工程量计算规则》

　　3.《山东省建筑工程消耗量定额—综合解释》(2004、2006、2008)

　　4.《山东省建筑工程消耗量定额淄博市价目表》(2015 年)

　　5.《淄博市建筑工程价目表材料机械单价》(2015 年)

　　6.《房屋建筑与装饰工程工程量计算规范》(GB 50854—2013)

　　本篇以案例教学为主, 分别按照定额计量与计价、清单计量与编制的形式对各工程的计量与计价进行叙述。

重点与要求

　　1. 掌握建筑、装饰工程中各分项工程定额与清单的工程量计算规则。

　　2. 弄清定额与清单工程量计算规则的异同。

　　3. 熟悉定额内容(人工、材料、机械), 会使用价目表及材料机械单价表, 能进行定额基价调整, 熟练掌握各分项工程直接工程费的计算方法。

　　4. 能通过识读分项工程施工图, 进行分项工程定额计量与计价、清单计量与编制。

单元9　土石方工程

单元描述

　　土石方工程是建筑施工中的主要分部分项工程之一。主要包括土石方的开挖、运输、填筑、平整与压实等施工过程, 以及场地清理、测量放线、排水、降水、边坡支护等辅助工作。在建筑施工中, 土石方工程的施工顺序一般遵循: 场地平整→基坑(槽)开挖→基底钎探与夯实→垫层与基础→土方回填与运输等。图 4-1 所示为某土方工程的施工现场。

图 4-1　某土方工程的施工现场

　　本单元主要介绍土石方工程主要分项工程的定额计量与计价、工程量清单的计量与编制。

学习目标

　　1. 熟悉土石方工程两种计算方法的工程量计算规则。

　　2. 能用两种计算方法，对土石方工程主要分项工程进行定额计量与计价、工程量清单计量与编制。

工作任务

　　1. 土石方工程主要分项工程的定额计量与计价。

　　2. 土石方工程主要分项工程的清单计量与编制。

课题 1　土石方工程定额计量与计价

相关知识

　　1. 定额编制说明与综合解释

　　（1）定额编制说明

　　1）本单元定额主要包括单独土石方、人工土石方、机械土石方、平整、清理及回填等内容。

　　2）单独土石方定额项目，适用于自然地坪与设计室外地坪之间，且挖方或填方工程量大于 $5000m^3$ 的土石方工程。本单元其他定额项目，适用于设计室外地坪以下的土石方（基础土石方）工程，以及自然地坪与设计室外地坪之间小于 $5000m^3$ 的土石方工程。单独土石方定额项目不能满足需要时，可以借用其他土石方定额项目，但应乘以系数 0.9。

　　3）本单元定额土壤及岩石按普通土、坚土、松石、坚石分类。

　　4）人工土方定额是按干土（天然含水率）编制的。干湿土的划分，以地质勘测数据的地下常水位为界，以上为干土，以下为湿土。采取降水措施后，地下常水位以下的挖土，套用挖干土相应定额，人工乘以系数 1.10。

　　5）挡土板下挖槽坑土时，相应定额人工乘以系数 1.43。

6）桩间挖土，指桩顶设计标高以下的挖土及设计标高以上 0.5m 范围内的挖土。挖土时不扣除桩体体积，相应定额项目人工、机械乘以系数 1.3。

7）人工修整基底与边坡，指岩石爆破后人工对底面和边坡（厚度在 0.30m 以内）的清检和修整。人工凿石开挖石方，不适用本项目。

8）机械土方定额项目是按土壤天然含水率编制的。开挖地下常水位以下的土方时，定额人工、机械乘以系数 1.15（采取降水措施后的挖土不再乘该系数）。

9）机械挖土方，应满足设计砌筑基础的要求，其挖土总量的 95%，执行机械土方相应定额；其余按人工挖土。人工挖土套用相应定额时乘以系数 2。

10）人力车、汽车的重车上坡降效因素，已综合在相应的运输定额中，不另行计算。挖掘机在垫板上作业时，相应定额的人工、机械乘以系数 1.25。挖掘机下的垫板、汽车运输道路上需要铺设的材料，发生时，其人工和材料均按实另行计算。

11）石方爆破定额项目按下列因素考虑，设计或实际施工与定额不同时，可按下列办法调整：

① 定额按炮眼法松动爆破（不分明炮、闷炮）编制，并已综合了开挖深度、改炮等因素。如设计要求爆破粒径时，其人工、材料、机械按实另行计算。

② 定额按电雷管导电起爆编制。如采用火雷管点火起爆，雷管可以换算，数量不变；换算时扣除定额中的全部胶质导线，增加导火索。导火索的长度按每个雷管 2.12m 计算。

③ 定额按炮孔中无地下渗水编制。如炮孔中出现地下渗水，处理渗水的人工、材料、机械按实另行计算。

④ 定额按无覆盖爆破（控制爆破岩石除外）编制。如爆破时需要覆盖炮被、草袋，以及架设安全屏障等，其人工、材料按实另行计算。

12）场地平整，指建筑物所在现场厚度在 0.3m 以内的就地挖、填及平整。

13）竣工清理，指建筑物内、外围四周 2m 内建筑垃圾的清理、场内运输和指定地点的集中堆放。

14）本单元定额未包括地下常水位以下的施工降水，实际发生时，另按相应项目的规定计算。

（2）定额综合解释

1）混凝土垫层的工作面宽度按支挡土板的工作面宽度计算，指垫层厚度小于 200mm 的情况；垫层厚度大于 200mm 时，其工作面宽度按混凝土基础计算。

2）计算土方放坡深度时，不计算基础垫层的厚度，指垫层厚度小于 200mm 的情况；垫层厚度大于 200mm 时，土方放坡深度应计算基础垫层的厚度。

3）计算土方放坡时，放坡交叉处的重复工程量，不予扣除。若单位工程中计算的沟槽工程量超出大开挖工程量时，应按大开挖工程量，执行地坑开挖的相应项目。

4）爆破岩石的允许超挖量，指在槽坑的四周及底部共五个方向，不论实际超挖量多少，一律按允许超挖量计算。

5）各种检查井和排水管道接口等处，因加宽工作面而增加的土（石）方工程量不计算，但底面积大于 20m² 的井池，按定额相应规定计算。

6）回填灰土，分为槽坑回填和地坪回填。

① 槽坑回填，按定额 1-4-12、1-4-13 子目，每定额单位增加人工 3.12 工日，3:7

灰土 10.1m³。灰土配合比不同，可以换算，其他不变。

② 地坪回填，执行 2 - 1 - 1 垫层子目。

7）场地平整，指建筑物所在现场厚度 300mm 以内的就地挖、填及平整。若挖填土方厚度超过 300mm 时，挖填土方工程量按相应规定计算，但仍应计算场地平整。

8）条形基础中有独立基础时，土方工程量应分别计算。柱间条形基础的沟槽长度，按柱基础（含垫层）之间的设计净长度计算。

9）带地下室、半地下室的建筑物的场地平整，应按地下室、半地下室的结构外边线，每边各加 2m 计算工程量。

10）定额 1 - 4 - 3 竣工清理子目，指对施工过程中产生的建筑垃圾的清理。因此，建筑物内、外凡产生建筑垃圾的空间，均应按其全部空间体积计算竣工清理：

① 建筑物内按 1/2 计算建筑面积的建筑空间，如：结构净高在 1.2m 及以上至 2.1m 以下部位的坡屋顶内、场馆看台下等，应计算竣工清理。

② 建筑物内不计算建筑面积的建筑空间，如：结构净高在 1.2m 以下部位的坡屋顶内、场馆看台下等，应计算竣工清理。

③ 建筑物外，可供人们正常活动的、按其水平投影面积计算场地平整的建筑空间，如：有永久性顶盖无围护结构的无柱檐廊、挑阳台、独立柱雨篷等，应计算竣工清理。

④ 建筑物外可供人们正常活动的、不计算场地平整的建筑空间，如：有永久性顶盖无围护结构的架空走廊、楼层阳台、无柱雨篷（篷下做平台或地面）等，应计算竣工清理。

⑤ 能够形成封闭空间的构筑物，如：独立式烟囱、水塔、贮水（油）池、贮仓、筒仓等，应按照建筑物竣工清理的工程量计算规则，计算竣工清理。

⑥ 化粪池、检查井、给水阀门井，以及道路、停车场、绿化地、围墙、地下管线等构筑物，不计算竣工清理。

2. 工程量计算规则

（1）土石方的开挖、运输，土方回填　土石方的开挖、运输，均按开挖前的天然密实体积，以立方米（m³）计算。土方回填，按回填后竣工体积，以立方米（m³）计算。不同状态的土方体积，按表 4-1 进行换算。

表 4-1　土方体积换算系数表

虚　　方	松　　填	天 然 密 实	夯　　填
1.00	0.83	0.77	0.67
1.20	1.00	0.92	0.80
1.30	1.08	1.00	0.87
1.50	1.25	1.15	1.00

（2）自然地坪与设计室外地坪之间的土石方　自然地坪与设计室外地坪之间的土石方，依据设计土方平衡竖向布置图，以立方米（m³）计算。

（3）基础沟槽、地坑、土（石）方的划分

1）沟槽：槽底宽度（设计图示的基础或垫层的宽度，下同）3m 以内，且槽长大于 3 倍槽宽的为沟槽。

2）地坑：坑底面积 20m² 以内，且坑底长边小于 3 倍短边的为地坑。

3）土（石）方：不属于沟槽、地坑或场地平整的为土（石）方。

看图思考

某工程有三种不同基础的挖土，其挖土底边尺寸如图 4-2 所示，你能说出它们属于以上哪种类型的挖土吗？

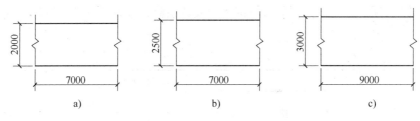

图 4-2　挖土基底不同尺寸示意图

（4）基础土（石）方开挖深度　基础土（石）方开挖深度，自设计室外地坪计算至基础底面，有垫层时计算至垫层底面（如遇爆破岩石，其深度应包括岩石的允许超挖深度），如图 4-3 所示。

（5）基础施工所需的工作面宽度　基础施工所需的工作面宽度，见表 4-2。规定如下：

1）基础开挖需要放坡时，单边的工作面宽度是指基础地坪外边线至放坡后同标高的土方边坡之间的水平宽度。如图 4-4 所示，图中 C、C_1 分别为基础、垫层的单边工作面层宽度。

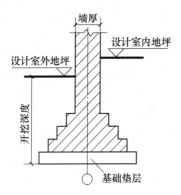

图 4-3　某砖基础断面示意图

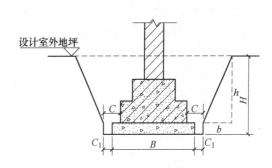

图 4-4　某混凝土基础断面示意图

表 4-2　基础工作面宽度

基 础 材 料	单边工作面宽度/m	基 础 材 料	单边工作面宽度/m
砖基础	0.20	基础垂直面防水层	（自防水层面）0.80
毛石基础	0.15	支挡土板	0.10
混凝土基础	0.30	混凝土垫层	0.10

2）基础由几种不同材料组成时，其工作面宽度是指按各自要求的工作面宽度的最大值。如图 4-4 所示，混凝土基础要求工作面大于防潮层和垫层的工作面，应先满足混凝土垫层宽度要求，再满足混凝土基础工作面要求；如果混凝土垫层工作面宽度超出了上部基础要求工作面的外边线，则以垫层顶面其工作面的外边线开始放坡。

3）槽坑开挖需要支挡土板时，单边的开挖增加宽度，应为按基础材料确定的工作面宽度与支挡土板的工作面宽度（0.10m）之和。

4）混凝土垫层厚度大于200mm时，其工作面宽度按混凝土基础的工作面计算。

（6）放坡深度与放坡系数　土方开挖的放坡深度，是指土壁边坡坡底至坡顶的垂直距离。放坡系数是指土壁边坡坡度的底宽 b 与放坡深度 h 之比，放坡系数用字母 K 表示，即 $K = b/h$，如图4-4所示。土方开挖的放坡深度与放坡系数，按设计规定，设计无规定时，按表4-3计算。

表4-3　土方放坡系数

土　类	放坡系数		
	人 工 挖 土	机 械 挖 土	
		坑 内 作 业	坑 上 作 业
普通土	1：0.50	1：0.33	1：0.65
坚土	1：0.30	1：0.20	1：0.50

？ 注意！

关于放坡，应注意以下几点：

1）土类为单一土质时，普通土开挖（放坡）深度大于1.2m，坚土开挖（放坡）深度大于1.7m，允许放坡。

2）土类为混合土质时，开挖深度大于1.5m，允许放坡。按不同土类厚度加权平均计算综合放坡系数，如图4-5所示。

综合放坡系数计算公式为

$$K = \frac{K_1 h_1 + K_2 h_2}{h}$$

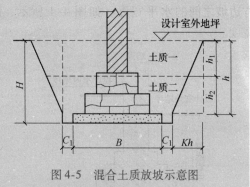

图4-5　混合土质放坡示意图

式中　K——综合放坡系数；

　K_1、K_2——不同土类放坡系数；

　h_1、h_2——不同土类厚度；

　　h——放坡总深度，$h = h_1 + h_2$。

3）计算土方放坡深度时，垫层厚度小于200mm，不应计算基础垫层的厚度。

4）放坡与支挡土板，相互不得重复计算。

5）计算放坡时，放坡交叉处的重复工程量，不予扣除。

（7）爆破岩石允许超挖量　爆破岩石允许超挖量分别为：松石0.20m，坚石0.15m。

（8）挖沟槽、挖基坑、挖土方

1）挖沟槽：外墙沟槽，按外墙沟槽中心线长度计算；内墙沟槽，按图示基础（含垫层）底面之间的净长度（不考虑工作面和超挖宽度）计算；外、内墙突出部分的沟槽体积，按突出部分的中心线长度并入相应部位工程量内计算。

沟槽开挖土方体积，按沟槽开挖后断面面积乘以其长度以立方米（m³）计算。

计算公式为

$$V_{挖} = S_{断} L$$

式中　$S_{断}$——沟槽断面面积；

　　　L——沟槽长度。

① 有垫层，有工作面、不放坡的沟槽断面示意图，如图 4-6a 所示。

计算公式：

$$V_{挖} = （B + 2C_1）HL$$

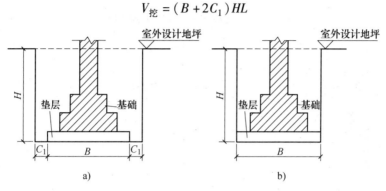

图 4-6　不放坡的沟槽断面示意图

a）不放坡有工作面的沟槽断面　b）不放坡无工作面的沟槽断面

② 有垫层，无工作面、不放坡的沟槽断面示意图，如图 4-6b 所示。

计算公式为

$$V_{挖} = BHL$$

③ 在垫层上面放坡、有工作面的沟槽断面示意图，如图 4-7 所示。

计算公式为

$$V_{挖} = \left[（A + 2C + Kh）h + （B + 2C_1）（H - h）\right]L$$

式中　$V_{挖}$——挖土工程量（m³）；

　　　A——基础底面宽度（m）；

　　　C——基础单边工作面宽度（m）；

　　　K——放坡系数；

　　　h——放坡深度（m）；

　　　B——垫层底面宽度（m）；

　　　C_1——垫层单边工作面宽度（m）；

　　　H——挖土深度（m）；

　　　L——沟槽开挖长度，外墙按外墙中
　　　　　心线计算；内墙按图示基础
　　　　　（含垫层）底面之间的净长度计算。

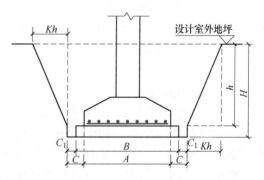

图 4-7　放坡的沟槽断面示意图

2）挖基坑、土（石）方：挖基坑、土（石）方工程量，按设计图示基坑底面积乘基坑深度，以立方米（m³）计算。

计算公式为

$$V_{挖} = S_{底} H$$

式中，$S_{底}$ 表示坑底面积；H 表示坑深。

① 无垫层、有工作面、周边放坡，矩形基坑示意图，如图4-8所示。

计算公式为

$$V_{挖} = (a + 2c + Kh)(b + 2c + Kh)h + K^2 h^3 / 3 \ (矩形)$$

② 无垫层，无工作面，周边放坡，圆形基坑示意图，如图4-9所示。

计算公式为

$$V_{挖} = \frac{1}{3}\pi h(R^2 + r^2 + Rr) \ (圆形)$$

$$R = r + Kh$$

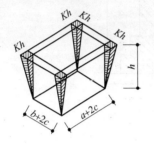

图4-8 矩形基坑放坡示意图

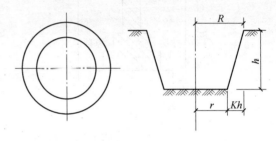

图4-9 圆形基坑放坡示意图

③ 有垫层，有工作面，周边放坡的矩形基坑。计算公式为

$$V_{挖} = (a + 2c + Kh)(b + 2c + Kh)h + K^2 h^3 / 3 + (a_1 + 2c_1)(b_1 + 2c_1)(H - h) \ (矩形)$$

式中　$V_{挖}$——挖土工程量（m³）；

　　　　a——基础长度（m）；

　　　　b——基础宽度（m）；

　　　　c——基础单边工作面宽度（m）；

　　　　K——综合放坡系数；

　　　　h——垫层上表面至室外地坪的高度（m）；

　　　　H——挖土深度（m）；

　　　　a_1——垫层长度（m）；

　　　　b_1——垫层宽度（m）；

　　　　c_1——垫层单边工作面宽度（m）。

3）管道沟槽的长度，按图示的中心线长度（不扣除井池所占长度）计算。管道宽度、深度按设计规定计算；设计无规定时，其宽度应按表4-4计算。

管道沟槽挖土工程量等于管道沟槽宽度乘沟槽深乘管道沟槽中心线长度。

用公式表述为

$$V_{挖} = bhL$$

式中　b——管道沟槽宽（m）；

　　　　h——管道沟槽深（m）；

　　　　L——管道沟槽中心线长度（m）。

4）各种检查井和排水管道接口等处，因加宽而增加的工程量均不计算（底面积大于

$20m^2$ 的井类除外），但铸铁给水管道接口处的土方工程量，应按铸铁管道沟槽全部土方工程量增加 2.5% 计算。

表 4-4　管道沟槽底宽度　　　　　　　　　　　　　　（单位：m）

管道公称直径 /mm 以内	钢管、铸铁管、铜管、铝塑管、塑料管（Ⅰ类管道）	混凝土管、水泥管、陶土管（Ⅱ类管道）
100	0.60	0.80
200	0.70	0.90
400	1.00	1.20
600	1.20	1.50
800	1.50	1.80
1000	1.70	2.00
1200	2.00	2.40
1500	2.30	2.70

（9）人工修整基底与边坡　按岩石爆破的有效尺寸（含工作面宽度与允许超挖量），以平方米（m^2）计算。

（10）人工挖桩孔　按桩的设计断面面积（不另加工作面）乘以桩孔中心线深度，以立方米（m^3）计算。

（11）人工开挖冻土、爆破开挖冻土的工程量　按冻结部分的土方工程量以立方米（m^3）计算。在冬期施工时，只能计算一次冻土工程量。

（12）机械土石方的运距　按挖土区重心至填方区（或堆放区）重心间的最短距离计算。推土机、装载机、铲运机重车上坡时，其运距按坡道斜长乘以表 4-5 中的系数计算。

表 4-5　重车上坡运距系数

坡度（%）	5 ~ 10	15 以内	20 以内	25 以内
系数	1.75	2.00	2.25	2.50

（13）机械行驶坡道的土方工程量　按批准的施工组织设计，并入相应的工程量内计算。

（14）运输钻孔桩泥浆　按桩的设计断面面积乘以桩孔中心线深度，以立方米（m^3）计算。

（15）场地平整　按下列规定以平方米（m^2）计算。

1）建筑物（构筑物）按首层结构外边线，每边各加 2m 计算。

场地平整工程量 = 底层建筑面积 + 外墙外边线长度 $\times$ 2m + $16m^2$（仅适用于矩形平面）

2）无柱檐廊、挑阳台、独立柱雨篷等，按其水平投影面积计算。

3）封闭或半封闭的曲折型平面，其场地平整的区域，不得重复计算。

4）道路、停车场、绿化地、围墙、地下管线等不能形成封闭空间的构筑物，不得计算。

（16）原土夯实与碾压、填土碾压　原土夯实与碾压按设计尺寸，以平方米（m^2）计算。填土碾压按设计尺寸，以立方米（m^3）计算。

（17）回填（按下列规定以立方米（m^3）计算）

1）槽坑回填体积，按挖方体积减去设计室外地坪以下的地下建筑物（构筑物）或基础（含垫层）的体积计算。

$$槽坑回填体积 = 挖方体积 - 设计室外地坪以下埋没的垫层、基础体积$$

2）管道沟槽回填体积，按挖方体积减去表 4-6 管道回填体积计算。

$$管道沟槽回填体积 = 挖方体积 - 相应管道回填体积$$

表 4-6　管道折合回填体积　　　　　　　　　　（单位：m^3）

管道公称直径/mm 以内	500	600	800	1000	1200	1500
Ⅰ类管道	—	0.22	0.46	0.74	—	—
Ⅱ类管道	—	0.33	0.60	0.92	1.15	1.45

3）房心回填体积，以主墙间净面积乘以回填厚度以立方米（m^3）计算。

$$房心回填体积 = 房心面积 \times 回填土设计厚度$$

（18）运土　运土可以按下列公式，以立方米（m^3）计算（天然密实）。

$$运土体积 = 挖土总体积 - 回填土（天然密实）总体积$$

式中的计算结果为正值时，为余土外运；负值时为取土内运。

（19）竣工清理　竣工清理包括建筑物及四周 2m 以内的建筑垃圾清理、场内运输和指定地点的集中堆放，不包括建筑垃圾的装车和场外运输。

竣工清理的工程量，按下列规定以立方米（m^3）计算：

1）建筑物勒脚以上外墙外围水平面积乘以檐口高度。有山墙者以山尖高度的 1/2 计算，如图 4-10a、b 所示。

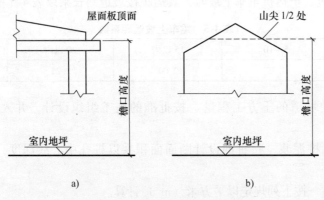

a)　　　　　　　　　　　　　　　　　b)

图 4-10　建筑物檐口高度示意图
a）平屋顶檐口高度示意图　b）坡屋顶檐口高度示意图

2）地下室（包括半地下室）的建筑体积，按地下室上口外围水平面积（不包括地下室采光井及敷贴外部防潮层的保护砌体所占面积）乘以地下室地坪至建筑物第一层地坪间的高度。地下室出入口的建筑体积并入地下室建筑体积内计算。

3. 计算实例

（1）人工土石方

【例 4-1】　某工程人工挖土，土质为普通土，如图 4-11a、b 所示。试计算人工挖土工程量，确定定额基价。

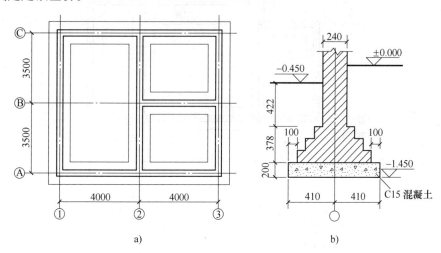

图4-11 某基础平面与断面示意图
a）基础平面示意图 b）外、内墙基础断面示意图

分析：此类问题的计算步骤，一是要根据开挖深度判断是否放坡；二是要弄清挖土类型（挖沟槽还是挖基坑或是挖土方），从而应用相应计算公式进行计算；三是依据挖土方式、挖土类型、挖土深度以及土质种类，准确套用消耗量定额及价目表（2015），最后求得相应项目的人工、材料、机械消耗量及定额基价。

解：1）判断是否放坡。

因为，挖土深度 $H = 1.45\text{m} - 0.45\text{m} = 1.00\text{m} < 1.20\text{m}$（普通土放坡起点深度），所以，不需放坡。

2）计算人工挖沟槽工程量。

① 基数计算：

$$L_{中} = (8.00\text{m} + 7.00\text{m}) \times 2 = 30.00\text{m}$$

$$L_{净} = 7.00\text{m} - 0.41\text{m} \times 2 + 4.00\text{m} - 0.41\text{m} \times 2 = 9.36\text{m}$$

② 计算工程量，应用公式 $V_{挖} = (B + 2C_1)HL$，$S_{断} = (B + 2C_1)H$。

本工程，外墙沟槽断面面积 = 内墙沟槽断面面积。

$$S_{断} = (0.82\text{m} + 2 \times 0.10\text{m}) \times 1.00\text{m} = 1.02\text{m}^2$$

$$V_{挖} = V_{外} + V_{内} = 1.02\text{m}^2 \times (30.00\text{m} + 9.36\text{m}) = 40.15\text{m}^3$$

3）确定定额基价。依据挖土方式、挖土类型、土质种类、沟槽深度，套用《山东省建筑工程消耗量定额》及《山东省建筑工程价目表》（2015），以下简称"套用定额与价目表（2015）"。

本工程为人工挖沟槽，土质为普通土，挖沟槽深度 $H = 1.00\text{m}$，套用定额与价目表（2015）1 – 2 – 10，定额基价 = 245.21 元/10m^3。

（2）机械土石方

【例4-2】 某工程挖土采用挖掘机开挖，土质为坚土，如图4-12a、b所示。试计算机械挖土的工程量，确定定额编号。

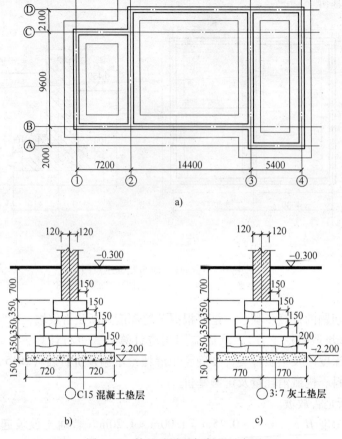

图 4-12　某基础平面与断面示意图

a）基础平面示意图　b）基础断面示意图 1　c）基础断面示意图 2

分析：该工程挖土采用挖掘机开挖，其挖土总量的 95%，执行机械土方相应定额；其余 5% 按人工挖土；人工挖土套用相应定额时乘以系数 2；注意人工挖土定额基价的调整。

解：本工程挖掘机开挖沟槽土方量计算过程，见表 4-7。

表 4-7　定额工程量计算表

序　号	项目名称	单　位	计算过程与计算式	工程量	定额编号
1	机械挖土方总量	m³	① 判断是否放坡： 挖土深度 $H = (2.20 - 0.30)\text{m} = 1.90\text{m} > 1.70\text{m}$（坚土放坡起点深度），考虑放坡。查表 4-3 得，$K = 0.5$，放坡深度 $h = (1.90 - 0.15)\text{m} = 1.75\text{m}$ ② 计算基数： $L_{中} = (7.2 + 14.4 + 5.4 + 9.6 + 2.1 + 2.0) \times 2\text{m}$ $= 81.40\text{m}$ $L_{净} = (9.6 - 0.72 \times 2 + 9.6 + 2.1 - 0.72 \times 2)\text{m}$ $= 18.42\text{m}$ ③ 计算土方量： $V_{外} = \big[(1.14 + 2 \times 0.15 + 2 \times 0.10 + 0.5 \times 1.75) \times$ $1.75 + (1.44 + 2 \times 0.1) \times 0.15 \big] \times 81.40\text{m}^3$ $= 378.29\text{m}^3$	463.89	

（续）

序　号	项目名称	单　位	计算过程与计算式	工程量	定额编号
1	机械挖土方总量	m³	$V_内 = [(1.14 + 2 \times 0.15 + 2 \times 0.10 + 0.5 \times 1.75) \times$ $1.75 + (1.44 + 2 \times 0.1) \times 0.15] \times 18.42m^3$ $= 85.60m^3$ $V_挖 = V_外 + V_内 = (378.29 + 85.60)m^3 = 463.89m^3$	463.89	
2	机械挖沟槽土方	m³	$463.89 \times 95\%$	440.70	1－3－13
3	人工挖沟槽土方	m³	$463.89 \times 5\%$	23.19	1－2－12（换）

表4-7中，1－2－12（换），基价调整 $= 483.09$ 元$/10m^3 \times 2 = 966.18$ 元$/10m^3$

 分组讨论

若以上工程的基础断面改为图4-12c，基础平面图不变，人工挖土的工程量有何变化？请给出正确答案。

【例4-3】　某工程采用挖掘机进行大开挖基础土方，如图4-12a、b所示。土质为坚土，放坡系数为0.5，自卸汽车运土，余土需运至800m。试计算：

① 挖土工程量，确定定额编号。

② 运土工程量，确定定额编号。

分析：本工程基础土方为机械大开挖，所以，大开挖土方的总量应按挖基坑公式进行计算；然后，挖土总量的95%，执行机械土方相应定额，其余5%按人工挖土定额执行；人工挖土部分要考虑装车；自卸汽车运土时，还要考虑运距。

解：本工程挖掘机挖土、自卸汽车运土工程量计算过程，见表4-8。

表4-8　定额工程量计算表

序　号	项目名称	单　位	计算式	工程量	定额编号
1	土方总体积	m³	① 判断是否放坡： 挖土深度 $H = (2.20 - 0.30)m = 1.90m > 1.70m$（坚土放坡起点深度），考虑放坡。放坡系数 $K = 0.5$，放坡深度 $h = (1.90 - 0.15)m = 1.75m$ ② 计算土方总体积： $[(7.2 + 14.4 + 5.4 + 0.72 \times 2 + 2 \times 0.1) \times (13.7 + 0.72 \times 2 + 2 \times 0.10) - 2 \times (7.2 + 14.4) - 2.1 \times 7.2] \times 0.15m^3 + (7.2 + 14.4 + 5.4 + 0.72 \times 2 + 2 \times 0.1 + 0.5 \times 1.75) \times (13.7 + 0.72 \times 2 + 2 \times 0.1 + 0.5 \times 1.75) \times 1.75m^3 + 0.5^2 \times 1.75^3 \div 3m^3 = 895.12m^3$	895.12	
2	机械挖运土方	m³	$895.12 \times 95\% = 850.36$	850.36	1－3－15
3	人工挖土方	m³	$895.12 \times 5\% = 44.76$	44.76	1－2－3（换）
4	人工装车	m³	44.76	44.76	1－2－56
5	自卸汽车运土（运距1km内）	m³	44.76	44.76	1－3－57

（3）场地平整、回填

【**例 4-4**】 某建筑平面图如图 4-13 所示，计算该建筑物人工场地平整工程量，确定定额基价。

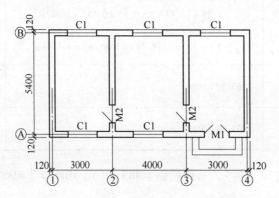

图 4-13 某建筑物底层平面示意图

分析：该建筑物场地平整工程量计算方法有两种：①定义法；②公式法。

解：① 定义法。

场地平整工程量 $= (3.00\text{m} \times 2 + 4.00\text{m} + 0.12\text{m} \times 2 + 2\text{m} \times 2) \times (5.40\text{m} + 0.12\text{m} \times 2 + 2\text{m} \times 2)$
$$= 137.27\text{m}^2$$

② 公式法。

场地平整工程量 $=$ 底层建筑面积 $+$ 外墙外边线长度 $\times 2\text{m} + 16\text{m}^2$

场地平整工程量 $= (3.00\text{m} \times 2 + 4.00\text{m} + 0.12\text{m} \times 2) \times (5.40\text{m} + 0.12\text{m} \times 2) + (3.00\text{m} \times 2 + 4.00\text{m} + 0.12\text{m} \times 2 + 5.40\text{m} + 0.12\text{m} \times 2) \times 2\text{m} \times 2 + 16\text{m}^2$
$$= 137.27\text{m}^2$$

人工场地平整，套用定额与价目表（2015），$1 - 4 - 1$，定额基价 $= 47.88$ 元$/10\text{m}^2$。

做一做

某基础平面示意图，如图 4-14 所示，计算该工程机械场地平整的工程量，确定定额编号。

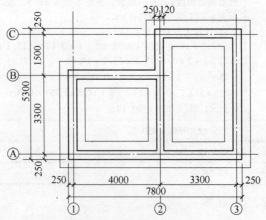

图 4-14 某基础平面示意图

【例 4-5】　某工程外购黄土用于室内回填，已知室内机械夯填土工程量为 500m³。

试求：①买土的数量；②室内机械夯填土应用的定额基价。

分析：买土体积按虚方计算，室内夯填土体积按夯填考虑。因此，查表 4-1，将夯填体积换算成虚方体积要乘系数 1.5。

解：① 买土的数量 = 500m³ × 1.5 = 750m³。

② 室内夯填土工程量为 500m³，应用定额 1 – 4 – 11，定额基价 = 57.08 元/10m³。

（4）竣工清理

【例 4-6】　某建筑物平面示意图及剖面示意图，如图 4-15 所示。计算竣工清理工程量，确定定额基价。

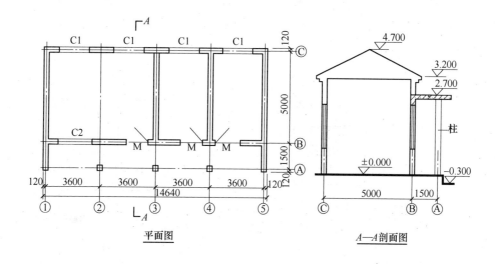

图 4-15　某建筑物平面示意图与剖面示意图

分析：竣工清理工程量按建筑物勒脚以上外墙外围水平面积乘以檐口高度。注意檐口高度的确定。

解：竣工清理工程量 = 14.64m × (5.00m + 0.12m × 2) × [3.20m + (4.70m – 3.20m) × 1/2] + 14.64m × 1.50m × 2.70m = 362.31m³

竣工清理，套用定额与价目表（2015）1 – 4 – 3，定额基价 = 12.16 元/10m³。

（5）土石方工程综合实例　某工程基础平面图及详图，如图 4-16 所示，土质为普通土，采用人工开挖。请计算本工程下列项目：

1）建筑面积。

2）机械平整场地的工程量，确定定额编号。

3）人工挖沟槽的工程量，确定定额编号。

4）人工挖基坑的工程量，确定定额编号。

5）房心人工夯填土的工程量，确定定额编号。

解：本工程各分项工程量计算过程及定额编号的确定，见表 4-9。

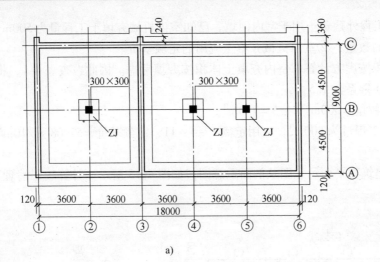

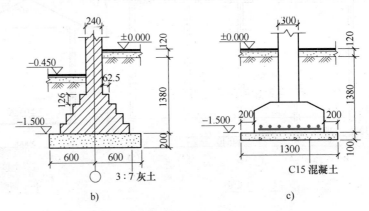

图 4-16　某基础施工示意图

a) 基础平面图　b) 条形基础详图　c) ZJ 详图

表 4-9　定额工程量计算表

序　号	项目名称	单　位	计算式	工程量	定额编号
1	建筑面积	m^2	18.24×9.24	168.54	
2	平整场地	m^2	$(18.24 + 4.00) \times (9.24 + 4.00)$	294.46	$1-4-2$
3	人工挖沟槽	m^3	（1）判断是否放坡 $H = (1.5 + 0.20 - 0.45)m = 1.25m > 1.2m$，放坡查表得，$K = 0.5$，$h = 1.05m$ （2）工程量计算 $L_{中} = (18 + 9) \times 2m + 0.24 \times 3m = 54.72m$ $L_{净} = 9 - 0.6 \times 2 = 7.8m$ $S_{断} = (1.2 + 0.5 \times 1.05) \times 1.05m^2 + 1.2 \times 0.2 \ m^2$ $\qquad = 2.05m^2$ $V_{挖} = S_{断} L = 2.05 \times (54.72 + 7.8)m^3 = 128.17m^3$	128.17	$1-2-10$
4	人工挖地坑	m^3	（1）判断是否放坡 $H = (1.5 + 0.10 - 0.45)m = 1.15m < 1.2m$，不放坡 （2）工程量计算 $V_{挖} = (1.30 + 0.10 \times 2)^2 \times 1.15 \times 3 = 7.76m^3$	7.76	$1-2-16$
5	房心人工夯填土	m^3	$(18.00 - 0.24 \times 2) \times (9.00 - 0.24) \times (0.45 - 0.12)m^3$ $= 50.65m^3$	50.65	$1-4-10$

课题 2　土石方工程量清单计量与编制

《房屋建筑与装饰工程工程量计算规范》（GB 50854—2013）中的土石方工程，工程量清单项目内容分为土方工程、石方工程、回填三大部分，共 13 个项目。

1. 工程量清单项目设置及计算规则

（1）土方工程　土方工程工程量清单项目设置、项目特征描述的内容、计量单位及计算规则，应按表 4-10 的规定执行。

表 4-10　土方工程（编号：010101）

项目编码	项目名称	项目特征	计量单位	工程量计算规则	工作内容
010101001	平整场地	1. 土壤类别 2. 弃土运距 3. 取土运距	m²	按设计图示尺寸以建筑物首层建筑面积计算	1. 土方挖填 2. 场地找平 3. 运输
010101002	挖一般土方	1. 土壤类别 2. 挖土深度 3. 弃土运距	m³	按设计图示尺寸以体积计算	1. 排地表水 2. 土方开挖 3. 围护（挡土板）及拆除 4. 基底钎探 5. 运输
010101003	挖沟槽土方			按设计图示尺寸以基础垫层底面积乘以挖土深度计算	
010101004	挖基坑土方				
010101005	冻土开挖	1. 冻土厚度 2. 弃土运距	m³	按设计图示尺寸开挖面积乘以厚度以体积计算	1. 爆破 2. 开挖 3. 清理 4. 运输
010101006	挖淤泥、流沙	1. 挖掘深度 2. 弃淤泥、流砂距离		按设计图示位置、界限以体积计算	1. 开挖 2. 运输
010101007	管沟土方	1. 土壤类别 2. 管外径 3. 挖沟深度 4. 回填土方	1. m 2. m³	1. 以米计算，按设计图示以管道中心线长度计算 2. 以立方米（m³）计量，按设计图示管底垫层面积乘以挖土深度计算；无管底垫层按管外径的水平投影面积乘以挖土深度计算。不扣除各类井的长度，井的土方并入	1. 排地表水 2. 土方开挖 3. 围护（挡土板）、支撑 4. 运输 5. 回填

注：1. 挖土方平均厚度应按自然地面测量标高至设计地坪标高间的平均厚度确定。基础土方开挖深度应按基础垫层底表面标高至交付施工场地标高确定，无交付施工场地标高时，应按自然地面标高确定。

2. 建筑物场地厚度 ≤ ±300mm 的挖、填、运、找平，应按本表中平整场地项目编码列项。厚度 > ±300mm 的竖向布置挖土或山坡切土应按本表中挖一般土方项目编码列项。

3. 沟槽、基坑、一般土方的划分为：底宽 ≤ 7m 且底长 > 3 倍底宽为沟槽；底长 ≤ 3 倍底宽且底面积 ≤ 150m² 为基坑；超出上述范围则为一般土方。

4. 挖土方如需截桩头，应按桩基工程相关项目列项。

5. 桩间挖土不扣除桩的体积，并在项目特征中加以描述。

6. 弃、取土运距可以不描述，但应注明由投标人根据施工现场实际情况自行考虑，决定报价。

7. 土壤的分类应按表 4-11 确定，如土壤类别不能准确划分，招标人可注明为综合，由投标人根据地勘报告决定报价。

8. 土方体积应按挖掘前的天然密实体积计算。非天然密实土方应按表 4-1 折算。

9. 挖沟槽、基坑、一般土方因工作面和放坡增加的工程量（管沟工作面增加的工程量）是否并入各土方工程量中，应按各省（自治区、直辖市）或行业建设主管部门的规定实施，如并入各土方工程量中，办理工程结算时，应按发包人认可的施工组织设计规定计算，编制工程量清单时，可按表 4-12～表 4-14 规定计算。

10. 挖方出现流砂、淤泥时，如设计未明确，在编制工程量清单时，其工程数量可为暂估量，结算时应根据实际情况由发包人与承包人双方现场签证确认工程量。

11. 管沟土方项目适用于管道（给水排水、工业、电力、通信）、光（电）缆沟［包括：人（手）孔、接口坑］及连接井（检查井）等。

表 4-11　土壤分类表

土壤分类	土壤名称	开挖方法
一、二类土	粉土、砂土（粉砂、细砂、中砂、粗砂、砾砂）、粉质黏土、弱中盐渍土、软土（淤泥质土、泥炭、泥炭质土）、软塑红黏土、冲填土	用锹、少许用镐、条锄开挖。机械能全部直接铲挖满载者
三类土	黏土、碎石土（圆砾、角砾）混合土、可塑红黏土、硬塑红黏土、强盐渍土、素填土、压实填土	主要用镐、条锄、少许用锹开挖。机械需部分刨松方能铲挖满载者或可直接铲挖但不能满载者
四类土	碎石土（卵石、碎石、漂石、块石）、坚硬红黏土、超盐渍土、杂填土	全部用镐、条锄挖掘、少许用撬棍挖掘。机械须普遍刨松方能铲挖满载者

注：本表土的名称及其含义按国家标准《岩土工程勘察规范》（GB 50021—2001）（2009 年版）定义。

表 4-12　放坡系数表

土类别	放坡起点/m	人工挖土	机械挖土		
			在坑内作业	在坑上作业	顺沟槽在坑上作业
一、二类土	1.20	1 : 0.50	1 : 0.33	1 : 0.75	1 : 0.50
三类土	1.50	1 : 0.33	1 : 0.25	1 : 0.67	1 : 0.33
四类土	2.00	1 : 0.25	1 : 0.10	1 : 0.33	1 : 0.25

注：1. 沟槽、基坑中土类别不同时，分别按其放坡起点、放坡系数，依不同土类别厚度加权平均计算。
　　2. 计算放坡时，在交接处的重复工程量不予扣除，原槽、坑作基础垫层时，放坡自垫层上表面开始计算。

表 4-13　基础施工所需工作面宽度计算表

基础材料	每边各增加工作面宽度/mm
砖基础	200
浆砌毛石、条石基础	150
混凝土基础垫层支模板	300
混凝土基础支模板	300
基础垂直面做防水层	1000（防水层面）

注：本表按《全国统一建筑工程预算工程量计算规则》GJDGZ—101—1995 整理。

表 4-14　管沟施工每侧所需工作面宽度计算表

管沟材料　　　管道结构宽/mm	≤500	≤1000	≤2500	>2500
混凝土及钢筋混凝土管道/mm	400	500	600	700
其他材质管道/mm	300	400	500	600

注：1. 本表按《全国统一建筑工程预算工程量计算规则》GJDGZ—101—1995 整理。
　　2. 管道结构宽：有管座的按基础外缘，无管座的按管道外径。

　　（2）石方工程　石方工程工程量清单项目设置、项目特征描述的内容、计量单位及工程量计算规则，应按表 4-15 的规定执行。

表 4-15　石方工程（编号：010102）

项目编码	项目名称	项目特征	计量单位	工程量计算规则	工程内容
010102001	挖一般石方	1. 岩石类别 2. 开凿深度 3. 弃碴运距	m³	按设计图示尺寸以体积计算	1. 排地表水 2. 凿石 3. 运输
010102002	挖沟槽石方			按设计图示尺寸沟槽底面积乘以挖石深度以体积计算	
010102003	挖基坑石方			按设计图示尺寸基坑底面积乘以挖石深度以体积计算	
010102004	挖管沟石方	1. 岩石类别 2. 管外径 3. 挖沟深度	1. m 2. m³	以米计量，按设计图示以管道中心线长度计算 以立方米计量，按设计图示截面积乘以长度计算	1. 排地表水 2. 凿石 3. 回填 4. 运输

注：1. 挖石应按自然地面测量标高至设计地坪标高的平均厚度确定。基础石方开挖深度应按基础垫层底表面标高至交付施工现场地标高确定，无交付施工场地标高时，应按自然地面标高确定。

2. 厚度 > ±300mm 的竖向布置挖石或山坡凿石应按本表中挖一般石方项目编码列项。

3. 沟槽、基坑、一般石方的划分为：底宽≤7m 且底长 > 3 倍底宽为沟槽；底长 < 3 倍底宽且底面积≤150m² 为基坑；超出上述范围则为一般石方。

4. 弃碴运距可以不描述，但应注明由投标人根据施工现场实际情况自行考虑，决定报价。

5. 岩石的分类应按 4-16 确定。

6. 石方体积应按挖掘前的天然密实体积计算。非天然密实石方应按表 4-17 折算。

7. 管沟石方项目适用于管道（给水排水、工业、电力、通信）、光（电）缆沟〔包括：人（手）孔、接口坑〕及连接井（检查井）等。

表 4-16　岩石分类表

岩石分类		代表性岩石	开挖方法
极软岩		1. 全风化的各种岩石 2. 各种半成岩	部分用手凿工具、部分用爆破法开挖
软质岩	软岩	1. 强风化的坚硬岩或较硬岩 2. 中等风化—强风化的较软岩 3. 未风化—微风化的页岩、泥岩、泥质砂岩等	用风镐和爆破法开挖
	较软岩	1. 中等风化—强风化的坚硬岩或较硬岩 2. 未风化—微风化的凝灰岩、千枚岩、泥灰岩、砂质泥岩等	用爆破法开挖
硬质岩	较硬岩	1. 微风化的坚硬岩 2. 未风化—微风化的大理岩、板岩、石灰岩、白云岩、钙质砂岩等	用爆破法开挖
	坚硬岩	未风化—微风化的花岗岩、闪长岩、辉绿岩、玄武岩、安山岩、片麻岩、石英岩、石英砂岩、硅质砾岩、硅质石灰岩等	用爆破法开挖

表 4-17　石方体积折算系数表

石方类别	天然密实度体积	虚方体积	松填体积	码　方
石方	1.0	1.54	1.31	—
块石	1.0	1.75	1.43	1.67
砂夹石	1.0	1.07	0.94	—

注：本表按原建设部颁发《爆破工程消耗量定额》GYD—102—2008 整理。

（3）回填　回填工程量清单项目设置、项目特征描述的内容、计量单位及工程量计算规则，应按表4-18的规定执行。

表4-18　回填（编号：010103）

项目编码	项目名称	项目特征	计量单位	工程量计算规则	工作内容
010103001	回填方	1. 密实度要求 2. 填方材料品种 3. 填方粒径要求 4. 填方来源、运距	m^3	按设计图示尺寸以体积计算 1. 场地回填：回填面积乘平均回填厚度 2. 室内回填：主墙间面积乘回填厚度，不扣除间隔墙 3. 基础回填：按挖方清单项目工程量减去自然地坪以下埋设的基础体积（包括基础垫层及其他构筑物）	1. 运输 2. 回填 3. 压实
010103002	余方弃置	1. 废弃料品种 2. 运距	m^3	按挖方清单项目工程量减利用回填方体积（正数）计算	余方点装料运输至弃置点

注：1. 填方密实度要求，在无特殊要求情况下，项目特征可表述为满足设计和规范的要求。
　　2. 填方材料品种可以不描述，但应注明由投标人根据设计要求验方后方可填入，并符合相关工程的质量规范要求。
　　3. 填方粒径要求，在无特殊要求情况下，项目特征可以不描述。
　　4. 如需买土回填应在项目特征填方来源中描述，并注明买土方数量。

2. 清单计量与编制典型案例

（1）案例描述

1）设计说明：

① 某工程 ±0.000 以下基础工程施工图，如图4-17所示，室内外高差为450mm。

② 基础垫层为非原槽浇筑，垫层支模，混凝土强度等级为C15，地圈梁混凝土强度等级为C20。

③ 砖基础，使用普通页岩标准砖，M5水泥砂浆。

④ 独立柱基础及柱为C20混凝土。

⑤ 本工程建设方已完成三通一平。

⑥ 混凝土及砂浆材料为：中砂、砾石、细砂，均现场搅拌。

2）施工方案：

① 本基础工程土方为人工挖方，非桩基础，不考虑开挖时排地表水及基底钎探，不考虑支挡土板施工，工作面为300mm，放坡系数为1:0.33。

② 开挖基础土，其中一部分土壤考虑按挖方量的60%进行现场运输、堆放，采用人力车运输，距离为40m，另一部分土壤在基坑边5m内堆放。平整场地弃、取土运距为5m，余方弃土运距5km，回填为夯填。

③ 土壤类别三类土，均属天然密实土，现场内土壤堆放时间为三个月。

3）设计说明。编制清单时，工作面和放坡增加的工程量，并入各土方工程量中。

（2）问题　根据以上背景资料及现行国家标准《建设工程工程量清单计价规范》（GB 50500—2013）、《房屋建筑与装饰工程工程量计算规范》（GB 50854—2013）试列出该 ±0.000以下基础工程的平整场地、挖地槽、地坑、弃土外运、土方回填等项目的分部分项工程量清单。

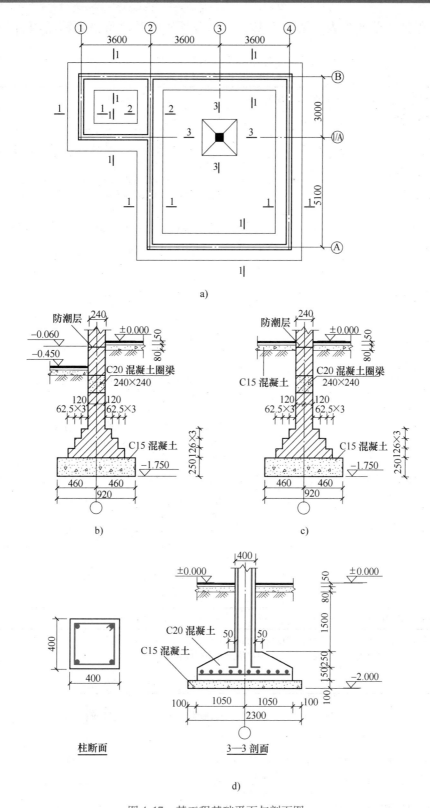

图 4-17　某工程基础平面与剖面图

a）某工程基础平面图　b）1—1 剖面图　c）2—2 剖面图　d）柱断面、基础剖面示意图解：工程量清单计算表，见表 4-19；分部分项工程和单价措施清单项目与计价表见表 4-20。

表 4-19　工程量清单计算表

序号	项目编码	项目名称	计量单位	计算公式	工程量
1	010101001001	平整场地	m^2	$S = 11.04 \times 3.24 + 5.1 \times 7.44 = 73.71$	73.71
2	010101003001	挖沟槽土方	m^3	$L_{中} = (10.8 + 8.1) \times 2 = 37.80$ $L_{内} = 3 - 0.92 - 0.3 \times 2 = 1.48$ $S_{1-1(2-2)} = (0.92 + 2 \times 0.3) \times 1.3 = 1.98$ $V_{挖1} = (37.8 + 1.48) \times 1.98 = 77.77$	77.77
3	010101004001	挖基坑土方	m^3	$S_{下} = (2.3 + 0.3 \times 2)^2 = 2.9^2$ $S_{上} = (2.3 + 0.3 \times 2 + 2 \times 0.33 \times 1.55)^2$ $\quad = 3.92^2$ $V_{挖2} = \dfrac{1}{3} h (S_{上} + S_{下} + \sqrt{S_{上} S_{下}})$ $\quad = \dfrac{1}{3} \times 1.55 \times (2.9^2 + 3.92^2 + 2.9 \times 3.92)$ $\quad = 18.16$	18.16
4	010103001001	土方回填	m^3	① 垫层： $V_1 = (37.8 + 2.08) \times 0.92 \times 0.25 + 2.3 \times 2.3 \times 0.1 = 9.70$ ② 埋在土下的砖基础(含圈梁)： $V_2 = (37.8 + 2.76) \times (1.05 \times 0.24 + 0.0625 \times 3 \times 0.126 \times 4) = 40.56 \times 0.3465 = 14.05$ ③ 埋在土下的混凝土基础及柱： $V_3 = \dfrac{1}{3} \times 0.25 \times (0.5^2 + 2.1^2 + 0.5 \times 2.1) + 1.05 \times 0.4 \times 0.4 + 2.1 \times 2.1 \times 0.15 = 1.31$ 槽、坑回填： $V_{回1} = 77.77 + 18.16 - 9.70 - 14.05 - 1.31$ $\quad = 70.87$ 室内回填： $V_{回2} = (3.36 \times 2.76 + 7.86 \times 6.96 - 0.4 \times 0.4) \times (0.45 - 0.13) = 20.42$	91.29
5	010103002001	余方弃置	m^3	$V = 95.93 - 91.29 = 4.64$	4.64

注：1. 某省规定挖沟槽、基坑因工作面和放坡增加的工程量，并入各土方工程量中。

　　2. 按表 4-12 三类土放坡起点应为 1.5m，因沟槽土方不应计算放坡。

表 4-20　分部分项工程和单价措施清单项目与计价表

序号	项目编码	项目名称	项目特征描述	计量单位	工程量	金额/元	
						综合单价	合价
1	010101001001	平整场地	1. 土壤类别：三类土 2. 弃土运距：5m 3. 取土运距：5m	m^2	73.71		
2	010101003001	挖沟槽土方	1. 土壤类别：三类土 2. 挖土深度：1.30m 3. 弃土运距：40m	m^3	77.77		

（续）

序号	项目编码	项目名称	项目特征描述	计量单位	工程量	金额/元 综合单价	金额/元 合价
3	010101004001	挖基坑土方	1. 土壤类别：三类土 2. 挖土深度：1.55m 3. 弃土运距：40m	m³	18.16		
4	010103002001	余土弃置	弃土运距：5km	m³	4.64		
5	010103001001	土方回填	1. 土质要求：满足规范及设计 2. 密实度要求：满足规范及设计 3. 粒径要求：满足规范及设计 4. 夯填（碾压）：夯填 5. 运输距离：40m	m³	91.29		

知识回顾

1. 本单元主要分项工程定额计量与清单计量两种方法的比较，见表 4-21。

表 4-21　土石方工程主要分项工程量计算规则对比

项 目 名 称	定额工程量计算规则	清单工程量计算规则
场地平整	按外墙外边线每边各加 2m 以面积计算	按设计图示尺寸，以建筑物首层建筑面积计算
挖一般土（石）方	按设计图示尺寸，以体积计算（考虑工作面、放坡增加的工程量）	按设计图示尺寸，以体积计算
挖沟槽土（石）方	按沟槽断面面积乘以长度，以体积计算（考虑工作面、放坡）	按设计图示尺寸，以基础垫层（沟槽、基坑）底面积乘以挖土（石）深度，以体积计算
挖基坑土（石）方	按基坑底面积乘基坑深度，以体积计算（考虑工作面、放坡）	
挖管沟土（石）方	按管道沟槽宽×管道沟槽宽×管道中心线长度，以体积计算	（1）按设计图示管道中心线长度，以米计算 （2）按设计图示管底垫层面积乘以挖土深度，以立方米计算
回填方	定额与清单计算规则相同（参见清单工程量计算规则）	按设计图示尺寸，以体积计算 （1）场地回填 = 回填面积 × 平均回填厚度 （2）室内回填 = 主墙间净面积 × 回填厚度 （3）基础回填 = 挖方体积 – 自然地坪以下埋设的基础体积（包括基础、垫层及其他构筑物）
余方弃置	运土体积 = 挖土体积 – 回填土（天然密实）总体积	按挖方清单项目工程量减利用回填方体积（正数）计算

2. 定额计价以直接工程费的计算为计算基础；清单计价以综合单价的计算为计算基础。

检查测试

一、单项选择题

1. 挖土方的工程量，按设计图示尺寸以体积计算，此时的体积是指（　　　）。

　　A. 虚方体积　　　　　B. 松填体积　　　　C. 天然密实体积　　　　D. 夯实体积

　　2. 根据《房屋建筑与装饰工程工程量计算规范》（GB 50854—2013）的规定，建筑物场地平整的工程量的计算规则是（　　）。

　　A. 按首层结构外边线，每边各加 2m 计算

　　B. 按建筑物图示中心线轮廓加宽 2m 围成的面积计算

　　C. 按设计图示尺寸以建筑物首层建筑面积计算

　　D. 按建筑物首层面积乘以 1.2 计算

　　3. 根据《房屋建筑与装饰工程工程量计算规范》（GB 50854—2013），某建筑物外墙砖基础垫层底宽 850mm，基槽挖土深度为 1600mm，外墙中心线长为 40000mm，土壤为三类土，放坡坡度为 1∶0.33，则此外墙基础人工挖沟槽的工程量应为（　　）m^3。

　　A. 34　　　　　　　　B. 54.4　　　　　　　C. 88.2　　　　　　　D. 113.8

　　4. 某钢筋混凝土条形基础，底宽 1400mm，混凝土垫层宽 1600mm，厚 200mm，施工时不需支设模板，土壤为普通土，自然地坪标高为 0.300m，基础底面标高 −0.700m，基础总长 200m，根据《山东省建筑工程量计算规则》，该基础人工挖土的工程量应为（　　）m^3。

　　A. 160　　　　　　　B. 192　　　　　　　C. 200　　　　　　　D. 240

　　5. 根据《房屋建筑与装饰工程工程量计算规范》（GB 50854—2013）及《山东省建筑工程量计算规则》，当土方开挖底长 < 3 倍底宽，且 $20m^2$ < 底面积 ≤ $150m^2$，开挖深度为 0.8m 时，清单与定额应分别列为（　　）。

　　A. 挖沟槽、挖一般土石方　　　　　　　　B. 挖一般土石方、挖沟槽

　　C. 挖基坑、挖一般土方　　　　　　　　　D. 挖基坑、挖沟槽

　　二、多项选择题

　　1. 本项目定额内容包括（　　）清理及回填等内容。

　　A. 单独土石方　　　B. 人工土石方　　　C. 机械土石方　　　　D. 墙体砌筑

　　E. 平整场地

　　2. 挖沟槽土方，按《房屋建筑与装饰工程工程量计算规范》（GB 50854—2013）的工程量计算规则，以下说法正确的是（　　）。

　　A. 沟槽的底宽 ≤3m 且底长 >3 倍底宽　　　B. 沟槽的底宽 ≤7m 且底长 ≥3 倍底宽

　　C. 沟槽的底宽 ≤7m 且底长 >3 倍底宽　　　D. 底长 ≤3 倍底宽且底面积 ≤$20m^2$ 为基坑

　　E. 底长 ≤3 倍底宽且底面积 ≤$150m^2$ 为基坑

　　3. 本项目，比较定额与清单两种计量规则，以下说法正确的是（　　）。

　　A. 平整场地，计量规则不同　　　　　　　B. 挖沟槽土（石）方，计量规则相同

　　C. 挖管沟土（石）方，计量规则不同　　　D. 回填方，计量规则相同

　　E. 余方弃置，计量规则不同

　　三、计算题

　　某基础工程，如图 4-17 所示，土壤为普通土。用定额计算方法，计算该工程定额机械场地平整，人工开挖沟槽、基坑，房心人工夯填土的工程量，确定定额基价。

单元 10　地基处理与防护工程

单元描述

地基是指支承基础的土体或岩体，承受由基础传来的建筑物的荷载。地基分为天然地基和人工地基两大类。天然地基是指天然土层具有足够的承载能力，不需经过人工加固便可作为建筑物的承重层，如岩土、砂土、黏土等。人工地基是指天然土层的承载力不能满足荷载要求，经过人工处理的土层。地基处理有时还涉及边坡支护、降水等多项工作。图 4-18 所示为某工程人工处理地基的施工现场。

图 4-18　某工程人工处理地基的施工现场

本单元主要介绍地基处理与防护工程主要分项工程的定额计量与计价、工程量清单计量与编制。

学习目标

1. 熟悉垫层、桩基、边坡支护、降水等分项工程定额与清单的工程量计算规则。

2. 能用两种计算方法，对地基处理与防护工程主要分项工程进行定额计量与计价，工程量清单计量与编制。

工作任务

1. 地基处理与防护工程主要分项工程的定额计量与计价。

2. 地基处理与防护工程主要分项工程的清单计量与编制。

相关知识

课题 1　消耗量定额计量与计价

1. 定额编制说明与综合解释

（1）定额编制说明

1）本单元中定额包括垫层、填料加固、桩基础、强夯、防护与降水等内容。

2）垫层定额按地面垫层编制。若为基础垫层，人工、机械分别乘以下列系数：条形基础 1.05；独立基础 1.10；满堂基础 1.00。

3）填料加固定额用于软弱地基挖土后的换填材料加固工程。

4）单位工程的桩基础工程量在表 4-22 数量以内时，相应定额人工、机械乘以系数 1.05。

5）打桩工程，按陆地打垂直桩编制。设计要求打斜桩时，斜度小于 1∶6 时，相应定额人工、机械乘以系数 1.25；斜度大于 1∶6 时，相应定额人工、机械乘以系数 1.43。

 知识链接

斜度是指在竖直方向上，每单位长度所偏离竖直方向的水平距离。

6）桩间补桩或在强夯后的地基上打桩时，相应定额人工、机械乘以系数 1.15。

7）打试验桩时，相应定额人工、机械乘以系数 2。

8）打送桩时，按送桩深度相应定额人工、机械乘以的系数见表 4-23。

表 4-22 单位工程桩基础系数表

项目	单位工程的工程量
预制钢筋混凝土桩	100m³
灌注桩	60m³
钢工具桩	50t

表 4-23 送桩深度系数表

送桩深度	系数
2m 以内	1.12
4m 以内	1.25
4m 以外	1.50

知识链接

送桩，是指打桩时因打桩架底盘离地面有一段距离，因而不能继续将桩打入地面以下设计位置，这时可在尚未打入土中的桩顶上放一送桩器，让桩锤将送桩器冲入土中，将桩送入地下设计深度。预制混凝土桩的送桩深度，按设计送桩深度另加 0.50m 计算。

9）灌注桩已考虑了桩体充盈部分的消耗量，其中灌注砂、石桩还包括级配密实的消耗量。

10）强夯定额中每百平方米夯点数，指设计文件规定单位面积内的夯点数量。

11）挡土板定额分为疏板和密板。疏板是指间隔支挡土板，且板间净空小于 150cm 的情况；密板是指满支挡土板或板间净空小于 30cm 的情况，如图 4-19 所示。

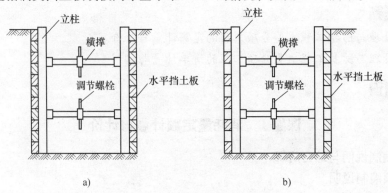

a) b)

图 4-19 疏板与密板挡土板示意图
a) 密板 b) 疏板

12）抽水机集水井排水定额，以每台抽水机工作 24h 为一台日。

13）井点降水分为轻型井点、喷射井点、大口径井点、水平井点、电渗井点和射流泵井点。井管间距应根据地质条件和施工降水要求，依施工组织设计确定。施工组织设计无规定时，可按轻型井点管距 0.8~1.6m，喷射井点管距 2~3m 确定。井点设备使用套的组成如下：

①轻型井点 50 根/套；②喷射井点 30 根/套；③大口径井点 45 根/套；④水平井点 10 根/套；⑤电渗井点 30 根/套。井点设备使用的天，以每昼夜即 24h 为一天。

14）灌注混凝土桩的钢筋笼、防护工程的钢筋锚杆制安，桩混凝土搅拌、钢筋及其连接铁件等，均按钢筋及混凝土工程的有关规定执行。

（2）综合解释

1）灰土垫层及填料加固夯填灰土就地取土时，应扣除灰土配比中的黏土。

2）柱间条形基础垫层，按柱基础（含垫层）之间的设计净长线计算。

3）预制混凝土桩截桩子目，不包括凿桩头和桩头钢筋整理；凿桩头子目，不包括桩头钢筋整理。

4）灌注混凝土桩凿桩头，设计无规定时，其工程量按桩体断面面积乘以 0.5m，以立方米（m³）计算。凿桩头子目，不包括桩头钢筋整理。

5）人工挖孔灌注混凝土桩桩壁和桩芯子目，定额未考虑混凝土的充盈因素。人工挖孔的桩孔侧壁需要充盈时，桩壁混凝土的充盈系数按 1.25 计算。灌注混凝土桩无桩壁、直接用桩芯混凝土填充桩孔时，充盈系数按 1.10 计算。

6）预制混凝土桩凿桩头，按桩体高 40d（d 为桩体主筋直径，主筋直径不同时取大者）乘以桩体断面面积，以立方米（m³）计算。灌注混凝土桩凿桩头，按实际凿桩头体积计算。

2. 工程量计算规则

（1）垫层　垫层定额分为地面垫层和基础垫层。

1）地面垫层。地面垫层按室内主墙间净面积乘以设计厚度，以立方米（m³）计算。计算时应扣除凸出地面的构筑物、设备基础、室内铁道、地沟以及单个面积在 0.3m² 以上的孔洞、独立柱等所占体积；不扣除间壁墙、附墙烟囱、墙垛以及单个面积在 0.3m² 以内的孔洞等所占体积，门洞、空圈、暖气壁龛等开口部分也不增加。

$$地面垫层工程量 = [S_房 - 独立柱面积 - \sum(构筑物、设备基础、地沟等面积)] \times 垫层厚$$
$$S_房 = S_底 - \sum L_中 \times 外墙厚 - \sum L_内 \times 内墙厚$$

2）基础垫层，按下列规定以立方米（m³）计算。

① 条形基础垫层，外墙按外墙中心线长度、内墙按其设计净长度乘以垫层平均断面面积计算。柱间条形基础垫层，按柱基础（含垫层）之间的设计净长度计算。

$$条形基础垫层工程量 = 垫层断面积 \times (\sum L_中 + \sum L_净)$$

② 独立基础垫层和满堂基础垫层，按设计图示尺寸乘以平均厚度计算。

（2）填料加固　填料加固按设计尺寸，以立方米（m³）计算。

（3）桩基础

1）预制钢筋混凝土桩。预制钢筋混凝土桩，按设计桩长（包括桩尖）乘以桩断面面积，以立方米（m³）计算。管桩的空心体积应扣除，当按设计要求加注填充材料时，填充部分另按相应规定计算。

预制钢筋混凝土桩工程量 = 设计桩总长度 × 桩断面面积

2）现浇钢筋混凝土桩。

① 打孔灌注混凝土桩、钻孔灌注混凝土桩，按设计桩长（包括桩尖，设计要求入岩时，包括入岩深度，另加0.5m），乘以设计桩外径（钢管箍外径）截面面积，以立方米（m³）计算。

$$灌注桩混凝土工程量 = \frac{(L + 0.5m)\pi D^2}{4}$$

②夯扩成孔灌注混凝土桩，按设计桩长增加0.3m，乘以设计桩外径截面面积，另加设计夯扩混凝土体积，以立方米（m³）计算。

$$夯扩成孔灌注桩工程量 = \frac{(L + 0.3m) \times \pi D^2}{4} + 夯扩混凝土体积$$

式中　　L——桩长（含桩尖）；

　　　　D——桩外直径。

③ 人工挖孔灌注混凝土桩的桩壁和桩芯，分别按设计尺寸以立方米计算。标准圆形桩断面，如图4-20所示。

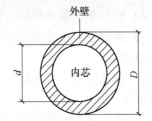

桩壁混凝土工程量 = $H_{桩壁}\pi D^2/4 - H_{桩芯}\pi d^2/4$

桩芯混凝土工程量 = $H_{桩芯}\pi d^2/4$

图4-20　人工挖孔灌注混凝土桩的桩壁和桩芯示意图

注意！

人工挖孔灌注混凝土桩桩壁和桩芯子目，定额未考虑混凝土的充盈因素。人工挖孔的桩孔侧壁需要充盈时，桩壁混凝土的充盈系数按1.25计算。灌注混凝土桩无桩壁、直接用桩芯混凝土填充桩孔时，充盈系数按1.10计算。

④ 灰土桩、砂石桩、水泥桩，均按设计桩长（包括桩尖）乘以设计桩外径截面面积，以立方米（m³）计算。

⑤ 焊接桩，按设计要求接桩的根数计算。硫黄胶泥接桩按桩断面面积，以平方米计算。桩头钢筋整理按所整理的桩的根数计算。

（4）强夯　地基强夯区别不同夯击能量和夯点密度，按设计图示夯击范围，以平方米（m³）计算。

夯点密度(夯点/100m²) = 设计夯击范围内的夯点个数 ÷ 夯击范围(m²) × 100

地基强夯工程量 = 设计图示面积

设计无规定时，按建筑物基础外围轴线每边各加4m以平方米（m³）计算。

地基强夯工程量 = $S_{轴包} + L_{外轴} \times 4m + 4 \times 16m^2$

夯击击数是指强夯机械就位后，夯锤在同一夯点上下夯击的次数（落锤高度应满足设计夯击能量的要求，否则按低锤满拍计算）。

低锤满拍工程量 = 设计夯击范围

（5）防护

1）挡土板按施工组织设计规定的支挡范围，以平方米（m²）计算。

2）钢工具桩，按桩体质量，以吨（t）计算。未包括桩体制作、除锈和刷油。安、拆导向夹具，按设计图示长度，以米（m）计算。

3）砂浆土钉防护、锚杆机钻孔防护（不包括锚杆），按施工组织设计规定的钻孔入土（岩）深度，以米（m）计算。喷射混凝土护坡区分土层与岩层，按施工组织设计规定的防护范围，以平方米（m²）计算。

（6）排水与降水

1）抽水机基底排水分不同排水深度，按设计基底面积，以平方米（m²）计算。

2）集水井按不同成井方式，分别以施工组织设计规定的数量，以座或米计算。抽水机集水井排水按施工组织设计规定的抽水机台数和工作天数，以台日计算。

$$1 台日 = 1 台抽水机 \times 24h$$

3）井点降水区分不同的井管深度，其井管安拆，按施工组织设计规定的井管数量，以根计算；设备使用按施工组织设计规定的使用时间，以每套使用的天数计算。

3. 计算实例

【例4-7】 某建筑物基础平面图、详图及地面做法，如图4-21所示。条形基础为 M5.0 水泥砂浆砌筑标准黏土砖。计算垫层工程量，确定定额基价。

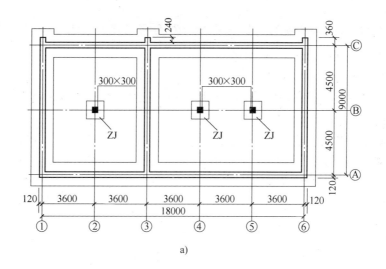

a)

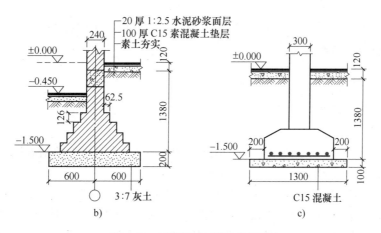

图4-21 某工程基础施工示意图
a) 基础平面图 b) 条形基础详图 c) ZJ详图

分析：本工程根据图示内容，有地面垫层、条形基础垫层及独立基础垫层三种。地面垫层按室内主墙间净面积乘以设计厚度以立方米（m³）计算；条形基础垫层，外墙按外墙中心线长度、内墙按其设计净长度乘以垫层平均断面面积计算；独立基础垫层按设计图示尺寸乘以平均厚度计算。

解：（1）地面垫层

工程量 $=[(18.00m-0.24m\times2)\times(9m-0.24m)-0.3m\times0.3m\times3]\times0.1m=15.32m^3$

C15 素混凝土垫层，套用定额与价目表（2015）2-1-13，基价 $=2640.08$ 元/10m³。

（2）独立基础垫层

工程量 $=1.3m\times1.3m\times0.1m\times3=0.51m^3$

独立基础 C15 素混凝土垫层，套用定额与价目表（2015）2-1-13（换）。

基价调整 $=2640.08$ 元/10m³ $+(775.96+10.53)$ 元/10m³ $\times0.1$

$=2718.74$ 元/10m³

 注意！

垫层定额按地面垫层编制，独立基础垫层套用定额时，人工、机械要分别乘以系数 1.10。

（3）条形基础垫层

工程量 $=1.2m\times0.2m\times[(18m+9m)\times2+0.24m\times3+9m-0.6m\times2]$

$=15.00m^3$

条形基础 3:7 灰土垫层，套用定额与价目表（2015）2-1-1（换）。

基价调整 $=1460.91$ 元/10m³ $+(636.12+11.89)$ 元/10m³ $\times0.05=1493.32$ 元/10m³

注意！

条形基础垫层套用定额时，人工、机械要分别乘以系数 1.05。

交流与讨论：

例 4-7 中，若条形基础垫层 3:7 灰土中的黏土为就地取土进行拌和施工，定额的基价应怎样调整？调整后的基价是多少？

考一考

某建筑物基础平面图、详图及地面做法，如图 4-22 所示。试计算垫层工程量，确定定额基价。

【例 4-8】 某工程，采用打桩机打如图 4-23 所示的钢筋混凝土预制方桩，共 30 根，计算工程量，确定定额基价。

分析：预制钢筋混凝土桩，按设计桩长（包括桩尖）乘以桩断面面积，以立方米（m³）计算。管桩的空心体积应扣除，如按设计要求加注填充材料，填充部另按相应规定计算。还要注意单位工程的桩基础工程量在表 4-22 数量以内时，相应定额人工、机械乘以系数 1.05。

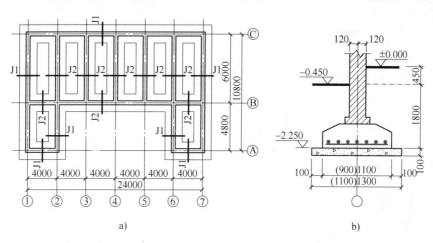

图 4-22　某工程基础施工示意图
a）基础平面图　b）（J1）J2 基础详图

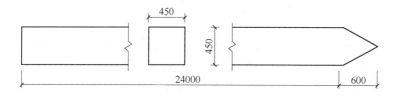

图 4-23　某钢筋混凝土预制方桩示意图

解：工程量 $= 0.45\text{m} \times 0.45\text{m} \times (24\text{m} + 0.6\text{m}) \times 30$ 根 $= 149.45\text{m}^3 > 100\text{m}^3$

钢筋混凝土预制方桩，套用定额与价目表（2015）2 - 3 - 3，定额基价 $= 1356.69$ 元/10m^3。

【例 4-9】　如图 4-24 所示，打预制钢筋混凝土管桩，共 18 根。计算其工程量，确定定额基价。

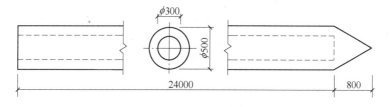

图 4-24　某钢筋混凝土预制管桩示意图

解：工程量 $= [3.14 \times (0.25\text{m})^2 \times (24\text{m} + 0.8\text{m}) - 3.14 \times (0.15\text{m})^2 \times 24\text{m}] \times 18$ 根 $= 57.09\text{m}^3 < 100\text{m}^3$

打预制混凝土管桩，套用定额与价目表（2015）2 - 3 - 11（换），基价调整 $= 8687.26$ 元/$10\text{m}^3 + (620.16 + 1878.78)$ 元/$10\text{m}^3 \times 0.05 = 8812.21$ 元/10m^3。

 注意!

单位工程预制钢筋混凝土桩工程量小于 100m^3 时，相应定额人工、机械乘以系数 1.05。

【例 4-10】　如图 4-25 所示，桩断面尺寸为 400mm×400mm，硫黄胶泥接桩，试计算其接桩工程量，确定定额基价。

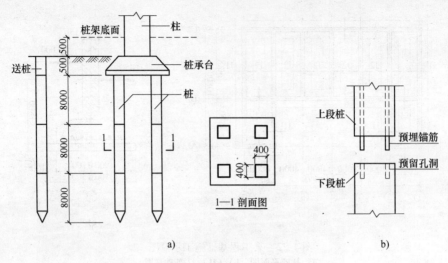

图 4-25 接桩施工示意图

a）接桩立面与剖面示意图 b）接桩节点示意图

分析：接桩分为焊接桩和硫黄胶泥接桩。焊接桩按设计要求接桩的根数计算；硫黄胶泥接桩按桩断面面积，以平方米计算。本工程接桩为硫黄胶泥接桩。

解：工程量 $=0.4m \times 0.4m \times 2 \times 4 = 1.28m^2$

硫黄胶泥接桩，套用定额与价目表（2015）2 – 3 – 63，定额基价 $=28007.36$ 元/$10m^2$。

【例4-11】 如图 4-26 所示，实线范围为地基强夯范围。①设计要求：不间隔夯击，设计击数 8 击，夯击能为 $500t \cdot m$，一遍夯击，计算工程量。②设计要求：间隔夯击，间隔夯击点不大于 8m，设计击数为 10 击，分两遍夯击，第一遍击 5 击，第二遍 5 击，第二遍要求低锤满拍，夯击能量为 $400t \cdot m$，计算工程量，确定定额基价。

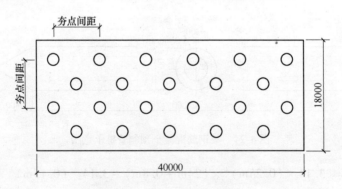

图 4-26 某工程强夯示意图

分析：地基强夯区别不同夯击能量和夯点密度，按设计图示夯击范围，以平方米计算。设计无规定时，按建筑物基础外围轴线每边各加 4m 以平方米计算。夯击击数是指强夯机械就位后，夯锤在同一夯点上下夯击的次数。

解：① 设计击数 8 击工程量 $=40m \times 18m = 720m^2$

$$夯点密度（夯点/100m^2）= 设计夯击范围内的夯点个数 \div 夯击范围（m^2）\times 100$$

$$= 22 \div 720 \times 100 \ 夯点 = 3 \ 夯点$$

10 夯点以内 8 击，套定额与价目表（2015）2 – 4 – 53、2 – 4 – 54。

$$基价调整 = 2808.09 \, 元/hm^2 + 602.36 \, 元/hm^2 \times 4 = 5217.53 \, 元/hm^2$$

② 设计击数 5 击工程量 $= 40m \times 18m \times 2 = 1440m^2$

$$夯点密度(夯点/100m^2) = 设计夯击范围内的夯点个数 \div 夯击范围(m^2) \times 100$$
$$= (40 \div 8) \times (18 \div 8) \div 720 \times 100 \, 夯点 = 2 \, 夯点$$

10 夯点以内 5 击，套定额与价目表（2015）2 – 4 – 42、2 – 4 – 43；低锤满拍，套定额与价目表（2015）2 – 4 – 44。

$$基价调整 = 2249.01 \, 元/hm^2 + 482.41 \, 元/hm^2 + 3616.93 \, 元/hm^2$$
$$= 6348.35 \, 元/hm^2$$

【例 4-12】　某工程人工降低地下水位，采用轻型井点，如图 4-27 所示，井点间距 1.2m，降水时间 60d。计算轻型井点降水工程量，确定定额基价。

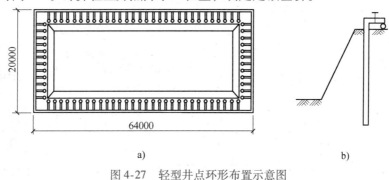

图 4-27　轻型井点环形布置示意图
a）平面布置　b）高程布置

分析：井点降水区分不同的井管深度，其井管安拆，按施工组织设计规定的井管数量，以根计算；设备使用按施工组织设计规定的使用时间，以每套使用的天数计算。

解：① 井管安装、拆除工程量 $= [(64m + 20m) \times 2 \div 1.2m]$ 根 $= 140$ 根

井管安装、拆除，套用定额与价目表（2015）2 – 6 – 12，定额基价 = 2684.23 元/10 根。

② 设备使用套数 = 140 根 ÷ 50 根/套 = 3 套

$$设备使用工程量 = 3 \, 套 \times 60d = 180 \, 套 \cdot d$$

设备使用，套定额与价目表（2015）2 – 6 – 13，定额基价 = 1461.38 元/（套·d）。

注意!

轻型井点设备的使用套数 50 根/套，参见"定额编制说明 13)"。

课题 2　工程量清单计量与编制

1. 工程量清单项目设置及计算规则

本项目中与《房屋建筑与装饰工程工程量计算规范》（GB 50854—2013）定额相关的内容如下：

（1）垫层　垫层工程量清单项目设置、项目特征描述的内容、计量单位及工程量计算规则，应按表 4-24 的规定执行。

表 4-24　垫层（编号：010404）

项目编码	项目名称	项目特征	计量单位	工程量计算规则	工作内容
010404001	垫层	垫层材料种类、配合比、厚度	m³	按设计图示尺寸以立方米计算	1. 垫层材料的拌制 2. 垫层铺设 3. 材料运输

注：除混凝土垫层应按计算规范中相关项目编码列项外，没有包括垫层要求的清单项目应按本表垫层项目编码列项。

 注意！

垫层工程量的计算规则，清单与定额基本相同，注意概念的区别。

（2）地基处理　地基处理工程量清单项目设置、项目特征描述的内容、计量单位及工程量计算规则，应按表 4-25 的规定执行。

表 4-25　地基处理（编号：010201）

项目编码	项目名称	项目特征	计量单位	工程量计算规则	工作内容
010201001	换填垫层	1. 材料种类及配比 2. 压实系数 3. 掺加剂品种	m³	按设计图示尺寸以体积计算	1. 分层铺填 2. 碾压、振密或夯实 3. 材料运输
010201002	铺设土工合成材料	1. 部位 2. 品种 3. 规格	m²	按设计图示处理范围以面积计算	1. 挖填锚固沟 2. 铺设 3. 固定 4. 运输
010201003	预压地基	1. 排水竖井种类、断面尺寸、排列方式、间距、深度 2. 预压方法 3. 预压荷载、时间 4. 砂垫层厚度	m²	按设计图示尺寸以面积计算	1. 设置排水竖井、盲沟、滤水管 2. 铺设砂垫层、密封膜 3. 堆载、卸载或抽气设备安拆、抽真空 4. 材料运输
010201004	强夯地基	1. 夯击能量 2. 夯击遍数 3. 夯击点布置形式、间距 4. 地耐力要求 5. 夯填材料种类			1. 铺设夯填材料 2. 强夯 3. 夯填材料运输
010201005	振冲密实（不填料）	1. 地层情况 2. 振密深度 3. 孔距			1. 振冲加密 2. 泥浆运输
010201006	振冲桩（填料）	1. 地层情况 2. 空桩长度、桩长 3. 桩径 4. 填充材料种类	1. m 2. m³	1. 以米计量，按设计图示尺寸以桩长计算 2. 以立方米计量，按设计桩截面乘以桩长以体积计算	1. 振冲成孔、填料、振实 2. 材料运输 3. 泥浆运输
010201007	砂石桩	1. 地层情况 2. 空桩长度、桩长 3. 桩径 4. 成孔方法 5. 材料种类、级配		1. 以米计量，按设计图示尺寸以桩长（包括桩尖）计算 2. 以立方米计量，按设计桩截面乘以桩长以体积计算	1. 成孔 2. 填充、振实 3. 材料运输

（续）

项目编码	项目名称	项目特征	计量单位	工程量计算规则	工作内容
010201008	水泥粉煤灰碎石桩	1. 地层情况 2. 空桩长度、桩长 3. 桩径 4. 成孔方法 5. 混合料强度等级	m	按设计图示尺寸以桩长（包括桩尖）计算	1. 成孔 2. 混合料制作、灌注、养护 3. 材料运输
010201009	深层搅拌桩	1. 地层情况 2. 空桩长度、桩长 3. 桩截面尺寸 4. 水泥强度等级、掺量		按设计图示尺寸以桩长计算	1. 预搅下钻、水泥浆制作、喷浆搅拌提升成桩 2. 材料运输
010201010	粉喷桩	1. 地层情况 2. 空桩长度、桩长 3. 桩径 4. 粉体种类、掺量 5. 水泥强度等级、石灰粉要求			1. 预搅下钻、喷粉搅拌提升成桩 2. 材料运输
010201011	夯实水泥土桩	1. 地层情况 2. 空桩长度、桩长 3. 桩径 4. 成孔方法 5. 水泥强度等级 6. 混合料配比		按设计图示尺寸以桩长（包括桩尖）计算	1. 成孔、夯底 2. 水泥土拌和、填料、夯实 3. 材料运输
010201012	高压喷射注浆桩	1. 地层情况 2. 空桩长度、桩长 3. 桩截面 4. 注浆类型、方法 5. 水泥强度等级	m	按设计图示尺寸以桩长计算	1. 成孔 2. 水泥浆制作、高压喷射注浆 3. 材料运输
010201013	石灰桩	1. 地层情况 2. 空桩长度、桩长 3. 桩径 4. 成孔方法 5. 掺和料种类、配合比		按设计图示尺寸以桩长（包括桩尖）计算	1. 成孔 2. 混合料制作、运输、夯填
010201014	灰土（土）挤密桩	1. 地层情况 2. 空桩长度、桩长 3. 桩径 4. 成孔方法 5. 灰土级配			1. 成孔 2. 灰土拌和、运输、填充、夯实
010201015	柱锤冲扩桩	1. 地层情况 2. 空桩长度、桩长 3. 桩径 4. 成孔方法 5. 桩体材料种类、配合比		按设计图示尺寸以桩长计算	1. 安拔套管 2. 冲孔、填料、夯实 3. 桩体材料制作、运输

（续）

项目编码	项目名称	项目特征	计量单位	工程量计算规则	工作内容
010201016	注浆地基	1. 地层情况 2. 空钻深度、注浆深度 3. 注浆间距 4. 浆液种类及配比 5. 注浆方法 6. 水泥强度等级	1. m 2. m³	1. 以米计量，按设计图示尺寸以钻孔深度计算 2. 以立方米计量，按设计图示尺寸以加固体积计算	1. 成孔 2. 注浆导管制作、安装 3. 浆液制作、压浆 4. 材料运输
010201017	褥垫层	1. 厚度 2. 材料品种及比例	1. m² 2. m³	1. 以平方米计量，按设计图示尺寸以铺设面积计算 2. 以立方米计量，按设计图示尺寸以体积计算	材料拌和、运输、铺设、压实

注：1. 地层情况按表 4-1 和表 4-11 的规定，并根据岩土工程勘察报告按单位工程各地层所占比例（包括范围值）进行描述。对无法准确描述的地层情况，可注明由投标人根据岩土工程勘察报告自行决定报价。
2. 项目特征中的桩长应包括桩尖，空桩长度 = 孔深 – 桩长，孔深为自然地面至设计桩底的深度。
3. 高压喷射注浆类型包括旋喷、摆喷、定喷，高压喷射注浆方法包括单管法、双重管法、三重管法。
4. 如采用泥浆护壁成孔，工作内容包括土方、废泥浆外运，如采用沉管灌注成孔，工作内容包括桩尖制作、安装。

？注意！

地基处理项目的划分，清单比定额划分得更细、更具体，注意各分项工程量计算规则的异同点。

（3）基坑与边坡支护　基坑与边坡支护工程量清单项目设置、项目特征描述的内容、计量单位及工程量计算规则，应按表 4-26 的规定执行。

表 4-26　基坑与边坡支护（编码：010202）

项目编码	项目名称	项目特征	计量单位	工程量计算规则	工作内容
010202001	地下连续墙	1. 地层情况 2. 导墙类型、截面 3. 墙体厚度 4. 成槽深度 5. 混凝土类别、强度等级 6. 接头形式	m³	按设计图示墙中心线长乘以厚度乘以槽深以体积计算	1. 导墙挖填、制作、安装、拆除 2. 挖土成槽、固壁、清底置换 3. 混凝土制作、运输、灌注、养护 4. 接头处理 5. 土方、废泥浆外运 6. 打桩场地硬化及泥浆池、泥浆沟
010202002	咬合灌注桩	1. 地层情况 2. 桩长 3. 桩径 4. 混凝土种类、强度等级 5. 部位	1. m 2. 根	1. 以米计量，按设计图示尺寸以桩长计算 2. 以根计量，按设计图示数量计算	1. 成孔、固壁 2. 混凝土制作、运输、灌注、养护 3. 套管压拔 4. 土方、废泥浆外运 5. 打桩场地硬化及泥浆池、泥浆沟

（续）

项目编码	项目名称	项目特征	计量单位	工程量计算规则	工作内容
010202003	圆木桩	1. 地层情况 2. 桩长 3. 材质 4. 尾径 5. 桩倾斜度	1. m 2. 根	1. 以米计量，按设计图示尺寸以桩长（包括桩尖）计算 2. 以根计量，按设计图示数量计算	1. 工作平台搭拆 2. 桩机竖拆、移位 3. 桩靴安装 4. 沉桩
010202004	预制钢筋混凝土板桩	1. 地层情况 2. 送桩深度、桩长 3. 桩截面 4. 沉桩方法 5. 连接方式 6. 混凝土强度等级			1. 工作平台搭拆 2. 桩机竖拆、移位 3. 沉桩 4. 板桩连桩
010202005	型钢桩	1. 地层情况或部位 2. 送桩深度、桩长 3. 规格型号 4. 桩倾斜度 5. 防护材料种类 6. 是否拔出	1. t 2. 根	1. 以吨计量，按设计图示尺寸以质量计算 2. 以根计量，按设计图示数量计算	1. 工作平台搭拆 2. 桩机竖拆、移位 3. 打（拔）桩 4. 接桩 5. 刷防护材料
010202006	钢板桩	1. 地层情况 2. 桩长 3. 板桩厚度	1. t 2. m²	1. 以吨计量，按设计图示尺寸以质量计算 2. 以平方米计量，按设计图示墙中心线长乘以桩长以面积计算	1. 工作平台搭拆 2. 桩机竖拆、移位 3. 打拔钢板桩
010202007	锚杆（锚索）	1. 地层情况 2. 锚杆（索）类型、部位 3. 钻孔深度 4. 钻孔直径 5. 杆体材料品种、规格、数量 6. 预应力 7. 浆液种类、强度等级	1. m 2. 根	1. 以米计量，按设计图示尺寸以钻孔深度计算 2. 以根计量，按设计图示数量计算	1. 钻孔、浆液制作、运输、压浆 2. 锚杆（锚索）制作、安装 3. 张拉锚固 4. 锚杆（锚索）施工平台搭设、拆除
010202008	其他锚杆、土钉	1. 地层情况 2. 钻孔深度 3. 钻孔直径 4. 置入方法 5. 杆体材料品种、规格、数量 6. 浆液种类、强度等级			1. 钻孔、浆液制作、运输、压浆 2. 土钉制作、安装 3. 土钉施工平台搭设、拆除
010202009	喷射混凝土、水泥砂浆	1. 部位 2. 厚度 3. 材料种类 4. 混凝土（砂浆）类别、强度等级	m²	按设计图示尺寸以面积计算	1. 修整边坡 2. 混凝土（砂浆）制作、运输、喷射、养护 3. 钻排水孔、安装排水管 4. 喷射施工平台搭设、拆除

（续）

项目编码	项目名称	项目特征	计量单位	工程量计算规则	工作内容
010202010	钢筋混凝土支撑	1. 部位 2. 混凝土种类 3. 混凝土强度等级	m³	按设计图示尺寸以体积计算	1. 模板（支架或支撑）制作、安装、拆除、堆放、运输及清理模内杂物、刷隔离剂等 2. 混凝土制作、运输、浇筑、振捣、养护
010202011	钢支撑	1. 部位 2. 钢材品种、规格 3. 探伤要求	t	按设计图示尺寸以质量计算。不扣除孔眼质量，焊条、铆钉、螺栓等不另增加质量	1. 支撑、铁件制作（摊销、租赁） 2. 支撑、铁件安装 3. 探伤 4. 刷漆 5. 拆除 6. 运输

注：1. 地层情况按表4-1和表4-11的规定，并根据岩土工程勘察报告按单位工程各地层所占比例（包括范围值）进行描述。对无法准确描述的地层情况，可注明由投标人根据岩土工程勘察报告自行决定报价。

2. 其他锚杆是指不施加预应力的土层锚杆和岩石锚杆。置入方法包括钻孔置入、打入或射入等。

3. 基坑与边坡的检测、变形观测等费用按国家相关取费标准单独计算，不在本清单项目中。

4. 地下连续墙和喷射混凝土的钢筋网及咬合灌注桩的钢筋笼制作、安装，按单元12中相关项目编码列项。本分部未列的基坑与边坡支护的排桩按桩基工程中相关项目编码列项。水泥土墙、坑内加固按表4-26中相关项目编码列项。砖、石挡土墙、护坡按单元11中相关项目编码列项。混凝土挡土墙按单元11中相关项目编码列项。弃土（不含泥浆）清理、运输按单元9中相关项目编码列项。

（4）桩基工程

1）打桩。打桩工程量清单项目设置、项目特征描述的内容、计量单位及工程量计算规则，应按表4-27的规定执行。

表4-27　打桩（编号：010301）

项目编码	项目名称	项目特征	计量单位	工程量计算规则	工作内容
010301001	预制钢筋混凝土方桩	1. 地层情况 2. 送桩深度、桩长 3. 桩截面 4. 桩倾斜度 5. 沉桩方法 6. 接桩方式 7. 混凝土强度等级	1. m 2. m³ 3. 根	1. 以米计量，按设计图示尺寸以桩长（包括桩尖）计算 2. 以立方米计量，按设计图示截面积乘以桩长（包括桩尖）以实体积计算 3. 以根计量，按设计图示数量计算	1. 工作平台搭拆 2. 桩机竖拆、移位 3. 沉桩 4. 接桩 5. 送桩
010301002	预制钢筋混凝土管桩	1. 地层情况 2. 送桩深度、桩长 3. 桩外径、壁厚 4. 桩倾斜度 5. 沉桩方法 6. 桩尖类型 7. 混凝土强度等级 8. 填充材料种类 9. 防护材料种类			1. 工作平台搭拆 2. 桩机竖拆、移位 3. 沉桩 4. 接桩 5. 送桩 6. 桩尖制作安装 7. 填充材料、刷防护材料

（续）

项目编码	项目名称	项目特征	计量单位	工程量计算规则	工作内容
010301003	钢管桩	1. 地层情况 2. 送桩深度、桩长 3. 材质 4. 管径、壁厚 5. 桩倾斜度 6. 填充材料种类 7. 防护材料种类	1. t 2. 根	1. 以吨计量，按设计图示尺寸以质量计算 2. 以根计量，按设计图示数量计算	1. 工作平台搭拆 2. 桩机竖拆、移位 3. 沉桩 4. 接桩 5. 送桩 6. 切割钢管、精割盖帽 7. 管内取土 8. 填充材料、刷防护材料
010301004	截（凿）桩头	1. 桩类型 2. 桩头截面、高度 3. 混凝土强度等级 4. 有无钢筋	1. m³ 2. 根	1. 以立方米计量，按设计桩截面乘以桩头长度以体积计算 2. 以根计量，按设计图示数量计算	1. 截（切割）桩头 2. 凿平 3. 废料外运

注：1. 地层情况按表4-1和表4-11的规定，并根据岩土工程勘察报告按单位工程各地层所占比例（包括范围值）进行描述。对无法准确描述的地层情况，可注明由投标人根据岩土工程勘察报告自行决定报价。
　　2. 项目特征中的桩截面、混凝土强度等级、桩类型等可直接用标准图代号或设计桩型进行描述。
　　3. 打桩项目包括成品桩购置费，如果用现场预制桩，应包括现场预制的所有费用。
　　4. 打试验桩和打斜桩应按相应项目编码单独列项，并应在项目特征中注明试验桩或斜桩（斜率）。
　　5. 截（凿）桩头项目，适用于本项目所列桩的桩头截（凿）。
　　6. 预制钢筋混凝土管桩桩顶与承台的连接构造按单元11相关项目编码列项。

2）灌注桩。灌注桩工程量清单项目设置、项目特征描述的内容、计量单位及工程量计算规则，应按表4-28的规定执行。

表4-28　灌注桩（编号：010302）

项目编码	项目名称	项目特征	计量单位	工程量计算规则	工作内容
010302001	泥浆护壁成孔灌注桩	1. 地层情况 2. 空桩长度、桩长 3. 桩径 4. 成孔方法 5. 护筒类型、长度 6. 混凝土类别、强度等级	1. m 2. m³ 3. 根	1. 以米计量，按设计图示尺寸以桩长（包括桩尖）计算 2. 以立方米计量，按不同截面在桩上范围内以体积计算 3. 以根计量，按设计图示数量计算	1. 护筒埋设 2. 成孔、固壁 3. 混凝土制作、运输、灌注、养护 4. 土方、废泥浆外运 5. 打桩场地硬化及泥浆池、泥浆沟
010302002	沉管灌注桩	1. 地层情况 2. 空桩长度、桩长 3. 复打长度 4. 桩径 5. 沉管方法 6. 桩尖类型 7. 混凝土类别、强度等级			1. 打（沉）拔钢管 2. 桩尖制作、安装 3. 混凝土制作、运输、灌注、养护
010302003	干作业成孔灌注桩	1. 地层情况 2. 空桩长度、桩长 3. 桩径 4. 扩孔直径、高度 5. 成孔方法 6. 混凝土类别、强度等级			1. 成孔、扩孔 2. 混凝土制作、运输、灌注、振捣、养护

（续）

项目编码	项目名称	项目特征	计量单位	工程量计算规则	工作内容
010302004	挖孔桩土（石）方	1. 地层情况 2. 挖孔深度 3. 弃土（石）运距	m³	按设计图示尺寸（含护壁）截面积乘以挖孔深度以立方米计算	1. 排地表水 2. 挖土、凿石 3. 基底钎探 4. 运输
010302005	人工挖孔灌注桩	1. 桩芯长度 2. 桩芯直径、扩底直径、扩底高度 3. 护壁厚度、高度 4. 护壁混凝土种类、强度等级 5. 桩芯混凝土种类、强度等级	1. m³ 2. 根	1. 以立方米计量，按桩芯混凝土体积计算 2. 以根计量，按设计图示数量计算	1. 护壁制作 2. 混凝土制作、运输、灌注、振捣、养护
010302006	钻孔压浆桩	1. 地层情况 2. 空钻长度、桩长 3. 钻孔直径 4. 水泥强度等级	1. m 2. 根	1. 以米计量，按设计图示尺寸以桩长计算 2. 以根计量，按设计图示数量计算	钻孔、下注浆管、投放骨料、浆液制作、运输、压浆
010302007	灌注桩后压浆	1. 注浆导管材料、规格 2. 注浆导管长度 3. 单孔注浆量 4. 水泥强度等级	孔	按设计图示以注浆孔数计算	1. 注浆导管制作、安装 2. 浆液制作、运输、压浆

注：1. 地层情况按表 4-1 和表 4-11 的规定，并根据岩土工程勘察报告按单位工程各地层所占比例（包括范围值）进行描述。对无法准确描述的地层情况，可注明由投标人根据岩土工程勘察报告自行决定报价。

2. 项目特征中的桩长应包括桩尖，空桩长度 = 孔深 - 桩长，孔深为自然地面至设计桩底的深度。

3. 项目特征中的桩截面（桩径）、混凝土强度等级、桩类型等可直接用标准图代号或设计桩型进行描述。

4. 泥浆护壁成孔灌注桩是指在泥浆护壁条件下成孔，采用水下灌注混凝土的桩。其成孔方法包括冲击钻成孔、冲抓锥成孔、回旋钻成孔、潜水钻成孔、泥浆护壁的旋挖成孔等。

5. 沉管灌注桩的沉管方法包括锤击沉管法、振动沉管法、振动冲击沉管法、内夯沉管法等。

6. 干作业成孔灌注桩是指不用泥浆护壁和套管护壁的情况下，用钻机成孔后，下钢筋笼，灌注混凝土的桩，适用于地下水位以上的土层使用。其成孔方法包括螺旋钻成孔、螺旋钻成孔扩底、干作业的旋挖成孔等。

7. 桩基础的承载力检测、桩身完整性检测等费用按国家相关取费标准单独计算，不在本清单项目中。

8. 混凝土灌注桩的钢筋笼制作、安装，按单元 12 中相关项目编码列项。

注意！

桩基工程各分项工程的工程量计算规则，清单与定额的异同。

2. 工程量清单编制典型案例

（1）案例描述　某工程采用排桩进行基坑支护，排桩采用旋挖钻孔灌注桩进行施工。场地地面标高为 495.50～496.10m，旋挖桩桩径为 1000mm，桩长为 20m，采用水下商品混凝土 C30，桩顶标高为 493.50m，桩数为 206 根，超灌高度不少于 1m。根据地质情况，采用 5mm 厚钢护筒，护筒长度不少于 3m。

一、二类土约占 25%，三类土约占 20%，四类土约占 55%。

（2）问题　根据以上背景资料及现行国家标准《房屋建筑与装饰工程工程量计算规范》（GB 50854—2013），试列出该排桩分部分项工程量清单。

解： 清单工程量计算与分部分项工程量清单编制见表 4-29 和表 4-30。

表 4-29　清单工程量计算表

序号	清单项目编码	项目名称	计量单位	计算式	工程量
1	010302001001	泥浆护壁成孔灌注桩（旋挖桩）	根	$n = 206$	206
2	010301004001	截（凿）桩头	m³	$\pi \times 0.5^2 \times 1 \times 206$	161.79

表 4-30　分部分项工程和单价措施项目清单与计价表

序号	项目编码	项目名称	项目特征描述	计量单位	工程量	金额/元 综合单价	合价
1	010302001001	泥浆护壁成孔灌注桩（旋挖桩）	地质情况：二类土约占 25%，三类土约占 20%，四类土约占 55% 孔桩长度：2～2.6m 桩长：20m 桩径：1000mm 成孔方法：旋挖钻孔 护筒类型、长度：5mm 厚钢护筒、不少于 3mm 混凝土种类、强度等级：水下商品混凝土 C30	根	206		
2	010301004001	截（凿）桩头	桩类型：旋挖桩 桩头截面、高度：100mm、不少于 1m 混凝土强度等级 C30 有无钢筋：有	m³	161.79		

 **知识回顾**

本单元主要分项工程定额计量与清单计量两种方法的比较，见表 4-31。

表 4-31　地基处理与防护工程主要分项工程量计算规则对比

项目名称		定额工程量计算规则	清单工程量计算规则
垫层		区分地面垫层和基础垫层，均以立方米计算	按设计图示尺寸以立方米计算
桩基工程	预制钢筋混凝土桩	以立方米（包括桩尖）计算	以米、立方米、根数计算
	灌注桩	以立方米（包括桩尖）计算	以米、立方米、根数计算
	接桩	电焊接桩按设计接头以个计算，硫黄胶泥接桩按桩断面积以平方米计算	以立方米、根计算

检查测试

一、填空题

1. 本单元定额包括_____、_____、_____、_____、_____

与_____等内容。

2. 垫层定额按_____。若为基础垫层，人工、机械分别乘以下列系数：条形基础_____；独立基础_____；满堂基础_____。

3. 垫层定额分为_____和_____。独立基础垫层和满堂基础垫层，按_____乘以平均厚度计算。

4. 定额计量规则规定：预制钢筋混凝土桩，按_____乘以桩断面面积，以立方米计算。

5. 根据《房屋建筑与装饰工程工程量计算规范》（GB 50854—2013），垫层按_____尺寸以立方米计算。

6. 根据《房屋建筑与装饰工程工程量计算规范》（GB 50854—2013），预制钢筋混凝土方桩或管桩的计量单位有_____、_____、_____三种。

二、计算题

某基础工程，如图 4-17 所示。用定额计算方法，计算该工程垫层的工程量，确定定额项目。

单元 11　砌 筑 工 程

单元描述

砌筑工程，是指在建筑工程中使用普通黏土砖、承重黏土空心砖、蒸压灰砂砖、粉煤灰砖、各种中小型砌块和石材等块体材料及砌筑砂浆进行砌筑的工程。包括砌砖、砌石、砌块及轻质墙板等内容。图 4-28 所示为某工程墙体砌筑的施工现场。

a)

b)

图 4-28　某工程墙体砌筑的施工现场
a）黏土多孔砖砌筑　b）砌块砌筑

本单元主要介绍砌筑工程主要分项工程的定额计量与计价、工程量清单计量与编制。

学习目标

1. 熟悉砌砖、砌石、砌块及轻质墙板等分项工程定额与清单的工程量计算规则。

2. 能用两种计算方法，对砌筑工程主要分项工程进行定额计量与计价、工程量清单计量与编制。

 **工作任务**

1. 砌筑工程主要分项工程的定额计量与计价。
2. 砌筑工程主要分项工程的清单计量与编制。

相关知识

课题 1　砌筑工程定额计量与计价

1. 定额编制说明与综合解释

（1）定额编制说明

1）定额内容。包括砌砖、砌石、砌块及轻质墙板等内容。

2）砌筑材料编制说明。

① 砌筑砂浆的强度等级、砂浆的种类，设计与定额不同时可以换算，消耗量不变。

② 定额中砖规格是按 240mm×115mm×53mm 标准砖编制的，空心砖、多孔砖、砌块规格是按常用规格编制的，轻质墙板选用常用材质和板型编制。设计采用非标准砖、非常用规格砌筑材料，与定额不同时可以换算，但每定额单位消耗量不变。轻质墙板的材质、板型设计等，与定额不同时可以换算，但定额消耗量不变。

3）砌砖。

① 砖砌体均包括原浆勾缝用工，加浆勾缝时，按相应项目另行计算。

② 黏土砖砌体计算厚度，按表 4-32 计算。

表 4-32　黏土砖厚度计算表

砖数（厚度）	1/4	1/2	3/4	1	1.5	2	2.5	3
计算厚度/mm	53	115	180	240	365	490	615	740

③ 女儿墙按外墙计算，砖垛、附墙烟囱、三皮砖以上的腰线和挑檐等体积，按其外形尺寸并入墙身体积计算。不扣除每个横截面面积在 $0.1m^2$ 以下的孔洞所占体积，但孔洞内的抹灰工程量亦不增加。

④ 零星项目系指小便池槽、蹲台、花台、隔热板下砖墩、石墙砖立边和虎头砖等。

⑤ 2 砖以上砖挡土墙执行砖基础项目，2 砖以内执行砖墙相应项目。

⑥ 设计砖砌体中的拉结钢筋，按相应项目另行计算。

⑦ 多孔砖包括黏土多孔砖和粉煤灰、煤矸石等轻质多孔砖。定额中列出 KP 型砖（240mm×115mm×90mm 和 178mm×115mm×90mm）和模数砖（190mm×90mm×90mm、190mm×140mm×90mm 和 190mm×190mm×90mm）两种系列规格，并考虑了不够模数部分由其他材料填充。

⑧ 黏土空心砖按其空隙率大小分承重型空心砖和非承重型空心砖，规格分别是 240mm×115mm×115mm、240mm×180mm×115mm 和 115mm×240mm×115mm、240mm×240mm×115mm。

⑨ 空心砖和空心砌块墙中的混凝土芯柱、混凝土压顶及圈梁等，按相应项目另行计算。

注意！

空心砖和空心砌块墙中的混凝土芯柱，是指在砌块内部空腔中插入竖向钢筋并浇灌混凝土后形成的砌体内部的钢筋混凝土小柱。

⑩ 多孔砖、空心砖和砌块，砌筑弧形墙时，人工乘以系数1.1、材料乘以系数1.03。

4) 砌石。

① 定额中石材按其材料加工程度，分为毛石、整毛石和方整石。使用时应根据石料名称、规格分别套用。

② 方整石柱、墙中石材按400mm×220mm×200mm规格考虑，设计不同时，可以换算。

③ 毛石护坡高度超过4m时，定额人工乘以1.15的系数。

④ 砌筑弧形基础、墙时，按相应定额项目人工乘以系数1.1。

⑤ 整砌毛石墙（有背里的）的项目中，毛石整砌厚度为200mm；方整石墙（有背里的）的项目中，方整石整砌厚度为220mm，定额均已考虑了拉结石和错缝搭砌。

5) 砌块。

① 小型空心砌块墙定额，选用190系列（砌块宽 $b = 190mm$），若设计选用其他系列，可以换算。

② 砌块墙中用于固定门窗或吊柜、窗帘盒、暖气片等配件所需的灌注混凝土或预埋件，按相应项目另行计算。

6) 轻质墙板。

① 轻质墙板，适用于框架、框剪结构中的内外墙或隔墙，定额按不同材质和墙体厚度分别列项。

② 轻质条板墙，不论空心条板或实心条板，均按厂家提供墙板半成品（包括板内预埋件，配套吊挂件、U形卡等），现场安装编制。

③ 轻质条板墙中与门窗连接的钢筋码和钢板（预埋件），定额已综合考虑，但钢柱门框、铝门框、木门框及其固定件（或连接件）按定额有关章节相应项目另行计算。

(2) 定额综合解释

1) 柱间条形基础，按柱间墙体的设计净长线计算。

2) 定额子目3-2-6~3-2-9整砌毛石墙（带背里）子目，指毛石墙单面整砌，若双面整砌毛石墙（不带背里），另执行《山东省建筑工程消耗量定额综合解释》（2004年）补充项目3-2-21。

3) 多孔砖墙、空心砖墙和空心砌块墙，按相应规定计算墙体外形体积，不扣除砌体材料中的孔洞和空心部分的体积。

4) 砌筑材料的规格，设计与定额不同时，可以换算，但消耗量不变，指定额材料块数折合体积与定额砂浆体积的总体积不变。

5) 砌轻质砖和砌块子目，若实际掺砌普通黏土砖或其他砖（砖碴、砖过梁除外），按以下规定执行。

① 已掺砌了普通黏土砖或黏土多孔砖的子目，掺砌砖的种类和规格，设计与定额不同时，可以换算，掺砌砖的消耗量（块数折合体积）及其他均不变。

② 未掺砌砖的子目，按掺砌砖的体积换算，其他不变。掺砌砖执行砖零星砌体子目。

6）变压式排气烟道，自设计室内地坪或安装起点，计算至上一层楼板的上表面；顶端遇坡屋面时，按其高点计算至屋面板上表面。

7）各种砌体子目，均包括原浆勾缝内容。加浆勾缝时，按定额第九章第二节相应规定计算。

8）混凝土烟风道，按设计体积（扣除烟风通道孔洞），以立方米计算。计算墙体工程量时，应按混凝土烟风道工程量，扣除其所占墙体的体积。

9）设计砖砌体中的拉结钢筋，按定额第四章钢筋及混凝土工程的相应规定，另行计算。

2. 工程量计算规则

（1）砌筑界线划分

1）基础与墙身界线划分。基础与墙身以设计室内地坪为界，设计室内地坪以下为基础，以上为墙身，如图4-29所示。若基础与墙身使用不同材料，且分界线位于设计室内地坪300mm以内时，300mm以内部分并入相应墙身工程量内计算。

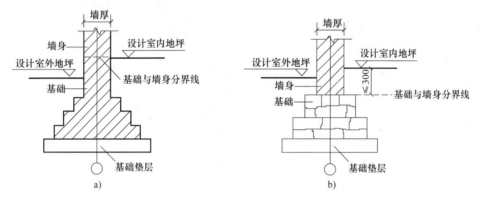

图4-29　基础与墙身界线划分示意图
a）基础与墙身同种材料　　b）基础与墙身不同材料

2）围墙基础与墙身界线划分。围墙以设计室外地坪为界，室外地坪以下为基础，以上为墙身，如图4-30所示。

 注意！

> 若围墙室外地坪标高不同，以室外地坪标高低的一侧为界。

3）挡土墙基础与墙身界线划分。挡土墙与基础的划分以挡土墙设计地坪标高低的一侧为界，以下为基础，以上为墙身，如图4-31所示。

4）砌筑柱基础与柱身界线划分。室内柱以设计室内地坪为界，以下为柱基础，以上为柱。若基础与柱身使用不同材料，且分界线位于设计室内地坪300mm以内时，300mm以内部分并入相应柱身工程量内计算。室外柱以设计室外地坪为界，以下为柱基础，以上为柱，如图4-32所示。

5）墙体高度、长度。

① 外墙墙身高度：

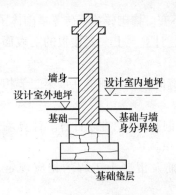

图 4-30 围墙基础与墙身界线划分

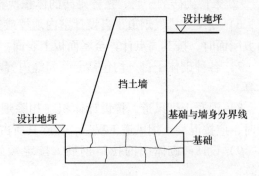

图 4-31 挡土墙基础与墙身界线划分

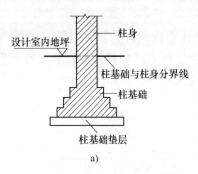

a)

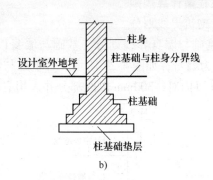

b)

图 4-32 砌筑柱基础与柱身界线划分
a) 室内柱砖基础断面示意图 b) 室外柱砖基础断面示意图

a. 斜（坡）屋面无檐口顶棚者，算至屋面板底，如图 4-33a 所示。

b. 有屋架，且室内外均有顶棚者，算至屋架下弦底面另加 200mm，如图 4-33b 所示。

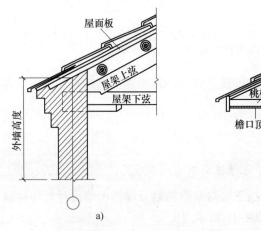

a)

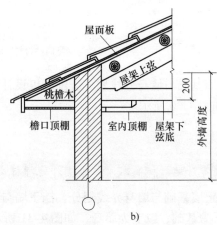

b)

图 4-33 斜（坡）屋面外墙高度示意图（一）
a) 坡屋面无檐口顶棚外墙高度示意图 b) 有屋架室内外均有顶棚外墙高度示意图

c. 无顶棚者，算至屋架下弦底面另加 300mm，如图 4-34a 所示。

d. 出檐宽度超过 600mm 时，应按实砌高度计算，如图 4-34b 所示。

e. 平屋面算至钢筋混凝土板顶，如图 4-35 所示。

f. 山墙墙身高度，按其平均高度计算，如图 4-36 所示。

g. 女儿墙高度，自外墙顶面算至混凝土压顶底，如图 4-37 所示。

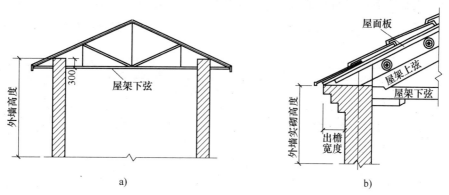

图 4-34　斜（坡）屋面外墙高度示意图（二）
a）有屋架、无檐口顶棚外墙高度示意图　b）带砖檐口外墙高度示意图

 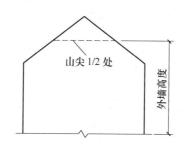 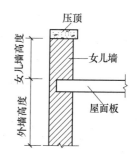

图 4-35　平屋面外墙高度示意图　　图 4-36　山墙砌筑高度示意图　　图 4-37　女儿墙高度示意图

② 外墙墙身长度：按设计外墙中心线长度计算。

③ 内墙墙身高度：

a. 内墙位于屋架下弦者，其高度算至屋架底，如图 4-38a 所示。

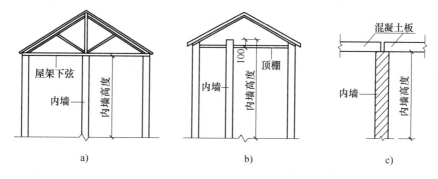

图 4-38　内墙高度示意图
a）内墙位于屋架下面　b）内墙位于顶棚下面　c）内墙位于混凝土板下面

b. 无屋架者，算至顶棚底另加 100mm，如图 4-38b 所示。

c. 有钢筋混凝土楼板隔层者，算至板底，如图 4-38c 所示。

④ 内墙墙身长度：按设计墙间净长线长度计算。

⑤ 框架间墙高度 H，内、外墙自框架梁顶面算至上一层框架梁底面；有地下室者，自基础底板（或基础梁）顶面算至上一层框架梁底，如图 4-39 所示。

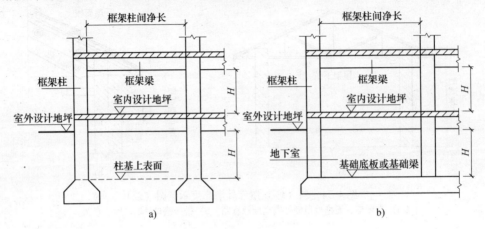

图 4-39 框架间墙高度、长度示意图

⑥ 框架间墙长度，按设计框架柱间净长线计算。

（2）砌筑工程量计算

1）基础。各种基础均以立方米计算。砌筑工程中，基础分为条形基础与独立基础。

① 条形基础：外墙按设计外墙中心线长度，内墙按设计内墙净长度乘以设计断面计算；基础大放脚 T 形接头处的重叠部分以及嵌入基础的钢筋、铁件、管道、基础防潮层、单个面积在 $0.3m^2$ 以内的孔洞所占体积不予扣除，但靠墙暖气沟的挑檐亦不增加，附墙垛基础宽出部分体积并入基础工程量内，如图 4-40 所示。

② 独立基础：按设计图示尺寸计算。

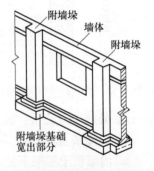

图 4-40 附墙垛示意图

2）墙体。

① 外墙、内墙、框架间墙（轻质墙板、漏空花格及隔断板除外）按其高度乘以长度乘以设计厚度以立方米计算。框架外表贴砖部分并入框架间砌体工程量内计算。

② 轻质墙板按设计图示尺寸以平方米计算。

③ 计算墙体时，应扣除门窗洞口、过人洞、空圈、嵌入墙身的钢筋混凝土柱、梁（包括过梁、圈梁、挑梁）、砖石碹、砖过梁（普通黏土砖墙除外）、暖气包壁龛的体积；不扣除梁头、外墙板头、檩头、垫木、木楞头、沿椽木、木砖、门窗走头、墙内的加固钢筋、木筋、铁件、钢管及每个面积在 $0.3m^2$ 以内的孔洞等所占体积；突出墙面的窗台虎头砖、压顶线、山墙泛水、烟囱根、门窗套及三皮砖以内的腰线和挑檐体积亦不增加。墙垛、三皮砖以上的腰线和挑檐等体积，并入墙身体积内计算。

$$墙体工程量 = \left[LH - \sum (门、窗等洞口面积) \right] b + V_{墙垛等} - V_{混凝土构件}$$

式中　　L——墙体长度，外墙为中心线长度（$L_中$），内墙为内墙净长线长度（$L_内$），框架间墙为柱间净长度（$L_净$）；

H——墙高，砖墙高度按计算规则计算；

b——墙厚，砖墙厚度严格按黏土砖砌体计算厚度表4-32执行。

$V_{墙垛等}$——墙垛、三皮砖以上的腰线和挑檐等体积；

$V_{混凝土构件}$——嵌入墙身的钢筋混凝土柱、梁（包括过梁、圈梁、挑梁）、砖石碹、砖过梁（普通黏土砖墙除外）、暖气包壁龛等体积。

④ 附墙烟囱（包括附墙通风道、垃圾道，混凝土烟风道除外），如图4-41所示，按其外形体积并入所依附的墙体积内计算。计算时不扣除每一孔洞横截面在0.1m² 以内所占的体积，但孔洞内抹灰工程量亦不增加。混凝土烟风道按设计混凝土砌块体积，以立方米计算。

$$附墙烟囱工程量 = ABH$$

式中　H——附墙烟囱设计高度。

⑤ 砖平碹、平砌砖过梁，按图示尺寸以立方米计算。如设计无规定时，砖平碹按门窗洞口宽度两端共加100mm乘以高度（洞口宽小于1500mm时，高度按240mm；大于1500mm时，高度按365mm）乘以设计厚度计算，如图4-42所示。平砌砖过梁按门窗洞口宽度两端共加500mm，高度按440mm计算。

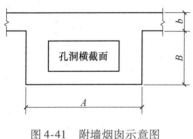

图 4-41　附墙烟囱示意图

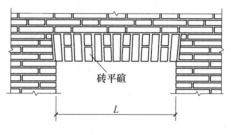

图 4-42　砖平碹示意图

注意!

普通黏土砖平（拱）碹或钢筋砖过梁与普通黏土砖砌为一体时，其工程量（钢筋除外）并入相应体积内，不单独计算。

⑥ 漏空花格墙，按设计空花部分外形面积（空花部分不予扣除）以平方米计算。混凝土漏空花格按半成品考虑。

3）其他砌筑。

① 砖台阶按设计图示尺寸以立方米计算。

② 砖砌栏板按设计图示尺寸扣除混凝土压顶、柱所占的面积，以平方米计算。

③ 预制水磨石隔断板、窗台板，按设计图示尺寸以平方米计算。

④ 砖砌地沟不分沟底、沟壁按设计图示尺寸以立方米计算。

⑤ 石砌护坡按设计图示尺寸以立方米计算。

⑥ 乱毛石表面处理，按所处理的乱毛石表面积或延长米，以平方米或延长米计算。

⑦ 变压式排气道按其断面尺寸套用相应项目，以延长米计算工程量（楼层交接处的混

凝土垫块及垫块安装灌缝已综合在子目中，不单独计算）。

⑧厕所蹲台、小便池槽、水槽腿、花台、砖墩、毛石墙的门窗砖立边和窗台虎头砖、锅台等定额未列的零星项目，按设计图示尺寸以立方米计算，套用零星砌体项目。

3. 计算实例

（1）基础

【例4-13】 某工程基础示意图，如图4-43所示，基础采用M5.0水泥砂浆砌筑。计算砖基础工程量，确定定额基价。

分析： 该工程基础为条形砖基础，工程量以立方米计算。外墙按设计外墙中心线长度，内墙按设计内墙净长度乘以设计断面计算。

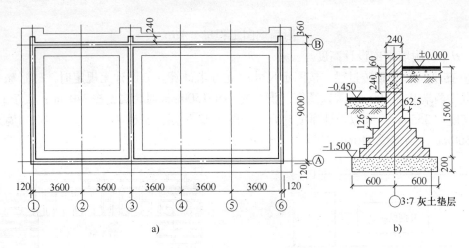

图4-43　某工程基础示意图
a）基础平面图　b）外墙基础详图

解： 1）基数计算：

$$L_{中} = (3.60\text{m} \times 5 + 9.0\text{m}) \times 2 + 0.24\text{m} \times 3 = 54.72\text{m}$$

$$L_{内} = 9.00\text{m} - 0.24\text{m} = 8.76\text{m}$$

2）计算工程量，确定定额基价。

砖基础工程量 = （0.24m × 1.50m + 0.0625m × 5 × 0.126m × 4 − 0.24m × 0.24m）×

（54.72m + 8.76m）= 29.19m³

砖基础，M5.0水泥砂浆砌筑，套用定额与价目表（2015）3-1-1。

$$定额基价 = 2894.84 \text{ 元}/10\text{m}^3$$

【例4-14】 某工程基础示意图，如图4-44所示，基础采用M5.0水泥砂浆砌筑。

①计算基础工程量；②确定定额编号。

分析： 本工程，有条形基础和独立基础两种类型，根据材料图例分别有毛石基础和砖基础，工程量均以立方米计算。

解题步骤： ①先按同一材料两种基础的工程量计算规则分别计算工程量后汇总；②根据材料种类，套用相应定额。

解： 工程量计算过程与定额编号的确定，见表4-33。

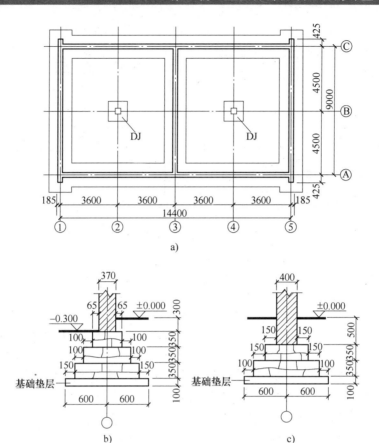

图 4-44　某工程基础示意图

a）基础平面图　b）条形基础断面图　c）独立基础断面图

表 4-33　工程量计算表

序号	项目名称	单位	计算过程	工程量	定额编号
1	基数计算	m	$L_{中} = (14.4 - 0.37 + 9.0 + 0.425 \times 2) \times 2m = 47.76m$ $L_{内} = (9 - 0.37)m = 8.63m$		
2	毛石基础	m³	（1）条形毛石基础工程量 = $(0.9 + 0.7 + 0.5) \times$ $0.35 \times (47.76 + 8.63)$	41.45	3 – 2 – 1
			（2）独立毛石基础工程量 = $(1 \times 1 + 0.7 \times 0.7) \times$ 0.35×2	1.04	
3	砖基础	m³	（1）条形砖基础工程量 = 0 说明：本工程条形基础中，不同材料分界线至设计室内地坪的 300mm 部分，应按墙体计算	0	3 – 1 – 1
			（2）独立砖基础工程量 = $0.4 \times 0.4 \times 0.5 \times 2$	0.16	

（2）墙体

【例 4-15】　某单层房屋，平面与剖面示意图，如图 4-45 所示。内、外墙为标准普通黏土砖，采用 M5.0 混合砂浆砌筑，过梁断面 240mm × 180mm，内、外墙均设圈梁，圈梁断面 240mm × 240mm，砖垛高 3.60m，墙体厚度均为 240mm，试计算本工程：①墙体工程量；②墙体直接工程费。

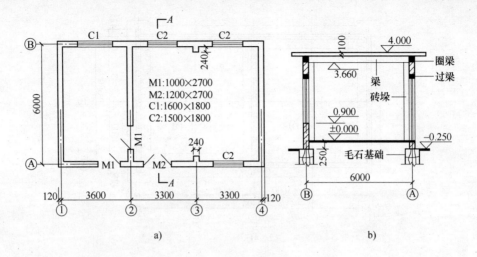

图 4-45 某建筑物平面与剖面示意图

a) 平面图 b) A—A 剖面图

分析：墙体计量应按照工程量计算规则进行计算。其步骤是：首先确定墙长与墙高，确定墙长要特别注意定位轴线与墙体的关系，确定墙高时应注意屋面形式及墙体与基础的分界线位置；其次，扣门窗等洞口面积时，只要单个洞口面积大于 $0.3m^2$ 都扣除；并入墙体部分的体积要弄清各尺寸，嵌入墙身的混凝土构件体积要扣全；然后，将各数据代入墙体工程量计算公式求出工程量；最后，应用定额及价目表，求得该分项工程直接工程费。

解：1）墙体工程量计算过程与定额编号的确定，见表 4-34。

表 4-34 定额工程量计算表

序号	项目名称	单位	计算过程	工程量	定额编号
1	基数计算	m	$L_{中} = (3.6 + 3.3 \times 2 + 6) \times 2m = 32.40m$ $L_{内} = (6 - 0.24)m = 5.76m$		
2	外墙 （普通黏土砖 240mm 厚）	m^3	洞口面积 $= (1.6 \times 1.8 \times 1 + 1.5 \times 1.8 \times 3 + 1 \times 2.7 \times 1 + 1.2 \times 2.7 \times 1)m^2 = 16.92m^2$ 墙高 $= (4 + 0.25)m = 4.25m$ 圈梁体积 $= 0.24 \times 0.24 \times 32.40m^3 = 1.866m^3$ 过梁体积 $= 0.24 \times 0.18 \times (2.1 + 2 \times 3 + 1.5 + 1.7)m^3$ $\qquad = 0.488m^3$ 砖垛体积 $= 0.24 \times 0.24 \times 3.91m^3 = 0.225m^3$ 外墙体积 $= [(32.40 \times 4.25 - 16.92) \times 0.24 + 0.225 -$ $1.866 - 0.488]m^3 = 26.86m^3$	26.86	3 – 1 – 14
3	内墙 （普通黏土砖 240mm 厚）	m^3	墙高 $= (4 + 0.25 - 0.1)m = 4.15m$ 洞口面积 $= 1 \times 2.7 \times 1m^2 = 2.7m^2$ 圈梁体积 $= 0.24 \times 0.24 \times 5.76m^3 = 0.332m^3$ 过梁体积 $= 0.24 \times 0.18 \times (1 + 0.25 \times 2)m^3$ $\qquad = 0.065m^3$ 内墙体积 $= [(5.76 \times 4.15 - 2.7) \times 0.24 - 0.332 -$ $0.065]m^3 = 4.691m^3$	4.691	
4	内、外墙合计	m^3	$26.86 + 4.691 = 31.55$	31.55	

说明：混凝土过梁工程量，按图示断面尺寸乘以梁长以立方米计算。过梁长度按设计规定计算，设计无规定时，按门窗洞口宽度，两端各加250mm计算。

2）墙体直接工程费。

240实心砖墙，M5.0混浆砌筑，套用定额与价目表（2015）3-1-14。

$$定额基价 = 2999.51 \text{ 元}/10m^3$$

$$墙体直接工程费 = 2999.51 \text{ 元}/10m^3 \times 31.55m^3 \div 10 = 9463.45 \text{ 元}$$

【例4-16】　某多层建筑物，如图4-46所示，内、外墙厚均为240mm，外墙（含女儿墙）采用机制标准红砖，内墙采用黏土多孔砖，内、外墙均采用M5.0混合砂浆砌筑。M1：1200mm×2700mm共1樘，M2：1000mm×2100mm共6樘，C1：1500mm×1800mm共17樘；内、外墙各层均设置钢筋混凝土圈梁，断面为240mm×300mm，遇窗时以圈梁代过梁，楼板与圈梁整体现浇，板厚100mm，M1、M2过梁断面均为240mm×180mm，女儿墙总高1000mm，其中混凝土压顶厚50mm。

试计算内、外墙体工程量，确定定额项目。

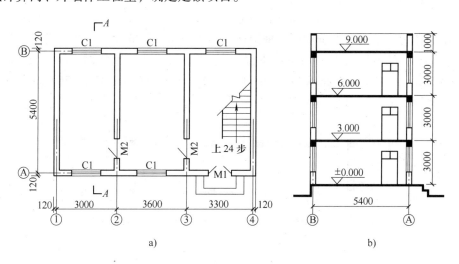

图4-46　某建筑物平面与剖面示意图
a）底层平面图　b）A—A剖面图

解：1）墙体工程量计算。墙体工程量计算过程及定额编号的确定，见表4-35。

2）墙体直接工程费。

① M5.0混浆砌240黏土实心砖墙，套用定额与价目表（2015）3-1-14。

$$基价 = 3172.48 \text{ 元}/10m^3$$

$$实心砖墙定额直接工程费 = 3172.48 \text{ 元}/10m^3 \times 54.60m^3 \div 10 = 17321.74 \text{ 元}$$

② M5.0混浆砌240黏土多孔砖墙，套用定额与价目表（2015）3-3-7。

$$基价 = 2964.72 \text{ 元}/10m^3$$

$$黏土多孔砖墙定额直接工程费 = 2964.72 \text{ 元}/10m^3 \times 16.65m^3 \div 10 = 4936.26 \text{ 元}$$

$$该工程墙体直接工程费 = 17321.74 \text{ 元} + 4936.26 \text{ 元} = 22258.00 \text{ 元}$$

表 4-35　定额工程量计算表

序号	项目名称	单位	计算过程	工程量	定额编号
1	基数计算	m	$L_{中} = (3 + 3.6 + 3.3 + 5.4)\,m \times 2 = 30.60\,m$ $L_{内} = (5.4 - 0.24)\,m \times 2 = 10.32\,m$		
2	外墙 （普通黏土砖 240mm 厚）	m^3	墙高 $=[9 + 1 - 0.3 \times 3(圈梁高) - 0.05]\,m = 9.05\,m$ 门窗面积 $= 1.2\,m \times 2.7\,m \times 1 + 1.5\,m \times 1.8\,m \times 17$ $= 49.14\,m^2$ 过梁体积 $= 0.24 \times 0.18 \times 1.7\,m^3 = 0.07\,m^3$ 砖墙体积 $=(30.6 \times 9.05 - 49.14) \times 0.24\,m^3 - 0.07\,m^3$ $= 54.60\,m^3$	54.60	3-1-14
3	内墙 （黏土多孔砖 240mm 厚）	m^3	墙高 $=(9 - 0.3 \times 3)\,m = 8.10\,m$ 洞口面积 $= 1 \times 2.1 \times 6\,m^2 = 12.60\,m^2$ 过梁体积 $= 0.24 \times 0.18 \times 1.5 \times 6\,m^3 = 0.389\,m^3$ 多孔砖墙体积 $=(10.32 \times 8.1 - 12.60) \times 0.24\,m^3 -$ $0.389\,m^3 = 16.65\,m^3$	16.65	3-3-7

【例 4-17】　某单层建筑物，框架结构，尺寸如图 4-47 所示，墙身采用 M5.0 混合砂浆砌筑加气混凝土砌块，女儿墙砌筑煤矸石空心砖，混凝土压顶断面 240mm×60mm，墙厚均为 240mm，石膏空心条板墙 80mm 厚。框架柱断面 240mm×240mm，到女儿墙，框架梁断面 240mm×400mm，门窗洞口上方均采用现浇钢筋混凝土过梁，断面 240mm×180mm。M1：1760mm×2700mm，M2：1000mm×2700mm，C1：1800mm×1800mm，C2：1760mm×1800mm。

①计算墙体工程量；②确定定额编号。

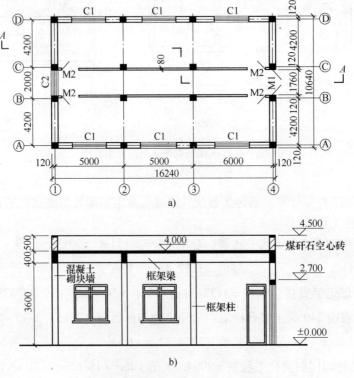

图 4-47　某框架房屋平面与剖面示意图
a) 平面图　b) A—A 剖面图

分析：通过读题与识图得知，本工程外墙为加气混凝土砌块墙，女儿墙为煤矸石空心砖，这两种墙体均以立方米计算；内墙为石膏空心条板墙，属于轻质墙板，工程量按平方米计算。另外还需注意，框架间墙，其长度应按框架柱间净长线计算。

解：工程量计算过程与定额编号，见表 4-36。

表 4-36　定额工程量计算表

序号	项目名称	单位	计算过程	工程量	定额编号
1	加气混凝土砌块墙（240mm）	m³	墙长 = (16.24 - 0.24×4 + 10.64 - 0.24×4)m × 2 = 49.92m 墙高 = 3.60m 门窗洞口面积 = 1.8×1.8m²×6 + 1.76×2.7m²×1 + 1.76×1.8m²×1 = 27.36m² 过梁体积 = 0.24×0.18×(2.3×6 + 1.76×2)m³ = 0.748m³ 加气混凝土砌块工程量 = (49.92×3.6 - 27.36) × 0.24m³ - 0.748m³ = 35.82m³	35.82	3 - 3 - 26
2	煤矸石空心砖墙女儿墙（240mm）	m³	墙长 = (16.24 - 0.24×4 + 10.64 - 0.24×4)m × 2 = 49.92m 墙高 = (0.5 - 0.06)m = 0.44m 女儿墙工程量 = 49.92×0.44×0.24m³ = 5.27m³	5.27	3 - 3 - 22
3	石膏空心条板墙（80mm）	m²	墙长 = (16.24 - 0.24×4)m × 2 = 30.56m 墙高 = 3.60m 洞口面积 = 1×2.7×4m² = 10.80m² 石膏空心条板墙工程量 = 30.56×3.6m² - 10.8m² = 99.22m²	99.22	3 - 4 - 12

（3）其他砌筑

【例 4-18】　某围墙采用钢筋混凝土漏空花格砌筑而成，总长度 80m，如图 4-48 所示。漏空花格厚度为 100mm，计算工程量及直接工程费。

分析：漏空花格墙的工程量计算规则与墙体计算规则不同。漏空花格墙按设计空花部分外形面积（空花部分不予扣除）以平方米计算。而墙体按其高度乘以长度乘以设计厚度以立方米计算。

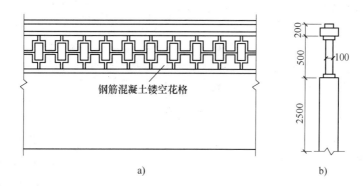

图 4-48　围墙立面示意图
a）正立面图　b）侧立面图

解：钢筋混凝土漏空花格围墙工程量 $= 0.5 \times 80 m^2 = 40.00 m^2$

套用定额与价目表（2015）3-3-56，定额基价 $= 796.61$ 元/$10 m^2$。

漏空花格围墙工程的直接工程费 $= 796.61$ 元/$10 m^2 \times 40 m^2 \div 10 = 3186.44$ 元

课题 2　砌筑工程清单计量与编制

在《房屋建筑与装饰工程工程量计算规范》（GB 50854—2013）中，砌筑工程主要内容分为砖砌体、砌块砌体和石砌体三大部分。

1. 工程量清单项目设置及计算规则

（1）砖砌体　砖砌体工程量清单项目设置、项目特征描述的内容、计量单位及工程量计算规则，应按表 4-37 的规定执行。

表 4-37　砖砌体（编号：010401）

项目编码	项目名称	项目特征	计量单位	工程量计算规则	工作内容
010401001	砖基础	1. 砖品种、规格、强度等级 2. 基础类型 3. 砂浆强度等级 4. 防潮层材料种类	m³	按设计图示尺寸以体积计算 包括附墙垛基础宽出部分体积，扣除地梁（圈梁）、构造柱所占体积，不扣除基础大放脚 T 形接头处的重叠部分及嵌入基础内的钢筋、铁件、管道、基础砂浆防潮层和单个面积 $\leqslant 0.3 m^2$ 的孔洞所占体积，靠墙暖气沟的挑檐不增加 基础长度：外墙按外墙中心线，内墙按内墙净长线计算	1. 砂浆制作、运输 2. 砌砖 3. 防潮层铺设 4. 材料运输
010401002	砖砌挖孔桩护壁	1. 砖品种、规格、强度等级 2. 砂浆强度等级		按设计图示尺寸以立方米计算	1. 砂浆制作、运输 2. 砌砖 3. 材料运输
010401003	实心砖墙	1. 砖品种、规格、强度等级	m³	按设计图示尺寸以体积计算 扣除门窗、洞口、嵌入墙内的钢筋混凝土柱、梁、圈梁、挑梁、过梁及凹进墙内的壁龛、管槽、暖气槽、消火栓箱所占体积，不扣除梁头、板头、檩头、垫木、木楞头、沿缘木、木砖、门窗走头、砖墙内加固钢筋、木筋、铁件、钢管及单个面积 $\leqslant 0.3 m^2$ 的孔洞所占的体积。凸出墙面的腰线、挑檐、压顶、窗台线、虎头砖、门窗套的体积亦不增加。凸出墙面的砖垛并入墙体体积内计算 1. 墙长度 外墙按中心线、内墙按净长计算	1. 砂浆制作、运输 2. 砌砖
010401004	多孔砖墙				

（续）

项目编码	项目名称	项目特征	计量单位	工程量计算规则	工作内容
010401005	空心砖墙	2. 墙体类型 3. 砂浆强度等级、配合比	m³	2. 墙高度 （1）外墙：斜（坡）屋面无檐口天棚者算至屋面板底；有屋架且室内外均有天棚者算至屋架下弦底另加200mm；无天棚者算至屋架下弦底另加300mm，出檐宽度超过600mm时按实砌高度计算；与钢筋混凝土楼板隔层者算至板顶。平屋顶算至钢筋混凝土板底。 （2）内墙：位于屋架下弦者，算至屋架下弦底；无屋架者算至天棚底另加100mm；有钢筋混凝土楼板隔层者算至楼板顶；有框架梁时算至梁底。 （3）女儿墙：从屋面板上表面算至女儿墙顶面（如有混凝土压顶时算至压顶下表面） （4）内、外山墙：按其平均高度计算 3. 框架间墙 不分内外墙按墙体净尺寸以体积计算 4. 围墙 高度算至压顶上表面（如有混凝土压顶时算至压顶下表面），围墙柱并入围墙体积内	3. 刮缝 4. 砖压顶砌筑 5. 材料运输
010401006	空斗墙	1. 砖品种、规格、强度等级 2. 墙体类型 3. 砂浆强度等级、配合比	m³	按设计图示尺寸以空斗墙外形体积计算。墙角、内外墙交接处、门窗洞口立边、窗台砖、屋檐处的实砌部分体积并入空斗墙体积内	1. 砂浆制作、运输 2. 砌砖 3. 装填充料 4. 刮缝 5. 材料运输
010401007	空花墙			按设计图示尺寸以空花部分外形体积计算，不扣除空洞部分体积	
010401008	填充墙			按设计图示尺寸以填充墙外形体积计算	
010401009	实心砖柱	1. 砖品种、规格、强度等级 2. 柱类型 3. 砂浆强度等级、配合比		按设计图示尺寸以体积计算。扣除混凝土及钢筋混凝土梁垫、梁头所占体积	1. 砂浆制作、运输 2. 砌砖 3. 刮缝 4. 材料运输
010401010	多孔砖柱				
010401011	砖检查井	1. 井截面、深度 2. 砖品种、规格、强度等级 3. 垫层材料种类、厚度 4. 底板厚度 5. 井盖安装	座	按设计图示数量计算	1. 砂浆制作、运输 2. 铺设垫层 3. 底板混凝土制作、运输、浇筑、振捣、养护 4. 砌砖 5. 刮缝

（续）

项目编码	项目名称	项目特征	计量单位	工程量计算规则	工作内容
010401011	砖检查井	6. 混凝土强度等级 7. 砂浆强度等级 8. 防潮层材料种类	座	按设计图示数量计算	6. 井池底、壁抹灰 7. 抹防潮层 8. 材料运输
010401012	零星砌砖	1. 零星砌砖名称、部位 2. 砖品种、规格、强度等级 3. 砂浆强度等级、配合比	1. m³ 2. m² 3. m 4. 个	1. 以立方米计量，按设计图示尺寸截面积乘以长度计算 2. 以平方米计量，按设计图示尺寸水平投影面积计算 3. 以米计量，按设计图示尺寸长度计算 4. 以个计量，按设计图示数量计算	1. 砂浆制作、运输 2. 砌砖 3. 刮缝 4. 材料运输
010401013	砖散水、地坪	1. 砖品种、规格、强度等级 2. 垫层材料种类、厚度 3. 散水、地坪厚度 4. 面层种类、厚度 5. 砂浆强度等级	m²	按设计图示尺寸以面积计算	1. 土方挖、运、填 2. 地基找平、夯实 3. 铺设垫层 4. 砌砖散水、地坪 5. 抹砂浆面层
010401014	砖地沟、明沟	1. 砖品种、规格、强度等级 2. 沟截面尺寸 3. 垫层材料种类、厚度 4. 混凝土强度等级 5. 砂浆强度等级	m	以米计量，按设计图示以中心线长度计算	1. 土方挖、运、填 2. 铺设垫层 3. 底板混凝土制作、运输、浇筑、振捣、养护 4. 砌砖 5. 刮缝、抹灰 6. 材料运输

注：1. "砖基础"项目适用于各种类型砖基础：柱基础、墙基础、管道基础等。

2. 基础与墙（柱）身使用同一种材料时，以设计室内地面为界（有地下室者，以地下室室内设计地面为界），以下为基础，以上为墙（柱）身。基础与墙身使用不同材料时，位于设计室内地面高度 ≤ ±300mm 时，以不同材料为分界线，高度 > ±300mm 时，以设计室内地面为分界线。

3. 砖围墙以设计室外地坪为界，以下为基础，以上为墙身。

4. 框架外表面的镶贴砖部分，按零星项目编码列项。

5. 附墙烟囱、通风道、垃圾道应按设计图示尺寸以体积（扣除孔洞所占体积）计算并入所依附的墙体体积内。当设计规定孔洞内需抹灰时，应按单元 17 中零星抹灰项目编码列项。

6. 空斗墙的窗间墙、窗台下、楼板下、梁头下等的实砌部分，按零星砌砖项目编码列项。

7. "空花墙"项目适用于各种类型的空花墙，使用混凝土花格砌筑的空花墙，实砌墙体与混凝土花格应分别计算，混凝土花格按混凝土及钢筋混凝土中预制构件相关项目编码列项。

8. 台阶、台阶挡墙、梯带、锅台、炉灶、蹲台、池槽、池槽腿、砖胎模、花台、花池、楼梯栏板、阳台栏板、地垄墙、≤0.3m² 的孔洞填塞等，应按零星砌砖项目编码列项。砖砌锅台与炉灶可按外形尺寸以个计算，砖砌台阶可按水平投影面积以平方米计算，小便槽、地垄墙可按长度计算、其他工程以立方米计算。

9. 砖砌体内钢筋加固，应按单元 12 中相关项目编码列项。

10. 砖砌体勾缝按单元 17 中相关项目编码列项。

11. 检查井内的爬梯按单元 12 中相关项目编码列项；井、池内的混凝土构件按单元 12 中混凝土及钢筋混凝土预制构件编码列项。

12. 如施工图设计标注做法见标准图集时，应注明标注图集的编码、页号及节点大样。

（2）砌块砌体　砌块砌体的工程量清单项目设置、项目特征描述的内容、计量单位及工程量计算规则，应按表4-38的规定执行。

表4-38　砌块砌体（编号：010402）

项目编码	项目名称	项目特征	计量单位	工程量计算规则	工作内容
010402001	砌块墙	1. 砌块品种、规格、强度等级 2. 墙体类型 3. 砂浆强度等级	m³	按设计图示尺寸以体积计算扣除门窗、洞口、过人洞、空圈、嵌入墙内的钢筋混凝土柱、梁、圈梁、挑梁、过梁及凹进墙内的壁龛、管槽、暖气槽、消火栓箱所占体积，不扣除梁头、板头、檩头、垫木、木楞头、沿缘木、木砖、门窗走头、砌块墙内加固钢筋、木筋、铁件、钢管及单个面积≤0.3m² 的孔洞所占的体积。凸出墙面的腰线、挑檐、压顶、窗台线、虎头砖、门窗套的体积亦不增加。凸出墙面的砖垛并入墙体体积内计算 　1. 墙长度 　外墙按中心线、内墙按净长计算 　2. 墙高度 　（1）外墙：斜（坡）屋面无檐口天棚者算至屋面板底；有屋架且室内外均有天棚者算至屋架下弦底另加200mm；无天棚者算至屋架下弦底另加300mm；出檐宽度超过600mm 时按实砌高度计算；与钢筋混凝土楼板隔层者算至板顶；平屋面算至钢筋混凝土板底 　（2）内墙：位于屋架下弦者，算至屋架下弦底；无屋架者算至天棚底另加100mm；有钢筋混凝土楼板隔层者算至楼板顶；有框架梁时算至梁底 　（3）女儿墙：从屋面板上表面算至女儿墙顶面（如有混凝土压顶时算至压顶下表面） 　（4）内、外山墙：按其平均高度计算 　3. 框架间墙 　不分内外墙按墙体净尺寸以体积计算 　4. 围墙 　高度算至压顶上表面（如有混凝土压顶时算至压顶下表面），围墙柱并入围墙体积内	1. 砂浆制作、运输 2. 砌砖、砌块 3. 勾缝 4. 材料运输
010402002	砌块柱	1. 砖品种、规格、强度等级 2. 墙体类型 3. 砂浆强度等级		按设计图示尺寸以体积计算。扣除混凝土及钢筋混凝土梁垫、梁头、板头所占体积	

注：1. 砌体内加筋、墙体拉结的制作、安装，应按单元12中相关项目编码列项。

2. 砌块排列应上、下错缝搭砌，如果搭错缝长度满足不了规定的压搭要求，应采取压砌钢筋网片的措施，具体构造要求按设计规定。若设计无规定时，应注明由投标人根据工程实际情况自行考虑。

3. 砌体垂直灰缝宽>30mm 时，采用C20 细石混凝土灌实。灌注的混凝土应按单元12 相关项目编码列项。

（3）石砌体　石砌体的工程量清单项目设置、项目特征描述的内容、计量单位及工程量计算规则，应按表4-39的规定执行。

表 4-39　石砌体（编号：010403）

项目编码	项目名称	项目特征	计量单位	工程量计算规则	工作内容
010403001	石基础	1. 石料种类、规格 2. 基础类型 3. 砂浆强度等级	m³	按设计图示尺寸以体积计算 包括附墙垛基础宽出部分体积，不扣除基础砂浆防潮层及单个面积≤0.3m² 的孔洞所占体积，靠墙暖气沟的挑檐不增加体积。基础长度：外墙按中心线，内墙按净长计算	1. 砂浆制作、运输 2. 吊装 3. 砌石 4. 防潮层铺设 5. 材料运输
010403002	石勒脚	1. 石料种类、规格 2. 石表面加工要求 3. 勾缝要求 4. 砂浆强度等级、配合比		按设计图示尺寸以体积计算，扣除单个面积＞0.3m² 的孔洞所占的体积	
010403003	石墙	1. 石料种类、规格 2. 石表面加工要求 3. 勾缝要求 4. 砂浆强度等级、配合比	m³	按设计图示尺寸以体积计算 扣除门窗、洞口、过人洞、嵌入墙内的钢筋混凝土柱、梁、圈梁、挑梁、过梁及凹进墙内的壁龛、管槽、暖气槽、消火栓箱所占体积，不扣除梁头、板头、檩头、垫木、木楞头、沿缘木、木砖、门窗走头、石墙内加固钢筋、木筋、铁件、钢管及单个面积≤0.3m² 的孔洞所占的体积。凸出墙面的腰线、挑檐、压顶、窗台线、虎头砖、门窗套的体积亦不增加。凸出墙面的砖垛并入墙体体积内计算 1. 墙长度 外墙按中心线、内墙按净长计算 2. 墙高度 （1）外墙：斜（坡）屋面无檐口天棚者算至屋面板底；有屋架且室内外均有天棚者算至屋架下弦底另加 200mm；无天棚者算至屋架下弦底另加 300mm，出檐宽度超过 600mm 时按实砌高度计算；平屋顶算至钢筋混凝土板底 （2）内墙：位于屋架下弦者，算至屋架下弦底；无屋架者算至天棚底另加 100mm；有钢筋混凝土楼板隔层者算至楼板顶；有框架梁时算至梁底 （3）女儿墙：从屋面板上表面算至女儿墙顶面（如有混凝土压顶时算至压顶下表面） （4）内、外山墙：按其平均高度计算 3. 围墙 高度算至压顶上表面（如有混凝土压顶时算至压顶下表面），围墙柱并入围墙体积内	1. 砂浆制作、运输 2. 吊装 3. 砌石 4. 石表面加工 5. 勾缝 6. 材料运输

（续）

项目编码	项目名称	项目特征	计量单位	工程量计算规则	工作内容
010403004	石挡土墙	1. 石料种类、规格 2. 石表面加工要求 3. 勾缝要求 4. 砂浆强度等级、配合比	m³	按设计图示尺寸以体积计算	1. 砂浆制作、运输 2. 吊装 3. 砌石 4. 变形缝、泄水孔、压顶抹灰 5. 滤水层 6. 勾缝 7. 材料运输
010403005	石柱				1. 砂浆制作、运输 2. 吊装 3. 砌石 4. 石表面加工 5. 勾缝 6. 材料运输
010403006	石栏杆		m	按设计图示以长度计算	
010403007	石护坡				
010403008	石台阶	1. 垫层材料种类、厚度 2. 石料种类、规格 3. 护坡厚度、高度 4. 石表面加工要求 5. 勾缝要求 6. 砂浆强度等级、配合比	m³	按设计图示尺寸以体积计算	1. 铺设垫层 2. 石料加工 3. 砂浆制作、运输 4. 砌石 5. 石表面加工 6. 勾缝 7. 材料运输
010403009	石坡道		m²	按设计图示以水平投影面积计算	
010403010	石地沟、明沟	1. 沟截面尺寸 2. 土壤类别、运距 3. 垫层材料种类、厚度 4. 石料种类、规格 5. 石表面加工要求 6. 勾缝要求 7. 砂浆强度等级、配合比	m	按设计图示以中心线长度计算	1. 土方挖、运 2. 砂浆制作、运输 3. 铺设垫层 4. 砌石 5. 石表面加工 6. 勾缝 7. 回填 8. 材料运输

注：1. 石基础、石勒脚、石墙的划分：基础与勒脚应以设计室外地坪为界。勒脚与墙身应以设计室内地面为界。石围墙内外地坪标高不同时，应以较低地坪标高为界，以下为基础；内外标高之差为挡土墙时，挡土墙以上为墙身。

2. "石基础"项目适用于各种规格（粗料石、细料石等）、各种材质（砂石、青石等）和各种类型（柱基、墙基、直形、弧形）基础。

3. "石勒脚""石墙"项目适用于各种规格（粗料石、细料石等）、各种材质（砂石、青石、大理石、花岗石等）和各种类型（直形、弧形等）勒脚和墙体。

4. "石挡土墙"项目适用于各种规格（粗料石、细料石、块石、毛石、卵石等）、各种材质（砂石、青石、石灰石等）和各种类型（直形、弧形、台阶形等）挡土墙。

5. "石柱"项目适用于各种规格、各种石质、各种类型的石柱。

6. "石栏杆"项目适用于无雕饰的一般石栏杆。

7. "石护坡"项目适用于各种石质和各种石料（粗料石、细料石、片石、块石、毛石、卵石等）。

8. "石台阶"项目包括石梯带（垂带），不包括石梯膀，石梯膀应按石挡土墙项目编码列项。

9. 如施工图设计标注做法见标准图集时，应注明标注图集的编码、页号及节点大样。

2. 工程量清单编制典型案例

（1）案例描述

1）某工程 ±0.000 以下条形基础平面、剖面大样图，详见图 4-49，室内外高差为 150mm。

2）基础垫层为原槽浇筑，清条石规格 1000mm×300mm×300mm，采用 M7.5 水泥砂浆砌筑；页岩标砖，砖强度等级为 MU7.5，砖基础采用 M5.0 水泥砂浆砌筑。

3）本工程室外标高为 −0.150。

4）垫层为 3:7 灰土，现场拌和。

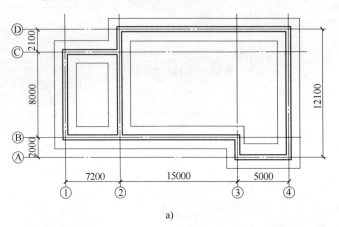
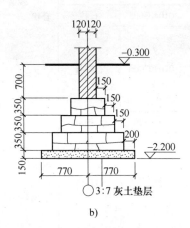

图 4-49　某基础工程示意图
a) 基础平面示意图　b) 基础断面示意图

（2）问题

根据以上背景资料及现行国家标准《建设工程工程量清单计价规范》（GB 50500—2013）、《房屋建筑与装饰工程工程量计算规范》（GB 50854—2013），试列出该工程基础垫层、石基础、砖基础的分部分项工程量清单。

解： 工程量清单计算与编制见表 4-40、表 4-41。

表 4-40　清单工程量计算表

序号	清单项目编码	清单项目名称	计量单位	计算公式	工程量
1	010404001001	垫层	m^3	$L_{外} = (27.2 + 12.1)m \times 2 = 78.6m$ $L_{内} = (8 - 1.54)m = 6.46m$ $V = (78.6 + 6.46) \times 1.54 \times 0.15$ $= 19.65m^3$	19.65
2	010403001001	石基础	m^3	$L_{外} = 78.6m$ $L_{内1} = (8 - 1.14)m = 6.86m$ $L_{内2} = (8 - 0.84)m = 7.16m$ $L_{内3} = (8 - 0.54)m = 7.46m$ $V = (78.6 + 6.86) \times 1.14 \times 0.35m^3 +$ $(78.6 + 7.16) \times 0.84 \times 0.35m^3 + (78.6 +$ $7.46) \times 0.54 \times 0.35m^3 = 75.58m^3$	75.58

（续）

序号	清单项目编码	清单项目名称	计量单位	计算公式	工程量
3	010401001001	砖基础	m^3	$L_{外} = 78.6\text{m}$ $L_{内} = (8 - 0.24)\text{m} = 7.76\text{m}$ $V = (78.6 + 7.76) \times 0.24 \times 0.85\text{m}^3$ $\quad = 17.62\text{m}^3$	17.62

注：根据规范规定，石基础按设计图示尺寸以体积计算。

表 4-41　分部分项工程和单价措施项目清单与计价表

序号	项目编码	项目名称	项目特征描述	计量单位	工程量	金额/元 综合单价	金额/元 合价
1	010404001001	垫层	垫层材料种类、配合比、厚度：3∶7 灰土，150mm 厚	m^3	19.65		
2	010403001001	石基础	1. 石料种类、规格：清条石、1000mm×300mm×300mm 2. 基础类型：条形基础 3. 砂浆强度等级：M7.5 水泥砂浆	m^3	75.58		
3	010401001001	砖基础	1. 砖品种、规格、强度等级：页岩砖、240mm×115mm×53mm、MU7.5 2. 基础类型：条形 3. 砂浆强度等级：M5 水泥砂浆	m^3	17.62		

知识回顾

1. 本单元主要分项工程定额与清单两种计量方法的比较，见表 4-42。

表 4-42　砌筑工程主要分项工程量计算规则对比

项目名称	定额工程量计算规则	清单工程量计算规则
基础	各种基础均以立方米计算	清单与定额计算规则相同
实（空）心砖墙、砌块墙、石墙	外墙、内墙、框架间墙（轻质墙板、漏空花格及隔断板除外），按其高度乘以长度乘以设计厚度以立方米计算 计算墙体时，应扣除门窗洞口、过人洞、空圈、嵌入墙身的钢筋混凝土柱、梁（包括过梁、圈梁、挑梁）、砖石碹、砖过梁（普通黏土墙除外）、暖气包壁龛的体积；不扣除梁头、外墙板头、檩头、垫木、木楞头、沿椽木、木砖、门窗走头、墙内的加固钢筋、木筋、铁件、钢管及每个面积在 0.3m² 以内的孔洞等所占体积；突出墙面的窗台虎头砖、压顶线、山墙泛水、烟囱根、门窗套及三皮砖以内的腰线和挑檐体积亦不增加。墙垛、三皮砖以上的腰线和挑檐等体积，并入墙身体积内计算	基本内容相同，不同点如下： 凸出墙面的腰线、挑檐的体积不增加，清单没有界限几皮砖；定额规则是"三皮砖以内的腰线和挑檐体积亦不增加" 外墙高度：清单规则是"与钢筋混凝土楼板隔层者算至板顶。平屋顶算至钢筋混凝土板底"。定额规则是"平屋顶算至钢筋混凝土板顶" 内墙高度：清单规则是"有钢筋混凝土楼板隔层者算至楼板顶"；定额计算规则是"有钢筋混凝土楼板隔层者算至楼板底"
砖平碹、平砌砖过梁	按图示尺寸以立方米计算	清单无此项规定

（续）

项目名称	定额工程量计算规则	清单工程量计算规则
空花墙	漏空花格墙，按设计空花部分外形面积（空花部分不予扣除）以平方米计算。混凝土镂空花格按半成品考虑	按设计图示尺寸以空花部分外形体积计算，不扣除空洞部分体积
零星砌砖	厕所蹲台、小便池槽、水槽腿、花台、砖墩、毛石墙的门窗砖立边和窗台虎头砖、锅台等定额未列的零星项目，按设计图示尺寸以立方米计算	按设计图示尺寸以立方米、平方米、米、个计量
砖砌地沟	不分沟底、沟壁按设计图示尺寸以立方米计算	以米计量，按设计图示以中心线长度计算

2. 定额计价以直接工程费的计算为计算基础；清单计价以综合单价的计算为计算基础。

检查测试

一、单项选择题

1. 基础与墙身使用不同材料时，工程量计算规则以不同材料为分界线，分别计算基础和墙体工程量，范围是（　　）。

    A. 室内地坪 300mm 以内　　　　　　　　B. 室内地坪 300mm 以外

    C. 室外地坪 300mm 以内　　　　　　　　D. 室外地坪 300mm 以外

2. 以下内容，定额工程量计算规则中，按面积以平方米为计量单位计算的是（　　）。

    A. 砖墙　　　　　　B. 空心砖墙　　　　C. 石膏板墙　　　　D. 砌块墙

3. 计算砖砌体工程量时，对于腰线、挑檐的工程量计算，清单规则的规定是（　　）。

    A. 属于扣除内容　　　　　　　　　　　　B. 属于不扣除内容

    C. 属于不增加内容　　　　　　　　　　　D. 属于并入墙体内容

二、多项选择题

1. 外墙砖砌体计算高度，定额与清单计量规则部分相同，以下内容相同的是（　　）。

    A. 位于屋架下弦，其高度算至屋架底　　　B. 坡屋面无檐口天棚者算至屋面板底

    C. 有屋架无顶棚者，算至屋架下弦底　　　D. 平屋面算至混凝土板底

    E. 出檐宽度超过 600mm 时，按实砌高度计算

2. 砖墙工程量计算中，应扣除的内容，包括（　　）。

    A. 门窗洞口　　　　　　B. 0.3m² 的孔洞　　　C. 过梁　　　　　D. 构造柱

    E. 窗台虎头砖

三、某传达室平面与外墙身节点如图 4-50 所示。

砖墙砌体：采用 M2.5 混合砂浆砌筑，M1 为 1000mm × 2600mm，M2 为 1200mm × 2600mm，C1 为 1400mm × 1700mm，C2 为 1500mm × 1700mm，门窗上部均设过梁，断面为 240mm × 180mm，长度按门窗洞口宽度每边增加 250mm，外墙均设圈梁（内墙不设），断面为 240mm × 240mm，计算墙体工程量，确定定额项目。

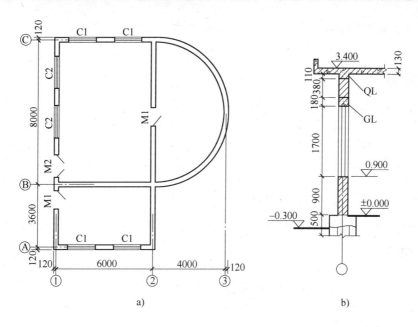

图 4-50　某传达室平面与外墙身节点示意图

a) 平面图　b) 外墙身节点详图

单元 12　钢筋及混凝土工程

单元描述

　　本单元包括钢筋和混凝土两大部分。钢筋包括现浇构件钢筋、预制构件钢筋、预应力钢筋及箍筋等；混凝土按搅拌场地分为现场搅拌混凝土和商品混凝土（包括泵送混凝土和非泵送混凝土），按制作过程分为现浇混凝土和预制混凝土，现浇混凝土构件的工艺流程主要包括混凝土搅拌、水平与垂直运输、浇捣、养护等，预制混凝土构件的工艺流程主要包括混凝土构件的制作、构件的场外运输、构件的安装、构件的坐浆灌缝等。图 4-51 所示为现浇混凝土工艺的施工现场。

图 4-51　某工程现浇混凝土工艺的施工现场

本单元主要介绍钢筋及混凝土工程主要分项工程的定额计量与计价、工程量清单计量与编制。

学习目标

1. 熟悉钢筋及混凝土工程两种计算方法的工程量计算规则。

2. 能用两种计算方法，对钢筋及混凝土工程主要分项工程量进行定额计量与计价、工程量清单计量与编制。

工作任务

1. 钢筋及混凝土工程定额计量与计价。

2. 钢筋及混凝土工程量清单计量与编制。

相关知识

课题1　钢筋及混凝土定额计量与计价

1. 定额编制说明与综合解释

（1）定额编制说明

1）钢筋。

① 定额按钢筋的不同品种、规格，并按现浇构件钢筋、预制构件钢筋、预应力钢筋及箍筋分别列项。

② 预应力构件中非预应力钢筋按预制钢筋相应项目计算。

③ 设计图纸未注明的钢筋搭接及施工损耗，已包括在定额内，不单独计算。

④ 绑扎低碳钢丝、成型定位焊和接头焊接用的焊条已综合在定额项目内，不另行计算。

⑤ 非预应力钢筋不包括冷加工，如设计要求冷加工时，另行计算。

⑥ 预应力钢筋如设计要求人工时效处理时，另行计算。

⑦ 后张法钢筋的锚固是按钢筋帮条焊、U形插垫编制的。如采用其他方法锚固时，可另行计算。

⑧ 表4-43所列构件，其钢筋可按表内系数调整人工、机械用量。

表4-43　预制与现浇构件钢筋人工、机械用量调整表

项　目	预制构件钢筋		现浇构件钢筋	
系数范围	拱梯型屋架	托架梁	小型构件（或小型池槽）	构筑物
人工、机械调整系数	1.16	1.05	2	1.25

2）混凝土。

① 定额内混凝土搅拌项目包括筛砂子、筛洗石子、搅拌、前台运输上料等内容；混凝土浇筑项目包括运输、润湿模板、浇灌、捣固、养护等内容。

② 毛石混凝土，是指毛石占混凝土总体积20%计算的。如设计要求不同时，可以换算。

③ 小型混凝土构件，指单件体积在 0.05m³ 以内的定额未列项目。

④ 预制构件定额内仅考虑现场预制的情况。

⑤ 现浇混凝土柱、墙、后浇带定额项目，定额综合了底部灌注 1∶2 水泥砂浆的用量。

注意！

　　后浇带，指在建筑施工中为防止现浇钢筋混凝土结构由于温度、收缩不均可能产生的有害裂缝，按照设计或施工规范要求，在基础底板、墙、梁等相应位置留设临时施工缝，经过构件内部收缩以后，再浇捣该施工缝混凝土，将结构连成整体。后浇带的浇筑时间宜选择气温较低时，可用浇筑水泥或水泥中掺微量铝粉的混凝土，其强度等级应比构件强度高一级，防止新老混凝土之间出现裂缝，造成薄弱部位。图 4-52 所示为某建筑物现浇钢筋混凝土板的后浇带。

图 4-52　某现浇板后浇带

⑥ 定额中已列出常用混凝土强度等级，如设计要求不同时，可以换算。

（2）定额综合解释

1）计算钢筋的设计用量时，下列各项内容应在计算范围内：

① 钢筋的混凝土保护层厚度，按设计规定计算。设计无规定时，按施工规范规定计算。

② 设计规定钢筋搭接的，按设计规定计算；设计未规定的钢筋锚固、定尺长度的钢筋连接等结构性搭接，按施工规范规定计算；设计、施工规范均未规定的，已包括在钢筋损耗率内，不另计算。

③ 钢筋的弯钩增加长度和弯起增加长度，按设计规定计算。

2）计算钢筋的设计用量时，下列情况不另行计算：

① 已执行了钢筋接头子目的钢筋连接，其连接长度，不另行计算。

② 施工单位为了节约材料所发生的钢筋搭接，其连接长度或钢筋接头不另行计算。

3）马凳的规格，应比底板钢筋降低一个规格，若底板钢筋规格不同，按其中规格大的钢筋降低一个规格计算。

4）防护工程的钢筋锚杆、护壁钢筋、钢筋网，执行现浇构件钢筋子目。

5）冷轧扭钢筋，执行冷轧带肋钢筋子目。

6）设计采用Ⅲ级钢时，按Ⅱ级钢子目降低一个规格执行相应定额子目。

7）预制混凝土构件中，不同直径的钢筋定位焊成一体时，按各自的直径计算钢筋工程量，按不同直径的钢筋的总工程量，执行最小直径钢筋的定位焊子目；如果最大与最小的钢筋直径比大于 2，最小直径钢筋定位焊子目的人工乘以系数 1.25。

8）钢筋机械连接的接头，按设计规定计算。设计无规定时，按施工规范或施工组织设计规定的实际数量计算。

9）铁件的设计用量，按定额第七章金属结构制作工程量的规则计算。

10）构造柱与墙嵌接部分（马牙槎）的体积，按构造柱出槎长度的一半（有槎与无槎的平均值）乘以出槎宽度，再乘以构造柱柱高，并入构造柱体积内计算。

11）房间与阳台连通，洞口上坪与圈梁连成一体的混凝土梁，按过梁的计算规则计算工程量，执行单梁子目。

12）圈梁与构造柱连接时，圈梁长度算至构造柱侧面。构造柱有马牙槎时，圈梁长度算至构造柱主断面的侧面。

13）基础圈梁，按圈梁计算。

14）现浇混凝土墙（柱）与基础的划分，以基础扩大面的顶面为分界线，以下为基础，以上为墙（柱）身。

15）平板，按设计图示体积计算。伸入墙内的板头、平板边沿的翻檐，均并入平板体积内计算。

16）预制混凝土板补现浇板缝，板底缝宽大于40mm时，按小型构件计算；板底缝宽大于100mm时，按平板计算。

17）坡屋面顶板，按斜板计算。屋脊处八字脚的加厚混凝土（素混凝土）已包括在消耗量内，不单独计算。若屋脊处八字脚的加厚混凝土配置钢筋作梁使用，应按设计尺寸并入斜板工程量内计算。

18）现浇混凝土柱、梁、墙、板的分界：

① 混凝土墙中的暗柱、暗梁，并入相应墙体积内，不单独计算。

② 梁、墙连接时，墙高算至梁底。

③ 墙、墙相交时，外墙按外墙中心线长度计算，内墙按墙间净长度计算。

④ 柱、墙与板相交时，柱和外墙的高度，算至板上坪；内墙的高度，算至板底；板的宽度，按外墙间净宽度（无外墙时，按板边缘之间的宽度）计算，不扣除柱、垛所占板的面积。

⑤ 电梯井壁，工程量计算执行外墙的相应规定。

19）混凝土楼梯（含直形和旋转形）与楼板，以楼梯顶部与楼板的连接梁为界，连接梁以外为楼板；楼梯基础，按基础的相应规定计算。

20）混凝土楼梯子目，按踏步底板（不含踏步和踏步底板下的梁）和休息平台板板厚均为100mm编制。若踏步底板、休息平台的板厚设计与定额不同时，按定额4-2-46子目调整。

注意！

踏步底板、休息平台的板厚不同时，应分别计算。踏步底板的水平投影面积包括底板和连接梁；休息平台的投影面积包括平台板和平台梁。

21）弧形楼梯，按旋转楼梯计算。

22）混凝土阳台（含板式和挑梁式）子目，按阳台板厚100mm编制。混凝土雨篷子目，按板式雨篷、板厚80mm编制。当阳台、雨篷板厚设计与定额不同时，按《山东省建筑工程消耗量定额—综合解释》（2004年）中4-2-65子目调整。

23）混凝土挑檐、阳台、雨篷的翻檐，总高度在300mm以内时，按展开面积并入相应工程量内，超过300mm时，按栏板计算。

24）单件体积在 0.05m³ 以内，定额未列子目的构件，按小型构件以立方米计算。

25）混凝土搅拌制作和泵送子目，按各混凝土构件的混凝土消耗量之和，以立方米计算。

26）泵送混凝土补充定额，参见《山东省建筑工程消耗量定额—综合解释》（2004 年）中 4 - 4 - 18 ~ 4 - 4 - 21 子目：

① 施工单位自行制作泵送混凝土，其泵送剂以及由于混凝土坍落度增大和使用水泥砂浆润滑输送管道而增加的水泥用量等内容，执行补充子目 4 - 4 - 18。子目中的水泥强度等级、泵送剂的规格和用量，设计与定额不同时，可以换算，其他不变。

② 施工单位自行泵送混凝土，其管道输送混凝土（输送高度 50m 以内），执行补充子目 4 - 4 - 19 ~ 4 - 4 - 21。输送高度 100m 以内，其超过部分乘以系数 1.25；输送高度 150m 以内，其超过部分乘以系数 1.60。

27）独立式单跑楼梯间，楼梯踏步两端的板，均视为楼梯的休息平台板。非独立式楼梯间的单跑楼梯，楼梯踏步两端宽度（自连接梁外边沿起）1.2m 以内的板，均视为楼梯的休息平台板。单跑楼梯侧面与楼板之间的空隙，视为单跑楼梯的楼梯井。

28）混凝土雨篷子目，按板式雨篷、外沿（不含翻檐）板厚 80mm 编制。雨篷外沿厚度设计与定额不同时，按 4 - 2 - 65 调整。三面梁式雨篷，按有梁式阳台计算。

29）飘窗左右的混凝土立板，按混凝土栏板计算。飘窗上、下的混凝土挑板，空调室外机的混凝土搁板，按混凝土挑檐计算。

30）预制混凝土过梁，如需现场预制，执行预制小型构件子目。

31）泵送混凝土中的外加剂，如使用复合型外加剂（同一种材料兼做泵送剂、减水剂、速凝剂、早强剂、抗冻剂等），应按材料的技术性能和泵送混凝土的技术要求计算掺量，按泵送剂换算定额（4 - 4 - 18）用量。外加剂所具有的除泵送剂以外的其他功能因素不单独计算费用，冬雨期施工增加费，仍按规定计取。

2. 工程量计算规则

（1）钢筋　钢筋工程量，按以下规定计算。

① 钢筋工程，应区分现浇、预制构件，不同钢种和规格；计算时分别按设计长度乘单位理论质量，以吨计算。钢筋电渣压焊、套筒挤压等接头，以个计算。

② 计算钢筋工程量时，设计规定钢筋搭接的，按规定搭接长度计算；设计未规定的，已包括在钢筋损耗率中，不另行计算。钢筋工程量按以下方法计算

$$钢筋工程量 = \sum （同种规格钢筋单根设计长度 \times 根数 \times 单位理论质量）$$

$$单根钢筋设计长度 = 构件尺寸 - 保护层厚度 + 两端弯钩长度 + 弯起钢筋增加长度 + 搭接长度（图纸注明或规范规定的）$$

式中，各参数确定如下。

a. 构件尺寸：一般是指构件的长度或高度（或厚度）。

b. 保护层厚度：是指最外层钢筋外边缘至混凝土表面的距离，适用于设计使用年限为 50 年的混凝土结构。混凝土保护层的最小厚度，见表 4-44。

表 4-44　混凝土保护层的最小厚度　　　　　　　　　　（单位：mm）

环境类别	板、墙	梁、柱
一	15	20
二 a	20	25
二 b	25	35
三 a	30	40
三 b	40	50

注：1. 构件中受力钢筋的保护层厚度不应小于钢筋的公称直径。
　　2. 设计使用年限为 100 年的混凝土结构，一类环境中，最外层钢筋的保护层厚度不应小于表 4-44 中的 1.4 倍；二、三类环境中，应采取专门的有效措施。
　　3. 混凝土强度等级不大于 C25 时，表中数值应增加 5mm。
　　4. 基础底面钢筋的保护层厚度，有钢筋混凝土垫层时应从垫层顶面算起，且不应小于 40mm。

 知识拓展

混凝土结构的环境类别，见表 4-45。

表 4-45　混凝土结构的环境类别

环境类别	条　件	注　意
一	① 室内干燥环境 ② 无侵蚀性静水浸没环境	
二 a	① 室内潮湿环境 ② 非严寒和非严寒地区的露天环境 ③ 非严寒和非严寒地区与无侵蚀的水或土壤直接接触的环境 ④ 严寒和严寒地区的冰冻线以下与无侵蚀的水或土壤直接接触的环境	
二 b	① 干湿交替环境 ② 水位频繁变动环境 ③ 严寒和严寒地区的露天环境 ④ 严寒和严寒地区的冰冻线以上与无侵蚀的水或土壤直接接触的环境	
三 a	① 严寒和严寒地区冬期水位变动区环境 ② 受除冰盐影响环境 ③ 海风环境	
三 b	① 盐渍土环境 ② 受除冰盐作用环境 ③ 海岸环境	
四	海水环境	
五	受人为或自然的侵蚀性物质影响的环境	

c. 钢筋末端弯钩长度：钢筋末端弯钩形式有半圆弯钩180°、直弯钩90°、斜弯钩135°三种，其弯钩的增加长度分别为6.25d、3.5d、4.9d，如图4-53所示。

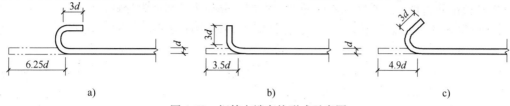

图4-53　钢筋末端弯钩形式示意图
a）半圆弯钩　b）直弯钩　c）斜弯钩

d. 弯起钢筋增加长度：如图4-54所示，弯起钢筋增加长度为$S-L$，不同弯起角度的$S-L$值，见表4-46。

注意！

弯起钢筋高度(h_0)＝构件高度(h)－保护层厚度(c)

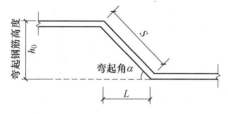

图4-54　弯起钢筋增加长度示意图

表4-46　弯起钢筋增加长度计算表

弯起角度	S	L	$S-L$
30°	$2.000h_0$	$1.732h_0$	$0.268h_0$
45°	$1.414h_0$	$1.000h_0$	$0.414h_0$
60°	$1.155h_0$	$0.577h_0$	$0.578h_0$

e. 搭接长度：设计规定钢筋搭接的，按规定搭接长度计算；设计未规定的，已包括在钢筋损耗率中，不另行计算。

f. 箍筋长度：矩形梁、柱的箍筋应按箍筋设计长度计算，即按箍筋图示外皮长度计算。如图4-55所示，矩形截面双肢箍筋示意图，箍筋设计长度计算如下

箍筋外皮长度＝构件断面周长－8×保护层厚度＋2×钩长

$$＝(b+h)\times2-8c+2\times11.9d$$

$$箍筋根数＝\frac{箍筋分部长度}{箍筋间距}+1$$

g. 钢筋单位理论质量：即钢筋的每米理论质量。

钢筋每米理论质量＝$0.006165d^2$（d为钢筋直径）或查表4-47求得。

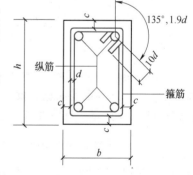

图4-55　矩形截面双肢箍筋示意图

表4-47　钢筋单位理论质量表

钢筋直径（d）/mm	4	6.5	8	10	12	14	16
理论质量/（kg/m）	0.099	0.260	0.395	0.617	0.888	1.208	1.578
钢筋直径（d）/mm	18	20	22	25	28	30	32
理论质量/（kg/m）	1.998	2.466	2.984	3.850	4.830	5.550	6.310

③ 先张法预应力钢筋，按构件外形尺寸计算长度；后张法预应力钢筋按设计规定的预应力钢筋预留孔道长度，并区别不同的锚具类型，分别按下列规定计算：

a. 低合金钢筋两端采用螺杆锚具时，预应力钢筋按预留孔道长度减 0.35m，螺杆另行计算。

b. 低合金钢筋一端采用镦头插片，另一端为螺杆锚具时，预应力钢筋长度按预留孔道长度计算，螺杆另行计算。

c. 低合金钢筋一端采用镦头插片，另一端采用帮条为锚具时，预应力钢筋长度增加 0.15m；两端均采用帮条为锚具时，预应力钢筋长度共增加 0.3m。

d. 低合金钢筋采用后张预应力混凝土自锚时，预应力钢筋长度增加 0.35m。

e. 低合金钢筋或钢绞线采用 JM、XM、QM 型锚具，孔道长度在 20m 以内时，预应力钢筋长度增加 1m；孔道长在 20m 以上时，预应力钢筋长度增加 1.8m。

f. 碳素钢丝采用锥形锚具，孔道长在 20m 以内时，预应力钢筋长度增加 1m；孔道长在 20m 以上时，预应力钢筋长度增加 1.8m。

g. 碳素钢丝两端采用镦粗头时，预应力钢丝长度增加 1.8m。

④ 其他。

a. 马凳：是指用于支撑现浇钢筋混凝土板或现浇雨篷中的上部钢筋的铁件，如图 4-56a 所示。马凳钢筋质量，设计有规定的按设计规定计算；设计无规定时，马凳的材料应比底板钢筋降低一个规格，当底板钢筋不同

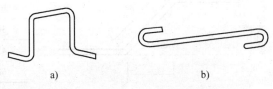

图 4-56 钢筋马凳、S 钩示意图
a) 马凳 b) S 钩

时，按其中规格大的钢筋降低一个规格计算。长度按底板厚度的 2 倍加 200mm 计算，每平方米 1 个，计入钢筋总量。

设计无规定时计算公式为

$$马凳钢筋质量 = (板厚 \times 2 + 0.2) \times 板面积 \times 底板钢筋次规格的线密度$$

b. 墙体拉结 S 钩：是指用于拉结现浇钢筋混凝土墙内受力筋的单支箍，如图 4-56b 所示。墙体拉结 S 钩钢筋质量，设计有规定的按设计规定，设计无规定时按 φ8 钢筋，长度按墙厚加 150mm 计算，每平方米 3 个，计入钢筋总量。设计无规定时计算公式为

$$墙体拉结 S 钩钢筋质量 = (墙厚 + 0.15) \times (墙面积 \times 3) \times 0.395$$

c. 砌体加固钢筋，按设计用量以吨计算。

d. 锚喷护壁钢筋、钢筋网，按设计用量以吨计算。

e. 混凝土构件预埋件工程量，按设计图纸尺寸，以吨计算。

f. 冷轧扭钢筋，执行冷轧带肋钢筋子目。

g. 设计采用Ⅲ级钢时，按Ⅱ级钢子目降低一个规格执行相应定额子目。

h. 预制混凝土构件中，不同直径的钢筋电焊成一体时，按各自的直径计算钢筋工程量，按不同直径钢筋的总工程量，执行最小直径钢筋的电焊子目；如果最大与最小钢筋的直径比大于 2 时，最小直径钢筋电焊子目的人工乘以系数 1.25。

知识拓展

梁平法钢筋算量

平法钢筋计量，也是按钢筋设计图示长度乘以单位理论质量，以吨计算，但计算侧重点有所不同。具体计算基本内容为

钢筋质量＝钢筋设计长度×钢筋根数×钢筋理论质量

钢筋设计长度＝构件内净长＋支座内锚固长度

钢筋设计长度超过钢筋出厂长度（定尺长度）时，要考虑连接。

钢筋锚固、连接、根数是平法钢筋计算的重点内容，因此，只有通过熟读图纸，将钢筋在混凝土中的位置及形状弄清楚，明确钢筋锚固类型（直锚还是弯锚）、连接方式（绑扎连接还是焊接或机械连接）及连接位置、钢筋根数（注意加密区与非加密区），才能掌握钢筋算量。

梁构件平法钢筋种类，如图4-57所示。

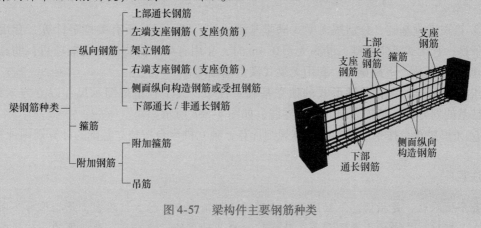

图4-57　梁构件主要钢筋种类

（2）现浇混凝土　定额中的混凝土，分为现浇混凝土和预制混凝土。

现浇混凝土工程量，按以下规定计算。

1）基本规定：混凝土工程量除另有规定者外，均按图示尺寸以立方米计算。不扣除构件内钢筋、预埋件及墙、板中0.3m²以内的孔洞所占体积。

2）基础：定额中基础分为条形基础、有肋（梁）式条形混凝土基础、箱式满堂基础、独立基础、条形桩承台、设备基础等，工程量计算规则如下。

①条形基础，外墙按设计外墙中心线长度、内墙按设计内墙基础图示长度乘设计断面计算。计算公式为

$$V = SL + V_{\mathrm{T}}$$

式中　V——条形基础工程量（m³）；

　　　S——条形基础断面面积（m²）；

　　　L——条形基础长度，外墙按设计外墙中心线长度、内墙按设计内墙基础图示长度计算；

　　　V_{T}——T形接头的搭接部分体积。

② 有肋（梁）条形混凝土基础，其肋高与肋宽之比在 4∶1 以内的按有梁式条形基础计算，如图 4-58a 所示。超过 4∶1 时，起肋部分按墙计算，肋以下（即不带肋部分）按无梁式条形基础计算，如图 4-58b 所示。

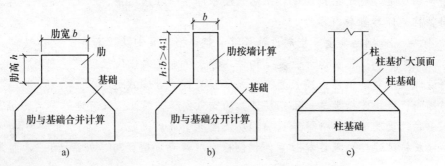

图 4-58　有肋（梁）带型基础、独立基础示意图
a）有梁式条形基础　b）无梁式条形基础　c）独立基础

③ 箱式满堂基础，分别按无梁式满堂基础、柱、墙、梁、板有关规定计算，套用相应定额子目；有梁式满堂基础，肋高大于 0.4m 时，套用有梁式满堂基础定额项目；肋高小于 0.4m 或设有暗梁、下翻梁时，套用无梁式满堂基础项目。

④ 独立基础，包括各种形式的独立基础及柱墩，其工程量按图示尺寸以立方米计算。柱与柱基的划分以柱基扩大顶面为分界线，如图 4-58c 所示。

⑤ 条形桩承台按条形基础的计算规则计算，独立桩承台按独立基础的计算规则计算。

注意！

　　条形桩承台，是指沿建筑轴线设置的排桩的桩顶承台；独立桩承台，是指承台下面只有一根或几根桩。二者的主要区别是：独立桩承台是独立的，是一个一个布置的，似于独立基础，条形桩承台是条形的。

⑥ 设备基础，除块体基础外，分别按基础、柱、梁、板、墙等有关规则计算。楼层上的钢筋混凝土设备基础，按有梁板项目计算。

3）柱：柱按图示断面尺寸乘以柱高以立方米计算。

$$柱混凝土工程量 = 图示断面面积 × 柱高$$

柱高按下列规定确定：

① 有梁板的柱高，自柱基上表面（或楼板上表面）至上一层楼板上表面之间的高度计算，如图 4-59a 所示。

② 无梁板的柱高，自柱基上表面（或楼板上表面）至柱帽下表面之间的高度计算，如图 4-59b 所示。

③ 框架柱的柱高，自柱基上表面至柱顶高度计算，如图 4-60 所示。

④ 构造柱按设计高度计算，构造柱与墙嵌结部分（马牙槎）的体积，按构造柱出槎长度的一半（有槎与无槎的平均值）乘以出槎宽度，再乘以构造柱柱高，并入构造柱体积内计算，如图 4-61 所示。

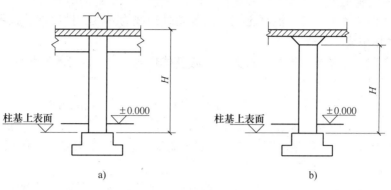

图 4-59　有梁板、无梁板的柱高示意图
a) 有梁板的柱高　b) 无梁板的柱高

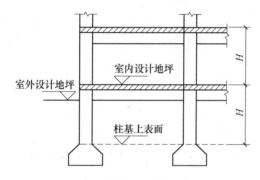

图 4-60　框架柱柱高示意图

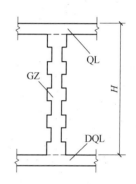

图 4-61　构造柱柱高示意图

⑤ 依附柱上的牛腿、升板的柱帽，并入柱体积内计算，如图 4-62 所示。

⑥ 薄壁柱，也称隐壁柱，在框架—剪力墙结构中，隐藏在墙体中的钢筋混凝土柱，抹灰后不再有柱的痕迹。薄壁柱按钢筋混凝土墙计算。

4）梁：按图示断面尺寸乘以梁长以立方米计算。

$$梁混凝土工程量 = 图示断面面积 \times 梁长 + 梁垫体积$$

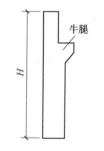

图 4-62　柱牛腿示意图

梁长及梁高按下列规定确定：

① 梁与柱连接时，梁长算至柱侧面。圈梁与构造柱连接时，圈梁长度算至构造柱侧面，构造柱有马牙槎时，圈梁长度算至构造柱主断面的侧面。

② 主梁与次梁连接时，次梁长算至主梁侧面。伸入墙体内的梁头、梁垫体积并入梁体积内计算。

③ 圈梁与过梁连接时，分别套用圈梁、过梁定额。过梁长度按设计规定计算，计算无规定时，按门窗洞口宽度，两端各加 250mm 计算。房间与阳台连通，洞口上坪与圈梁连成一体的混凝土梁，按过梁的计算规则计算工程量，执行单梁子目。

④ 圈梁与梁连接时，圈梁体积应扣除伸入圈梁内的梁体积，如图 4-63 所示。

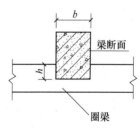

图 4-63　圈梁与梁连接示意图

⑤ 在圈梁部位挑出外墙的混凝土梁，以外墙外边线为界限，挑出部分按图示尺寸以立方米计算，套用单梁、连续梁项目。

⑥ 梁（单梁、框架梁、圈梁、过梁）与板整体现浇时，梁高计算至板底。

⑦ 基础圈梁，按圈梁计算。

5）板：按图示面积乘以板厚，以立方米计算。柱、墙与板相交时，板的宽度按外墙间净宽度（无外墙时，按板边缘之间的宽度）计算，不扣除柱、垛所占板的面积。

$$混凝土板工程量 = 图示长度 × 图示宽度 × 板厚 + 附梁及柱帽体积$$

各种板按以下规定计算：

① 有梁板，由梁（主梁、次梁）与板构成一体的现浇钢筋混凝土板称为有梁板，亦称肋形楼板。有梁板包括主梁、次梁及板，工程量按梁、板体积之和计算，如图 4-64 所示。

$$现浇有梁板混凝土工程量 = 图示长度 × 图示宽度 × 板厚 + 主梁体积 + 次梁体积$$
$$主梁及次梁体积 = 主梁长度 × 主梁宽度 × 主梁肋高 + 次梁净长度 × 次梁宽度 × 次梁肋高$$

② 无梁板，是指板下无梁而直接用柱子支承的现浇钢筋混凝土楼板。无梁板按板和柱帽体积之和计算，如图 4-65 所示。

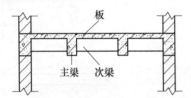

图 4-64　有梁板断面示意图

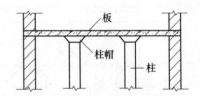

图 4-65　无梁板断面示意图

$$现浇无梁板混凝土工程量 = 图示长度 × 图示宽度 × 板厚 + 柱帽体积$$

③ 平板，是指无柱、梁支承，而直接由墙支承的现浇钢筋混凝土板。平板按板图示体积计算，伸入墙内的板头、平板边沿的翻檐，均并入平板体积内计算，如图 4-66 所示。

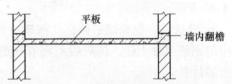

图 4-66　带翻檐的平板断面示意图

④ 斜屋面，按板断面面积乘以斜长，有梁时，梁板合并计算。屋脊处加厚混凝土已包括在混凝土消耗量内，不单独计算，如图 4-67 所示。

⑤ 圆弧形老虎窗顶板，是指坡屋面阁楼为了采光而设计的圆弧形老虎窗的钢筋混凝土顶板，如图 4-68 所示。圆弧形老虎窗顶板套用拱板子目（定额子目 4 - 2 - 39）。

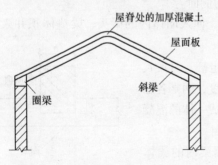

图 4-67　现浇混凝土斜屋面板示意图

图 4-68　圆弧形老虎窗顶板示意图

知识拓展

老虎窗是天窗的演变，天窗即屋顶窗。为了增加阁楼的采光和通风，在屋顶上面设计的窗，称之为"老虎窗"。因此，"老虎窗"，一般多指住宅中的屋顶窗。

⑥ 现浇挑檐与板（包括屋面板）连接时，以外墙外边线为界限，如图 4-69a 所示；与圈梁（包括其他梁）连接时，以梁外边线为界限，外边线以外为挑檐，如图 4-69b 所示。

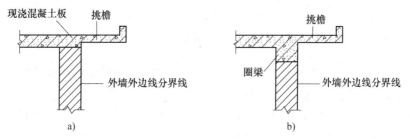

图 4-69　现浇挑檐与板连接分界线示意图
a）以外墙外边线为界　b）以圈梁（包括其他梁）外边线为界

6）墙，按以下规定计算：

① 混凝土墙与基础的划分，以基础扩大面的顶面为分界线，以下为基础，以上为墙身。梁、墙连接时，墙高算至梁底。墙、墙相交时，外墙按外墙中心线长度计算，内墙按墙间净长度计算。柱、墙与板相交时，柱和外墙的高度，算至板上坪；内墙的高度，算至板底。

② 混凝土墙，按图示中心线长度乘以设计高度乘以墙体厚度，以立方米计算。扣除门窗洞口及单个面积在 0.3m² 以上孔洞的体积，墙垛、附墙柱及凸出部分并入墙体积内计算。混凝土墙中的暗柱、暗梁并入相应墙体积内，不单独计算。电梯井壁，工程量执行外墙的相应规定，套用定额子目 4 - 2 - 31。

混凝土墙工程量 =（墙中心线长度 × 设计宽度 - 门窗洞口面积）× 墙厚

7）楼梯，定额中的整体楼梯分为直形和旋转形，计算规则如下：

① 整体楼梯，包括休息平台、平台梁、楼梯底板、斜梁及楼梯的连接梁、楼梯段，按水平投影面积计算。不扣除宽度小于 500mm 的楼梯井，伸入墙内部分不另增加，如图 4-70 所示。混凝土楼梯（含直形和旋转形）与楼板，以楼梯顶部与楼板的连接梁为界，连接梁以外为楼板；楼梯基础，按基础的相应规定计算。

② 混凝土楼梯子目，按踏步底板（不含踏步和踏步底板下的梁）和休息平台板板厚均为 100mm 编制。当踏步底板、休息平台的板厚设计与定额不同时，按定额 4 - 2 - 46 子目调整。踏步底板、休息平台的板厚不同时，应分别计算。踏步底板的水平投影面积包括底板和连接梁；休息平台的投影面积包括平台板和平台梁，如图 4-70 所示。

$$当 b \leqslant 500mm 时，S = AB$$

$$当 b > 500mm 时，S = AB - ab$$

③ 踏步旋转楼梯，按其楼梯部分水平投影面积乘以周数计算（不包括中心柱）。弧形楼梯，按旋转楼梯计算。

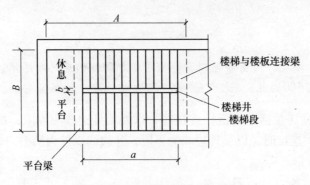

图 4-70　某顶层楼梯平面示意图

8）阳台、雨篷：按伸出外墙的水平投影面积计算，伸出外墙的牛腿不另计算，其嵌入墙内的梁另按梁有关规定单独计算。混凝土挑檐、阳台、雨篷的翻檐，总高度在 300mm 以内时，按展开面积并入相应工程量内，超过 300mm 时，按栏板计算。井字梁雨篷，按有梁板计算规则计算，如图 4-71 ~ 图 4-73 所示。

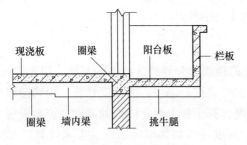

图 4-71　某阳台剖面示意图

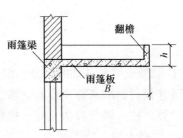

图 4-72　某翻檐雨篷剖面示意图

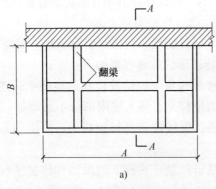

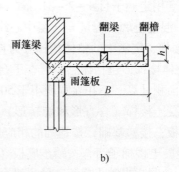

a)　　　　　　　　　　　　　　b)

图 4-73　某翻梁雨篷平面与剖面示意图
a）某翻梁雨篷平面示意图　b）A—A 剖面图

混凝土阳台（含板式和挑梁式）子目，按阳台板厚 100mm 编制。混凝土雨篷子目，按板式雨篷、板厚 80mm 编制。若阳台、雨篷板厚设计与定额不同时，按补充子目 4 - 2 - 65 调整。

9）其他：

① 栏板，以立方米计算，伸入墙内的栏板，合并计算。

② 预制混凝土板补现浇板带，板底缝宽大于 40mm 时，按小型构件计算；板底缝宽大于 100mm 时，按平板计算。

③ 预制混凝土框架柱的现浇接头（包括梁接头），按设计规定断面和长度以立方米计算。

④ 单件体积在 0.05m³ 内，定额未列子目的构件，按小型构件，以立方米计算。

⑤ 混凝土搅拌制作和泵送子目，按各混凝土构件的混凝土消耗量之和，以立方米计算，自计算规则计算出工程量后，乘以相应的混凝土消耗量，以立方米计算单独套用混凝土搅拌制作子目和泵送混凝土补充定额。

⑥ 施工单位自行制作泵送混凝土，其泵送剂以及由于混凝土坍落度增大和使用水泥砂浆润滑输送管道而增加的水泥用量等内容，执行补充子目 4－4－18。子目中的水泥强度等级、泵送剂的规格和用量，设计与定额不同时，可以换算，其他不变。

⑦ 施工单位自行泵送混凝土，其管道输送混凝土（输送高度 50m 以内），执行补充定额 4－4－19 ~ 4－4－21。输送高度 100m 以内，其超过部分乘以系数 1.25；输送高度 150m 以内，其超过部分乘以系数 1.60。

（3）预制混凝土　预制混凝土工程量，按以下规定计算：

1）混凝土工程量，均按图示尺寸以立方米计算，不扣除构件内钢筋、铁件、预应力钢筋预留孔洞及小于 300mm×300mm 以内孔洞所占的体积。

$$预制混凝土桩工程量 = 图示断面面积 × 构件长度$$

2）预制桩，按桩全长（包括桩尖）乘以桩断面面积以立方米计算（不扣除桩尖虚体积）。

$$预制桩混凝土工程量 = 图示断面面积 × 桩总长度$$

混凝土与钢杆件组合的构件，混凝土部分按构件实体积以立方米计算，钢构件部分按吨计算，分别套用相应的定额项目。

3. 计算实例

（1）钢筋

【例 4-19】　某现浇钢筋混凝土异形梁 1 根，如图 4-74 所示，混凝土强度等级 C25，混凝土保护层厚度为 25mm。计算钢筋工程量，确定定额编号与基价。

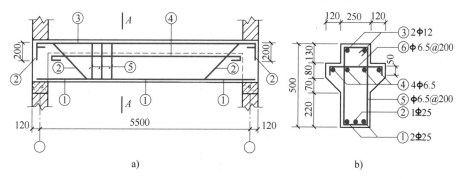

图 4-74　某现浇异形梁剖面与断面示意图
a）梁纵剖面图　b）A—A 断面图

分析：钢筋工程量 = 钢筋设计长度 × 单位理论质量。本题的关键是首先计算各类钢筋的设计长度。各类钢筋设计长度的计算方法见上述知识点；然后查表 4-47 求得不同规格钢筋的单位理论质量，以不同规格钢筋的长度分别乘以其单位理论质量，求得不同规格钢筋的工程量；最后查找定额，套用相应的定额子目。计算方法有两种：详细计算法和表格法。

解法一："详细计算法"计算梁钢筋工程量。

① 号筋：2Φ25，单根长度 $= 5.74\text{m} - 0.025\text{m} \times 2 = 5.69\text{m}$

工程量 $= 5.69\text{m} \times 2 \times 3.85\text{kg/m} = 44\text{kg}$

② 号筋：1Φ25，单根长度 $= 5.74\text{m} - 0.025\text{m} \times 2 + 0.414\text{m} \times (0.5 - 0.025 \times 2)\text{m} + 0.2\text{m} \times 2 = 6.463\text{m}$

工程量 $= 6.463\text{m} \times 3.85\text{kg/m} = 24.87\text{kg}$

Φ25 钢筋工程量合计 $= 44\text{kg} + 24.87\text{kg} = 69\text{kg}$。套定额与价目表（2015）4 - 1 - 19，基价 $= 4986.49$ 元/t

③ 号筋：2Φ12，单根长度 $= 5.74\text{m} - 0.025\text{m} \times 2 + 6.26 \times 0.012\text{m} \times 2 = 5.84\text{m}$

工程量 $= 5.84\text{m} \times 2 \times 0.888\text{kg/m} = 10.4\text{kg}$，套定额与价目表（2015）4 - 1 - 5。基价 $= 5411.87$ 元/t

④ 号筋：4Φ6.5，单根长度 $= 5.50\text{m} - 0.24\text{m} - 0.025\text{m} \times 2 + 6.25 \times 0.0065\text{m} \times 2 = 5.291\text{m}$

工程量 $= 5.291\text{m} \times 4 \times 0.260\text{kg/m} = 5.503\text{kg}$

现浇构件圆钢筋，套定额与价目表（2015）4 - 1 - 2，基价 $= 6381.51$ 元/t。

⑤ 号筋：Φ6.5@200。

根数 $= (5.74 - 0.025 \times 2) \div 0.2$ 根 $+ 1$ 根 $= 30$ 根

单根长度 $= (0.25\text{m} - 0.05\text{m} + 0.5\text{m} - 0.05\text{m}) \times 2 + 11.9 \times 0.0065\text{m} \times 2 = 1.46\text{m}$

工程量 $= 1.46\text{m} \times 30 \times 0.260\text{kg/m} = 11.35\text{kg}$，套定额与价目表（2015）4 - 1 - 52。基价 $= 6830.27$ 元/t

⑥ 号筋：Φ6.5@200，单根长度 $= 0.49\text{m} - 0.05\text{m} + (0.05\text{m} - 0.025\text{m}) \times 2 = 0.49\text{m}$

根数 $= [(5.50\text{m} - 0.24\text{m} - 0.025\text{m} \times 2) \div 0.2\text{m} + 1]$ 根 $= 27$ 根

工程量 $= 0.49\text{m} \times 27 \times 0.260\text{kg/m} = 3.44\text{kg}$，套定额与价目表（2015）4 - 1 - 2。基价 $= 6381.51$ 元/t

解法二："列表法"计算梁钢筋工程量，见表4-48。

表4-48　梁钢筋工程量计算表

钢筋编号	钢筋号及直径	钢筋简图	钢筋单根长度/m 计算式	根数	总长度/m	总重/kg	定额编号
①	Φ25		$(5.74 - 0.025 \times 2)\text{m} = 5.69\text{m}$	2	11.38	43.81	4 - 1 - 19
②	Φ25		$[5.74 - 0.025 \times 2 + 0.414 \times (0.5 - 0.025 \times 2) + 0.2 \times 2]\text{m} = 6.463\text{m}$	1	6.46	24.87	4 - 1 - 19
③	Φ12		$(5.74 - 0.025 \times 2 + 6.25 \times 0.012 \times 2)\text{m} = 5.84\text{m}$	2	11.68	10.37	4 - 1 - 5
④	Φ6.5		$(5.50 - 0.24 - 0.025 \times 2 + 6.25 \times 0.0065 \times 2)\text{m} = 5.291\text{m}$	4	21.16	5.503	4 - 1 - 2

（续）

钢筋编号	钢筋号及直径	钢筋简图	钢筋单根长度/m 计算式	根数	总长度/m	总重/kg	定额编号
⑤	φ6.5@200		单根长度 = $(0.25 - 0.05 + 0.5 - 0.05) \times 2m + 11.9 \times 0.0065 \times 2m = 1.455m$ 根数 = $(5.74 - 0.025 \times 2) \div 0.2$ 根 + 1 根 = 30 根	30	43.65	11.35	4 − 1 − 52
⑥	φ6.5@200		$[0.49 - 0.05 + (0.05 - 0.025) \times 2]m = 0.49m$ 根数 = $(5.50 - 0.24 - 0.025 \times 2) \div 0.2$ 根 + 1 根 = 27 根	27	13.23	3.44	4 − 1 − 2

【例 4-20】　某现浇钢筋混凝土矩形柱 2 根，如图 4-75 所示，混凝土强度等级 C25，基础混凝土保护层厚度为 40mm；柱混凝土保护层厚度为 25mm。计算柱钢筋工程量，确定定额编号。

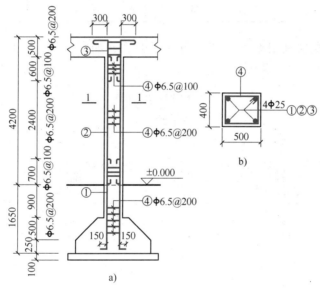

图 4-75　某现浇矩形柱剖面与断面示意图
a）柱身剖面图　b）1—1 断面图

分析：本题的解题方法与例 4-19 基本相同。区别在于：①柱属于竖向构件，钢筋设计长度主要沿柱高度方向进行计算；②注意钢筋搭接符号、钢筋末端弯钩及锚固尺寸；③注意沿柱高度方向箍筋间距的不同。

解：柱钢筋工程量计算过程，见表 4-49。

表 4-49　柱钢筋工程量计算表

钢筋编号	钢筋符号及直径	钢筋简图	钢筋单根长度/m 计算式	根数	总长度/m	总重/kg	定额编号
①	φ25		$0.25 - 0.04 + 0.5 + 0.9 + 0.7 + 6.25 \times 0.025 + 0.2 = 2.67$	4×2	21.36	82.24	4 − 1 − 11

（续）

钢筋编号	钢筋符号及直径	钢筋简图	钢筋单根长度/m 计算式	根数	总长度/m	总重/kg	定额编号
②	Φ25		$0.7 + 2.4 + 0.6 + 6.25 \times 0.025 \times 2$ $= 4.01$	4×2	32.08	175.56	4-1-11
③	Φ25		$0.3 + 0.5 - 0.025 + 0.6 + 6.25 \times$ $0.025 \times 2 = 1.69$	4×2	13.52		
④	Φ6.5@200		单根长度：$(0.5 + 0.4) \times 2m - 8 \times$ $0.025m + 11.9 \times 0.0065 \times 2m = 1.75m$ 根数：$(0.25 - 0.04 + 1.4) \div 0.2 + 1$ $+ 0.7 \div 0.1 + 2.4 \div 0.2 + 0.6 \div 0.1 +$ $(0.5 - 0.025) \div 0.2 = 37$ 根	37×2	129.5	33.67	4-1-52

【例 4-21】 某楼层框架梁 KL3 平法施工示意图，如图 4-76 所示。钢筋计算条件见表 4-50，试计算该框架梁的钢筋工程量。

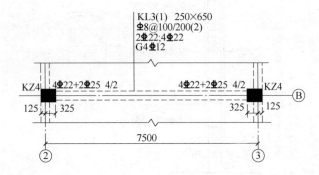

图 4-76 某楼层框架梁 KL3 平法施工示意图

① 计算参数。钢筋计算参数，见表 4-50。

表 4-50 KL3 钢筋计算参数

计算参数	数值	计算参数	数值
混凝土强度等级	C25	箍筋起步距离	50mm
抗震等级	三级抗震	纵筋连接方式	对焊（纵筋接头只按定尺长度计算接头个数，不考虑钢筋的实际连接位置）
钢筋定尺长度	6000mm		
柱保护层厚度	25mm	抗震锚固长度	$l_{aE} = \zeta_{aE}l_a = \zeta_{aE}\zeta_a = 1.05 \times 1.1 \times 40d = 46d$
梁保护层厚度	25mm		
柱截面宽度	450mm	双肢箍外皮长度计算公式	$l = (b + h) - 8c + \max(10d, 75) \times 2 + 1.9d$
柱截面高度	350mm		

注：b 为梁宽度；h 为梁高度；c 为混凝土保护层厚度。

② 楼层框架梁 KL3 钢筋计算过程，见表 4-51。

表 4-51　楼层框架梁 KL3 钢筋计算过程

钢筋	计算过程	计算方法、简图
上部通长筋 2 ⚌ 22	(1)上部通长筋单根长度 l = 净跨长 l_n + 左端支座锚固(弯锚)$[(h_c - c) + 15d]$ + 右端支座锚固(弯锚)$[(h_c - c) + 15d]$	判断两端支座锚固方式: 左端支座 450mm < l_{aE},因此,左端支座内弯锚 右端支座 450mm < l_{aE},因此,右端支座内弯锚
	(2)上部通长筋单根长度 = 7500mm − 325 × 2mm + (450 − 25 + 15 × 22) × 2mm = 8360mm (3)接头个数 = (8360/6000 − 1)个 = 1 个	上部通长筋计算简图: 7700 330 ⌐ ⌐ 330
支座② 第一排负筋 2 ⚌ 22	计算公式:l = 净跨 l_n/3 + 平直段长度$(h_c - c)$ + 弯钩段长度$(15d)$	左端支座锚固同上部通长钢筋(弯锚);跨内延伸长度的 l_n/3
	支座负筋单根长度 = (7500 − 325 − 325)/3mm + (450 − 25 + 15 × 22)mm = 3038mm	计算简图: 2708 330 ⌐
支座② 第二排负筋 2 ⚌ 25	单根长度 l = 净跨 l_n/4 + 平直段长度$(h_c - c)$ + 弯钩段长度$(15d)$	左端支座锚固同上部通长钢筋(弯锚);跨内延伸长度的 l_n/4
	支座负筋单根长度 = (7500 − 325 − 325)/4mm + (450 − 25 + 15 × 25)mm = 2513mm	计算简图: 2138 375 ⌐
支座③负筋计算过程同支座②(略)		
下部通长筋 4 ⚌ 22	单根长度 l = 净跨 l_n + 左端[平直段长度$(h_c - c)$ + 弯钩段长度$(15d)$] + 右端[平直段长度$(h_c - c)$ + 弯钩段长度$(15d)$]	左、右端支座 450mm < l_{aE},因此,左、右端支座均弯锚
	下部通长筋单根长度 = (7500 − 325 − 325)mm + (450 − 25 + 15 × 22) × 2mm = 8360mm 接头个数 = (8360/6000 − 1)个 = 1 个	下部通长筋计算简图: 330 ⌐ 7700 ⌐ 330
侧面纵向 构造钢筋	单根长度 l = 净跨(l_n) + 锚固长度$(15d × 2)$	梁侧面纵向构造钢筋的搭接与锚固长度 15d
	侧面纵向构造钢筋单根长度 = (7500 − 325 − 325)mm + 15 × 12 × 2mm(直锚) = 7210mm	计算简图: 7210
箍筋长度	双肢箍外皮长度 = $(b + h) × 2 − 8c$ + max$(10d, 75) × 2 + 1.9d × 2$	按外皮长度计算
	箍筋单根长度 = $[(250 + 600) × 2 − 8 × 25 + 10 × 8 × 2 + 1.9 × 8 × 2]$mm = 1690mm	计算简图: 200 550
箍筋根数	箍筋加密区长度 = 1.5 × 600mm = 900mm	三级抗震箍筋加密区长度:≥1.5h_b,且≥500mm
	加密区根数 = 2 × $[(900 − 50)/100 + 1]$根 = 20 根 非加密区根数 = $[(7500 − 325 − 325 − 1800)/200 − 1]$根 = 25 根 箍筋总根数 = (20 + 25)根 = 45 根	

注:h_c 为柱截面沿框架方向的高度;h_b 为抗震框架梁截面宽度。

【例4-22】 某住宅卫生间，现浇平板配筋示意图，如图4-77所示。现场搅拌C25混凝土，混凝土保护层厚度为15mm。计算该钢筋混凝土现浇平板钢筋和混凝土浇筑、搅拌的工程量，确定定额编号。

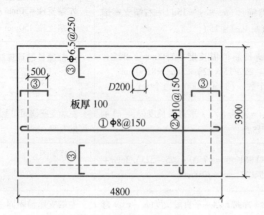

图4-77 某现浇平板配筋示意图

分析：现浇钢筋混凝土平板工程量按板图示体积计算，不扣除板中 $0.3m^2$ 以内的孔洞所占的体积。板内的钢筋按图示设计长度乘以单位理论质量以吨计算。

解：现浇钢筋混凝土平板钢筋和混凝土浇筑、搅拌的工程量，见表4-52。

表4-52 定额工程量计算表

序号	项目名称	单位	计算式	工程量	定额编号
1	①号钢筋 φ8@150	kg	根数 = [(3.9 - 0.015×2)÷0.15 + 1]根 = 27根 单根长 = (4.8 - 0.015×2 + 12.5×0.008)m = 4.87m 质量 = 4.87×27×0.385kg = 50.6kg	50.6	4 - 1 - 3
2	②号钢筋 φ10@150	kg	根数 = [(4.8 - 0.015×2)÷0.15 + 1]根 = 33根 单根长 = (3.9 - 0.015×2 + 12.5×0.01)m = 4m 质量 = 4×33×0.617kg = 81.4kg	81.4	4 - 1 - 4
3	③号钢筋 φ6.5@250	kg	根数 = [(4.8 - 0.015×2)÷0.25 + 1 + (3.9 - 0.015× 2)÷0.25 + 1]根×2 = 74根 单根长 = [0.24 + 0.5 - 0.015 + (0.1 - 0.015×2)× 2]m = 0.87m 质量 = 0.87×74×0.260kg = 16.7kg	16.7	4 - 1 - 2
4	现浇混凝土平板	m³	因为，单孔面积 = 3.14×0.1×0.1m² = 0.0314m² < 0.3m²，所以板中不扣除孔所占的体积 工程量 = 4.8×3.9×0.1m³ = 1.87m³	1.87	4 - 2 - 38
5	现场搅拌混凝土	m³	1.872×1.015 = 1.90	1.90	4 - 4 - 16

（2）现浇混凝土

【例4-23】 某现浇钢筋混凝土条形基础，如图4-78所示。混凝土强度等级为C20，场外集中搅拌量为25m³/h，运距5km，管道泵送混凝土为15m³/h。计算现浇钢筋混凝土条形基础工程量，确定定额编号。

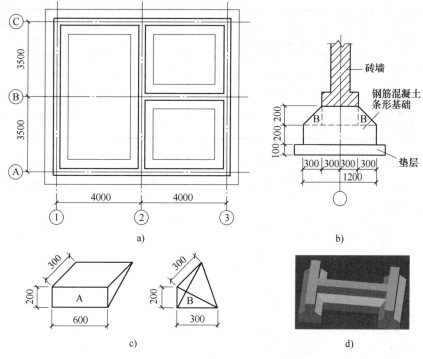

图 4-78　某现浇钢筋混凝土条形基础示意图

a）基础平面示意图　b）基础断面示意图　c）T形接头柱体与锥体示意图　d）T形接头三维效果图

分析： 现浇钢筋混凝土条形基础工程量应按基础长度乘以设计断面计算。但要注意以下几点：①根据图示内容，首先判定该条形基础是有梁式还是无梁式，本工程为无梁式条形基础；②计算工程量时，T接头处的搭接部分不要漏掉；③本工程的混凝土为商品混凝土，要考虑混凝土的场外搅拌制作与泵送；④现浇钢筋混凝土基础是净用量，而混凝土的拌制、运输、管道泵送等是消耗量，消耗量 = 净用量 ×（1 + 损耗率），本现浇无梁式混凝土基础的消耗量应为净用量乘以系数 1.015。

解： 工程量计算过程及定额编号的确定，见表 4-53。

表 4-53　定额工程量计算表

序号	项目名称	单位	计算式	工程量	定额编号
1	现浇条形无梁式基础	m^3	① $L = [(8+7) \times 2 + 7 - 0.6 \times 2 + 4 - 0.6 \times 2] \text{m}$ $= 38.6\text{m}$ ② $S = [1.2 \times 0.2 + (0.6 + 1.2) \times 0.2 \div 2]\text{m}^2$ $= 0.42\text{m}^2$ ③ $V_T = [0.2 \times 0.3 \div 2 \times 0.6(\text{A体积}) + 0.2 \times 0.3 \div 3 \times 0.3(\text{B体积}) \times 2)] \times 4 = 0.096$ ④ $V = S \times L + V_T = (0.42 \times 38.6 + 0.096)\text{m}^3$ $= 16.31\text{m}^3$	16.31	4 - 2 - 4
2	场外集中搅拌混凝土	m^3	$16.31 \times 1.015 = 16.55$	16.55	4 - 4 - 2
3	混凝土运输车运混凝土	m^3	$16.31 \times 1.015 = 16.55$	16.55	4 - 4 - 3

（续）

序号	项目名称	单位	计算式	工程量	定额编号
4	泵送混凝土	m³	16.31 × 1.015	16.55	4－4－6
5	泵送混凝土增加材料	m³	16.31 × 1.015	16.55	4－4－18
6	管道输送基础混凝土	m³	16.31 × 1.015	16.55	4－4－19

【例4-24】 某现浇钢筋混凝土花篮梁10根，如图4-79所示。混凝土强度等级为C25，两端有现浇梁垫，混凝土强度等级与梁相同。混凝土为现场搅拌，计算现浇钢筋混凝土梁工程量，确定定额编号。

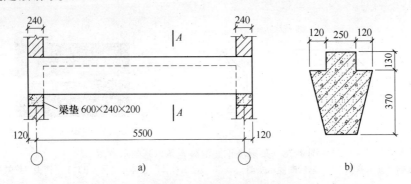

图4-79 某现浇花篮梁纵剖面与断面图
a) 梁纵剖面图 b) A—A断面图

分析：现浇钢筋混凝土梁工程量应按梁断面面积乘以长度以立方米计算。首先要注意梁下有无梁垫，若有梁垫，要弄清梁垫混凝土强度等级是否与梁相同，相同才能合并计算。否则就要进行调整；其次，确定定额子目时，应根据梁的断面类型，准确套用定额。最后，还要注意混凝土是现场搅拌还是商品混凝土。

解：工程量计算过程及定额编号的确定，见表4-54。

表4-54 定额工程量计算表

序号	项目名称	单位	计算过程	工程量	定额编号
1	梁混凝土	m³	[0.25 × 0.5 × (5.5 + 0.12 × 2) + 0.12 × 0.37 ÷ 2 × (5.5 − 0.12 × 2) × 2 + 0.24 × 0.2 × 0.6 × 2(梁垫)] × 10	10.09	4－2－25
2	现场搅拌混凝土	m³	10.09 × 1.015	10.24	4－4－16

【例4-25】 某现浇钢筋混凝土有梁板，如图4-80所示，墙厚240mm，混凝土强度等级C25，混凝土为现场搅拌。计算有梁板混凝土浇筑工程量，确定定额编号。

分析：现浇有梁板混凝土浇筑工程量，按照梁板体积之和计算。套用定额时，还要分清混凝土搅拌场地，是现场搅拌还是商品混凝土。

解：工程量计算过程及定额编号的确定，见表4-55。

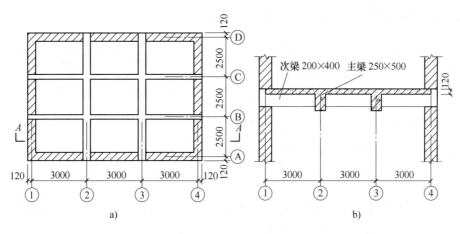

图 4-80　某现浇有梁板平面与剖面示意图
a）某现浇有梁板平面图　b）A—A 剖面图

表 4-55　定额工程量计算表

序号	项目名称	单位	计算过程	工程量	定额编号
1	现浇板	m^3	$3 \times 3 \times 2.5 \times 3 \times 0.12$	8.10	
2	板下梁	m^3	主梁：$0.25 \times (0.5 - 0.12) \times 2.5 \times 3 \times 2 + 0.25 \times 0.5 \times 0.12 \times 4$	1.485	
		m^3	次梁：$0.20 \times (0.4 - 0.12) \times (3 \times 3 - 0.25 \times 2) + 0.20 \times 0.4 \times 0.12 \times 4$	0.514	
3	梁、板合计	m^3	$8.10 + 1.485 + 0.514$	10.10	4 - 2 - 36
4	现场搅拌混凝土	m^3	10.10×1.015	10.25	4 - 4 - 16

【例 4-26】　某现浇钢筋混凝土无梁板，如图 4-81 所示，柱直径为 250mm，墙厚 240mm，混凝土强度等级 C25，混凝土为现场搅拌，计算无梁板混凝土浇筑工程量，确定定额编号。

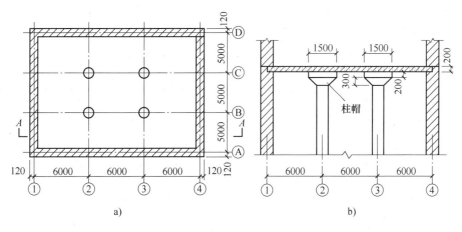

图 4-81　某现浇无梁板平面与剖面示意图
a）某现浇无梁板平面图　b）A—A 剖面图

解： 工程量计算过程及定额编号的确定，见表 4-56。

表 4-56　定额工程量计算表

序号	项目名称	单位	计算过程	工程量	定额编号
1	现浇板	m^3	$18 \times 15 \times 0.2$	54	
2	柱帽	m^3	$[3.14 \times 0.75 \times 0.75 \times 0.2 + 3.14 \div 3 \times 0.2 \times (0.25^2 + 0.75^2 + 0.25 \times 0.75)] \times 4$	2.09	
3	板、柱帽合计	m^3	$54 + 2.09$	56.09	4-2-37
4	现场搅拌混凝土	m^3	56.09×1.015	56.93	4-4-16

【例 4-27】　某屋顶平面及檐口挑檐示意图，如图 4-82 所示。混凝土强度等级为 C25，混凝土为现场搅拌。确定挑檐混凝土浇筑工程量，确定定额编号。

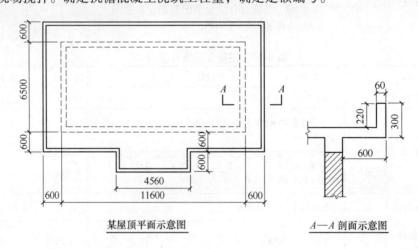

某屋顶平面示意图　　　　　　　$A—A$ 剖面示意图

图 4-82　某屋顶平面及檐口挑檐示意图

分析： 混凝土挑檐工程量按图示面积乘以板厚以立方米计算，带翻檐者，翻檐高度在 300mm 以内时，按其展开面积乘以厚度并入挑檐工程量内。本工程翻檐高度 220mm，应按其断面面积乘以中心线长度，并入挑檐工程量内。

解： 现浇挑檐工程量计算过程及定额编号的确定，见表 4-57。

表 4-57　定额工程量计算表

序号	项目名称	单位	计算式	工程量	定额编号
1	挑檐板	m^3	$[(11.6 + 0.6 \times 2) \times (6.5 + 0.6 \times 3) - 11.6 \times 6.5 - (11.6 + 0.6 \times 2 - 4.56) \times 0.6] \times 0.08$	2.072	
2	翻檐	m^3	$0.06 \times 0.22 \times (11.6 + 0.6 \times 2 - 0.03 \times 2 + 6.5 + 0.6 \times 3 - 0.03 \times 2) \times 2$	0.554	
3	挑檐板、翻檐合计	m^3	$2.072 + 0.554$	2.63	4-2-56
4	现场搅拌混凝土	m^3	2.63×1.015	2.67	4-4-17

【例4-28】　某现浇钢筋混凝土阳台平面与剖面示意图，如图4-83所示。混凝土强度等级为C25，混凝土为现场搅拌。计算该阳台的工程量，确定定额编号及基价。

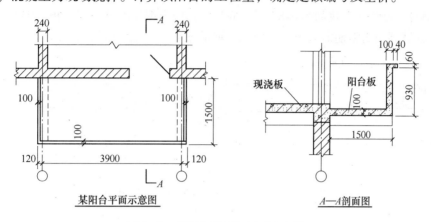

某阳台平面示意图　　　　　　　　　　　　A—A剖面图

图4-83　某阳台平面与剖面示意图

分析： 阳台、雨篷，按伸出外墙的水平投影面积计算，伸出外墙的牛腿不另计算，其嵌入墙内的梁另按梁有关规定单独计算。

解： 1）现浇混凝土阳台工程量计算过程及定额编号的确定，见表4-58。

表4-58　定额工程量计算表

序号	项目名称	单位	计算过程	工程量	定额编号
1	阳台	m²	$(3.9+0.12\times2)\times1.5$	6.21	4-2-48（换）
2	现场搅拌混凝土	m³	$1.69\times6.21\div10$	1.05	4-4-17

2）确定定额编号及基价。

① 现浇混凝土有梁式阳台，套用定额及价目表（2015）4-2-48（换）。

基价调整 = 642.44 元/10m² + (C25 单价 - C20 单价) × 消耗量系数

　　　　 = 642.44 元/10m² + (225.40 - 210.69)元/m³ × 1.69m³/10m² = 667.30 元/10m²

② 现场搅拌混凝土，套用定额与价目表（2015）4-4-17。

　　　　定额基价 = 371.23 元/10m³

（3）预制混凝土工程计算实例

【例4-29】　如图4-84所示，预制钢筋混凝土方柱60根，混凝土强度等级为C25。计算其工程量，并确定定额直接工程费。

分析： 预制混凝土工程量，均按图示尺寸以立方米计算，不扣除构件内钢筋、铁件、预应力钢筋预留孔洞及小于300mm×300mm孔洞所占的体积。

解： 预制钢筋混凝土柱工程量

$= [0.4m \times 0.4m \times 3m + (0.2m + 0.5m) \times 0.3m \div 2 \times 0.4m + 0.6m \times 0.4m \times 6.5m] \times 60 = 124.92m^3$

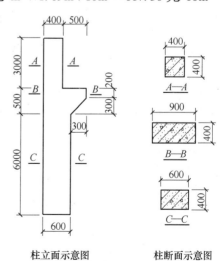

柱立面示意图　　　柱断面示意图

图4-84　预制方柱剖面与断面示意图

预制混凝土矩形柱，套定额及价目（2015）4-3-2，定额基价=2864.32元/10m³。

该工程定额直接工程费=（2864.32×124.92÷10）元=35781.09元。

【例4-30】 制作200块如图4-85所示的预制预应力钢筋混凝土圆孔板，混凝土强度等级为C30。计算预应力钢筋混凝土圆孔板和钢筋的工程量，确定定额编号。

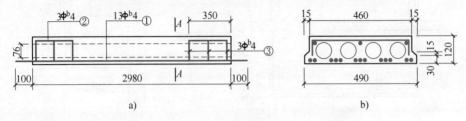

图4-85 某预应力圆孔板侧面与断面示意图
a）某预制预应力圆孔板侧面示意图 b）A—A断面图

解： 预应力钢筋混凝土圆孔板和钢筋计算过程，见表4-59。

表4-59 定额工程量计算表

序号	项目名称	单位	计 算 式	工程量	定额编号
1	预应力圆孔板	m³	$[0.46×0.12+(0.03+0.045)×0.015÷2×2-3.14×0.038^2×4]×2.98×200$	22.76	4-3-16
2	①号筋:13 ϕ^b-4	kg	$(2.98+0.1×2)×13×0.099×200$	819	4-1-60
3	②号筋:3 ϕ^b-4	kg	$(0.35-0.01)×3×2×0.099×200$	40	4-1-24
4	③号筋:3 ϕ^b-4	kg	$(0.46-0.01×2+0.1×2)×3×2×0.099×200$	76	4-2-24

课题2 钢筋及混凝土清单计量与编制

1. 工程量清单项目设置及计算规则

（1）现浇混凝土基础 现浇混凝土基础工程量清单项目设置、项目特征描述的内容、计量单位、工程量计算规则应按表4-60的规定执行。

表4-60 现浇混凝土基础（编号：010501）

项目编码	项目名称	项目特征	计量单位	工程量计算规则	工作内容
010501001	垫层				
010501002	带形基础	1. 混凝土类别 2. 混凝土强度等级			1. 模板及支撑制作、安装、拆除、堆放、运输及清理模内杂物、刷隔离剂等 2. 混凝土制作、运输、浇筑、振捣、养护
010501003	独立基础				
010501004	满堂基础		m³	按设计图示尺寸以体积计算。不扣除伸入承台基础的桩头所占体积	
010501005	桩承台基础				
010501006	设备基础	1. 混凝土类别 2. 混凝土强度等级 3. 灌浆材料、灌浆材料强度等级			

（2）现浇混凝土柱　现浇混凝土柱工程量清单项目设置、项目特征描述的内容、计量单位、工程量计算规则应按表 4-61 的规定执行。

表 4-61　现浇混凝土柱（编号：010502）

项目编码	项目名称	项目特征	计量单位	工程量计算规则	工作内容
010502001	矩形柱	1. 混凝土类别 2. 混凝土强度等级	m³	按设计图示尺寸以体积计算 柱高： 　1. 有梁板的柱高，应自柱基上表面（或楼板上表面）至上一层楼板上表面之间的高度计算 　2. 无梁板的柱高，应自柱基上表面（或楼板上表面）至柱帽下表面之间的高度计算 　3. 框架柱的柱高：应自柱基上表面至柱顶高度计算 　4. 构造柱按全高计算，嵌接墙体部分（马牙槎）并入柱身体积 　5. 依附柱上的牛腿和升板的柱帽，并入柱身体积计算	1. 模板及支架（撑）制作、安装、拆除、堆放、运输及清理模内杂物、刷隔离剂等 2. 混凝土制作、运输、浇筑、振捣、养护
010502002	构造柱				
010502003	异形柱	1. 柱形状 2. 混凝土类别 3. 混凝土强度等级			

（3）现浇混凝土梁　现浇混凝土梁工程量清单项目设置、项目特征描述的内容、计量单位、工程量计算规则应按表 4-62 的规定执行。

表 4-62　现浇混凝土梁（编号：010503）

项目编码	项目名称	项目特征	计量单位	工程量计算规则	工作内容
010503001	基础梁	1. 混凝土类别 2. 混凝土强度等级	m³	按设计图示尺寸以体积计算。伸入墙内的梁头、梁垫并入梁体积内 梁长： 　1. 梁与柱连接时，梁长算至柱侧面 　2. 主梁与次梁连接时，次梁长算至主梁侧面	1. 模板及支架（撑）制作、安装、拆除、堆放、运输及清理模内杂物、刷隔离剂等 2. 混凝土制作、运输、浇筑、振捣、养护
010503002	矩形梁				
010503003	异形梁				
010503004	圈梁				
010503005	过梁				
010503006	弧形、拱形梁	1. 混凝土类别 2. 混凝土强度等级	m³	按设计图示尺寸以体积计算。伸入墙内的梁头、梁垫并入梁体积内 梁长： 　1. 梁与柱连接时，梁长算至柱侧面 　2. 主梁与次梁连接时，次梁长算至主梁侧面	1. 模板及支架（撑）制作、安装、拆除、堆放、运输及清理模内杂物、刷隔离剂等 2. 混凝土制作、运输、浇筑、振捣、养护

（4）现浇混凝土墙　现浇混凝土墙工程量清单项目设置、项目特征描述的内容、计量单位、工程量计算规则应按表 4-63 的规定执行。

表 4-63　现浇混凝土墙（编号：010504）

项目编码	项目名称	项目特征	计量单位	工程量计算规则	工作内容
010504001	直形墙	1. 混凝土类别 2. 混凝土强度等级	m³	按设计图示尺寸以体积计算扣除门窗洞口及单个面积 > 0.3m² 的孔洞所占体积，墙垛及突出墙面部分并入墙体体积计算内	1. 模板及支架（撑）制作、安装、拆除、堆放、运输及清理模内杂物、刷隔离剂等 2. 混凝土制作、运输、浇筑、振捣、养护
010504002	弧形墙				
010504003	短肢剪力墙				
010504004	挡土墙				

（5）现浇混凝土板　现浇混凝土板工程量清单项目设置、项目特征描述的内容、计量单位、工程量计算规则应按表 4-64 的规定执行。

表 4-64　现浇混凝土板（编号：010505）

项目编码	项目名称	项目特征	计量单位	工程量计算规则	工作内容
010505001	有梁板	1. 混凝土类别 2. 混凝土强度等级	m³	按设计图示尺寸以体积计算，不扣除单个面积≤0.3m² 的柱、垛以及孔洞所占体积 压形钢板混凝土楼板扣除构件内压形钢板所占体积 有梁板（包括主、次梁与板）按梁、板体积之和计算，无梁板按板和柱帽体积之和计算，各类板伸入墙内的板头并入板体积内，薄壳板的肋、基梁并入薄壳体积内计算	1. 模板及支架（撑）制作、安装、拆除、堆放、运输及清理模内杂物、刷隔离剂等 2. 混凝土制作、运输、浇筑、振捣、养护
010505002	无梁板				
010505003	平板				
010505004	拱板				
010505005	薄壳板				
010505006	栏板				
010505007	天沟（檐沟）、挑檐板			按设计图示尺寸以体积计算	
010505008	雨篷、悬挑板、阳台板			按设计图示尺寸以墙外部分体积计算。包括伸出墙外的牛腿和雨篷反挑檐的体积	
010505009	空心板			按设计图示尺寸以体积计算。空心板（GBF 高强薄壁蜂巢芯板等）应扣除空心部分体积	
010505010	其他板			按设计图示尺寸以体积计算	

注：现浇挑檐、天沟板、雨篷、阳台与板（包括屋面板、楼板）连接时，以外墙外边线为分界线；与圈梁（包括其他梁）连接时，以梁外边线为分界线。外边线以外为挑檐、天沟、雨篷或阳台。

（6）现浇混凝土楼梯　现浇混凝土楼梯工程量清单项目设置、项目特征描述的内容、计量单位、工程量计算规则应按表 4-65 的规定执行。

表 4-65　现浇混凝土楼梯（编号：010506）

项目编码	项目名称	项目特征	计量单位	工程量计算规则	工作内容
010506001	直形楼梯	1. 混凝土类别 2. 混凝土强度等级	1. m² 2. m³	1. 以平方米计量，按设计图示尺寸以水平投影面积计算。不扣除宽度≤500mm 的楼梯井，伸入墙内部分不计算 2. 以立方米计量，按设计图示尺寸以体积计算	1. 模板及支架（撑）制作、安装、拆除、堆放、运输及清理模内杂物、刷隔离剂等 2. 混凝土制作、运输、浇筑、振捣、养护
010506002	弧形楼梯				

注：整体楼梯（包括直形楼梯、弧形楼梯）水平投影面积包括休息平台、平台梁、斜梁和楼梯的连接梁。当整体楼梯与现浇楼板无梯梁连接时，以楼梯的最后一个踏步边缘加 300mm 为界。

（7）现浇混凝土其他构件　现浇混凝土其他构件工程量清单项目设置、项目特征描述的内容、计量单位、工程量计算规则应按表 4-66 的规定执行。

表 4-66　现浇混凝土其他构件（编号：010507）

项目编码	项目名称	项目特征	计量单位	工程量计算规则	工作内容
010507001	散水、坡道	1. 垫层材料种类、厚度 2. 面层厚度 3. 混凝土类别 4. 混凝土强度等级 5. 变形缝填塞材料种类	m²	按设计图示尺寸以水平投影面积计算。不扣除单个≤0.3m² 的孔洞所占面积	1. 地基夯实 2. 铺设垫层 3. 模板及支撑制作、安装、拆除、堆放、运输及清理模内杂物、刷隔离剂等 4. 混凝土制作、运输、浇筑振捣、养护 5. 变形缝填塞
010507002	室外地坪	1. 地坪厚度 2. 混凝土强度等级			
010507003	电缆沟、地沟	1. 土壤类别 2. 沟截面净空尺寸 3. 垫层材料种类、厚度 4. 混凝土类别 5. 混凝土强度等级 6. 防护材料种类	m	按设计图示以中心线长度计算	1. 挖填、运土石方 2. 铺设垫层 3. 模板及支撑制作、安装、拆除、堆放、运输及清理模内杂物、刷隔离剂等 4. 混凝土制作、运输、浇筑、振捣、养护 5. 刷防护材料
010507004	台阶	1. 踏步高、宽 2. 混凝土种类 3. 混凝土强度等级	1. m² 2. m³	1. 以平方米计量，按设计图示尺寸水平投影面积计算 2. 以立方米计量，按设计图示尺寸以体积计算	1. 模板及支撑制作、安装、拆除、堆放、运输及清理模内杂物、刷隔离剂等 2. 混凝土制作、运输、浇筑、振捣、养护
010507005	扶手、压顶	1. 断面尺寸 2. 混凝土类别 3. 混凝土强度等级	1. m 2. m³	1. 以米计量，按设计图示的中心线延长米计算 2. 以立方米计量，按设计图示尺寸以体积计算	1. 模板及支架（撑）制作、安装、拆除、堆放、运输及清理模内杂物、刷隔离剂等 2. 混凝土制作、运输、浇筑、振捣、养护

（续）

项目编码	项目名称	项目特征	计量单位	工程量计算规则	工作内容
010507006	化粪池、检查井	1. 部位 2. 混凝土强度等级 3. 防水、抗渗要求	1. m³ 2. 座	1. 按设计图示尺寸以体积计算 2. 以座计算，按设计图示数量计算	1. 模板及支架（撑）制作、安装、拆除、堆放、运输及清理模内杂物、刷隔离剂等 2. 混凝土制作、运输、浇筑、振捣、养护
010507007	其他构件	1. 构件的类型 2. 构件规格 3. 部位 4. 混凝土类别 5. 混凝土强度等级	m³		

（8）后浇带 后浇带工程量清单项目设置、项目特征描述的内容、计量单位、工程量计算规则应按表 4-67 的规定执行。

表 4-67 后浇带（编号：010508）

项目编码	项目名称	项目特征	计量单位	工程量计算规则	工作内容
010508001	后浇带	1. 混凝土类别 2. 混凝土强度等级	m³	按设计图示尺寸以体积计算	1. 模板及支架（撑）制作、安装、拆除、堆放、运输及清理模内杂物、刷隔离剂等 2. 混凝土制作、运输、浇筑、振捣、养护及混凝土交接面、钢筋等的清理

（9）预制混凝土柱 预制混凝土柱工程量清单项目设置、项目特征描述的内容、计量单位、工程量计算规则应按表 4-68 的规定执行。

表 4-68 预制混凝土柱（编号：010509）

项目编码	项目名称	项目特征	计量单位	工程量计算规则	工作内容
010509001	矩形柱	1. 图代号 2. 单件体积 3. 安装高度 4. 混凝土强度等级 5. 砂浆（细石混凝土）强度等级、配合比	1. m³ 2. 根	1. 以立方米计量，按设计图示尺寸以体积计算 2. 以根计量，按设计图示尺寸以数量计算	1. 模板制作、安装、拆除、堆放、运输及清理模内杂物、刷隔离剂等 2. 混凝土制作、运输、浇筑、振捣、养护 3. 构件运输、安装 4. 砂浆制作、运输 5. 接头灌缝、养护
010509002	异形柱				

（10）预制混凝土梁 预制混凝土梁工程量清单项目设置、项目特征描述的内容、计量单位、工程量计算规则应按表 4-69 的规定执行。

（11）预制混凝土屋架 预制混凝土屋架工程量清单项目设置、项目特征描述的内容、计量单位、工程量计算规则应按表 4-70 的规定执行。

表 4-69　预制混凝土梁（编号：010510）

项目编码	项目名称	项目特征	计量单位	工程量计算规则	工作内容
010510001	矩形梁	1. 图代号 2. 单件体积 3. 安装高度 4. 混凝土强度等级 5. 砂浆（细石混凝土）强度等级、配合比	1. m³ 2. 根	1. 以立方米计量，按设计图示尺寸以体积计算 2. 以根计量，按设计图示尺寸以数量计算	1. 模板制作、安装、拆除、堆放、运输及清理模内杂物、刷隔离剂等 2. 混凝土制作、运输、浇筑、振捣、养护 3. 构件运输、安装 4. 砂浆制作、运输 5. 接头灌缝、养护
010510002	异形梁				
010510003	过梁				
010510004	拱形梁				
010510005	鱼腹式吊车梁				
010510006	其他梁				

表 4-70　预制混凝土屋架（编号：010511）

项目编码	项目名称	项目特征	计量单位	工程量计算规则	工作内容
010511001	折线型屋架	1. 图代号 2. 单件体积 3. 安装高度 4. 混凝土强度等级 5. 砂浆强度等级、配合比	1. m³ 2. 榀	1. 以立方米计量，按设计图示尺寸以体积计算 2. 以榀计量，按设计图示尺寸以数量计算	1. 模板制作、安装、拆除、堆放、运输及清理模内杂物、刷隔离剂等 2. 混凝土制作、运输、浇筑、振捣、养护 3. 构件运输、安装 4. 砂浆制作、运输 5. 接头灌缝、养护
010511002	组合屋架				
010511003	薄腹屋架				
010511004	门式刚架屋架				
010511005	天窗架屋架				

注：1. 以榀计量，必须描述单件体积。

　　2. 三角形屋架应按本表中折线型屋架项目编码列项。

（12）预制混凝土板　预制混凝土板工程量清单项目设置、项目特征描述的内容、计量单位、工程量计算规则应按表 4-71 的规定执行。

表 4-71　预制混凝土板（编号：010512）

项目编码	项目名称	项目特征	计量单位	工程量计算规则	工作内容
010512001	平板	1. 图代号 2. 单件体积 3. 安装高度 4. 混凝土强度等级 5. 砂浆（细石混凝土）强度等级、配合比	1. m³ 2. 块	1. 以立方米计量，按设计图示尺寸以体积计算。不扣除单个面积≤300mm×300mm 的孔洞所占体积，扣除空心板空洞体积 2. 以块计量，按设计图示尺寸以数量计算	1. 模板制作、安装、拆除、堆放、运输及清理模内杂物、刷隔离剂等 2. 混凝土制作、运输、浇筑、振捣、养护 3. 构件运输、安装 4. 砂浆制作、运输 5. 接头灌缝、养护
010512002	空心板				
010512003	槽形板				
010512004	网架板				
010512005	折线板				
010512006	带肋板				
010512007	大型板				
010512008	沟盖板、井盖板、井圈	1. 单件体积 2. 安装高度 3. 混凝土强度等级 4. 砂浆强度等级、配合比	1. m³ 2. 块（套）	1. 以立方米计量，按设计图示尺寸以体积计算 2. 以块计量，按设计图示尺寸以数量计算	

（13）预制混凝土楼梯　预制混凝土楼梯工程量清单项目设置、项目特征描述的内容、计量单位、工程量计算规则应按表 4-72 的规定执行。

表 4-72 预制混凝土楼梯（编号：010513）

项目编码	项目名称	项目特征	计量单位	工程量计算规则	工作内容
010513001	楼梯	1. 楼梯类型 2. 单件体积 3. 混凝土强度等级 4. 砂浆（细石混凝土）强度等级	1. m³ 2. 块	1. 以立方米计量，按设计图示尺寸以体积计算。扣除空心踏步板空洞体积 2. 以段计量，按设计图示数量计算	1. 模板制作、安装、拆除、堆放、运输及清理模内杂物、刷隔离剂等 2. 混凝土制作、运输、浇筑、振捣、养护 3. 构件运输、安装 4. 砂浆制作、运输 5. 接头灌缝、养护

（14）其他预制构件　其他预制构件工程量清单项目设置、项目特征描述的内容、计量单位、工程量计算规则应按表 4-73 的规定执行。

表 4-73 其他预制构件（编号：010514）

项目编码	项目名称	项目特征	计量单位	工程量计算规则	工作内容
010514001	垃圾道、通风道、烟道	1. 单件体积 2. 混凝土强度等级 3. 砂浆强度等级	1. m³ 2. m² 3. 根 （块）	1. 以立方米计量，按设计图示尺寸以体积计算。不扣除单个面积≤300mm×300mm 的孔洞所占体积，扣除烟道、垃圾道、通风道的孔洞所占体积 2. 以平方米计量，按设计图示尺寸以面积计算。不扣除单个面积≤300mm×300mm 的孔洞所占面积 3. 以根计量，按设计图示尺寸以数量计算	1. 模板制作、安装、拆除、堆放、运输及清理模内杂物、刷隔离剂等 2. 混凝土制作、运输、浇筑、振捣、养护 3. 构件运输、安装 4. 砂浆制作、运输 5. 接头灌缝、养护
010514002	其他构件	1. 单件体积 2. 构件的类型 3. 混凝土强度等级 4. 砂浆强度等级			

注：1. 以块、根计量，必须描述单件体积。
　　2. 预制钢筋混凝土小型池槽、压顶、扶手、垫块、隔热板、花格等，按本表中其他构件项目编码列项。

（15）钢筋工程　钢筋工程工程量清单项目设置、项目特征描述的内容、计量单位、工程量计算规则应按表 4-74 的规定执行。

表 4-74 钢筋工程（编号：010515）

项目编码	项目名称	项目特征	计量单位	工程量计算规则	工作内容
010515001	现浇构件钢筋				1. 钢筋制作、运输 2. 钢筋安装 3. 焊接（绑扎）
010515002	预制构件钢筋	钢筋种类、规格	t	按设计图示钢筋（网）长度（面积）乘单位理论质量计算	
010515003	钢筋网片				1. 钢筋网制作、运输 2. 钢筋网安装 3. 焊接（绑扎）
010515004	钢筋笼				1. 钢筋笼制作、运输 2. 钢筋笼安装 3. 焊接（绑扎）

（续）

项目编码	项目名称	项目特征	计量单位	工程量计算规则	工作内容
010515005	先张法预应力钢筋	1. 钢筋种类、规格 2. 锚具种类		按设计图示钢筋长度乘单位理论质量计算	1. 钢筋制作、运输 2. 钢筋张拉
010515006	后张法预应力钢筋	1. 钢筋种类、规格 2. 钢丝种类、规格 3. 钢绞线种类、规格 4. 锚具种类 5. 砂浆强度等级	t	按设计图示钢筋（丝束、绞线）长度乘单位理论质量计算 1. 低合金钢筋两端均采用螺杆锚具时，钢筋长度按孔道长度减0.35m计算，螺杆另行计算 2. 低合金钢筋一端采用镦头插片，另一端采用螺杆锚具时，钢筋长度按孔道长度计算，螺杆另行计算 3. 低合金钢筋一端采用镦头插片，另一端采用帮条锚具时，钢筋增加0.15m计算；两端均采用帮条锚具时，钢筋长度按孔道长度增加0.3m计算 4. 低合金钢筋采用后张混凝土自锚时，钢筋长度按孔道长度增加0.35m计算 5. 低合金钢筋（钢绞线）采用JM、XM、QM型锚具，孔道长度≤20m时，钢筋长度增加1m计算，孔道长度>20m时，钢筋长度增加1.8m计算 6. 碳素钢丝采用锥形锚具，孔道长度≤20m时，钢丝束长度按孔道长度增加1m计算，孔道长度>20m时，钢丝束长度按孔道长度增加1.8m计算 7. 碳素钢丝采用镦头锚具时，钢丝束长度按孔道长度增加0.35m计算	1. 钢筋、钢丝、钢绞线制作、运输 2. 钢筋、钢丝、钢绞线安装 3. 预埋管孔道铺设 4. 锚具安装 5. 砂浆制作、运输 6. 孔道压浆、养护
010515007	预应力钢丝				
010515008	预应力钢绞线				
010515009	支撑钢筋（铁马）	1. 钢筋种类 2. 规格		按钢筋长度乘单位理论质量计算	钢筋制作、焊接、安装
010515010	声测管	1. 材质 2. 规格型号		按设计图示尺寸以质量计算	1. 检测管截断、封头 2. 套管制作、焊接 3. 定位、固定

注：1. 现浇构件中伸出构件的锚固钢筋应并入钢筋工程量内。除设计（包括规范规定）标明的搭接外，其他施工搭接不计算工程量，在综合单价中综合考虑。

2. 现浇构件中固定位置的支撑钢筋、双层钢筋用的"铁马"在编制工程量清单时，其工程数量可为暂估量，结算时按现场签证数量计算。

（16）螺栓、铁件　螺栓、铁件工程量清单项目设置、项目特征描述的内容、计量单位、工程量计算规则应按表4-75的规定执行。

表 4-75　螺栓、铁件（编号：010516）

项目编码	项目名称	项目特征	计量单位	工程量计算规则	工作内容
010516001	螺栓	1. 螺栓种类 2. 规格	t	按设计图示尺寸以质量计算	1. 螺栓、铁件制作、运输 2. 螺栓、铁件安装
010516002	预埋铁件	1. 钢材种类 2. 规格 3. 铁件尺寸			
010516003	机械连接	1. 连接方式 2. 螺纹套筒种类 3. 规格	个	按数量计算	1. 钢筋套丝 2. 套筒连接

注：编制工程量清单时，其工程数量可为暂估量，实际工程量按现场签证数量计算。

2. 工程量清单编制典型案例

（1）**案例描述**　某工程钢筋混凝土框架（KJ₁）2 根，尺寸如图 4-86 所示，混凝土强度等级，柱为 C40，梁为 C30，混凝土采用泵送商品混凝土，由施工企业自行采购，根据招标文件要求，现浇混凝土构件实体项目包含模板工程。

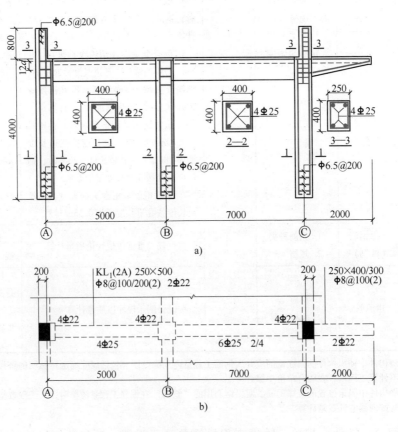

图 4-86　某框架 KJ₁ 示意图

a) KJ₁ 剖面示意图　b) KL₁ 平法示意图

（2）问题 根据以上背景资料及现行国家标准《建设工程工程量清单计价规范》（GB 50500—2013）、《房屋建筑与装饰工程工程量计算规范》（GB 50854—2013），试列出该钢筋混凝土框架（KJ$_1$）柱、梁的分部分项工程量清单。

分析：现浇钢筋混凝土框架柱、框架梁，均按设计图示尺寸以体积计算。需注意两点：①框架柱不同截面，应分别确定框架柱高度，各段体积合并计算；②框架梁不同截面，应分别确定框架梁的长度，各段体积合并计算，并注意变截面框架梁的计算方法。

解：框架（KJ$_1$）柱、梁的工程量计算过程，见表4-76、表4-77。

表 4-76 清单工程量计算表

序号	清单项目编号	清单项目名称	计量单位	计 算 式	工程量合计
1	010502001001	矩形柱	m^3	$(0.4 \times 0.4 \times 4 \times 3 + 0.25 \times 0.4 \times 0.8 \times 2) \times 2$	4.16
2	010503001001	矩形梁	m^3	$V_1 = (4.6 \times 0.25 \times 0.5 + 6.6 \times 0.25 \times 0.50) \times 2$ $= 2.8$ $V_2 = 1.8 \div 3 \times (0.4 \times 0.25 + 0.25 \times 0.3 + \sqrt{0.4 \times 0.25 \times 0.25 \times 0.3}) \times 2 = 1.8 \div 3 \times (0.1 + 0.075 + 0.087) \times 2 = 0.31$ $V = V_1 + V_2 = 2.8 + 0.31 = 3.11$	3.11

注：根据规范规定，梁与柱连接时，梁长算至柱侧面；不扣除构件内钢筋所占体积。

表 4-77 分部分项工程和单价措施项目清单与计价表

序号	项目编码	项目名称	项目特征描述	计量单位	工程量	金额/元	
						综合单价	合价
1	010502001001	矩形柱	1. 混凝土种类：商品混凝土 2. 混凝土强度等级：C40	m^3	4.16		
2	010503001001	矩形梁	1. 混凝土种类：商品混凝土 2. 混凝土强度等级：C30	m^3	3.11		

知识回顾

1. 本单元主要分项工程定额与清单两种计量方法的比较，见表4-78。

表 4-78 钢筋及混凝土工程主要分项工程量计算规则对比

项目名称	定额工程量计算规则	清单工程量计算规则
现浇混凝土	基本规定：按图示尺寸以 m^3 计算。不扣除钢筋、预埋件及墙、板中 0.3m^2 以内的孔洞所占体积	清单与定额基本相同
	（1）基础：以 m^3 计算，注意基础的分类	清单与定额基本相同
	（2）柱：按体积计算，重点是确定柱高。注意：有梁板、无梁板、框架柱、构造柱等柱高的界限	清单与定额基本相同

（续）

项目名称	定额工程量计算规则	清单工程量计算规则
现浇混凝土	（3）梁：以 m³ 计算，重点是确定梁长、梁高。注意：梁柱整浇时，断梁不断柱；主次梁整浇时，断次梁不断主梁；梁头梁垫并入梁内计算；过梁与圈梁连接时，分开计算	清单与定额基本相同
	（4）板：以 m³ 计算，注意：有梁板，梁板体积合并计算；无梁板，板、柱帽体积合并计算	清单与定额基本相同
	（5）墙：以 m³ 计算。墙体分直形墙、弧形墙、电梯井壁、大钢模板墙、轻型框剪墙等	清单与定额基本相同
	（6）楼梯：以水平投影面积计算，宽度不大于500mm 的楼梯井面积不扣除	清单与定额基本相同
	（7）雨篷、阳台：按伸出外墙的水平投影面积计算，伸出外墙的牛腿不另计算	以墙外部分体积计算。包括伸出墙外的牛腿和雨篷反挑檐的体积
	（8）后浇带：按设计图示尺寸以 m³ 计算	清单与定额相同
预制混凝土	预制混凝土工程量：均按图示尺寸以 m³ 计算，不扣除构件内钢筋、铁件、预应力钢筋预留孔洞及小于300mm×30mm 孔洞所占的体积	1. 计量单位：m³、根、块、榀等 2. 预制板：以立方米计量，不扣除单个面积≤300mm×30mm 的孔洞所占体积，扣除空心板空洞体积
钢筋	按设计图示钢筋长度乘单位理论质量，以 t 计算	清单与定额基本相同

2. 定额计价以直接工程费的计算为计算基础；清单计价以综合单价的计算为计算基础。

检查测试

一、填空题

1. 混凝土按搅拌场地分为＿＿＿＿＿混凝土和＿＿＿＿＿混凝土。

2. 小型混凝土构件，指＿＿＿＿＿体积在＿＿＿＿＿ m³ 以内的定额未列项目。

3. 圈梁与构造柱连接时，圈梁长度算至构造柱＿＿＿＿＿。构造柱有马牙槎时，圈梁长度算至构造柱＿＿＿＿＿的侧面。

4. 钢筋工程量 = ＿＿＿＿＿×单位理论质量。

5. 钢筋末端为半圆弯钩时，每个弯钩的增加长度应为＿＿＿＿＿d，弯钩平直段长度不应小于＿＿＿＿＿d。

6. 矩形梁、柱的箍筋应按箍筋＿＿＿＿＿计算，即按箍筋图示＿＿＿＿＿计算。

7. 保护层厚度，是指＿＿＿＿＿钢筋外边缘至混凝土表面的距离，适用于设计使用年限为_____年的混凝土结构。若某梁的混凝土强度等级为 C25，其保护层最小厚度应为_____mm。

8. 根据《房屋建筑与装饰工程工程量计算规范》（GB 50854—2013），"雨篷、悬挑板、阳台板"的工程量，按设计图示尺寸以墙外部分_____计算。包括伸出墙外的_____和雨篷_____的体积。

二、某建筑物基础平面与基础断面示意图，如图 4-87 所示。混凝土强度等级为 C25，混凝土为现场搅拌。试计算该混凝土基础的工程量及直接工程费。

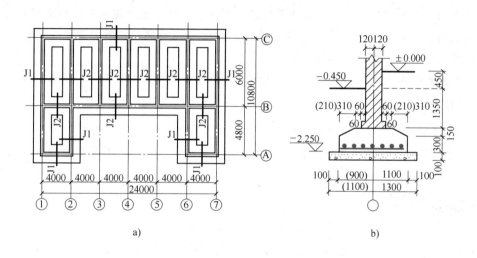

图 4-87　某基础平面与基础断面示意图
a）基础平面图　b）（J1）J2 基础断面图

三、某现浇钢筋混凝土异形梁 5 根，如图 4-88 所示，混凝土强度等级 C25，混凝土保护层厚度为 25mm。计算钢筋工程量，确定定额编号。

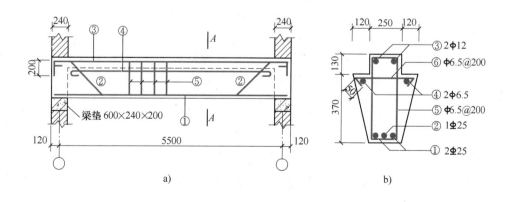

图 4-88　某现浇钢筋混凝土花篮梁剖面与断面示意图
a）梁纵剖面图　b）A—A 断面图

单元 13　门窗及木结构工程

单元描述

　　门和窗是建筑物中的围护构件。门在建筑中的作用主要是交通联系，并兼有采光、通风之用途，窗的作用主要是采光和通风。门、窗种类繁多，按门、窗所用材料可分为木、钢、铝合金、玻璃、塑料、钢筋混凝土门窗等；按开启方向，门可分为平开门、推拉门、转门、折叠门、卷门、自动门等，窗可分为平开窗、推拉窗、悬窗、固定窗等；按镶嵌材料可以将门分为镶板门、拼板门、纤维板门、胶合板门、百叶门、玻璃门、纱门等，窗可分为玻璃窗、百叶窗、纱窗、防火窗、保温窗等。

　　本单元主要介绍门窗及木结构工程中主要分项工程的定额计量与计价、清单计量与编制。

学习目标

　　1. 熟悉门窗及木结构工程定额与清单两种计量方法的工程量计算规则。

　　2. 能用两种计算方法，对门窗及木结构工程中主要分项工程进行定额计量与计价、清单计量与编制。

工作任务

　　1. 门、窗及木结构工程中主要分项工程的定额计量与计价。

　　2. 门、窗及木结构工程中主要分项工程的清单计量与编制。

相关知识

课题 1　门窗及木结构工程定额计量与计价

1. 定额编制说明与综合解释

（1）定额编制说明

1）本单元定额包括木门窗、金属门窗、塑料门窗、木结构等内容。

2）本单元定额是按机械和手工操作综合编制的。不论实际采用何种操作方法，均按本单元定额执行。

3）木材木种均以一、二类木种为准，如采用三、四类木种时，分别乘以下列系数：木门窗制作，按相应项目人工和机械乘以系数 1.3；木门窗安装，按相应项目人工和机械乘以系数 1.35。

4）木材木种分类如下。

一类：红松、水桐木、樟子松。

二类：白松（方杉、冷杉）、杉木、杨木、柳木、椴木。

三类：青松、黄花松、秋子木、马尾松、东北榆木、柏木、苦木、梓木、黄菠萝、椿木、楠木、柚木、樟木。

四类：栎木（柞木）、檀木、色木、槐木、荔木、麻栗木、桦木、荷木、水曲柳、华北榆木。

5）定额中木材，是以自然干燥条件下的含水率编制的，需人工干燥时，另行计算。即定额中不包括木材的人工干燥费，需要人工干燥时，其费用另计，干燥费用包括干燥时发生的人工费、燃料费、设备费及干燥损耗。其费用可列入木材价格内。

6）定额木结构中的木材消耗量均包括后备长度及刨光损耗，使用时不再调整。

知识拓展

后备长度是指木结构制作时多备了一定的长度，在安装时根据需要锯短一点，这种长度称为后备长度。如，屋架的后备长度，如图 4-91 所示。

7）定额木门框、扇制作、安装项目中的木材消耗量，均按山东省建筑标准设计《木门》（L92J601）所示木料断面计算，使用时不再调整。木窗木材用量已综合考虑，使用时不再调整。

8）定额中木门扇制作、安装项目中均不包括纱扇、纱亮内容，纱扇、纱亮按相应定额项目另行计算。

9）定额木门窗框、扇制作项目中包括刷底油一遍。如框扇不刷底油者，扣除相应项目内清油和油漆溶剂油用量。

10）成品门扇安装子目工作内容未包括刷油漆，油漆按相应定额项目规定计算。

11）木门窗不论现场或附属加工厂制作，均执行定额。现场以外至安装地点的水平运输另行计算。

12）玻璃厚度、颜色，设计与定额不同时可以换算，消耗量不变。

13）成品门窗安装项目中，门窗附件按包含在成品门窗单价内考虑；铝合金门窗制作、安装项目中未含五金配件，五金配件按本项目门窗配件选用。

14）铝合金门窗制作型材按国标 92SJ 编制，其中地弹门采用 100 系列；平开门、平开窗采用 70 系列；推拉窗、固定窗采用 90 系列。如实际采用的型材断面及厚度与定额不同，可按设计图示尺寸乘以线密度加 5% 损耗调整。

15）定额门窗配件是按标准图用量计算的，配件的安装用工已包括在各相应子目内，不再另行计算。设计门窗配件与定额不同时可以换算。

（2）定额综合解释

1）木门框安装、铝合金门窗安装子目，定额按后塞框编制，实际施工中，无论先立框、后塞框，均执行定额。

2）镶木板门、玻璃镶板门、半截玻璃镶板门（图 4-89），按如下区分。

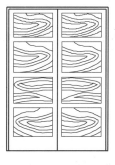　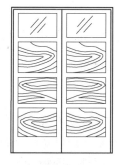　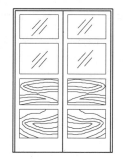

镶木板门　　　　玻璃镶板门　　　　半截玻璃镶板门

图 4-89　镶木板门、玻璃镶板门、半截玻璃镶板门立面图

镶木板门：门芯板为薄木板，并镶进门边和冒头的槽内。

玻璃镶板门：镶玻璃部分的门扇高度在门扇总高度的 1/3 以内，其余镶木板。

半截玻璃镶板门：门扇下部镶木板、上部镶玻璃，且镶玻璃部分的门扇高度在门扇总高度 1/3 以上。

3）木门窗子目中，均不包括披水条、盖口条。设计需要时，执行《山东省建筑工程消耗量定额—综合解释》（2004 年）［以下简称《综合解释》（2004 年）］"补充定额子目 5 - 3 - 83、5 - 3 - 84"。其工程量，按设计图示尺寸，以延长米计算。

知识拓展

披水条：是指为了防止雨水进入室内而钉在门、窗靠地面或窗扇下冒头处的木板条。

盖口条：又称护口条，是指设置在两扇中间缝隙处，为防风、砂、雨水进入室内窗内的板条。

4）冷藏库门、冷藏冻结间门子目中，不包括门樘制作、安装。设计需要时，执行《综合解释》（2004 年）"补充定额子目 5 - 2 - 40、5 - 2 - 41"。其工程量，按图示洞口面积，以平方米计算。

5）钢门窗安装子目，定额按成品安装编制，成品内包括五金配件及铁脚，不包括安装玻璃的工料。设计需要玻璃时，另按定额 5 - 4 - 15 子目的相应规定计算。

6）现场制作、安装的各种门窗，已计入五金配件的安装用工，但不包括五金配件的材料用量。五金配件的材料用量，另按定额相应规定计算，其种类和用量，设计与定额不同时，可以换算。普通执手门锁安装，另按定额 5 - 1 - 110 子目的相应规定计算。

7）木门窗制作子目中，均包括制作工序的防护性底油一遍，设计文件规定的木门窗油漆，另按《山东省建筑工程消耗量定额》第九章第四节的相应规定计算。

8）塑钢门窗安装，执行塑料门窗安装子目。

9）现场制作的木结构，不论采用何种木材，均按定额执行。

10）钢木屋架的工程量，按设计尺寸，只计算木杆件的材积量。附属于屋架的垫木等已并入屋架子目内，不另行计算；与屋架相连的挑檐木，另按木檩条子目的相应规定计算。钢杆件的用量已包括在子目内，设计与定额不同时，可以调整，其他不变（钢杆件的损耗率为 6%）。

11）木屋面板的厚度，设计与定额不同时，木板材用量可以调整，其他不变（木板材的损耗率平口为 4.4%，错口为 13%）。

12）封檐板、博风板，定额按板厚 25mm 编制，设计与定额不同时，木板材用量可以调整，其他不变（木板材的损耗率为 23%）。

2. 工程量计算规则

（1）各类门、窗

1）各类门窗制作、安装工程量，除注明者外，均按图示门窗洞口面积计算。

$$门窗工程量 = 洞口宽度 \times 洞口高度$$

2）木门扇设计有纱扇者，纱扇按扇外围面积计算，套用相应定额。

3）普通窗上部带有半圆窗者，工程量按半圆窗和普通窗分别计算（半圆窗的工程量以普通窗和半圆窗之间的横框上面的裁口线为分界线）。

4）门连窗按门窗洞口面积之和计算，如图4-90所示。

$$门连窗工程量 = 门洞宽度 \times 门洞高度 + 窗洞宽度 \times 窗洞高度$$

5）普通木窗设计有纱扇时，纱扇按扇外围面积计算，套用纱窗扇定额。

6）门窗框包镀锌薄钢板、钉橡皮条、钉毛毡，按图示门窗洞口尺寸以延长米计算；门窗扇包镀锌薄钢板，按图示门窗洞口面积计算；门扇包铝合金、铜踢脚板，按图示设计面积计算。

7）密闭钢门、厂库房钢大门、钢折叠门、射线防护门、钢制防火门、变压器室门、钢防盗门等安装项目均按扇外围面积计算。

8）铝合金门窗制作、安装（包括成品安装），设计有纱扇时，纱扇按扇外围面积计算，套用相应定额。

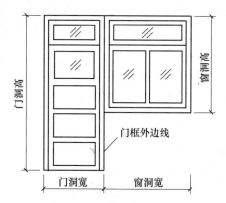

图4-90 木门连窗立面示意图

9）铝合金卷闸门安装，按洞口高度增加600mm乘以门实际宽度以平方米计算。电动装置安装以套计算，小门安装以个计算。

$$卷闸门安装工程量 = 卷闸门宽度 \times (洞口高度 + 0.60m)$$

10）型钢附框安装，按图示构件钢材质量以吨计算。

（2）屋架及其他

1）钢木屋架，按竣工木料以立方米计算。其后备长度及配置损耗已包括在定额内，不另计算。

 知识拓展

> 钢木屋架，是指用木料和钢材混合制成的屋架。一般受压杆件（如上弦）用木材制成，受拉杆件（如下弦）用钢材制成，如图4-91所示。竣工木料是指已加工完成的结构构件的木料体积。

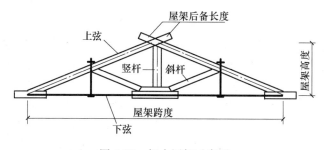

图4-91 钢木屋架示意图

2）屋架的制作安装应区别不同跨度，其跨度以屋架上下弦杆的中心线交点之间的长度为准。

3）带气楼屋架的气楼部分及马尾、折角和正交部分半屋架，并入相连接屋架的体积内计算，如图 4-92 所示。

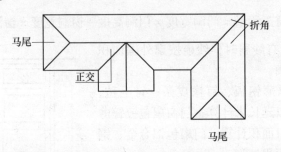

图 4-92 屋架上的马尾、折角、正交部分示意图

知识拓展

①屋架上的马尾，是指四坡排水屋顶建筑物的两端屋面的端头坡面部位。②折角，是构成 L 形的坡屋顶建筑横向和竖向相交的部位。③正交部分，是指丁字形的坡屋顶建筑横向和竖向相交的部位。

4）支撑屋架的混凝土垫块，按混凝土及钢筋混凝土中有关项目定额计算。

5）檩木，按竣工木料以立方米计算。檩垫木或钉在屋架上的檩托木已包括在定额内，不另计算。简支檩长度按设计规定计算，如设计未规定者，按屋架或山墙中距增加 200mm 计算，如两端出山，檩条长度算至博风板；连续檩长度按设计长度计算，其接头长度按全部连续檩的总体积增加 5% 计算。

6）屋面板制作、檩木上钉屋面板、油毡挂瓦条、钉椽板项目，按屋面的斜面积计算。天窗挑檐重叠部分按设计规定计算，屋面烟囱及斜沟部分所占面积不扣除。

屋面斜面积 = 屋面水平投影面积 × 延尺系数（延尺系数见单元 14 定额工程量规则）

7）封檐板按图示檐口外围长度计算，博风板按斜长度计算，每个大刀头增加长度 500mm。

$$封檐板工程量 = 屋面水平投影长度 × 檐板数量$$

$$博风板工程量 = （山尖屋面水平投影长度 × 屋面坡度系数 + 0.5m × 2）× 山墙端数$$

3. 计算实例

（1）木门、窗

【例 4-31】 某住宅镶木板门 45 樘，带纱门扇，洞口尺寸如图 4-93 所示，刷底油一遍。计算带纱镶木板门制作、安装、门锁及附件工程量，确定定额编号。

分析： 各类门窗制作、安装工程量，除注明者外，均按图示门窗洞口面积计算。定额中木门、木窗项目，都是按框制作、安装，扇制作、安装分别列项的。所以，木门、木窗，要按门框、门扇、窗框、窗扇、制作并分别计量、分别套用相应定额。纱扇、纱上亮均按扇外围面积计算，其制作安装，仍要分别套用相应定额。

解： 各分项工程量计算过程，见表 4-79。

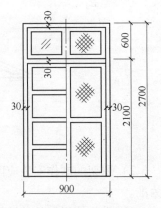

图 4-93 带纱镶木板门示意图

表 4-79　定额工程量计算表

序号	项目名称	单位	计 算 式	工程量	定额编号
1	镶木板门框制作安装	m²	0.90 × 2.70 × 45	109.35	5 - 1 - 1（制作）
					5 - 1 - 2（安装）
2	镶木板门扇制作安装	m²	0.90 × 2.70 × 45	109.35	5 - 1 - 33（制作）
					5 - 1 - 34（安装）
3	纱门扇制作安装	m²	(0.90 - 0.03 × 2) × (2.10 - 0.03) × 45	78.25	5 - 1 - 103（制作）
					5 - 1 - 104（安装）
4	纱上亮扇制作安装	m²	(0.90 - 0.03 × 2) × (0.60 - 0.03) × 45	21.55	5 - 1 - 105（制作）
					5 - 1 - 106（安装）
5	普通门锁安装	把	45	45	5 - 1 - 110
6	镶木板门配件	樘	45	45	5 - 9 - 1（换）
7	纱门扇配件	扇	45	45	5 - 9 - 14
8	纱上亮配件	扇	90	90	5 - 9 - 15

 注意！

根据《山东省建筑工程消耗量定额》上册，第 265 页倒数第一行，"若门窗上安装门锁，则应减去插销 150mm 及木螺钉（M4 × 20，80 个/10 樘）。"

5 - 9 - 1（换），调整后基价 = (358.76 - 10 × 1.90 - 0.80 × 3.90)元/10 樘 = 336.64 元/10 樘

【例 4-32】　某商店，采用全玻璃自由门，不带纱扇，如图 4-94 所示。木材为水曲柳，不刷底油，共 10 樘。计算全玻璃自由门的制作、安装工程量和人工、材料、机械数量及直接工程费。

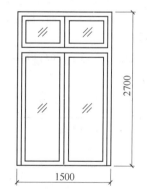

图 4-94　全玻璃自由门示意图

分析：各类门窗制作、安装工程量，除注明者外，均按图示门窗洞口面积计算。计算时，还应注意以下几点：①本项目定额木材木种均以一、二类木种为准，如采用三、四类木种时，分别乘以下列系数：木门窗制作，按相应项目人工和机械乘以系数 1.3；木门窗安装，按相应项目人工和机械乘以系数 1.35；本工程水曲柳为四类木种。②定额中木门窗框、扇制作项目中包括刷底油一遍。如框扇不刷底油者，扣除相应项目内清油和油漆溶剂油用量。因此，本题的难点是将定额价目表的基价进行调整。

解：1）各分项工程量计算过程及定额编号的确定，见表 4-80。

表 4-80　定额工程量计算表

序号	项目名称	单位	计　算　式	工程量	定额编号
1	全玻自由门框制作安装	m²	1.50×2.70×10	40.50	5-1-19（换）（制作）
					5-1-20（换）（安装）
2	全玻自由门扇制作安装	m²	1.50×2.70×10	40.50	5-1-93（换）（制作）
					5-1-94（换）（安装）

2）根据《山东省建筑工程价目表》（2015 年），进行基价调整，见表 4-81。

表 4-81　定额工程量计算表

序号	定额编号	调整前基价/(元/10m²)	基价调整计算式	调整后基价/(元/10m²)
1	5-1-19（换）	447.01	447.01+（47.88+4.87）×0.3-0.046×14.5-0.027×3.6	462.08
2	5-1-20（换）	119.15	119.15+（72.2+0.14）×0.35	144.47
3	5-1-93（换）	809.53	809.53+（168.72+8.02）×0.3-0.129×14.5-0.074×3.6	860.42
4	5-1-94（换）	240.11	240.11+121.60×0.35	282.67

3）计算直接工程费。

本工程直接工程费 =（462.08+144.47+860.42+282.67）元/10m²×40.5m²÷10

= 7086.04 元

【例 4-33】　某教室木质门连窗，不带纱扇，刷底油一遍，门上安装普通门锁，共 12 樘，设计洞口尺寸如图 4-95 所示，计算该门连窗制作、安装、门锁及门窗配件工程量，确定定额编号。

分析：门连窗按门窗洞口面积之和计算。套用定额时，需注意：①制作中是否刷油；②按窗扇数量应用定额；③门上安装普通门锁时，定额基价要进行调整；其他同前。

解：各分项工程量计算过程及定额编号的确定，见表 4-82。

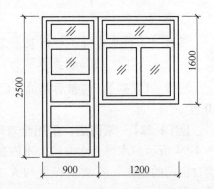

图 4-95　某木质门连窗立面示意图

表 4-82　定额工程量计算表

序号	项目名称	单位	计　算　式	工程量	定额编号
1	门连窗框制作安装	m²	(0.90×2.50+1.2×1.6)×12	50.04	5-1-31（制作）
					5-1-32（安装）
2	门连窗扇制作安装	m²	(0.90×2.50+1.2×1.6)×12	109.35	5-1-99（制作）
					5-1-100（安装）
3	门连窗普通门锁安装	把	12	12	5-1-110
4	门连窗配件	樘	12	12	5-9-12（换）

5-9-12（换），基价调整 = 709.12 元/10 樘 - 10 个 × 1.90 元/个 - 0.8 百个 × 3.9 元/百个 = 687.00 元/10 樘

【例4-34】　某卫生间胶合板门，每扇均安装通风小百叶，刷底油一遍，共45樘，设计尺寸如图4-96所示。计算带小百叶胶合板门制作安装工程量，确定定额编号。

分析：各类门窗制作、安装工程量，除注明者外，均按图示门窗洞口面积计算。根据《山东省建筑工程消耗量定额》上册第211页框表下面"注：镶木板门安装小百叶时，扣除相应定额子目制作部分木薄板 0.0191m³，门窗材 0.0071m³；胶合板（纤维板）门安装小百叶时，扣除相应定额子目胶合板（纤维板）0.82m²、门窗材 0.0117m³"。

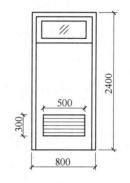

图4-96　某胶合板门立面示意图

解：各分项工程量计算过程及定额项目的编号，见表4-83。

表4-83　定额工程量计算表

序号	项目名称	单位	计　算　式	工程量	定额编号
1	胶合板门框制作安装	m²	0.80 × 2.40 × 45	86.40	5-1-9（制作）
					5-1-10（安装）
2	胶合板门扇制作安装	m²	0.80 × 2.40 × 45	86.40	5-1-73（换）（制作）
					5-1-74（安装）
3	胶合板门门扇安装	m²	0.80 × 2.40 × 45	86.40	5-1-109

表中：无纱胶合板门扇（单扇带亮）制作，5-1-73（换）。

基价调整 = 1433.69 元/10m² - 0.82m² × 47.79 元/m² - 0.0117m³ × 2170 元/m³

= 1369.11 元/10m²

【例4-35】　某咖啡馆，设计有矩形窗上部带半圆形上亮玻璃窗，共2樘，制作时刷底油一遍，设计洞口尺寸如图4-97所示。计算该咖啡馆窗制作安装工程量，确定定额编号。

分析：定额工程量计算规则规定，普通窗上部带有半圆窗者，工程量按半圆窗和普通窗分别计算（半圆窗的工程量以普通窗和半圆窗之间的横框上面的裁口线为分界线），因此，本题应按矩形窗、半圆窗的计算规则分别计算其工程量，套用定额相应项目。

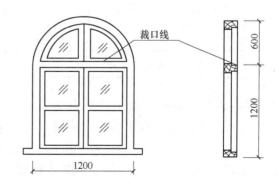

图4-97　某矩形窗上部带有半圆形玻璃窗立面示意图

解：各分项工程量计算过程及定额编号的确定，见表4-84。

表 4-84　定额工程量计算表

序号	项目名称	单位	计　算　式	工程量	定额编号
1	半圆形玻璃窗框制作安装	m²	$3.14 \times 0.60^2 \div 2 \times 2$	1.13	5－3－59（制作） 5－3－60（安装）
2	半圆形玻璃窗扇制作安装	m²	$3.14 \times 0.60^2 \div 2 \times 2$	1.13	5－3－61（制作） 5－3－62（安装）
3	矩形玻璃窗框制作安装	m²	$1.20 \times 1.20 \times 2$	2.88	5－3－5 5－3－6
4	矩形玻璃窗扇制作安装	m²	$1.20 \times 1.20 \times 2$	2.88	5－3－7 5－3－8

（2）金属门、窗

【例 4-36】　某工程铝合金门连窗，如图 4-98 所示。门为平开门，窗为推拉窗，共 30 樘，计算铝合金门连窗制作、安装工程量，确定定额编号。

分析：各类门窗制作、安装工程量，除注明者外，均按图示门窗洞口面积计算。铝合金门连窗，门和窗应分别计算，分别套用相应定额。

解：铝合金门连窗计算过程及定额编号的确定，见表 4-85。

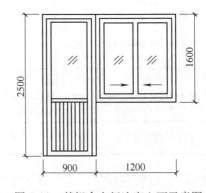

图 4-98　某铝合金门连窗立面示意图

表 4-85　定额工程量计算表

序号	项目名称	单位	计　算　式	工程量	定额编号
1	铝合金平开门制作安装	m²	$0.90 \times 2.50 \times 30$	67.50	5－5－23（制作安装）
2	铝合金推拉窗制作安装	m²	$1.20 \times 1.60 \times 30$	57.60	5－5－29（制作安装）

【例 4-37】　某宿舍楼工程铝合金推拉窗，如图 4-99 所示，共 80 樘。双扇推拉窗采用 6mm 平板玻璃，一侧带纱扇，尺寸为 860mm × 1150mm。计算铝合金推拉窗制作、安装及配件工程量，确定定额编号。

解：铝合金推拉窗制作、安装及配件工程量，见表 4-86。

因为定额子目 5－5－29 材料一栏中，"平板玻璃厚度为 5mm"，与设计要求"双扇推拉窗采用 6mm 平板玻璃"不同，因此，必须将定额子目 5－5－29 进行换算。

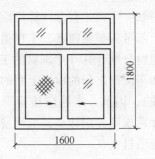

图 4-99　某铝合金推拉窗立面示意图

表 4-86　定额工程量计算表

序号	项目名称	单位	计　算　式	工程量	定额编号
1	铝合金推拉窗制作安装	m²	1.60 × 1.80 × 80	230.40	5 – 5 – 29（换）（制作安装）
2	铝合金窗纱窗制作安装	m²	0.86 × 1.15 × 80	79.12	5 – 5 – 36（制作安装）
3	铝合金推拉窗配件	樘	80	80	5 – 9 – 49

$$5-5-29（换），基价调整 = 3347.26\ 元/10m^2 + （28.80 - 20.90）元/m^2 × 9.315$$
$$= 3420.85\ 元/10m^2$$

图 4-100　铝合金卷闸门立面示意图

【例 4-38】　某住宅车库，安装嵌入式铝合金卷闸门 5 个，电动卷闸，带活动小门，设计尺寸如图 4-100 所示，计算其工程量，确定定额编号。

分析：铝合金卷闸门安装，按洞口高度增加 600mm 乘以门实际宽度以平方米计算。电动装置安装以套计算，小门安装以个计算。

解：各分项工程量计算过程及定额编号的确定，见表 4-87。

表 4-87　定额工程量计算表

序号	项目名称	单位	计　算　式	工程量	定额编号
1	铝合金卷闸门	m²	(3.00 + 0.15 × 2) × (3.00 + 0.60) × 5	59.40	5 – 5 – 9
2	电动装置	套	5	5	5 – 5 – 12
3	活动小门	个	5	5	5 – 5 – 13

（3）塑料门、窗

【例 4-39】　某宿舍楼工程需用塑钢窗（带纱扇），共 30 樘，如图 4-101 所示。计算塑钢窗安装工程量，确定定额编号。

分析：各类门窗安装工程量，除注明者外，均按图示门窗洞口面积计算。塑钢门窗安装，执行塑料门窗安装子目。

解：塑钢窗安装工程量，见表 4-88。

（4）钢木屋架

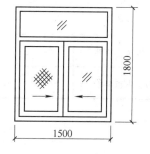

图 4-101　塑钢窗立面示意图

表 4-88　定额工程量计算表

序号	项目名称	单位	计　算　式	工程量	定额编号
1	塑钢窗（带纱扇）安装	m²	1.50 × 1.80 × 30	81.00	5 – 6 – 6

【例4-40】 某工厂仓库，设计钢木屋架如图4-102所示，共8榀，铁件刷防锈漆一遍。计算钢木屋架工程量，确定定额编号。

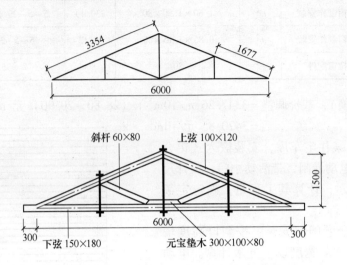

图4-102 钢木屋架示意图

分析：钢木屋架，按竣工木料以立方米计算。其后备长度及配置损耗已包括在定额内，不另计算。

解：钢木屋架工程量计算过程及定额编号的确定，见表4-89。

表4-89 定额工程量计算表

序号	项目名称	单位	计 算 式	工程量	定额编号
1	下弦杆体积	m³	0.15×0.18×6.60×8	1.426	
2	上弦杆体积	m³	0.10×0.12×3.354×2×8	0.644	
3	斜撑体积	m³	0.06×0.08×1.667×2×8	0.128	方木钢屋架（跨度15m以内）5-8-4
4	元宝垫木体积	m³	0.30×0.10×0.08×8	0.019	
5	竣工木料体积	m³	1.426+0.644+0.128+0.019	2.217	

课题2　门窗及木结构工程清单计量与编制

1. 工程量清单项目设置及计算规则

（1）门窗工程　"2013工程量计算规范"中将门分为木门、金属门、卷帘（闸）门、厂库房大门及特种门、其他门，窗分为木窗、金属窗。

1）木门。木门工程量清单项目设置、项目特征描述、计量单位及工程量计算规则应按表4-90的规定执行。

表4-90　木门（编码：010801）

项目编码	项目名称	项目特征	计量单位	工程量计算规则	工作内容
010801001	木质门	1. 门代号及洞口尺寸 2. 镶嵌玻璃品种、厚度	1. 樘 2. m²	1. 以樘计量，按设计图示数量计算 2. 以平方米计量，按设计图示洞口尺寸以面积计算	1. 门安装 2. 玻璃安装 3. 五金安装
010801002	木质门带套				
010801003	木质连窗门				
010801004	木质防火门				
010801005	木门框	1. 门代号及洞口尺寸 2. 框截面尺寸 3. 防护材料种类	1. 樘 2. m	1. 以樘计量，按设计图示数量计算 2. 以米计量，按设计图示框的中心线计算	1. 木门框制作、安装 2. 运输 3. 刷防护材料
010801006	门锁安装	1. 锁品种 2. 锁规格	个（套）	按设计图示数量计算	安装

注：1. 木质门应区分镶板木门、企口木板门、实木装饰门、胶合板门、夹板装饰门、木纱门、全玻门（带木质扇框）、木质半玻门（带木质扇框）等项目，分别编码列项。

　　2. 木门五金应包括：折页、插销、门碰珠、弓背拉手、搭机、木螺丝、弹簧折页（自动门）、管子拉手（自由门、地弹门）、地弹簧（地弹门）、角铁、门轧头（地弹门、自由门）等。

　　3. 木质门带套计量按洞口尺寸以面积计算，不包括门套的面积，但门套应计算在综合单价中。

　　4. 以樘计量，项目特征必须描述洞口尺寸；以平方米计量，项目特征可不描述洞口尺寸。

　　5. 单独制作安装木门框按木门框项目编码列项。

2）金属门。金属门工程量清单项目设置、项目特征描述、计量单位及工程量计算规则，应按表4-91的规定执行。

表4-91　金属门（编码：010802）

项目编码	项目名称	项目特征	计量单位	工程量计算规则	工作内容
010802001	金属（塑钢）门	1. 门代号及洞口尺寸 2. 门框或扇外围尺寸 3. 门框、扇材质 4. 玻璃品种、厚度	1. 樘 2. m²	1. 以樘计量，按设计图示数量计算 2. 以平方米计量，按设计图示洞口尺寸以面积计算	1. 门安装 2. 五金安装 3. 玻璃安装
010802002	彩板门	1. 门代号及洞口尺寸 2. 门框或扇外围尺寸			
010802003	钢质防火门	1. 门代号及洞口尺寸 2. 门框或扇外围尺寸 3. 门框、扇材质			1. 门安装 2. 五金安装
010802004	防盗门				

注：1. 金属门应区分金属平开门、金属推拉门、金属地弹门、全玻门（带金属扇框）、金属半玻门（带扇框）等项目，分别编码列项。

　　2. 铝合金门五金包括：地弹簧、门锁、拉手、门插、门铰、螺钉等。

　　3. 金属门五金包括L型执手插锁（双舌）、执手锁（单舌）、门轧头、地锁、防盗门机、门眼（猫眼）、门碰珠、电子锁（磁卡锁）、闭门器、装饰拉手等。

　　4. 以樘计量，项目特征必须描述洞口尺寸，没有洞口尺寸必须描述门框或扇外围尺寸，以平方米计量，项目特征可不描述洞口尺寸及框、扇的外围尺寸。

　　5. 以平方米计量，无设计图示洞口尺寸，按门框、扇外围以面积计算。

3）金属卷帘（闸）门。金属卷帘（闸）门工程量清单项目设置、项目特征描述、计量单位及工程量计算规则应按表4-92的规定执行。

表 4-92　金属卷帘（闸）门（编码：010803）

项目编码	项目名称	项目特征	计量单位	工程量计算规则	工作内容
010803001	金属卷帘（闸）门	1. 门代号及洞口尺寸 2. 门材质 3. 启动装置品种、规格	1. 樘 2. m²	1. 以樘计量，按设计图示数量计算 2. 以平方米计量，按设计图示洞口尺寸以面积计算	1. 门运输、安装 2. 启动装置、活动小门、五金安装
010803002	防火卷帘（闸）门				

注：以樘计量，项目特征必须描述洞口尺寸，以平方米计量，项目特征可不描述洞口尺寸。

4）厂库房大门、特种门。厂库房大门、特种门工程量清单项目设置、项目特征描述、计量单位及工程量计算规则应按表 4-93 的规定执行。

表 4-93　厂库房大门、特种门（编码：010804）

项目编码	项目名称	项目特征	计量单位	工程量计算规则	工作内容
010804001	木板大门	1. 门代号及洞口尺寸 2. 门框或扇外围尺寸 3. 门框、扇材质 4. 五金种类、规格 5. 防护材料种类	1. 樘 2. m²	1. 以樘计量，按设计图示数量计算 2. 以平方米计量，按设计图示洞口尺寸以面积计算	1. 门（骨架）制作、运输 2. 门、五金配件安装 3. 刷防护材料
010804002	钢木大门				
010804003	全钢板大门				
010804004	防护铁丝门			1. 以樘计量，按设计图示数量计算 2. 以平方米计量，按设计图示门框或扇以面积计算	
010804005	金属格栅门	1. 门代号及洞口尺寸 2. 门框或扇外围尺寸 3. 门框、扇材质 4. 启动装置的品种、规格		1. 以樘计量，按设计图示数量计算 2. 以平方米计量，按设计图示洞口尺寸以面积计算	1. 门安装 2. 启动装置、五金配件安装
010804006	钢质花饰大门	1. 门代号及洞口尺寸 2. 门框或扇外围尺寸 3. 门框、扇材质		1. 以樘计量，按设计图示数量计算 2. 以平方米计量，按设计图示门框或扇以面积计算	1. 门安装 2. 五金配件安装
010804007	特种门				

注：1. 特种门应区分冷藏门、冷冻间门、保温门、变电室门、隔音门、防射线门、人防门、金库门等项目，分别编码列项。

　　2. 以樘计量，项目特征必须描述洞口尺寸，没有洞口尺寸必须描述门框或扇外围尺寸；以平方米计量，项目特征可不描述洞口尺寸及框、扇的外围尺寸。

　　3. 以平方米计量，无设计图示洞口尺寸，按门框、扇外围以面积计算。

5）其他门。其他门工程量清单项目设置、项目特征描述、计量单位及工程量计算规则应按表 4-94 的规定执行。

表 4-94　其他门（编码：010805）

项目编码	项目名称	项目特征	计量单位	工程量计算规则	工作内容
010805001	电子感应门	1. 门代号及洞口尺寸 2. 门框或扇外围尺寸 3. 门框、扇材质 4. 玻璃品种、厚度 5. 启动装置的品种、规格 6. 电子配件品种、规格	1. 樘 2. m²	1. 以樘计量，按设计图示数量计算 2. 以平方米计量，按设计图示洞口尺寸以面积计算	1. 门安装 2. 启动装置、五金、电子配件安装
010805002	旋转门				
010805003	电子对讲门	1. 门代号及洞口尺寸 2. 门框或扇外围尺寸 3. 门材质 4. 玻璃品种、厚度 5. 启动装置的品种、规格 6. 电子配件品种、规格			
010805004	电动伸缩门				
010805005	全玻璃自由门	1. 门代号及洞口尺寸 2. 门框或扇外围尺寸 3. 框材质 4. 玻璃品种、厚度			1. 门安装 2. 五金安装
010805006	镜面不锈钢饰面门	1. 门代号及洞口尺寸 2. 门框或扇外围尺寸 3. 框、扇材质 4. 玻璃品种、厚度			
010805007	复合门				

注：1. 以樘计量，项目特征必须描述洞口尺寸，没有洞口尺寸必须描述门框或扇外围尺寸；以平方米计量，项目特征可不描述洞口尺寸及框、扇的外围尺寸。

　　2. 以平方米计量，无设计图示洞口尺寸，按门框、扇外围以面积计算。

　　6）木窗。木窗工程量清单项目设置、项目特征描述、计量单位及工程量计算规则应按表 4-95 的规定执行。

表 4-95　木窗（编码：010806）

项目编码	项目名称	项目特征	计量单位	工程量计算规则	工作内容
010806001	木质窗	1. 窗代号及洞口尺寸 2. 玻璃品种、厚度	1. 樘 2. m²	1. 以樘计量，按设计图示数量计算 2. 以平方米计量，按设计图示洞口尺寸以面积计算	1. 窗安装 2. 五金、玻璃安装
010806002	木飘（凸）窗			1. 以樘计量，按设计图示数量计算 2. 以平方米计量，按设计图示尺寸以框外围展开面积计算	1. 窗制作、运输、安装 2. 五金、玻璃安装 3. 刷防护材料
010806003	木橱窗	1. 窗代号 2. 框截面及外围展开面积 3. 玻璃品种、厚度 4. 防护材料种类			
010806004	木纱窗	1. 窗代号及框的外围尺寸 2. 窗纱材料品种、规格		1. 以樘计量，按设计图示数量计算 2. 以平方米计量，按框的外围尺寸以面积计算	1. 窗安装 2. 五金安装

注：1. 木质窗应区分木百叶窗、木组合窗、木天窗、木固定窗、木装饰空花窗等项目，分别编码列项。

　　2. 以樘计量，项目特征必须描述洞口尺寸，没有洞口尺寸必须描述窗框外围尺寸；以平方米计量，项目特征可不描述洞口尺寸及框的外围尺寸。

　　3. 以平方米计量，无设计图示洞口尺寸，按窗框外围以面积计算。

　　4. 木橱窗、木飘（凸）窗以樘计量，项目特征必须描述框截面及外围展开面积。

　　5. 木窗五金包括：折页、插销、风钩、木螺钉、滑轮滑轨（推拉窗）等。

7）金属窗。金属窗工程量清单项目设置、项目特征描述、计量单位及工程量计算规则应按表4-96的规定执行。

表4-96　金属窗（编码：010807）

项目编码	项目名称	项目特征	计量单位	工程量计算规则	工作内容
010807001	金属（塑钢、断桥）窗	1. 窗代号及洞口尺寸 2. 框、扇外围材质 3. 玻璃品种、厚度	1. 樘 2. m²	1. 以樘计量，按设计图示数量计算 2. 以平方米计量，按设计图示洞口尺寸以面积计算	1. 窗安装 2. 五金、玻璃安装
010807002	金属防火窗				
010807003	金属百叶窗				
010807004	金属纱窗	1. 窗代号及洞口尺寸 2. 框材质 3. 窗纱材料品种、规格		1. 以樘计量，按设计图示数量计算 2. 以平方米计量，按框的外围尺寸以面积计算	1. 窗安装 2. 五金安装
010807005	金属格栅窗	1. 窗代号及洞口尺寸 2. 框外围尺寸 3. 框、扇材质		1. 以樘计量，按设计图示数量计算 2. 以平方米计量，按设计图示洞口尺寸以面积计算	
010807006	金属（塑钢、断桥）橱窗	1. 窗代号 2. 框外围展开面积 3. 框、扇材质 4. 玻璃品种、厚度 5. 防护材料种类		1. 以樘计量，按设计图示数量计算 2. 以平方米计量，按设计图示尺寸以框外围展开面积计算	1. 窗制作、运输、安装 2. 五金、玻璃安装 3. 刷防护材料
010807007	金属（塑钢、断桥）飘（凸）窗	1. 窗代号 2. 框外围展开面积 3. 框、扇材质 4. 玻璃品种、厚度			1. 窗安装 2. 五金、玻璃安装
010807008	彩板窗	1. 窗代号及洞口尺寸 2. 框外围尺寸 3. 框、扇材质 4. 玻璃品种、厚度		1. 以樘计量，按设计图示数量计算 2. 以平方米计量，按设计图示洞口尺寸或框外围以面积计算	
010807009	复合材料窗				

注：1. 金属窗应区分金属组合窗、防盗窗等项目，分别编码列项。
　　2. 以樘计量，项目特征必须描述洞口尺寸，没有洞口尺寸必须描述窗框外围尺寸；以平方米计量，项目特征可不描述洞口尺寸及框的外围尺寸。
　　3. 以平方米计量，无设计图示洞口尺寸，按窗框外围以面积计算。
　　4. 金属橱窗、飘（凸）窗以樘计量，项目特征必须描述框外围展开面积。
　　5. 金属窗五金包括：折页、螺钉、执手、卡锁、铰拉、风撑、滑轮、滑轨、拉把、拉手、角码、牛角制等。

8）门窗套。门窗套工程量清单项目设置、项目特征描述、计量单位及工程量计算规则应按表4-97的规定执行。

表 4-97　门窗套（编码：010808）

项目编码	项目名称	项目特征	计量单位	工程量计算规则	工作内容
010808001	木门窗套	1. 窗代号及洞口尺寸 2. 门窗套展开宽度 3. 基层材料种类 4. 面层材料品种、规格 5. 线条品种、规格 6. 防护材料种类	1. 樘 2. m² 3. m	1. 以樘计量，按设计图示数量计算 2. 以平方米计量，按设计图示尺寸以展开面积计算 3. 以米计量，按设计图示中心线以延长米计算	1. 清理基层 2. 立筋制作、安装 3. 基层板安装 4. 面层铺贴 5. 线条安装 6. 刷防护材料
010808002	木筒子板	1. 筒子板宽度 2. 基层材料种类 3. 面层材料品种、规格 4. 线条品种、规格 5. 防护材料种类			
010808003	饰面夹板筒子板	1. 筒子板宽度 2. 基层材料种类 3. 面层材料品种、规格 4. 线条品种、规格 5. 防护材料种类			
010808004	金属门窗套	1. 窗代号及洞口尺寸 2. 门窗套展开宽度 3. 基层材料种类 4. 面层材料品种、规格 5. 防护材料种类			1. 清理基层 2. 立筋制作、安装 3. 基层板安装 4. 面层铺贴 5. 刷防护材料
010808005	石材门窗套	1. 窗代号及洞口尺寸 2. 门窗套展开宽度 3. 底层厚度、砂浆配合比 4. 面层材料品种、规格 5. 线条品种、规格			1. 清理基层 2. 立筋制作、安装 3. 基层抹灰 4. 面层铺贴 5. 线条安装
010808006	门窗木贴脸	1. 门窗代号及洞口尺寸 2. 贴脸板宽度 3. 防护材料种类	1. 樘 2. m	1. 以樘计量，按设计图示数量计算 2. 以米计量，按设计图示尺寸以延长米计算	安装
010808007	成品木门窗套	1. 窗代号及洞口尺寸 2. 门窗套展开宽度 3. 门窗套材料品种、规格	1. 樘 2. m² 3. m	1. 以樘计量，按设计图示数量计算 2. 以平方米计量，按设计图示尺寸以展开面积计算 3. 以米计量，按设计图示中心以延长米计算	1. 清理基层 2. 立筋制作、安装 3. 板安装

注：1. 以樘计量，项目特征必须描述洞口尺寸、门窗套展开宽度。

　　2. 以平方米计量，项目特征可不描述洞口尺寸、门窗套展开宽度。

　　3. 以米计量，项目特征必须描述门窗套展开宽度、筒子板及贴脸宽度。

　　4. 木门窗套适用于单独门窗套的制作、安装。

9）窗台板。窗台板工程量清单项目设置、项目特征描述、计量单位及工程量计算规则应按表 4-98 的规定执行。

表4-98 窗台板（编码：010809）

项目编码	项目名称	项目特征	计量单位	工程量计算规则	工作内容
010809001	木窗台板	1. 基层材料种类 2. 窗台面板材质、规格、颜色 3. 防护材料种类	m²	按设计图示尺寸以展开面积计算	1. 基层清理 2. 基层制作、安装 3. 窗台板制作、安装 4. 刷防护材料
010809002	铝塑窗台板				
010809003	金属窗台板				
010809004	石材窗台板	1. 黏结层厚度、砂浆配合比 2. 窗台板材质、规格、颜色			1. 基层清理 2. 抹找平层 3. 窗台板制作、安装

10）窗帘、窗帘盒、轨。窗帘、窗帘盒、轨工程量清单项目设置、项目特征描述、计量单位及工程量计算规则应按表4-99的规定执行。

表4-99 窗帘、窗帘盒、轨（编码：010810）

项目编码	项目名称	项目特征	计量单位	工程量计算规则	工作内容
010810001	窗帘（杆）	1. 窗帘材质 2. 窗帘高度、宽度 3. 窗帘层数 4. 带幔要求	1. m 2. m²	1. 以米计量，按设计图示尺寸以长度计算 2. 以平方米计量，按图示尺寸以展开面积计算	1. 制作、运输 2. 安装
010810002	木窗帘盒				
010810003	饰面夹板、塑料窗帘盒	1. 窗帘盒材质、规格 2. 防护材料种类	m	按设计图示尺寸以长度计算	1. 制作、运输、安装 2. 刷防护材料
010810004	铝合金窗帘盒				
010810005	窗帘轨	1. 窗帘轨材质、规格 2. 轨的数量 3. 防护材料种类			

注：1. 窗帘若是双层，项目特征必须描述每层材质。
　　2. 窗帘以米计量，项目特征必须描述窗帘高度和宽。

（2）木结构工程

1）木屋架。木屋架工程量清单项目设置、项目特征描述、计量单位及工程量计算规则应按表4-100的规定执行。

表4-100　木屋架（编码：010701）

项目编码	项目名称	项目特征	计量单位	工程量计算规则	工作内容
010701001	木屋架	1. 跨度 2. 材料品种、规格 3. 刨光要求 4. 拉杆及夹板种类 5. 防护材料种类	1. 榀 2. m³	1. 以榀计量，按设计图示数量计算 2. 以立方米计量，按设计图示的规格尺寸以体积计算	1. 制作 2. 运输 3. 安装 4. 刷防护材料
010701002	钢木屋架	1. 跨度 2. 木材品种、规格 3. 刨光要求 4. 钢材品种、规格 5. 防护材料种类	榀	以榀计量，按设计图示数量计算	

注：1. 屋架的跨度应以上、下弦中心线两交点之间的距离计算。

　　2. 带气楼的屋架和马尾、折角以及正交部分的半屋架，按相关屋架项目编码列项。

　　3. 以榀计量，按标准图设计的应注明标准图代号，按非标准图设计的项目特征必须按本表要求予以描述。

2）木构件。木构件工程量清单项目设置、项目特征描述、计量单位及工程量计算规则应按表4-101的规定执行。

表4-101　木构件（编码：010702）

项目编码	项目名称	项目特征	计量单位	工程量计算规则	工作内容
010702001	木柱	1. 构件规格尺寸 2. 木材种类 3. 刨光要求 4. 防护材料种类	m³	按设计图示尺寸以体积计算	1. 制作 2. 运输 3. 安装 4. 刷防护材料
010702002	木梁				
010702003	木檩		1. m³ 2. m	1. 以立方米计量，按设计图示尺寸以体积计算 2. 以米计量，按设计图示尺寸以长度计算	
010702004	木楼梯	1. 楼梯形式 2. 木材种类 3. 刨光要求 4. 防护材料种类	m²	按设计图示尺寸以水平投影面积计算。不扣除宽度≤30mm的楼梯井，伸入墙内部分不计算	
010702005	其他木构件	1. 构件名称 2. 构件规格尺寸 3. 木材种类 4. 刨光要求 5. 防护材料种类	1. m³ 2. m	1. 以立方米计量，按设计图示尺寸以体积计算 2. 以米计量，按设计图示尺寸以长度计算	

注：1. 木楼梯的栏杆（栏板）、扶手，应按工程量计算规范"其他装饰工程"中的相关项目编码列项。

　　2. 以米计量，项目特征必须描述构件规格尺寸。

3）屋面木基层。屋面木基层工程量清单项目设置、项目特征描述、计量单位及工程量计算规则应按表4-102的规定执行。

表4-102　屋面木基层（编码：010703）

项目编码	项目名称	项目特征	计量单位	工程量计算规则	工作内容
010703001	屋面木基层	1. 椽子断面尺寸及椽距 2. 望板材料种类、厚度 3. 防护材料种类	m²	按设计图示尺寸以斜面积计算 不扣除房上烟囱、风帽底座、风道、小气窗、斜沟等所占面积。小气窗的出檐部分不增加面积	1. 椽子制作、安装 2. 望板制作、安装 3. 顺水条和挂瓦条制作、安装 4. 刷防护材料

2. 工程量清单编制典型案例

（1）案例描述　某住宅单元平面图，如图4-103所示，分户门为成品钢制防盗门，室内门为成品实木门带套，⑥轴上Ⓑ轴至Ⓒ轴间为成品塑钢门带窗（无门套）；①轴上Ⓒ轴至Ⓔ轴间为塑钢门，框边安装成品门套，展开宽度为350mm；所有窗为成品塑钢窗，具体尺寸见表4-103。

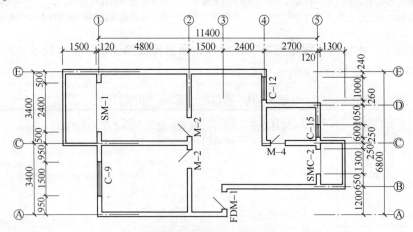

图4-103　某住宅单元平面图

表4-103　某单元住宅门窗表

名　　称	代　号	洞口尺寸/×mm	备　　注
成品钢质防盗门	FDM-1	800×2100	含锁、五金
成品实木门带套	M-2	800×2100	含锁、普通五金
	M-4	700×2100	
成品平开塑钢窗	C-9	1500×1500	
	C-12	1000×1500	
	C-15	600×1500	夹胶玻璃（6+2.5+6），型材为钢塑90系列，普通五金
成品塑钢门带窗	SMC-2	门（700×2100） 窗（600×1500）	
成品塑钢门	SM-1	2400×2100	

（2）问题　根据以上背景资料及现行国家标准《建设工程工程量清单计价规范》（GB 50500—2013）、《房屋建筑与装饰工程工程量计算规范》（GB 50854—2013），试列出

该户居室的门窗、门窗套的分部分项工程清单。

　　分析：金属防盗门、木门窗套、塑钢窗、塑钢门清单工程量可按两种方式计量。①以樘计量，按设计图示数量计算；②以平方米计量，按设计图示洞口尺寸以面积计算。本案例金属防盗门、塑钢窗、塑钢门按平方米计量，成品门套按樘计量。

　　解：该某住宅单元的门窗、门窗套的分部分项工程清单工程量计算及清单编制见表4-104及表4-105。

表4-104　清单工程量计算表

序号	清单项目编号	清单项目名称	计量单位	计　算　式	工程量
1	010702004001	成品钢质防盗门	m²	0.8×2.1	1.68
2	010801004001	成品实木门带套	m²	$0.8 \times 2.1 \times 2 + 0.7 \times 2.1 \times 1$	4.83
3	010807001001	成品平开塑钢窗	m²	$1.5 \times 1.5 + 1 \times 1.5 + 0.6 \times 1.5 \times 2$	5.55
4	010802001001	成品塑钢门	m²	$0.7 \times 2.1 + 2.4 \times 2.1$	6.51
5	010808007001	成品门套	樘		1

表4-105　分部分项工程清单

序号	项目编号	项目名称	项目特征描述	计量单位	工程量
1	010702004001	成品钢质防盗门	门代号及洞口尺寸： FDM－1（800mm×2100mm） 门框、扇材质：钢质	m²	1.68
2	010801004001	成品实木门带套	门代号及洞口尺寸： M－1（800mm×2100mm） M－4（700mm×2100mm）	m²	4.83
3	010807001001	成品平开塑钢窗	窗代号及洞口尺寸： C－9（1500mm×1500mm） C－12（1000mm×1500mm） C－15（600mm×1500mm） 框扇材质：钢塑90系列玻璃品种、厚度：夹胶玻璃（6＋2.5＋6）	m²	5.55
4	010802001001	成品塑钢门	1. 门代号及洞口尺寸： SM－1、SMC－2 2. 洞口尺寸详见门窗表 3. 门框、扇材质：塑钢90系列 4. 玻璃品种、厚度：夹胶玻璃（6＋2.5＋6）	m²	6.51
5	010808007001	成品门套	1. 门代号及洞口尺寸：SM－1（2400mm×2100mm） 2. 门套展开宽度：350mm 3. 门套材料品种：成品实木门套	樘	1

知识回顾

　　1. 本单元主要分项工程定额与清单两种计量方法的比较，见表4-106。

表 4-106　门窗及木结构工程主要分项工程量计算规则对比

项目名称	定额工程量计算规则	清单工程量计算规则
门窗工程	各类门窗制作、安装工程量，除注明者外，均按图示门窗洞口面积计算	1. 以樘计量，按设计图示数量计算 2. 以平方米计量，按设计图示洞口尺寸以面积计算
木结构	钢木屋架：按竣工木料以立方米计算。其后备长度及配置损耗已包括在定额内，不另计算	1. 以樘计量，按设计图示数量计算 2. 以立方米计量，按设计图示的规格尺寸以体积计算
	檩木：按竣工木料以立方米计算	1. 以立方米计量，按设计图示尺寸以体积计算 2. 以米计量，按设计图示尺寸以长度计算
	屋面木基层：按屋面斜面积计算。天窗挑檐重叠部分按设计规定计算，屋面烟囱及斜沟部分所占面积不扣除	按设计图示尺寸以斜面积计算。不扣除房上烟囱、风帽底座、风道、小气窗、斜沟等所占面积。小气窗的出檐部分不增加面积

2. 定额计价以直接工程费的计算为计算基础；清单计价以综合单价的计算为计算基础。

检查测试

一、填空题

1. 本单元定额包括_____、_____、_____、_____等内容。

2. 本单元定额木材木种均以一、二类木种为准，如采用三、四类木种时，木门窗制作，按相应项目人工和机械乘以系数_____；木门窗安装，按相应项目人工和机械乘以系数_____。

3. 玻璃镶板门：镶玻璃部分的门扇高度在门扇总高度的_____以内，其余镶木板。

4. 定额门窗工程量计算规则：各类门窗制作、安装工程量，除注明者外，均按图示_____计算；门、窗扇设计有纱扇者，纱扇按_____计算，套用相应定额。

5. 定额铝合金卷闸门安装，按洞口高度增加_____mm 乘以门实际宽度以平方米计算。电动装置安装以_____计算，小门安装以_____计算。

6. 定额钢木屋架，按_____以立方米计算。其后备长度及配置损耗已包括在定额内，不另计算。

7. 《房屋建筑与装饰工程工程量计算规范》（GB 50854—2013）中塑钢门、塑钢窗，工程量计算规则：①以_____计量，按设计图示数量计算；②以_____计量，按设计图示洞口尺寸以面积计算。

8. 《房屋建筑与装饰工程工程量计算规范》（GB 50854—2013）中的木窗台板，按设计图示尺寸以_____计算。

二、计算题

某厂房平开全板钢大门（带探望孔），共 5 樘，刷防锈漆，如图 4-104 所示，计算平开全板钢大门制作安装及配件工程量，确定定额项目。

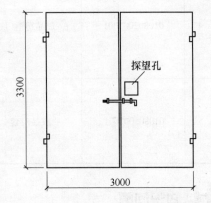

图 4-104　某厂房平开全板钢大门示意图

单元14　屋面、防水、保温及防腐工程

单元描述

屋面是指屋顶的面层，屋顶是房屋最上层起承重、覆盖作用的构件。屋顶的作用主要是抵抗自然界的风、雨、雪、太阳辐射热和冬期低温的影响，承受自重及风沙、雨、雪等恒荷载及施工或屋顶检修人员的活荷载；其次，屋顶是建筑物的重要组成部分，对建筑物的形象美观起着重要作用。

一般的屋顶（从下到上）主要由结构层、找平层、隔汽层、找坡层、保温层、找平层、防水层、保护层等部分组成。由于地域不同、自然环境不同、屋面材料不同、承重结构不同，因此屋顶的类型很多，归纳起来大致可分为平屋顶、坡屋顶和曲面屋顶三大类。

本单元主要介绍屋面、防水、保温及防腐工程主要分项工程的定额计量与计价、清单计量与编制。

学习目标

1. 熟悉屋面、防水、保温及防腐工程定额与清单两种计量方法的工程量计算规则。

2. 能用两种计算方法，对屋面、防水、保温及防腐工程中主要分项工程进行定额计量与计价、清单计量与编制。

工作任务

1. 屋面、防水、保温及防腐工程主要分项工程的定额计量与计价。

2. 屋面、防水、保温及防腐工程主要分项工程的清单计量与编制。

相关知识

课题1　屋面、防水、保温及防腐工程定额计量与计价

1. 定额编制说明与综合解释

（1）定额编制说明

1）定额内容。本单元定额主要包括屋面、防水、保温、排水、变形缝与止水带、耐酸防腐等内容。

2）屋面。

① 设计屋面材料规格与定额规格（定额未注明具体规格的除外）不同时，可以换算，其他不变。

② 彩钢压型板屋面檩条，定额按间距1~1.2m编制，设计与定额不同时，檩条数量可以换算，其他不变。

$$调整用量 = 设计每平方米檩条用量 \times 10m^2 \times (1 + 损耗率)$$

损耗率按3%计算。

3）防水。

① 定额防水项目不分室内、室外及防水部位，使用时按设计做法套用相应定额。

② 卷材防水的接缝、收头、附加层及找平层的嵌缝、冷底子油等人工、材料，已计入定额中，不另行计算。

③ 细石混凝土防水层，使用钢筋网时，按单元 12 钢筋混凝土相应规定计算。

4）保温。

① 本单元定额适用于中温、低温及其恒温的工业厂（库）房保温工程，以及一般保温工程。

② 保温层种类和保温材料配合比，设计与定额不同时可以换算，其他不变。

③ 混凝土板上保温和架空隔热，适用于楼板、屋面板、地面的保温和架空隔热。

④ 立面保温，适用于墙面和柱面的保温。

⑤ 本单元定额不包括保护层或衬墙等内容，发生时按相应项目套用。

⑥ 隔热层铺贴，除松散保温材料外，其他均以石油沥青做胶结材料。松散材料的包装材料及包装用工已包括在定额中。

⑦ 墙面保温铺贴块体材料，包括基层涂沥青一遍。

5）变形缝。变形缝，定额编制内容取定如下：建筑油膏、聚氯乙烯胶泥 30mm × 20mm；油浸木丝板 150mm × 25mm；木板盖板 200mm × 25mm；纯铜板展开宽 450mm；氯丁橡胶片宽 300mm；涂刷式氯丁胶贴玻璃纤维布止水片宽 350mm；其他均为 150mm × 30mm。设计与定额不同时，变形缝材料可以换算，其他不变。

6）耐酸防腐。

① 整体面层定额项目，适用于平面、立面、沟槽的防腐工程。

② 块料面层定额项目按平面铺砌编制。铺砌立面时，相应定额人工乘以系数 1.30，块料乘系数 1.02，其他不变。

③ 花岗石板以六面剁斧的板材为准。如底面为毛面者，每 $10m^2$ 定额单位耐酸沥青砂浆增加 $0.04m^3$。

④ 各种砂浆、混凝土、胶泥的种类、配合比及各种整体面层的厚度，设计与定额不同时可以换算，但块料面层的结合层砂浆、胶泥用量不变。

（2）定额综合解释

1）屋面防水，按设计图示尺寸的水平投影面积乘以坡度系数计算，坡度小于屋面坡度系数表中的最小坡度时，按平屋面计算。

2）屋面找平层，执行定额第九章第一节相应子目。

3）墙的立面防水、防潮层，不论内墙、外墙，均按设计面积以平方米计算。

4）定额 6 – 2 – 5 防水砂浆 20mm 厚子目，仅适用于基础做水平防水砂浆防潮层的情况。

5）聚氨酯发泡保温，区分不同的发泡厚度，按设计图示尺寸，以平方米计算。混凝土板上架空隔热，不论架空高度如何，均按设计图示尺寸，以平方米计算。其他保温，均按设计图示保温面积乘以保温材料的净厚度（不含胶结材料），以立方米计算。

6）楼板上、屋面板上、地面、池槽的池底等保温，执行混凝土板上保温子目；梁保温，执行顶棚保温中的混凝土板下保温子目；柱帽保温，并入顶棚保温工程量内，执行顶棚保温子目；墙面、柱面、池槽的池壁等保温，执行立面保温子目。

2. 工程量计算规则

（1）屋面

1）各种瓦屋面（包括挑檐部分），均按设计图示尺寸的水平投影面积乘以屋面坡度系数以平方米计算。不扣除房上烟囱、风帽底座、风道、屋面小气窗、斜沟和脊瓦等所占面积，屋面小气窗的出檐部分也不增加。

对于坡屋面，无论是双坡还是四坡，均按下式计算工程量：

$$坡屋面工程量(S_斜) = 水平投影面积(S_水) \times 屋面坡度系数(C)$$

屋面坡度系数，见表4-107。

表4-107　屋面坡度系数表

坡　度			延尺系数 C	隅延尺系数 D
B/A（$A=1$）	$B/2A$	角度 α		
1	1/2	45°	1.4142	1.7321
0.75		36°52′	1.2500	1.6008
0.70		35°	1.2207	1.5779
0.666	1/3	33°40′	1.2015	1.5620
0.65		33°01′	1.1926	1.5564
0.60		30°58′	1.1662	1.5362
0.577		30°	1.1547	1.5270
0.55		28°49′	1.1413	1.5170
0.50	1/4	26°34′	1.1180	1.5000
0.45		24°14′	1.0966	1.4839
0.40	1/5	21°48′	1.0770	1.4697
0.35		19°17′	1.0594	1.4569
0.30		16°42′	1.0440	1.4457
0.25		14°02′	1.0308	1.4362
0.20	1/10	11°19′	1.0198	1.4283
0.15		8°32′	1.0112	1.4221
0.125		7°8′	1.0078	1.4191
0.100	1/20	5°42′	1.0050	1.4177
0.083		4°45′	1.0035	1.4166
0.066	1/30	3°49′	1.0022	1.4157

知识拓展

若坡度角 α 不在屋面坡度系数表中时，可根据图 4-105，利用边角关系，计算得出延迟系数 C、隔延迟系数 D 等其他参数。计算公式及注意事项如下：

① $C = 1/\cos\alpha$，或 $C = [(A^2 + B^2)^{1/2}]/A$。

② $D = (1 + C^2)^{1/2}$。

③ $A = A'$，且 $S = 0$ 时，为等两坡屋面；$A = A' = S$ 时，为等四坡屋面。

④ 屋面斜铺面积（$S_{斜}$）= 屋面水平投影面积（$S_{水}$）C。

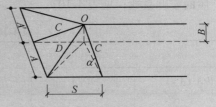

图 4-105 坡屋面示意图

⑤ 等两坡屋面山墙泛水斜长 = AC。

⑥ 等四坡屋面斜脊长度 = AD。

⑦ 表 4-107 中，最小坡度 = 1/30，适用于坡度 ≥ 1/30 的坡屋面；当屋面坡度 < 1/30 时，按平屋面计算。

⑧ 按脊瓦的类型不同，屋脊可分为正脊、山脊和斜脊。

屋面的正脊又叫瓦面的大脊，是指与两端山墙尖同高，且在同一条直线上的水平屋脊。山脊又叫梢头，是指山墙上的瓦脊或用砖砌成的山脊。斜脊是指四面坡折角处的阳脊。

等两坡正脊、山脊工程量 = 檐口总长度 + 檐口总宽度 × 延尺系数 × 山墙端数

等四坡正脊、斜脊工程量 = 檐口总长度 − 檐口总宽度 + 檐口总宽度 × 隔延尺系数 × 2

式中：延尺系数、隔延尺系数，见屋面坡度系数表 4-107。

立竿见影

某四坡屋面，如图 4-106 所示，若设计屋面坡度为 0.5。计算屋面斜面面积、斜脊长度。

计算步骤如下：

① 根据屋面坡度 = B/A = 0.5，查屋面坡度系数表得 C = 1.118。

② 屋面斜面面积（$S_{斜}$）= 屋面水平投影面积（$S_{水}$）C = (50 + 0.6 × 2)m × (18 + 0.6 × 2)m × 1.118 = 1099.04m²

③ 根据屋面坡度 = 0.5，查屋面坡度系数表得 D = 1.5。

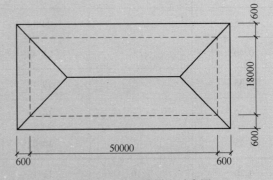

图 4-106 某四坡屋面示意图

每根斜脊长度 = AD = (18 + 0.6 × 2) ÷ 2m × 1.5 = 14.40m

2）琉璃瓦屋面的琉璃瓦脊、檐口线，按设计图示尺寸以米计算。设计要求安装勾头（勾尾）或博古（宝顶）等时，另按个计算。

（2）防水

1）屋面防水，按设计图示尺寸的水平投影面积乘以坡度系数以平方米计算，不扣除房

上烟囱、风帽底座、风道和屋面小气窗等所占面积，屋面的女儿墙、伸缩缝和天窗等处的弯起部分，按设计图示尺寸并入屋面工程量内计算；设计无规定时，伸缩缝、女儿墙的弯起部分按 250mm 计算，天窗弯起部分按 500mm 计算。

$$屋面防水工程量 = 设计总长度 \times 总宽度 \times 坡度系数 + 弯起部分面积$$

2）地面防水、防潮层，按主墙间净面积，以平方米计算。扣除凸出地面的构筑物、设备基础等所占面积，不扣除柱、垛、间壁墙、烟囱以及单个面积在 $0.3m^2$ 以内的孔洞所占面积。平面与立面交接处，上卷高度在 500mm 以内时，按展开面积并入平面工程量内计算，超过 500mm 时，按立面防水层计算。

3）墙基防水、防潮层，外墙按外墙中心线长度、内墙按墙体净长度乘以宽度，以平方米计算。

4）涂膜防水的油膏嵌缝、屋面分格缝，按设计图示尺寸，以米计算。

（3）保温 一般规定：保温层按设计图示尺寸，以立方米计算（另有规定的除外）。

1）屋面保温层，按设计图示面积乘以平均厚度，以立方米计算。不扣除房上烟囱、风帽底座、风道和屋面小气窗等所占体积。

$$双坡屋面保温层平均厚度 = 保温层宽度 \div 2 \times 坡度 \div 2 + 最薄处厚度$$

双坡屋面保温层平均厚度，如图 4-107 所示。

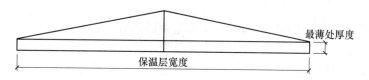

图 4-107 双坡保温层平均厚度示意图

$$单坡屋面保温层平均厚度 = 保温层宽度 \times 坡度 \div 2 + 最薄处厚度$$

单坡屋面保温层平均厚度，如图 4-108 所示。

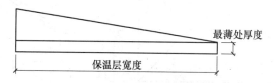

图 4-108 单坡保温层平均厚度示意图

2）地面保温层，按主墙间净面积乘以设计厚度，以立方米计算。扣除凸出地面的构筑物、设备基础等所占体积，不扣除柱、垛、间壁墙、烟囱等所占体积。

$$地面保温层工程量 = （主墙间净长度 \times 主墙间净宽度 - 应扣面积）\times 设计厚度$$

3）天棚保温层，按主墙间净面积乘以设计厚度，以立方米计算。不扣除保温层内的各种龙骨等所占体积；柱帽保温，按设计图示尺寸并入相应天棚保温工程量内。

$$顶棚保温层工程量 = 主墙间净长度 \times 主墙间净宽度 \times 设计厚度 + 梁、柱帽保温层体积$$

4）墙体保温层，外墙按保温层中心线长度、内墙按保温层净长度乘以设计高度及厚度，以立方米计算。扣除冷藏门洞口和管道穿墙洞口所占体积，门洞口侧壁周围的保温，按设计图示尺寸并入相应墙面保温工程量内。

墙体保温层工程量 = (外墙保温层中心线长度 × 设计高度 − 洞口面积) × 厚度 + (内墙保温层净长度 × 设计高度 − 洞口面积) × 厚度 + 洞口侧壁保温层体积

5) 柱保温层，按保温层中心线展开长度乘以设计高度及厚度，以立方米计算。

柱保温层工程量 = 柱保温层中心线展开长度 × 设计高度 × 厚度

6) 池槽保温层，按设计图示长、宽净尺寸乘以设计厚度，以立方米计算。池壁按立面计算，池底按地面计算。

池槽壁保温层工程量 = 设计图示净长度 × 净高度 × 设计厚度
池槽底保温层工程量 = 设计图示净长度 × 净宽度 × 设计厚度

(4) 排水

1) 水落管、镀锌薄钢板天沟、檐沟，按设计图示尺寸，以米计算。

2) 水斗、下水口、雨水口、弯头、短管等，均以个计算。

(5) 变形缝与止水带　变形缝与止水带，按设计图示尺寸，以米计算。

(6) 耐酸防腐

1) 耐酸防腐工程区分不同材料及厚度，按设计实铺面积以平方米计算。扣除凸出地面的构筑物、设备基础、门窗洞口等所占面积，墙垛等突出墙面部分按展开面积并入墙面防腐工程量内。

2) 平面铺砌双层防腐块料时，按单层工程量乘以系数 2 计算。

3. 计算实例

(1) 屋面防水、保温

【例 4-41】　某别墅住宅，其屋顶外檐尺寸如图 4-109 所示，屋面板上铺西班牙瓦。计算其工程量，确定定额编号。

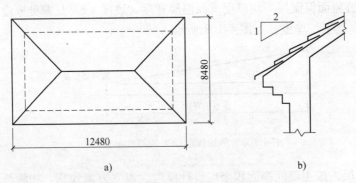

图 4-109　某别墅住宅屋顶平面及檐口示意图
a) 某四坡屋顶平面示意图　b) 檐口节点示意图

分析：根据题目要求，本工程屋面板上铺西班牙瓦，计算的项目有两个：①屋面铺西班牙瓦，按屋面水平投影面积乘以坡度系数计算；②正、斜脊，按公式"正脊、斜脊工程量 = 檐口总长度 − 檐口总宽度 + 檐口总宽度 × 隔延尺系数 × 2"进行计算。套用相应定额项目。

解：各分项工程工程量计算过程及定额编号的确定，见表 4-108。

表 4-108　定额工程量计算表

序号	项目名称	单位	计　算　式	工程量	定额编号
1	屋面板上铺西班牙瓦	m²	① 屋面坡度 = 1 ÷ 2 = 0.5，查坡度系数表 4-107，得 $C = 1.118$，$D = 1.5$ ② 工程量 = 12.48 × 8.48 × 1.118 = 118.32	118.32	6 - 1 - 12
2	正脊、斜脊铺西班牙瓦	m	12.48 - 8.48 + 8.48 × 1.5 × 2	29.44	6 - 1 - 13

【例 4-42】　某建筑物屋顶平面及檐口详图，如图 4-110 所示。计算屋面各分项工程量，确定定额编号。

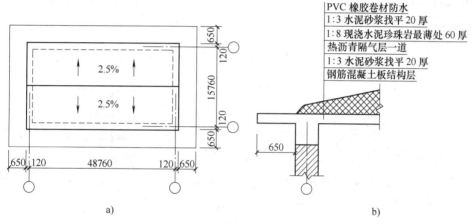

图 4-110　某建筑物屋顶平面及檐口详图

a) 某屋顶平面示意图　b) 檐口详图

分析：通过读图得知，本工程为平屋面，计算的分项工程为：①热沥青隔气层，按设计图示尺寸的水平投影面积以平方米计算；②1:8 现浇水泥珍珠岩保温层，按设计图示面积乘以平均厚度，以立方米计算；③PVC 橡胶卷材防水层，按设计图示尺寸的水平投影面积以平方米计算。

屋面 1:3 水泥砂浆找平层，应按单元 17 相应规定计算。

解：各分项工程工程量计算过程及定额编号的确定，见表 4-109。

表 4-109　定额工程量计算表

序号	项目名称	单位	计　算　式	工程量	定额编号
1	沥青隔汽层	m²	(48.76 + 0.24) × (15.76 + 0.24)	784.00	6 - 2 - 72
2	1:8 现浇水泥珍珠岩（保温层）	m³	保温层平均厚度 = [(15.76 + 0.24) ÷ 2 × 0.025 ÷ 2 + 0.06] m = 0.16m 工程量 = (48.76 + 0.24) × (15.76 + 0.24) × 0.16m³ = 125.44m³	125.44	6 - 3 - 15（换）
3	PVC 橡胶卷材（防水层）	m²	(48.76 + 0.24 + 0.65 × 2) m × (15.76 + 0.24 + 0.65 × 2) m	870.19	6 - 2 - 44

注意！

本工程 1:8 现浇水泥珍珠岩保温层，套用定额 6 - 3 - 15。而定额中的"现浇水泥珍珠岩为 1:10"，设计与定额不符，需进行基价调整。

所以，6 - 3 - 15（换），基价调整 = 2193.30 元/10m³ + 10.14m³/10m³ × (157.45 - 155.39) 元/m³ = 2214.19 元/10m³。

【例 4-43】 某建筑物屋顶平面及檐口节点详图，如图 4-111 所示。屋面做法如下：

①屋面板上 1:3 水泥砂浆找平层 20mm 厚；②刷冷底子油两遍，沥青隔汽层一遍；③80mm 厚水泥蛭石块保温层；④1:10 现浇水泥蛭石找坡；⑤1:3 水泥砂浆找平层 20mm 厚；⑥SBS 改性沥青卷材满铺一层；⑦点式支撑预制混凝土板架空隔热层。计算各分项工程量，确定定额编号。

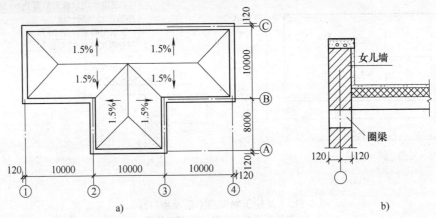

图 4-111　某建筑物屋顶平面及檐口节点详图
a) 某建筑物屋顶平面图　b) 檐口节点详图

分析： 通过读题得知，"刷冷底子油两遍"，定额子目 "6 - 2 - 72 石油沥青一遍" 中已包含刷一遍冷底子油，第二遍刷冷底子油，要单独套定额；题干中 "1:10 现浇水泥蛭石找坡"，属于保温层，要套用保温层相应定额项目；其他分析同前。

解： 各分项工程工程量计算过程及定额编号的确定，见表 4-110。

表 4-110　定额工程量计算表

序号	项目名称	单位	计算式	工程量	定额编号
1	沥青隔汽层	m²	(30 - 0.24) × (10 - 0.24) + (10 - 0.24) × 8	368.54	6 - 2 - 72
2	第二遍冷底子油（结合层）	m²	(30 - 0.24) × (10 - 0.24) + (10 - 0.24) × 8	368.54	6 - 2 - 63
3	水泥蛭石块（保温层）	m³	368.54 × 0.08	29.48	6 - 3 - 6
4	1:10 现浇水泥蛭石找坡（保温层）	m³	保温层平均厚度 = (10 - 0.24) ÷ 2 × 0.015 ÷ 2 = 0.037m 工程量 = 368.54 × 0.037m³ = 13.64m³	13.64	6 - 3 - 16
5	SBS 改性沥青卷材橡胶满铺一遍（防水层）	m²	(30 - 0.24) × (10 - 0.24) + (10 - 0.24) × 8 + [(30 - 0.24 + 10 - 0.24) × 2 + 8 × 2] × 0.25	392.30	6 - 2 - 30
6	预制混凝土板架空隔热层	m²	工程量同隔汽层 = 368.54m²	368.54	6 - 3 - 24

（2）地面、墙（柱）面、顶棚保温

【例4-44】　某冷藏房屋，室内（包括柱子）均采用石油沥青铺贴100mm厚的聚苯乙烯泡沫塑料板，尺寸如图4-112所示。施工顺序为：顶棚→地面→墙面→柱面，保温门尺寸为2000mm×2800mm，居内安装，保温门洞口周围不粘贴保温材料；窗尺寸为2000mm×1900mm，居中安装，保温窗洞口周围粘贴保温材料。计算地面、墙面、柱面、顶棚保温项目的工程量，确定定额编号。

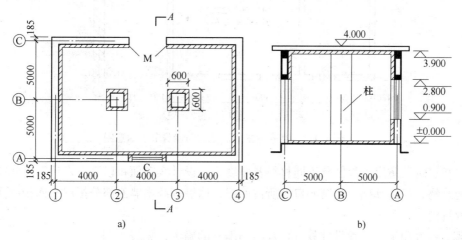

图4-112　某冷藏房屋平面与剖面示意图
a）某冷藏房屋平面图　b）*A—A* 剖面图

分析：根据定额计算规则：①地面保温层，按主墙间净面积乘以设计厚度，以立方米计算。扣除凸出地面的构筑物、设备基础等所占体积，不扣除柱、垛、间壁墙、烟囱等所占体积；②墙体保温层，外墙按保温层中心线长度、内墙按保温层净长度乘以设计高度及厚度，以立方米计算；扣除冷藏门洞口和管道穿墙洞口所占体积，门洞口侧壁周围的保温，按设计图示尺寸并入相应墙面保温工程量内；③柱保温层，按保温层中心线展开长度乘以设计高度及厚度，以立方米计算；④天棚保温层，按主墙间净面积乘以设计厚度，以立方米计算。不扣除保温层内的各种龙骨等所占体积；柱帽保温，按设计图示尺寸并入相应天棚保温工程量内。

解：各分项工程工程量计算过程及定额编号的确定，见表4-111。

表4-111　定额工程量计算表

序号	项目名称	单位	计　算　式	工程量	定额编号
1	地面粘贴聚苯乙烯板	m^3	$(12-0.185\times2)\times(10-0.185\times2)\times0.1$	11.20	6-3-1
2	墙面粘贴聚苯乙烯板	m^3	$[(12-0.185\times2-0.05\times2+10-0.185\times2-0.05\times2)\times2\times(3.9-0.1\times2)-2\times2.8-2\times1.9+(2-0.1+1.9-0.1)\times2\times0.08]\times0.1$	14.70	6-3-30
3	柱面粘贴聚苯乙烯板	m^3	$(0.6-0.05\times2)\times4\times(3.9-0.1\times2)\times0.1\times2$	1.48	6-3-30
4	顶棚粘贴聚苯乙烯板	m^3	$(12-0.185\times2)\times(10-0.185\times2)\times0.1$	11.20	6-3-25

（3）耐酸防腐

【例4-45】 某仓库防腐地面、踢脚板抹铁屑砂浆，厚度20mm，如图4-113所示。计算工程量，确定定额编号。

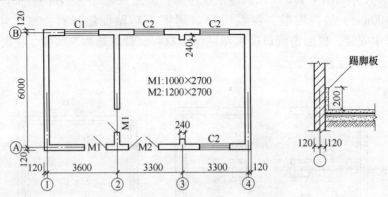

图4-113 某仓库平面、地面与墙身节点示意图

分析：耐酸防腐工程区分不同材料及厚度，按设计实铺面积以平方米计算。扣除凸出地面的构筑物、设备基础、门窗洞口等所占面积，墙垛等凸出墙面部分按展开面积并入墙面防腐工程量内。

解：各分项工程工程量计算过程及定额编号的确定，见表4-112。

表4-112 定额工程量计算表

序号	项目名称	单位	计　算　式	工程量	定额编号
1	地面抹铁屑砂浆	m²	$(3.6+3.3\times2-0.24\times2)\times(6-0.24)+1\times0.24+(1+1.2)\times0.12-0.24\times0.24\times2$	56.38	6-6-7
2	踢脚板抹铁屑砂浆	m²	$[(3.6+3.3\times2-0.24\times2)\times2+0.24\times4-1-1.2+(6-0.24)\times4-1\times2+0.08\times8]\times0.2$	7.98	6-6-8

课题2　门窗及木结构工程清单计量与编制

1. 工程量清单项目设置及计算规则

（1）屋面及防水工程

1）瓦、型材及其他屋面。瓦、型材及其他屋面工程量清单项目设置、项目特征描述、计量单位及工程量计算规则应按表4-113的规定执行。

表4-113 瓦、型材及其他屋面（编码：010901）

项目编码	项目名称	项目特征	计量单位	工程量计算规则	工作内容
010901001	瓦屋面	1. 瓦品种、规格 2. 黏结层砂浆的配合比	m²	按设计图示尺寸以斜面积计算 不扣除房上烟囱、风帽底座、风道、小气窗、斜沟等所占面积。小气窗的出檐部分不增加面积	1. 砂浆制作、运输、摊铺、养护 2. 安瓦、作瓦脊
010901002	型材屋面	1. 型材品种、规格 2. 金属檩条材料品种、规格 3. 接缝、嵌缝材料种类			1. 檩条制作、运输、安装 2. 屋面型材安装 3. 接缝、嵌缝

（续）

项目编码	项目名称	项目特征	计量单位	工程量计算规则	工作内容
010901003	阳光板屋面	1. 阳光板品种、规格 2. 骨架材料品种、规格 3. 接缝、嵌缝材料类 4. 油漆品种、刷漆遍数	m²	按设计图示尺寸以斜面积计算 　不扣除屋面面积≤0.3m²孔洞所占面积	1. 骨架制作、运输、安装、刷防护材料、油漆 2. 阳光板安装 3. 接缝、嵌缝
010901004	玻璃钢屋面	1. 玻璃钢品种、规格 2. 骨架材料品种、规格 3. 玻璃钢固定方式 4. 接缝、嵌缝材料种类 5. 油漆品种、刷漆遍数			1. 骨架制作、运输、安装、刷防护材料、油漆 2. 玻璃钢制作、安装 3. 接缝、嵌缝
010901005	膜结构屋面	1. 膜布品种、规格 2. 支柱（网架）钢材品种、规格 3. 钢丝绳品种、规格 4. 锚固基座做法 5. 油漆品种、刷漆遍数		按设计图示尺寸以需要覆盖的水平投影面积计算	1. 膜布热压胶接 2. 支柱（网架）制作、安装 3. 膜布安装 4. 穿钢丝绳、锚头锚固 5. 锚固基座、挖土、回填 6. 刷防护材料，油漆

注：1. 瓦屋面若是在木基层上铺瓦，项目特征不必描述黏结层砂浆的配合比，瓦屋面铺防水层，按表4-114屋面防水及其他中相关项目编码列项。

　　2. 型材屋面、阳光板屋面、玻璃钢屋面的柱、梁、屋架，按金属结构工程、木结构工程中相关项目编码列项。

2）屋面防水及其他。屋面防水及其他工程量清单项目设置、项目特征描述、计量单位及工程量计算规则应按表4-114的规定执行。

表 4-114　屋面防水及其他（编码：010902）

项目编码	项目名称	项目特征	计量单位	工程量计算规则	工作内容
010902001	屋面卷材防水	1. 卷材品种、规格、厚度 2. 防水层数 3. 防水层做法	m²	按设计图示尺寸以面积计算 　1. 斜屋顶（不包括平屋顶找坡）按斜面积计算，平屋顶按水平投影面积计算 　2. 不扣除房上烟囱、风帽底座、风道、屋面小气窗和斜沟等所占面积 　3. 屋面的女儿墙、伸缩缝和天窗等处的弯起部分，并入屋面工程量内	1. 基层处理 2. 刷底油 3. 铺油毡卷材、接缝
010902002	屋面涂膜防水	1. 防水膜品种 2. 涂膜厚度、遍数 3. 增强材料种类			1. 基层处理 2. 刷基层处理剂 3. 铺布、喷涂防水层
010902003	屋面刚性层	1. 刚性层厚度 2. 混凝土种类 3. 混凝土强度等级 4. 嵌缝材料种类 5. 钢筋规格、型号		按设计图示尺寸以面积计算。不扣除房上烟囱、风帽底座、风道等所占面积	1. 基层处理 2. 混凝土制作、运输、铺筑、养护 3. 钢筋制安

（续）

项目编码	项目名称	项目特征	计量单位	工程量计算规则	工作内容
010902004	屋面排水管	1. 排水管品种、规格 2. 雨水斗、山墙出水口品种、规格 3. 接缝、嵌缝材料种类 4. 油漆品种、刷漆遍数	m	按设计图示尺寸以长度计算。如设计未标注尺寸，以檐口至设计室外散水上表面垂直距离计算	1. 排水管及配件安装、固定 2. 雨水斗、山墙出水口、雨水箅子安装 3. 接缝、嵌缝 4. 刷漆
010902005	屋面排（透）气管	1. 排（透）气管品种、规格 2. 接缝、嵌缝材料种类 3. 油漆品种、刷漆遍数		按设计图示尺寸以长度计算	1. 排（透）气管及配件安装、固定 2. 铁件制作、安装 3. 接缝、嵌缝 4. 刷漆
010902006	屋面（廊、阳台）泄（吐）水管	1. 吐水管品种、规格 2. 接缝、嵌缝材料种类 3. 吐水管长度 4 油漆品种、刷漆遍数	根（个）	按设计图示数量计算	1. 水管及配件安装、固定 2. 接缝、嵌缝 3. 刷漆
010902007	屋面天沟、檐沟	1. 材料品种、规格 2. 接缝、嵌缝材料种类	m²	按设计图示尺寸以展开面积计算	1. 天沟材料铺设 2. 天沟配件安装 3. 接缝、嵌缝 4. 刷防护材料
010902008	屋面变形缝	1. 嵌缝材料种类 2. 止水带材料种类 3. 盖缝材料 4. 防护材料种类	m	按设计图示以长度计算	1. 清缝 2. 填塞防水材料 3. 止水带安装 4. 盖缝制作、安装 5. 刷防护材料

注：1. 屋面刚性层防水，按屋面卷材防水、屋面涂膜防水项目编码列项；屋面刚性层无钢筋，其钢筋项目特征不必描述。
　　2. 屋面找平层按表4-149中"平面砂浆找平层"项目编码列项。
　　3. 屋面防水搭接及附加层用量不另行计算，在综合单价中考虑。
　　4. 屋面保温找平层按保温、隔热、防腐工程"保温隔热屋面"项目编码列项。

3）墙面防水、防潮。墙面防水、防潮工程量清单项目设置、项目特征描述、计量单位及工程量计算规则应按表4-115的规定执行。

表4-115　墙面防水、防潮（编码：010903）

项目编码	项目名称	项目特征	计量单位	工程量计算规则	工作内容
010903001	墙面卷材防水	1. 卷材品种、规格、厚度 2. 防水层数 3. 防水层做法	m²	按设计图示尺寸以面积计算	1. 基层处理 2. 刷黏结剂 3. 铺防水卷材 4. 接缝、嵌缝
010903002	墙面涂膜防水	1. 防水膜品种 2. 涂膜厚度、遍数 3. 增强材料种类			1. 基层处理 2. 刷基层处理剂 3. 铺布、喷涂防水层
010903003	墙面砂浆防水（防潮）	1. 防水层做法 2. 砂浆厚度、配合比 3. 钢丝网规格			1. 基层处理 2. 挂钢丝网片 3. 设置分格缝 4. 砂浆制作、运输、摊铺、养护
010903004	墙面变形缝	1. 嵌缝材料种类 2. 止水带材料种类 3. 盖缝材料 4. 防护材料种类	m	按设计图示以长度计算	1. 清缝 2. 填塞防水材料 3. 止水带安装 4. 盖缝制作、安装 5. 刷防护材料

注：1. 墙面防水搭接及附加层用量不另行计算，在综合单价中考虑。
　　2. 墙面变形缝，若做双面，工程量乘系数2。
　　3. 墙面找平层按墙、柱面装饰与隔断、幕墙工程"立面砂浆找平层"项目编码列项。

4）楼（地）面防水、防潮。楼（地）面防水、防潮工程量清单项目设置、项目特征描述、计量单位及工程量计算规则应按表4-116的规定执行。

表4-116　楼（地）面防水、防潮（编码：010904）

项目编码	项目名称	项目特征	计量单位	工程量计算规则	工作内容
010904001	楼（地）面卷材防水	1. 卷材品种、规格、厚度 2. 防水层数 3. 防水层做法 4. 反边高度	m²	按设计图示尺寸以面积计算 1. 楼（地）面防水：按主墙间净空面积计算，扣除凸出地面的构筑物、设备基础等所占面积，不扣除间壁墙及单个面积≤0.3m²柱、垛、烟囱和孔洞所占面积 2. 楼（地）面防水反边高度≤300mm算作地面防水，反边高度>300mm按墙面防水计算	1. 基层处理 2. 刷黏结剂 3. 铺防水卷材 4. 接缝、嵌缝
010904002	楼（地）面涂膜防水	1. 防水膜品种 2. 涂膜厚度、遍数 3. 增强材料种类			1. 基层处理 2. 刷基层处理剂 3. 铺布、喷涂防水层
010904003	楼（地）面砂浆防水（防潮）	1. 防水层做法 2. 砂浆厚度、配合比			1. 基层处理 2. 砂浆制作、运输、摊铺、养护
010904004	楼（地）面变形缝	1. 嵌缝材料种类 2. 止水带材料种类 3. 盖缝材料 4. 防护材料种类	m	按设计图示以长度计算	1. 清缝 2. 填塞防水材料 3. 止水带安装 4. 盖缝制作、安装 5. 刷防护材料

注：1. 楼（地）面防水找平层按表4-149中"平面砂浆找平层"项目编码列项。
　　2. 楼（地）面防水搭接及附加层用量不另行计算，在综合单价中考虑。

（2）保温、隔热、防腐工程

1）保温、隔热。保温、隔热工程量清单项目设置、项目特征描述、计量单位及工程量计算规则应按表4-117的规定执行。

表4-117　保温、隔热（编码：011001）

项目编码	项目名称	项目特征	计量单位	工程量计算规则	工作内容
011001001	保温隔热屋面	1. 保温隔热材料品种、规格、厚度 2. 隔气层材料品种、厚度 3. 黏结材料种类、做法 4. 防护材料种类、做法	m²	按设计图示尺寸以面积计算。扣除面积>0.3m²孔洞及占位面积	1. 基层清理 2. 刷黏结材料 3. 铺粘保温层 4. 铺、刷（喷）防护材料
011001002	保温隔热天棚	1. 保温隔热面层材料品种、规格、性能 2. 保温隔热材料品种、规格及厚度 3. 黏结材料种类及做法 4. 防护材料种类及做法		按设计图示尺寸以面积计算。扣除面积>0.3m²上柱、垛、孔洞所占面积	

（续）

项目编码	项目名称	项目特征	计量单位	工程量计算规则	工作内容
011001003	保温隔热墙面	1. 保温隔热部位 2. 保温隔热方式 3. 踢脚线、勒脚线保温做法 4. 龙骨材料品种、规格 5. 保温隔热面层材料品种、规格、性能 6. 保温隔热材料品种、规格及厚度 7. 增强网及抗裂防水砂浆种类 8. 黏结材料种类及做法 9. 防护材料种类及做法	m²	按设计图示尺寸以面积计算。扣除门窗洞口以及面积＞0.3m² 梁、孔洞所占面积；门窗洞口侧壁需作保温时，并入保温墙体工程量内	1. 基层清理 2. 刷界面剂 3. 安装龙骨 4. 填贴保温材料 5. 保温板安装 6. 粘贴面层 7. 铺设增强格网、抹抗裂、防水砂浆面层 8. 嵌缝 9. 铺、刷（喷）防护材料
011001004	保温柱、梁			按设计图示尺寸以面积计算 1. 柱按设计图示柱断面保温层中心线展开长度乘保温层高度以面积计算，扣除面积＞0.3m² 梁所占面积 2. 梁按设计图示梁断面保温层中心线展开长度乘保温层长度以面积计算	
011001005	保温隔热楼地面	1. 保温隔热部位 2. 保温隔热材料品种、规格、厚度 3. 隔气层材料品种、厚度 4. 黏结材料种类、做法 5. 防护材料种类、做法	m²	按设计图示尺寸以面积计算。扣除面积＞0.3m² 柱、垛、孔洞所占面积。门洞、空圈、暖气包槽、壁龛的开口部分不增加面积	1. 基层清理 2. 刷黏结材料 3. 铺粘保温层 4. 铺、刷（喷）防护材料
011001006	其他保温隔热	1. 保温隔热部位 2. 保温隔热方式 3. 隔气层材料品种、厚度 4. 保温隔热面层材料品种、规格、性能 5. 保温隔热材料品种、规格及厚度 6. 黏结材料种类及做法 7. 增强网及抗裂防水砂浆种类 8. 防护材料种类及做法		按设计图示尺寸以展开面积计算。扣除面积＞0.3m² 孔洞及占位面积	1. 基层清理 2. 刷界面剂 3. 安装龙骨 4. 填贴保温材料 5. 保温板安装 6. 粘贴面层 7. 铺设增强格网、抹抗裂防水砂浆面层 8. 嵌缝 9. 铺、刷（喷）防护材料

注：1. 保温隔热装饰面层，按本单元及单元 17 中相关项目编码列项；仅做找平层按本项目中"平面砂浆找平层"或单元 17 中"立面砂浆找平层"项目编码列项。
　　2. 柱帽保温隔热应并入天棚保温隔热工程量内。
　　3. 池槽保温隔热应按其他保温隔热项目编码列项。
　　4. 保温隔热方式：指内保温、外保温、夹心保温。

　　2）防腐面层。防腐面层工程量清单项目设置、项目特征描述、计量单位及工程量计算规则应按表 4-118 的规定执行。

表 4-118　防腐面层（编码：011002）

项目编码	项目名称	项目特征	计量单位	工程量计算规则	工作内容
011002001	防腐混凝土面层	1. 防腐部位 2. 面层厚度 3. 混凝土种类 4. 胶泥种类、配合比	m²	按设计图示尺寸以面积计算 1. 平面防腐：扣除凸出地面的构筑物、设备基础等以及面积 > 0.3m² 孔洞、柱、垛等所占面积 2. 立面防腐：扣除门、窗、洞口以及面积 > 0.3m² 孔洞、梁所占面积，门、窗、洞口侧壁、垛突出部分按展开面积并入墙面积内	1. 基层清理 2. 基层刷稀胶泥 3. 混凝土制作、运输、摊铺、养护
011002002	防腐砂浆面层	1. 防腐部位 2. 面层厚度 3. 砂浆、胶泥种类、配合比			1. 基层清理 2. 基层刷稀胶泥 3. 砂浆制作、运输、摊铺、养护
011002003	防腐胶泥面层	1. 防腐部位 2. 面层厚度 3. 胶泥种类、配合比			1. 基层清理 2. 胶泥调制、摊铺
011002004	玻璃钢防腐面层	1. 防腐部位 2. 玻璃钢种类 3. 贴布材料的种类、层数 4. 面层材料品种	m²	按设计图示尺寸以面积计算 1. 平面防腐：扣除凸出地面的构筑物、设备基础等以及面积 > 0.3m² 孔洞、柱、垛所占面积 2. 立面防腐：扣除门、窗、洞口以及面积 > 0.3m² 孔洞、梁所占面积，门、窗、洞口侧壁、垛突出部分按展开面积并入墙面积内	1. 基层清理 2. 刷底漆、刮腻子 3. 胶浆配制、涂刷 4. 粘布、涂刷面层
011002005	聚氯乙烯板面层	1. 防腐部位 2. 面层材料品种、厚度 3. 黏结材料种类			1. 基层清理 2. 配料、涂胶 3. 聚氯乙烯板铺设
011002006	块料防腐面层	1. 防腐部位 2. 块料品种、规格 3. 黏结材料种类 4. 勾缝材料种类			1. 基层清理 2. 铺贴块料 3. 胶泥调制、勾缝
011002007	池、槽块料防腐面层	1. 防腐池、槽名称、代号 2. 块料品种、规格 3. 黏结材料种类 4. 勾缝材料种类	m²	按设计图示尺寸以展开面积计算	1. 基层清理 2. 铺贴块料 3. 胶泥调制、勾缝

注：防腐踢脚线，应按本项目中"踢脚线"项目编码列项。

3）其他防腐。其他防腐工程量清单项目设置、项目特征描述、计量单位及工程量计算规则应按表4-119的规定执行。

表4-119　其他防腐（编码：011003）

项目编码	项目名称	项目特征	计量单位	工程量计算规则	工作内容
011003001	隔离层	1. 隔离层部位 2. 隔离层材料品种 3. 隔离层做法 4. 粘贴材料种类	m²	按设计图示尺寸以面积计算 1. 平面防腐：扣除凸出地面的构筑物、设备基础等以及面积＞0.3m²孔洞、柱、垛所占面积，门洞、空圈、暖气包槽、壁龛的开口部分不增加面积 2. 立面防腐：扣除门、窗、洞口以及面积＞0.3m²孔洞、梁所占面积，门、窗、洞口侧壁、垛突出部分按展开面积并入墙面积内	1. 基层清理、刷油 2. 煮沥青 3. 胶泥调制 4. 隔离层铺设
011003002	砌筑沥青浸渍砖	1. 砌筑部位 2. 浸渍砖规格 3. 胶泥种类 4. 浸渍砖砌法	m²	按设计图示尺寸以体积计算	1. 基层清理 2. 胶泥调制 3. 浸渍砖铺砌
011003003	防腐涂料	1. 涂刷部位 2. 基层材料类型 3. 刮腻子的种类、遍数 4. 涂料品种、刷涂遍数	m²	按设计图示尺寸以面积计算 1. 平面防腐：扣除凸出地面的构筑物、设备基础等以及面积＞0.3m²孔洞、柱、垛所占面积，门洞、空圈、暖气包槽、壁龛的开口部分不增加面积 2. 立面防腐：扣除门、窗、洞口以及面积＞0.3m²孔洞、梁所占面积，门、窗、洞口侧壁、垛突出部分按展开面积并入墙面积内	1. 基层清理 2. 刮腻子 3. 刷涂料

注：浸渍砖砌法指平砌、立砌。

2. 工程量清单编制典型案例

【案例一】　屋面保温、卷材防水分项工程量清单编制案例

（1）案例描述　某工程SBS改性沥青卷材防水屋面平面、剖面图如图4-114所示，其自结构层由下向上的做法为：钢筋混凝土板上用1∶12水泥珍珠岩找坡，坡度2%，最薄处60mm；保温隔热层上1∶3水泥砂浆找平层反边高300mm，在找平层上刷冷底子油，加热烤铺，贴3mm厚SBS改性沥青防水卷材一道（反边高300mm），在防水卷材上抹1∶2.5水泥砂浆找平层（反边高300mm）。不考虑嵌缝，砂浆使用中砂为拌合料，女儿墙不计算，未列项目补充。

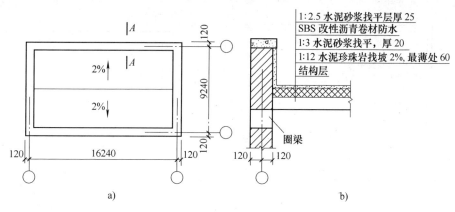

图 4-114　某工程屋顶平面、檐口节点断面示意图

a) 某屋顶平面示意图　b) A—A 檐口节点断面图

（2）问题　根据以上背景资料及现行国家标准《建设工程工程量清单计价规范》（GB 50500—2013）、《房屋建筑与装饰工程工程量计算规范》（GB 50854—2013），试列出该屋面找平层、保温及卷材防水分部分项工程清单。

解：屋面找平层、保温及卷材防水分部分项工程计量与清单编制，见表 4-120 和表 4-121。

表 4-120　清单工程量计算表

序号	清单项目编号	清单项目名称	计量单位	计算式	工程量
1	011001001001	屋面保温	m²	16×9	144
2	010902001001	屋面卷材防水	m²	16×9+(16+9)×2×0.3	159
3	011101006001	屋面找平层	m²	16×9+(16+9)×2×0.3	159

表 4-121　分部分项工程清单

序号	项目编号	项目名称	项目特征描述	计量单位	工程量
1	011001001001	屋面保温	1. 材料品种：1:12 水泥珍珠岩 2. 保温厚度：最薄处60mm	m²	144
2	010902001001	屋面卷材防水	1. 卷材品种、规格、厚度：3mm 厚 SBS 改性沥青防水卷材 2. 防水层数：一道 3. 防水层做法：卷材底刷冷底子油、加热烤铺	m²	159
3	011101006001	屋面找平层	找平层厚度、砂浆配合比：20mm 厚 1:3 水泥砂浆找平层（防水底层）、25mm 厚 1:2.5 水泥砂浆找平层（防水面层）	m²	159

【案例二】　外墙外保温分项工程量清单编制案例

（1）案例描述　某工程建筑示意图如图 4-115 所示，该工程外墙保温做法：①基层表面清理；②刷界面砂浆 5mm；③刷 30mm 厚胶粉聚苯颗粒；④门窗边保温宽度为 120mm。

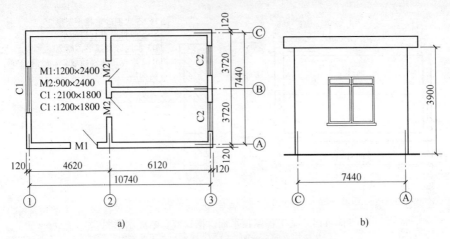

图 4-115　某工程建筑平面与立面示意图
a) 平面图　b) Ⓒ～Ⓐ立面图

（2）问题　根据以上背景资料及现行国家标准《建设工程工程量清单计价规范》（GB 50500—2013）、《房屋建筑与装饰工程工程量计算规范》（GB 50854—2013），试列出该工程外墙外保温的分部分项工程量清单。

分析：根据《房屋建筑与装饰工程工程量计算规范》（GB 50854—2013），保温隔热墙面，按设计图示尺寸以面积计算。扣除门窗洞口以及面积 >0.3m² 梁、孔洞所占面积；门窗洞口侧壁需作保温时，并入保温墙体工程量内。

解：工程外墙外保温的分部分项工程清单工程量计算及清单编制，见表 4-122 和表 4-123。

表 4-122　清单工程量计算表

序号	清单项目编码	清单项目名称	计量单位	计　算　式	工程量
1	011001003001	保温墙面	m²	墙面：$S_1 = [(10.74+0.24)+(7.44+0.24)] \times 2 \times 3.90 - (1.2 \times 2.4 + 2.1 \times 1.8 + 1.2 \times 1.8 \times 2) = 134.57$ 门窗侧边：$S_2 = [(2.1+1.8) \times 2 + (1.2+1.8) \times 4 + (2.4 \times 2 + 1.2)] \times 0.12 = 3.10$ $S_1 + S_2 = 137.67$	137.67

注：《房屋建筑与装饰工程工程量计算规范》（GB 50854—2013）规定，门窗洞口侧壁保温并入墙体工程量内。

表 4-123　分部分项工程和单价措施项目清单与计价表

序号	清单项目编码	清单项目名称	项目特征描述	计量单位	工程量
1	011001003001	保温墙面	1. 保温隔热部位：墙面 2. 保温隔热方式：外保温 3. 保温隔热材料品种、厚度：30mm 厚胶粉聚苯颗粒 4. 基层材料：5mm 厚界面砂浆	m²	137.67

知识回顾

1. 本单元主要分项工程定额与清单两种计量方法的比较，见表 4-124。

表4-124 屋面、防水、保温及防腐工程主要分项工程工程量计算规则对比

项目名称	定额工程量计算规则	清单工程量计算规则
屋面	各种瓦屋面（包括挑檐部分），均按设计图示尺寸的水平投影面积乘以屋面坡度系数以 m² 计算。不扣除房上烟囱、风帽底座、风道、屋面小气窗、斜沟和脊瓦等所占面积，屋面小气窗的出檐部分也不增加	按设计图示尺寸以斜面积计算 ① 瓦屋面、型材屋面：不扣除房上烟囱、风帽底座、风道、小气窗、斜沟等所占面积，小气窗的出檐部分不增加面积 ② 阳光板屋面、玻璃钢屋面：不扣除屋面面积≤0.3m² 孔洞所占面积
防水	① 屋面防水，按设计图示尺寸的水平投影面积乘以坡度系数以 m² 计算 ② 地面防水、防潮层，按主墙间净面积，以 m² 计算 ③ 墙基防水、防潮层，外墙按外墙中心线长度、内墙按墙体净长度乘以宽度，以 m² 计算	按设计图示尺寸以面积计算
保温	各种保温层，均按设计图示尺寸，以立方米计算（另有规定除外）	按设计图示尺寸以面积计算。扣除面积＞0.3m² 孔洞及占位面积
耐酸防腐	耐酸防腐工程区分不同材料及厚度，按设计实铺面积以 m² 计算	按设计图示尺寸以面积计算 ① 平面防腐：扣除凸出地面的构筑物、设备基础等以及面积＞0.3m² 孔洞、柱、垛等所占面积 ② 立面防腐：扣除门、窗、洞口以及面积＞0.3m² 孔洞、梁所占面积，门、窗、洞口侧壁、垛突出部分按展开面积并入墙面积内

2. 定额计价以直接工程费的计算为计算基础；清单计价以综合单价的计算为计算基础。

检查测试

一、填空题

1. 本单元定额包括_____、_____、_____、_____与_____、_____等内容。

2. 本单元定额立面保温，适用于_____和_____的保温。

3. 根据定额计量规则，屋面防水，按设计图示尺寸的水平投影面积乘以_____计算，坡度小于屋面坡度系数表中的最小坡度时，按_____计算。屋面的女儿墙、伸缩缝和天窗等处的弯起部分，按设计图示尺寸并入屋面工程量内计算；设计无规定时，伸缩缝、女儿墙的弯起部分按_____mm 计算，天窗弯起部分按_____mm 计算。

4. 墙体保温层，外墙按保温层_____长度、内墙按保温层_____长度乘以设计高度及厚度，以立方米计算。柱保温层，按保温层_____长度乘以设计高度及厚度，以立方米计算。

5. 耐酸防腐工程，区分不同材料及厚度，按设计_____以平方米计算。

6. 《房屋建筑与装饰工程工程量计算规范》（GB 50854—2013）规定：瓦屋面、型材屋面、阳光板屋面、玻璃钢屋面的工程量，按设计图示尺寸以_____计算。不扣除房上烟囱、风帽底座、风道、小气窗、斜沟等所占面积，小气窗的出檐部分_____面积。

7. 《房屋建筑与装饰工程工程量计算规范》（GB 50854—2013）中保温隔热墙面；按设计图示尺寸以_____计算。扣除门窗洞口以及面积 > _____ m² 梁、孔洞所占面积；门窗洞口侧壁需作保温时，_____保温墙体工程量内。

二、计算题

1. 某保温平屋面，尺寸、构造做法如图 4-116 所示，计算屋面（不含找平层）各分项工程量，确定定额编号。

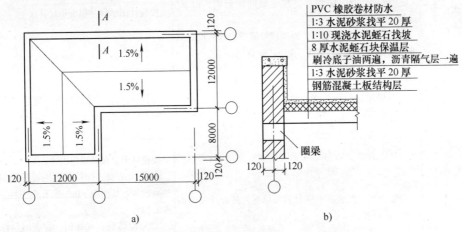

图 4-116　某屋顶平面、檐口节点断面示意图
a) 某屋顶平面示意图　b) A—A 檐口节点断面图

2. 试计算如图 4-117 所示，某房屋地面，用耐酸沥青胶泥铺砌耐酸瓷砖面层的工程量，确定定额编号。

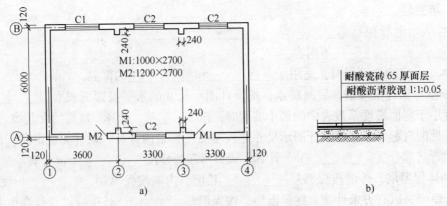

图 4-117　某房屋平面与地面面层做法示意图
a) 某房屋平面图　b) 地面面层做法示意图

单元 15　金属结构制作工程

单元描述

金属结构是指建筑物内用各种型钢、钢板或钢管等金属材料或半成品，以不同连接方式加工制作、安装而形成的结构。如图 4-118 所示，为部分金属结构工程示例。

 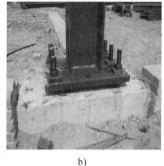 

a)　　　　　　　　　　　b)　　　　　　　　　　　c)

图 4-118　金属结构示例示意图

a）某轻钢结构厂房　b）某型钢柱与基础的连接　c）国家体育馆"鸟巢"

金属结构与钢筋混凝土结构、砌体结构相比，具有强度高、自重轻、材质均匀、塑性韧性好、拆迁方便等优点，但耐腐蚀性和耐火性较差。在我国工业与民用建筑中，金属结构一般用于：重型厂房、受动力荷载作用的厂房；大跨度建筑结构；多层、高层和超高层建筑结构；高耸构筑物；容器、贮罐、管道；可拆卸、装配房屋和其他构筑物等。

本单元主要介绍金属结构制作工程定额计量与计价、清单计量与编制。

学习目标

1. 熟悉金属结构制作工程定额与清单两种计量方法的工程量计算规则。

2. 能用两种计算方法，对金属结构制作工程中主要分项工程进行定额计量与计价、清单计量与编制。

工作任务

1. 金属结构制作工程主要分项工程的定额计量与计价。

2. 金属结构制作工程主要分项工程的清单计量与编制。

相关知识

课题 1　金属结构制作工程定额计量与计价

1. 定额编制说明与综合解释

（1）定额编制说明

1）本单元定额包括金属构件的制作、探伤、除锈等内容；金属构件的安装按项目 10 有关规定执行。本项目适用于现场、企业附属加工厂制作的构件。

2）定额内包括整段制作、分段制作和整体预装配所需的人工、材料及机械台班用量。

整体预装配用的螺栓及锚固杆件用的螺栓，已包括在定额内。

3）本单元定额除注明者外，均包括现场内（工厂内）的材料运输、号料、加工、组装及成品堆放、装车出厂等全部工序。

4）本单元定额未包括加工点至安装点的构件运输，构件运输按相应项目规定计算。

5）本单元定额构件制作项目中，均已包括刷一遍防锈漆工料。

6）钢筋混凝土组合屋架钢拉杆，按屋架钢支撑计算。

7）轻钢屋架是指每榀质量小于1t的钢屋架。

8）钢屋架、钢托架制作平台摊销子目中的单位t是指钢屋架、钢托架的质量。

（2）定额综合解释

1）金属构件制作子目中，钢材的规格和用量，设计与定额不同时可以调整，其他不变（钢材的损耗率为6%）。

2）各种杆件的连接以焊接为主。焊接前连接两组相邻构件，使其固定以及构件运输时，为避免出现误差而使用的螺栓，已包括在制作子目内，不另计算。

3）轻钢屋架，是指每榀质量小于1t且用小型角钢或钢筋、管材作为支撑、拉杆的钢屋架。

4）钢屋架、钢托架制作平台摊销子目，是与钢屋架、钢托架制作子目配套使用的子目，其工程量与钢屋架、钢托架制作工程量相同。其他金属构件制作，不计平台摊销费用。

5）钢梁执行钢制动梁子目，钢支架执行屋架钢支撑（十字）子目。

6）工业厂房中的楼梯、阳台、走廊的装饰性铁栏杆，民用建筑中的各种装饰性铁栏杆，均按单元17的相应规定计算。

7）"7–5–10，钢零星构件"，指定额未列项的、单体质量在0.2t以内的钢构件。

8）金属构件制作子目中，均包括除锈（为刷防锈漆而进行的简单除尘、除锈）、刷一遍防锈漆（制作工序的防护性防锈漆）内容。设计文件规定的金属构件除锈、刷油，另按单元17中的相应规定计算。制作子目中的除锈、防锈漆工料不扣除。

9）除锈工程的工程量，依据定额单位，分别按除锈构件的质量或表面积计算。

10）除锈工程分为轻锈、中锈、重锈，标准划分如下。

轻锈：部分氧化皮开始脱落，红锈开始发生。

中锈：氧化皮部分破裂脱落，呈堆粉末状，除锈后用肉眼可见到腐蚀凹点。

重锈：氧化皮大部分脱落，呈片状锈层或凹下的锈斑，脱落后出现麻点或麻坑。

2. 工程量计算规则

1）金属结构制作，按图示钢材尺寸以吨计算，不扣除孔眼、切边的质量。焊条、铆钉、螺栓等质量，已包括在定额内，不另计算。在计算不规则或多边形钢板质量时，均以其最大对角线乘最大宽度的矩形面积计算，如图4-119所示。

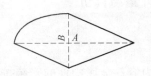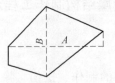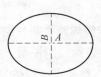

图4-119 不规则或多边形钢板示意图

多边形钢板质量 = 最大对角线长度 × 最大宽度 × 面密度 = $A \times B$ × 面密度

2）实腹柱、吊车梁、H型钢等均按图示尺寸计算，其中腹板及翼板宽度按每边增加25mm计算。

3）制动梁的制作工程量包括制动梁、制动桁架、制动板质量；墙架的制作工程量包括墙架柱、墙架梁及连接柱杆质量；钢柱制作工程量包括依附于柱上的牛腿及悬臂梁和柱脚连接板的质量。

4）铁栏杆制作，仅适用于工业厂房中平台、操作台的钢栏杆。民用建筑中铁栏杆按其他有关项目计算。

5）铁漏斗的制作工程量，矩形按图示分片，圆形按图示展开尺寸，并以钢板宽度分段计算，每段均以其上口长度（圆形以分段展开上口长度）与钢板宽度，按矩形计算，依附漏斗的型钢并入漏斗质量内计算。

6）计算钢屋架、钢托架、天窗架工程量时，依附其上的悬臂梁、檩托、横档、支爪、檩条爪等分别并入相应构件内计算。

7）X射线焊缝无损探伤，按不同板厚，以"10张（胶片）"为单位。拍片张数按设计规定计算的探伤焊缝总长度除以定额取定的胶片有效长度（250mm）计算。

8）金属板材对接焊缝超声波探伤，以焊缝长度为计量单位。

3. 计算实例

（1）钢屋架

【例4-46】 某工程钢屋架，如图4-120所示，共6榀，计算钢屋架制作工程量，确定定额编号。

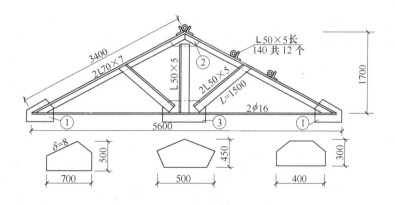

图4-120 某钢屋架示意图

分析：金属结构制作，按图示钢材尺寸以吨计算，不扣除孔眼、切边的质量。焊条、铆钉、螺栓等质量，已包括在定额内，不另计算。在计算不规则或多边形钢板质量时，均以其最大对角线乘最大宽度的矩形面积计算。计算钢屋架、钢托架、天窗架工程量时，依附其上的悬臂梁、檩托、横档、支爪、檩条爪等分别并入相应构件内计算。

解：钢屋架制作工程量计算及定额编号的确定，见表4-125。

表 4-125 定额工程量计算表

序号	项目名称	单位	计 算 式	工程量	定额编号
1	钢屋架	t	1. 每榀钢屋架工程量计算 (1) 上弦质量 = 3.4 × 2 × 2 × 7.398kg = 100.61kg (2) 下弦质量 = 5.6 × 2 × 1.58kg = 17.70kg (3) 竖杆质量 = 1.7 × 3.77kg = 6.41kg (4) 斜杆质量 = 1.5 × 2 × 2 × 3.77kg = 22.62kg ① 号连接板 = 0.7 × 0.5 × 2 × 62.80kg = 43.96kg ② 号连接板 = 0.5 × 0.45 × 62.80kg = 14.13kg ③ 号连接板 = 0.4 × 0.30 × 62.80kg = 7.54kg (5) 檩托质量 = 0.14 × 12 × 3.77kg = 6.33kg 2. 6 榀钢屋架工程量合计 $[(1)+(2)+(3)+(4)+(5)] \times 6 = [100.61 + 17.70 + 6.41 + 22.62 + 43.96 + 14.13 + 7.54 + 6.33] kg \times 6 = 219.30kg \times 6 = 1315.80kg = 1315.80kg \div 1000 \approx 1.316t$	1.316	7 – 2 – 1
2	钢屋架制作平台摊销	t	1.316（计算过程同上）	1.316	7 – 9 – 1

 注意!

"7 – 2 – 1 轻钢屋架"，是指每榀质量小于 1t 的钢屋架。

（2）钢支撑

【例 4-47】 某工业厂房柱间支撑尺寸如图 4-121 所示，共 4 组，∟ 63 × 6 热轧等边角钢，线密度为 5.72kg/m，–8 钢板的面密度为 62.8kg/m²，计算柱间支撑的工程量，确定定额编号。

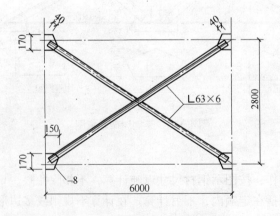

图 4-121 某柱间钢支撑示意图

解： 柱间钢支撑制作工程量计算及定额编号的确定，见表 4-126。

表4-126　定额工程量计算表

序号	项目名称	单位	计　算　式	工程量	定额编号
1	柱间支撑制作	t	（1）1组柱间支撑工程量 ①∟63×6角钢质量： $(\sqrt{6^2+2.8^2}-0.04\times2)\times5.72\times2\text{kg}=74.83\text{kg}$ ②—8钢板质量： $0.17\times0.15\times62.8\times4\text{kg}=6.41\text{kg}$ （2）4组柱间支撑工程量 $(74.83+6.41)\text{kg}\times4=324.96\text{kg}=324.96\text{kg}\div1000$ $\approx0.325\text{t}$	0.325	7-4-1

（3）钢直梯

【例4-48】　某钢直梯，如图4-122所示，Φ32带肋钢筋单位理论质量为6.310kg/m。计算钢直梯制作工程量，确定定额编号。

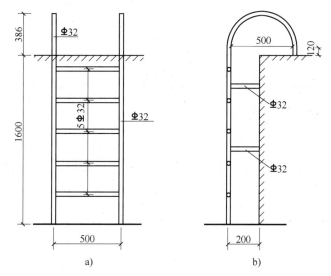

图4-122　某钢直梯正立面与侧立面示意图
a）某钢直梯正立面图　b）钢直梯侧立面图

分析：金属结构制作，按设计图示尺寸以质量计算，不扣孔眼、切边、切肢的质量，焊条、铆钉、螺栓等不另增加质量。

解：钢直梯制作工程量计算及定额编号的确定，见表4-127。

表4-127　定额工程量计算表

序号	项目名称	单位	计　算　式	工程量	定额编号
1	钢直梯制作	t	$[(1.6+0.12\times2+0.5\times3.14\div2)\times2+(0.5-0.016\times2)\times5+(0.2-0.016)\times4]\times6.31\text{kg}=52.54\text{kg}=52.54\text{kg}\div1000\approx0.053\text{t}$	0.053	7-5-5

注意！

钢直梯制作项目中，已包括除锈、刷一遍防锈漆工料。

课题2　金属结构工程清单计量与编制

1. 工程量清单项目设置及计算规则

（1）钢网架　钢网架工程量清单项目设置、项目特征描述、计量单位及工程量计算规则应按表4-128的规定执行。

表4-128　钢网架（编码：010601）

项目编码	项目名称	项目特征	计量单位	工程量计算规则	工作内容
010601001	钢网架	1. 钢材品种、规格 2. 网架节点形式、连接方式 3. 网架跨度、安装高度 4. 探伤要求 5. 防火要求	t	按设计图示尺寸以质量计算。不扣除孔眼的质量，焊条、铆钉等不另增加质量	1. 拼装 2. 安装 3. 探伤 4. 补刷油漆

（2）钢屋架、钢托架、钢桁架、钢架桥　钢屋架、钢托架、钢桁架、钢架桥工程量清单项目设置、项目特征描述、计量单位及工程量计算规则应按表4-129的规定执行。

表4-129　钢屋架、钢托架、钢桁架、钢架桥（编码：010602）

项目编码	项目名称	项目特征	计量单位	工程量计算规则	工作内容
010602001	钢屋架	1. 钢材品种、规格 2. 单榀质量 3. 屋架跨度、安装高度 4. 螺栓种类 5. 探伤要求 6. 防火要求	1. 榀 2. t	1. 以榀计量，按设计图示数量计算 2. 以吨计量，按设计图示尺寸以质量计算。不扣除孔眼的质量，焊条、铆钉、螺栓等不另增加质量	1. 拼装 2. 安装 3. 探伤 4. 补刷油漆
010602002	钢托架	1. 钢材品种、规格 2. 单榀质量 3. 安装高度 4. 螺栓种类 5. 探伤要求 6. 防火要求	t	按设计图示尺寸以质量计算。不扣除孔眼的质量，焊条、铆钉、螺栓等不另增加质量	
010602003	钢桁架				
010602004	钢架桥	1. 桥类型 2. 钢材品种、规格 3. 单榀质量 4. 安装高度 5. 螺栓种类 6. 探伤要求			

注：以榀计量，按标准图设计的应注明标准图代号，按非标准图设计的项目特征必须描述单榀屋架的质量。

（3）钢柱　钢柱工程量清单项目设置、项目特征描述、计量单位及工程量计算规则应按表4-130的规定执行。

表 4-130　钢柱（编码：010603）

项目编码	项目名称	项目特征	计量单位	工程量计算规则	工作内容
010603001	实腹钢柱	1. 柱类型 2. 钢材品种、规格 3. 单根柱质量 4. 螺栓种类 5. 探伤要求 6. 防火要求	t	按设计图示尺寸以质量计算。不扣除孔眼的质量，焊条、铆钉、螺栓等不另增加质量，依附在钢柱上的牛腿及悬臂梁等并入钢柱工程量内	1. 拼装 2. 安装 3. 探伤 4. 补刷油漆
010603002	空腹钢柱				
010603003	钢管柱	1. 钢材品种、规格 2. 单根柱质量 3. 螺栓种类 4. 探伤要求 5. 防火要求		按设计图示尺寸以质量计算。不扣除孔眼的质量，焊条、铆钉、螺栓等不另增加质量，钢管柱上的节点板、加强环、内衬管、牛腿等并入钢管柱工程量内	

注：1. 实腹钢柱类型指十字、T、L、H 形等。

2. 空腹钢柱类型指箱形、格构等。

3. 型钢混凝土柱浇筑钢筋混凝土，其混凝土和钢筋应按项目 4 混凝土及钢筋混凝土工程中相关项目编码列项。

（4）钢梁　钢梁工程量清单项目设置、项目特征描述、计量单位及工程量计算规则应按表 4-131 的规定执行。

表 4-131　钢梁（编码：010604）

项目编码	项目名称	项目特征	计量单位	工程量计算规则	工作内容
010604001	钢梁	1. 梁类型 2. 钢材品种、规格 3. 单根质量 4. 螺栓种类 5. 安装高度 6. 探伤要求 7. 防火要求	t	按设计图示尺寸以质量计算。不扣除孔眼的质量，焊条、铆钉、螺栓等不另增加质量，制动梁、制动板、制动桁架、车挡并入钢吊车梁工程量内	1. 拼装 2. 安装 3. 探伤 4. 补刷油漆
010604002	钢吊车梁	1. 钢材品种、规格 2. 单根质量 3. 螺栓种类 4. 安装高度 5. 探伤要求 6. 防火要求		按设计图示尺寸以质量计算。不扣除孔眼的质量，焊条、铆钉、螺栓等不另增加质量，制动梁、制动板、制动桁架、车挡并入钢吊车梁工程量内	1. 拼装 2. 安装 3. 探伤 4. 补刷油漆

注：1. 梁类型指 H、L、T 形、箱形、格构式等。

2. 型钢混凝土梁浇筑钢筋混凝土，其混凝土和钢筋应按项目 4 混凝土及钢筋混凝土工程中相关项目编码列项。

（5）钢板楼板、墙板　钢板楼板、墙板工程量清单项目设置、项目特征描述、计量单位及工程量计算规则应按表 4-132 的规定执行。

表4-132　钢板楼板、墙板（编码：010605）

项目编码	项目名称	项目特征	计量单位	工程量计算规则	工作内容
010605001	钢板楼板	1. 钢材品种、规格 2. 钢板厚度 3. 螺栓种类 4. 防火要求	m²	按设计图示尺寸以铺设水平投影面积计算。不扣除单个面积≤0.3m²柱、垛及孔洞所占面积	1. 拼装 2. 安装 3. 探伤 4. 补刷油漆
010605002	钢板墙板	1. 钢材品种、规格 2. 钢板厚度、复合板厚度 3. 螺栓种类 4. 复合板夹芯材料种类、层数、型号、规格 5. 防火要求		按设计图示尺寸以铺挂展开面积计算。不扣除单个面积≤0.3m²的梁、孔洞所占面积，包角、包边、窗台泛水等不另加面积	

注：1. 钢板楼板上浇筑钢筋混凝土，其混凝土和钢筋应按项目4混凝土及钢筋混凝土工程中相关项目编码列项。
　　2. 压型钢楼板按钢楼板项目编码列项。

（6）钢构件　钢构件工程量清单项目设置、项目特征描述、计量单位及工程量计算规则应按表4-133的规定执行。

表4-133　钢构件（编码：010606）

项目编码	项目名称	项目特征	计量单位	工程量计算规则	工作内容
010606001	钢支撑、钢拉条	1. 钢材品种、规格 2. 构件类型 3. 安装高度 4. 螺栓种类 5. 探伤要求 6. 防火要求	t	按设计图示尺寸以质量计算，不扣除孔眼的质量，焊条、铆钉、螺栓等不另增加质量	1. 拼装 2. 安装 3. 探伤 4. 补刷油漆
010606002	钢檩条	1. 钢材品种、规格 2. 构件类型 3. 单根质量 4. 安装高度 5. 螺栓种类 6. 探伤要求 7. 防火要求			
010606003	钢天窗架	1. 钢材品种、规格 2. 单榀质量 3. 安装高度 4. 螺栓种类 5. 探伤要求 6. 防火要求			
010606004	钢挡风架	1. 钢材品种、规格 2. 单榀质量 3. 螺栓种类 4. 探伤要求 5. 防火要求			
010606005	钢墙架				

（续）

项目编码	项目名称	项目特征	计量单位	工程量计算规则	工作内容
010606006	钢平台	1. 钢材品种、规格 2. 螺栓种类 3. 防火要求			
010606007	钢走道				
010606008	钢梯	1. 钢材品种、规格 2. 钢梯形式 3. 螺栓种类 4. 防火要求			
010606009	钢护栏	1. 钢材品种、规格 2. 防火要求			1. 拼装 2. 安装 3. 探伤 4. 补刷油漆
010606010	钢漏斗	1. 钢材品种、规格 2. 漏斗、天沟形式 3. 安装高度 4. 探伤要求	t	按设计图示尺寸以质量计算，不扣除孔眼的质量，焊条、铆钉、螺栓等不另增加质量，依附漏斗或天沟的型钢并入漏斗或天沟工程量内	
010606011	钢板天沟				
010606012	钢支架	1. 钢材品种、规格 2. 安装高度 3. 防火要求		按设计图示尺寸以质量计算，不扣除孔眼的质量，焊条、铆钉、螺栓等不另增加质量	
010606013	零星钢构件	1. 构件名称 2. 钢材品种、规格			

注：1. 钢墙架项目包括墙架柱、墙架梁和连接杆件。

　　2. 钢支撑、钢拉条类型指单式、复式；钢檩条类型指型钢式、格构式；钢漏斗形式指方形、圆形；天沟形式指矩形沟或半圆形沟。

　　3. 加工铁件等小型构件，应按零星钢构件项目编码列项。

（7）金属制品　金属制品工程量清单项目设置、项目特征描述、计量单位及工程量计算规则应按表4-134的规定执行。

表4-134　金属制品（编码：010607）

项目编码	项目名称	项目特征	计量单位	工程量计算规则	工作内容
010607001	成品空调金属百叶护栏	1. 材料品种、规格 2. 边框材质	m²	按设计图示尺寸以框外围展开面积计算	1. 安装 2. 校正 3. 预埋铁件及安螺栓
010607002	成品栅栏	1. 材料品种、规格 2. 边框及立柱型钢品种、规格			1. 安装 2. 校正 3. 预埋铁件 4. 安螺栓及金属立柱
010607003	成品雨篷	1. 材料品种、规格 2. 雨篷宽度 3. 晾衣竿品种、规格	1. m 2. m²	1. 以米计量，按设计图示接触边以米计算 2. 以平方米计量，按设计图示尺寸以展开面积计算	1. 安装 2. 校正 3. 预埋铁件及安螺栓

（续）

项目编码	项目名称	项目特征	计量单位	工程量计算规则	工作内容
010607004	金属网栏	1. 材料品种、规格 2. 边框及立柱型钢品种、规格	m²	按设计图示尺寸以框外围展开面积计算	1. 安装 2. 校正 3. 安螺栓及金属立柱
010607005	砌块墙钢丝网加固	1. 材料品种、规格 2. 加固方式		按设计图示尺寸以面积计算	1. 铺贴 2. 铆固
010607006	后浇带金属网				

（8）其他相关问题及说明

1）金属构件的切边，不规则及多边形钢板发生的损耗在综合单价中考虑。

2）防火要求指耐火极限。

2. 工程量清单编制典型案例

（1）案例描述　某工程空腹钢柱，如图4-123所示，共20根。加工厂制作，运输到现场拼装、安装、超声波探伤，耐火极限为二级。钢材单位理论质量表，见表4-135。

表4-135　钢材单位理论质量表

规　格	单位质量	备　注
[32b × (320 × 90)	43.25kg/m	槽钢
∟ 100 × 100 × 8	12.28kg/m	角钢
∟ 140 × 140 × 10	21.49kg/m	角钢
—12	94.20kg/m²	钢板

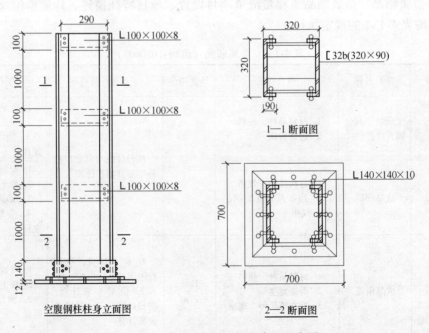

图4-123　某空腹钢柱立面与断面示意图

（2）问题　根据以上背景资料及《山东省建筑工程消耗量定额》《山东省建筑工程量计算规则》《建设工程工程量清单计价规范》（GB 50500—2013）、《房屋建筑与装饰工程工程量计算规范》（GB 50854—2013），完成以下内容。

① 计算空腹钢柱制作工程量，确定定额项目。

② 试列出该工程空腹钢柱的分部分项工程量清单。

分析：本项目清单工程量和定额工程量计算规则相同，均按设计图示尺寸以质量计算。不扣除孔眼的质量，焊条、铆钉、螺栓等不另增加质量，依附在钢柱上的牛腿及悬臂梁等并入钢柱工程量内。

解：① 空腹钢柱制作工程量的计算及定额项目的确定，见表4-136。

表4-136　工程量计算表

序号	项目名称	单位	计　算　式	工程量	定额编号
1	空腹钢柱制作	t	（1）1根空腹钢柱工程量计算 ① ［32 槽钢： ［0.14 +（1.0 + 0.1）×3］×43.25 ×2kg = 297.56kg ② ∟100×100×8 角钢横撑质量： 0.29 ×6 ×12.276kg = 21.36kg ③ ∟140×140×10 角钢底座质量： （0.32 + 0.14 ×2）×4 ×21.488kg = 51.57kg ④ —12 钢板： 0.7 ×0.7 ×94.20kg = 46.16kg （2）20 根空腹钢柱工程量 （297.56 + 21.36 + 51.57 + 46.16）kg ×20 = 8333kg = 8.333t	8.333	7 – 1 – 4

② 清单工程量与定额工程量计算结果相同，计算过程（略）。分部分项工程量清单见表4-137。

表4-137　分部分项工程量清单

序号	项目编号	项目名称	项目特征描述	计量单位	工程量
1	010603002001	空腹钢柱	1. 柱类型：简易箱形 2. 钢材品种、规格：槽钢、角钢、钢板，规格详图 3. 单根柱质量：0.217t 4. 螺栓种类：普通螺栓 5. 探伤要求：超声波探伤 6. 防火要求：耐火极限二级	t	8.333

 知识回顾

1. 本单元主要分项工程定额与清单两种计量方法的比较，见表4-138。

表4-138　金属结构主要分项工程工程量计算规则对比

项目名称	定额工程量计算规则	清单工程量计算规则
钢屋架	金属结构制作，按图示钢材尺寸以吨计算，不扣除孔眼、切边的质量。焊条、铆钉、螺栓等质量不另计算。在计算不规则或多边形钢板质量时，均以其最大对角线乘最大宽度的矩形面积计算 计算钢屋架、钢托架、天窗架工程量时，依附其上的悬臂柱、檩托、横档、支爪、檩条爪等分别并入相应构件内计算	1. 以榀计量，按设计图示数量计算 2. 以吨计量，按设计图示尺寸以质量计算。不扣除孔眼的质量，焊条、铆钉、螺栓等不另增加质量
实腹钢柱空腹钢柱	实腹柱、吊车梁、H型钢等均按图示尺寸计算，其中腹板及翼板宽度按每边增加25mm计算	按设计图示尺寸以质量计算。不扣除孔眼的质量，焊条、铆钉、螺栓等不另增加质量，依附在钢柱上的牛腿及悬臂梁等并入钢柱工程量内

2. 定额计价以直接工程费的计算为计算基础；清单计价以综合单价的计算为计算基础。

检查测试

一、填空题

1. 本单元定额包括金属构件的_____、_____与_____等内容。金属构件的安装按单元18有关项目执行。本单元适用于_____、_____的构件。

2. 本单元定额构件制作项目中，均已包括_____的工料。

3. 轻钢屋架定额是指每榀质量小于_____t的钢屋架。

4. 金属结构制作，按图示钢材尺寸以_____计算，不扣除孔眼、切边的质量。_____、_____、_____等质量，已包括在定额内不另计算。在计算不规则或多边形钢板质量时，均以其_____乘_____的矩形面积计算。

5. 金属板材对接焊缝超声波探伤，以_____为计量单位。

二、单项选择题

1. 金属结构制作工程定额综合解释，各种杆件的连接以（　　）为主。

　　A. 铆钉　　　　　B. 焊接　　　　　C. 硫黄胶泥　　　　　D. 螺栓

2. 工程量清单计算规则中，实腹钢柱、空腹钢柱、钢管柱按设计图示尺寸以（　　）计算。

　　A. 高度　　　　　B. 面积　　　　　C. 重量　　　　　D. 质量

3. 工程量清单计算规则中，钢板楼板、墙板按设计图示尺寸以（　　）计算。

　　A. m　　　　　B. m^2　　　　　C. t　　　　　D. kg

单元16　构筑物及其他工程

单元描述

建筑一般包括建筑物和构筑物。满足功能要求并提供活动空间和场所的建筑称为建筑物，建筑物是供人们生活、学习、工作、居住以及从事生产和文化活动的房屋，如工厂、学校、住宅、影剧院等；仅满足功能要求的建筑称为构筑物，如水塔、烟囱、纪念碑等，如图4-124所示，为某化工企业的烟囱、水塔等。

本单元主要介绍构筑物及其他工程的定额计量与计价。

1. 熟悉构筑物及其他工程定额的工程量计算规则。

2. 能进行构筑物及其他工程中主要分项工程的定额计量与计价。

构筑物及其他工程主要分项工程的定额计量与计价。

图 4-124　某企业烟囱、冷却水塔

课题 1　定额编制说明与计算规则

1. 定额编制说明与综合解释

（1）定额编制说明

1）本单元定额包括单项及综合项目。定额中的综合项目按国标、省标的标准做法编制，使用时对应标准图号直接套用，不再调整。设计文件与标准图做法不同时，套用单项定额。

2）本单元定额不包括的土方内容，发生时按单元 9 的相应定额内容执行。

3）散水、坡道综合项定额是按山东省标 L96J002 编制的。

4）室外排水管道的试水所需工料，已包括在定额内，不得另行计算。

5）室外排水管道定额，其沟深是按 2m 以内（平均自然地坪至垫层上表面）考虑的，当沟深在 2~3m 时，综合工日乘以系数 1.11；3m 以外者，综合工日乘系数 1.18。

注意！

此条指的是陶土管和混凝土管的铺设项目。排水管道混凝土基础、砂基础、砂石基础不考虑沟深。排水管道砂基础 90°、120°、180°是指砂基础表面与管道的两个接触点的中心角的大小。如 180°是指砂垫层埋半个管子的深度，如图 4-125 所示。

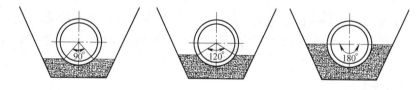

图 4-125　排水管道砂基础示意图

6）室外排水管道无论人工或机械敷设，均执行定额，不得调整。

7）毛石混凝土，是按毛石占混凝土体积 20% 计算的。如设计要求不同时，可以换算。其中，毛石损耗率为 2%，混凝土损耗率为 1.5%。

8）排水管道砂石基础中砂:石比例按 1:2 考虑。当设计要求不同时，可以换算材料预算单价，定额消耗量不变。

（2）定额综合解释

1）砖烟囱筒身不分矩形、圆形，均按筒身高度执行相应子目。

2）烟囱内衬项目也适用于烟道内衬。

3）砖水箱内、外壁，按定额第三章实砌砖墙的相应规定计算。

4）倒锥壳水塔中的水箱，定额按地面上浇筑编制。水箱的提升，另按定额第十章第四节的相应规定计算。

5）计算烟囱、水塔筒身体积时，应扣除 $0.3m^2$ 以上孔洞所占的体积。

6）贮水（油）池、贮仓、筒仓的基础、支撑柱及柱之间的连系梁，根据构成材料的不同，分别按定额相应规定计算。

7）构筑物综合项目中的化粪池及检查井子目，按国标图集 S2 编制。凡设计采用国家标准图集的，均按定额执行，不另调整。

8）场区道路子目、构筑物综合项目中的散水及坡道子目，按山东省建筑标准设计图集 L96J002 编制。场区道路子目中，已包括留设伸缩缝及嵌缝内容。

9）水表池、沉砂池、检查井等室外给水排水小型构筑物，实际工程中，常依据山东省标图集 LS 设计和施工。为此，编制了室外给水排水小型构筑物补充定额，补充定额的子目共 24 项，其内容详见《山东省建筑工程消耗量定额》（综合解释 2004 年）8 - 7 - 66 ~ 8 - 7 - 89。

① 室外给水小型构筑物，依据山东省标图集 LS02 编制，包括：Φ1000mm 圆形给水阀门井、LXS 型水表池、地下式消防水泵接合器闸门井等共 7 项。

② 室外排水小型构筑物，依据山东省标图集 LS03 编制，包括：雨水沉砂池、雨水口沉砂池、Φ800mm 和 Φ1000mm 圆形排水检查井、室外排水管道砂基础等共 17 项。

凡依据山东省标准图集 LS 设计和施工的上述室外给水排水小型构筑物，均执行定额，不作调整。

2. 工程量计算规则

（1）烟囱

1）烟囱基础。基础与筒身的划分以基础大放脚为分界，大放脚以下为基础，以上为筒身；钢筋混凝土基础包括基础底板及筒座。工程量按设计图纸尺寸以立方米计算。

2）烟囱筒身。

① 圆形、方形筒身，均按图示筒壁平均中心线周长乘以厚度并扣除筒身 $0.3m^2$ 以上孔洞、钢筋混凝土圈梁、过梁等体积以立方米计算，其筒壁周长不同时可按下式分段计算。

$$V = \Sigma HC\pi D$$

式中　V——筒身体积；

　　　H——每段筒身垂直高度；

　　　C——每段筒壁厚度；

　　　D——每段筒壁中心线的平均直径。

② 砖烟囱筒身原浆勾缝和烟囱帽抹灰已包括在定额内，不另行计算。如设计要求加浆勾缝时，套用勾缝定额（9 - 2 - 64），原浆勾缝所含工料不予扣除。

勾缝面积 = $1/2 \times \pi \times$ 烟囱高 × （上口直径 + 下口直径）

③ 烟囱的混凝土集灰斗（包括：分隔墙、水平隔墙、梁、柱）、轻质混凝土填充砌块及混凝土地面，按有关项目规定计算，套用相应定额。

④ 砖烟囱、烟道及其砖内衬，如设计要求采用楔形砖时，其数量按设计规定计算，套用相应定额项目。加工标准半砖和楔形半砖时，按楔形整砖定额的 1/2 计算。

⑤ 砖烟囱砌体内采用钢筋加固时，其钢筋用量按设计规定计算，套用相应定额。

3）烟囱内衬及内表面涂刷隔绝层。

① 烟囱内衬，按不同内衬材料并扣除孔洞后，以图示实体积计算，如图 4-126 所示。

② 填料按烟囱筒身与内衬之间的体积以立方米计算，不扣除连接横砖（防沉带）的体积。

③ 内衬伸入筒身的连接横砖已包括在内衬定额内，不另行计算。

④ 为防止酸性凝液渗入内衬及筒身间，而在内衬顶面上抹水泥砂浆排水坡的工料，已包括在定额内，不单独计算。

⑤ 烟囱内表面涂刷隔绝层，按筒身内壁并扣除各种孔洞后的面积以平方米计算。

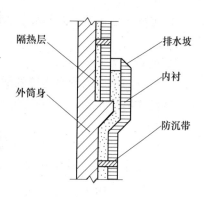

图 4-126　烟囱内衬示意图

4）烟道砌砖。

① 烟道与炉体的划分以第一道闸门为界，炉体内的烟道部分列入炉体工程量计算。

② 烟道中的混凝土构件，按相应定额项目计算。

③ 混凝土烟道以立方米计算（扣除各种孔洞所占体积），套用地沟定额（架空烟道除外）。

（2）水塔　定额中水塔分为砖水塔和混凝土水塔，如图 4-127 所示。

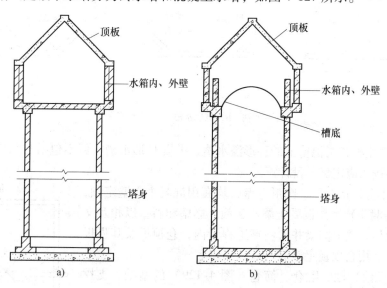

图 4-127　水塔示意图
a）砖水塔　b）混凝土水塔

1）砖水塔。

① 砖水塔基础与塔身划分：以砖砌体的扩大部分顶面为界，以上为塔身，以下为基础。水塔基础工程量按设计尺寸以立方米计算，套用烟囱基础的相应项目。

② 砖塔身以图示实砌体积计算，扣除门窗洞口、0.3m² 以上洞口、塔身内圈梁、过梁等混凝土构件所占体积，但砖平拱、砖出檐等砖构件并入砖塔身内计算。

③ 砖水箱内外壁，不分壁厚，均以图示实砌体积计算，套用定额第三章相应的内、外砖墙定额。

④ 定额内已包括原浆勾缝，如设计要求加浆勾缝时，套用勾缝定额，原浆勾缝的工料不予扣除。

2）混凝土水塔。

① 筒身与槽底以槽底连接的圈梁底为界，以上为槽底，以下为筒身。

② 筒式塔身及依附于筒身的过梁、雨篷、挑檐等并入筒身体积内计算；柱式塔身、柱、梁合并计算。

③ 塔顶及槽底，塔顶包括顶板和圈梁，槽底包括底板挑出的斜壁板和圈梁等合并计算。

④ 混凝土水塔，按设计图示尺寸以立方米计算工程量，分别套用相应定额项目。

⑤ 倒锥壳水塔中的水箱，定额按地面上浇筑编制。水箱的提升，另按定额第十章第四节的相应规定计算。

（3）贮水（油）池、贮仓

1）贮水（油）池、贮仓以立方米计算。

2）贮水（油）池不分平底、锥底、坡底，均按池底计算；壁基梁、池壁不分圆形壁和矩形壁，均按池壁计算，如图 4-128 所示。

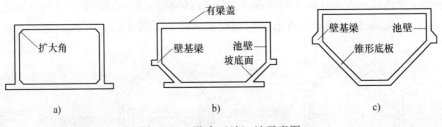

图 4-128　贮水（油）池示意图
a）平底水池　b）坡底水池　c）锥形底水池

3）沉淀池水槽，指池壁上的环形溢水槽、纵横 U 形水槽，但不包括与水槽相连接的矩形梁。矩形梁按相应定额子目计算。

4）贮仓不分矩形仓壁、圆形仓壁，均套用混凝土立壁定额，混凝土斜壁（漏斗）套用混凝土漏斗定额。立壁和斜壁以相互交点的水平线为界，壁上圈梁并入斜壁工程量内，仓顶板及其顶板梁合并计算，套用仓顶板定额。

5）贮水（油）池、贮仓、筒仓（图 4-129）的基础、支撑柱及柱之间的连系梁，根据构成材料的不同，分别按定额相应规定计算。

（4）检查井、化粪池及其他

1）砖砌井（池）壁不分厚度均以立方米计算，洞口上的砖

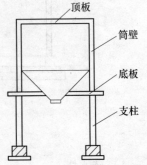

图 4-129　独立筒仓示意图

平拱碹等并入砌体体积内计算。与井壁相连接的管道及其内径在 20cm 以内的孔洞所占体积不予扣除。

2）渗井，指上部浆砌、下部干砌的渗水井。干砌部分不分方形、圆形，均以立方米计算。计算时不扣除渗水孔所占体积。浆砌部分套用砖砌井（池）壁定额。

3）混凝土井（池）按实体积以立方米计算，与井壁相连接的管道及内径在 20cm 以内的孔洞所占体积不予扣除。

4）铸铁盖板（带座）安装，以套计算。

（5）室外排水管道

1）室外排水管道与室内排水管道的分界，以室内至室外第一个排水检查井为界。检查井至室内一侧为室内排水管道，另一侧为室外排水（厂区、小区内）管道。

2）排水管道敷设，以延长米计算，扣除其检查井所占的长度。

3）排水管道基础，按不同管径及基础材料分别以延长米计算。

（6）场区道路

1）道路垫层，按设计图示尺寸以立方米计算。

2）路面工程量，按设计图示尺寸以平方米计算。

课题2　构筑物及其他工程定额计量实例

1. 烟囱

【例4-49】　某独立烟囱，如图 4-130 所示，基础垫层采用 C15 混凝土，砖基础采用 M5.0 水泥砂浆砌筑，砖筒身采用 M5.0 混合砂浆砌筑，原浆勾缝，收口圈梁采用 C25 混凝土浇筑，设计要求加工楔形整砖 18000 块，标准半砖 2000 块。请计算工程量，确定定额编号。

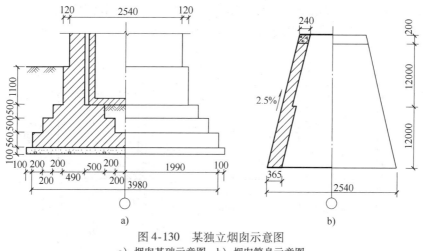

图 4-130　某独立烟囱示意图
a）烟囱基础示意图　b）烟囱筒身示意图

分析：烟囱基础与筒身的划分以基础大放脚为分界，大放脚以下为基础，以上为筒身，工程量按设计图纸尺寸以立方米计算；烟囱筒身为圆形、方形筒身时，均按图示筒壁平均中心线周长乘以厚度并扣除筒身 0.3m² 以上孔洞、钢筋混凝土圈梁、过梁等体积以立方米计算，其筒壁周长不同时可按公式 $V = \sum H \times C \times \pi D$ 分段计算。

解：独立烟囱工程量计算及定额编号的确定，见表4-139。

表4-139　定额工程量计算表

序号	项目名称	单位	计　算　式	工程量	定额编号
1	混凝土垫层	m³	$3.14 \times 2.09^2 \times 0.1$	1.37	2-1-13(换)
2	砖基础	m³	$3.14 \times [1.99^2 \times 0.56 + (1.79^2 - 0.2^2) \times 0.5 + (1.59^2 - 0.4^2) \times 0.5 + (1.39^2 - 0.9^2) \times 1.1]$	19.52	8-1-1
3	砖筒身	m³	砖筒身工程量 $V = \Sigma HC\pi D$ $12 \times 0.365 \times 3.14 \times (2.54 - 6 \times 2.5\% \times 2 - 0.365) +$ $12 \times 0.24 \times 3.14 \times (2.54 - 18 \times 2.5\% \times 2 - 0.24) =$ $25.79 + 12.66 = 38.45$	38.45	8-1-6
4	砖加工	千块	$18000 + 2000 \div 2$	19	8-1-8

？ 注意!

因为独立烟囱垫层项目，应执行独立基础垫层定额项目，而定额子目2-1-13是按地面垫层编制的，在套用定额时人工、机械要分别乘以系数1.1，所以，2-1-13的基价要进行调整。

2-1-13(换)，基价调整 = $[2640.08 + (775.96 + 10.53) \times 0.1]$元/10m³ = 2718.74元/10m³。

2. 贮油池

【例4-50】　某加油站拟建油池6个，尺寸如图4-131所示，钢筋混凝土池底、池壁、池盖均采用C20混凝土，池盖预留直径1500mm的检查口，并安装铸铁盖板。计算该工程池底、池壁、池盖的工程量，确定定额编号。

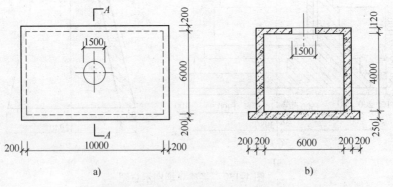

图4-131　某油池顶板平面与剖面示意图
a) 油池顶板平面示意图　b) A—A剖面图

分析： 贮水（油）池、贮仓以立方米计算。贮水（油）池不分平底、锥底、坡底，均按池底计算；壁基梁、池壁不分圆形壁和矩形壁，均按池壁计算。

解： 加油站油池工程量计算及定额编号的确定，见表4-140。

表 4-140　定额工程量计算表

序号	项目名称	单位	计 算 式	工程量	定额编号
1	池底	m³	$(10+0.2\times2)\times(6+0.2\times2)\times0.25\times6$	99.84	8-3-1
2	池壁	m³	$0.2\times4\times(10+0.1\times2+6+0.1\times2)\times2\times6$	157.44	8-3-2
3	池盖	m³	$[(10+0.2\times2)\times(6+0.2\times2)-3.14\div4\times1.5^2]\times0.12\times6$	46.65	8-3-3
4	铸铁盖板安装	套	6		8-4-8

3. 排水管道与检查井

【例 4-51】　某宿舍楼工程，室外敷设排水管道 140m（净长度），陶土管径 φ250mm，水泥砂浆接口，管底铺黄砂垫层，砖砌检查井（S231，φ700mm）无地下水，井深 1.5m，共 12 个，砖砌矩形化粪池 1 个（S231（一）2#无地下水）。计算室外排水项目工程量，确定定额编号。

分析：本室外排水项目计算的内容有排水管道敷设、排水管道基础、检查井与化粪池。①室外排水管道敷设以延长米计算，扣除其检查井所占的长度；②室外排水管道基础按不同管径及基础材料分别以延长米计算；③检查井（S231，φ700mm）、化粪池（S231（一）2#无地下水），均为山东省标的标准图做法（即按标准图做法施工的综合项目），所以，按对应的标准图号直接套用定额。

解：室外排水项目工程量计算及定额编号的确定，见表 4-141。

表 4-141　定额工程量计算表

序号	项目名称	单位	计算式	工程量	定额编号
1	承插式陶土管敷设	m	140	140	8-5-4
2	排水管道砂基础	m	140	140	8-5-64
3	S231，φ700mm 检查井	个	12	12	8-7-33 8-7-34
4	S231（一）2# 无地下水 砖砌化粪池	座	1	1	8-7-18

4. 厂区道路与其他

【例 4-52】　某写字楼：

① 楼前铺设混凝土路面，宽 5m，长 35m，路基地瓜石垫层厚 200mm，M2.5 混合砂浆灌缝，路面为 C25 混凝土整体路面，200mm 厚；砌筑料石路长度 80m，灰土垫层。

② 写字楼散水中心线长度为 90m，宽度为 0.8m，地瓜石垫层上浇筑 C15 混凝土，1∶2.5 水泥砂浆抹面。计算厂区道路及散水的工程量，确定定额编号。

分析：厂区道路垫层按设计图示尺寸以立方米计算；厂区路面工程量按设计图示尺寸以平方米计算；路沿按延长米计算；散水按平方米计算。

解：厂区道路及散水工程量计算及定额编号的确定，见表 4-142。

表 4-142　定额工程量计算表

序号	项目名称	单位	计算式	工程量	定额编号
1	厂区道路地瓜石垫层	m³	35×5×0.2	35	8-6-2
2	混凝土整体路面	m²	35×5	175	8-6-7 8-6-8
3	铺料石路沿	m	80	80	8-7-64
4	混凝土散水	m²	90×0.8	72	8-7-50

知识回顾

1. 本单元包括的主要内容

本单元定额主要包括烟囱、水塔、贮水（油）池、检查井、化粪池及其他，室外排水管道、厂区道路、构筑物综合项目等内容，定额项目包括单项定额及综合项目定额。

2. 主要分项工程量计算规则

（1）烟囱

1）烟囱基础：工程量按设计图纸尺寸以立方米计算。

2）烟囱筒身：圆形、方形筒身，均按图示筒壁平均中心线周长乘以厚度并扣除筒身 $0.3\mathrm{m}^2$ 以上孔洞、钢筋混凝土圈梁、过梁等体积以立方米计算，其筒壁周长不同时按公式 $V=\Sigma H\times C\times \pi D$ 分段计算。

（2）水塔　定额中水塔分为砖水塔和混凝土水塔。

1）砖水塔：基础工程量按设计尺寸以立方米计算，套用烟囱基础的相应项目；塔身以图示实砌体积计算，扣除门窗洞口、 $0.3\mathrm{m}^2$ 以上的洞口和混凝土构件所占的体积，砖平拱碹及砖出檐等并入塔身体积内计算。

2）混凝土水塔：按设计图示尺寸以立方米计算工程量，分别套用相应定额项目。

（3）贮水（油）池、贮仓　贮水（油）池、贮仓以立方米计算。贮水（油）池不分平底、锥底、坡底，均按池底计算；壁基梁、池壁不分圆形壁和矩形壁，均按池壁计算。

（4）检查井、化粪池及其他　砖砌井（池）壁不分厚度均以立方米计算；混凝土井（池）按实体积以立方米计算，与井壁相连接的管道及内径在 20cm 以内的孔洞所占体积不予扣除。

（5）室外排水管道　室外排水管道敷设以延长米计算，扣除其检查井所占的长度。室外排水管道基础按不同管径及基础材料分别以延长米计算。

（6）场区道路　场区道路垫层按设计图示尺寸以立方米计算；路面工程量按设计图示尺寸以平方米计算。

检查测试

一、填空题

1. 建筑一般包括_____和_____。仅满足功能要求的建筑称为_____。

2. 毛石混凝土，是按毛石占混凝土体积_____计算的。如设计要求不同时，_____换算。

3. 计算烟囱、水塔筒身体积时，应扣除_____ m^2 以上孔洞所占的体积。

4. 圆形、方形筒身，均按图示筒壁_____周长乘以厚度并扣除筒身 $0.3m^2$ 以上孔洞、钢筋混凝土圈梁、过梁等体积以立方米计算，其筒壁周长不同时按公式_____分段计算。

5. 砖水塔基础工程量按设计尺寸以立方米计算，套用_____基础的相应项目。

6. 砖砌井（池）壁不分厚度均以_____计算；混凝土井（池）按实体积以立方米计算，与井壁相连接的管道及内径在_____ cm 以内的孔洞所占体积不予扣除。

7. 室外排水管道基础按不同管径及基础材料分别以_____计算。

二、单项选择题

1. 构筑物及其他工程，定额中的综合项目按国标、省标的标准做法编制，使用时对应（　　）直接套用，不再调整。

A. 设计图纸　　　　B. 施工做法　　　　C. 标准图号　　　　D. 项目内容

2. 砖烟囱筒身原浆勾缝和烟囱帽抹灰已包括在定额内，不另行计算。如设计要求加浆勾缝时，套用勾缝定额，原浆勾缝所含工料（　　）。

A. 应扣除　　　　B. 不扣除　　　　C. 另增加　　　　D. 以上都不对

3. 室外排水管道与室内排水管道的分界，以室内至室外第一个（　　）为界。

A. 化粪池　　　　B. 阀门井　　　　C. 排水口　　　　D. 排水检查井

三、计算题

某独立烟囱基础如图 4-132 所示，基础垫层采用 C15 混凝土，基础采用 C20 混凝土。计算其工程量，确定定额项目。

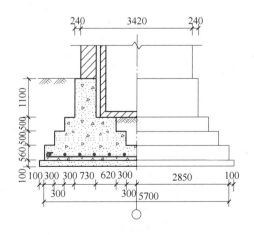

图 4-132　某烟囱混凝土基础

单元 17　装　饰　工　程

单元描述

装饰工程，是指房屋建筑施工中包括抹灰、油漆、涂刷、裱糊、吊顶、饰面和花饰等工艺的工程，它是房屋建筑施工的最后一个施工过程，其具体内容包括内、外墙面和顶棚的抹灰，内外墙饰面和镶贴、楼地面的饰面、房屋立面花饰的安装、门窗等木制品和金属品的油漆等。图 4-133 所示为某一独立别墅的正立面效果图。

图 4-133　某独立别墅主立面效果图

本单元主要介绍楼、地面工程，墙、柱面工程，顶棚工程，油漆、涂料及裱糊工程以及配套装饰项目的定额计量与计价、清单计量与编制。

学习目标

1. 熟悉装饰工程定额与清单两种计量方法的工程量计算规则。

2. 能用两种计算方法，对装饰工程中主要分项工程进行定额计量与计价、清单计量与编制。

工作任务

装饰工程主要分项工程的定额计量与计价、清单计量与编制。

相关知识

课题 1　楼地面工程计量与计价

1. 定额计量与计价

（1）定额编制说明与综合解释

1）定额编制说明。

① 本单元定额包括楼地面找平层、整体面层、块料面层、木质楼地面及其他饰面等内容。

② 本单元定额中的水泥砂浆、水泥石子浆、混凝土等配合比，设计规定与定额不同时，可以换算，其他不变。

③ 整体面层、块料面层中的楼地项目、楼梯项目，均不包括踢脚板、楼梯梁侧面、牵边；台阶不包括侧面、牵边；设计有要求时，按相应定额项目计算。

知识拓展

如图 4-134 所示，台阶两侧直立的墙为台阶挡墙；台阶两侧做成与踏步沿平齐的斜面挡墙为牵边；在楼梯踏步板上，做成上下连成一体的斜道为梯带；注意三者的区别。

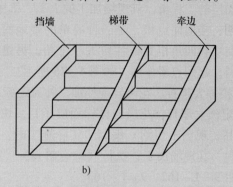

图 4-134　台阶侧面、牵边示意图轴测投影图
a）某台阶侧面实景图　b）某台阶牵边轴测图

④ 踢脚板（除缸砖、彩釉砖外）定额均按成品考虑编制，其中异形踢脚板指非矩形的形式。

⑤ 定额中的"零星项目"，适用于楼梯和台阶的牵边、侧面、池槽、蹲台等项目。

⑥ 块料面层拼图案项目，其图案材料定额按成品考虑，如图 4-135 所示。图案按最大几何尺寸算至图案外边线。图案外边线以内周边异形块料的铺贴，套用相应块料面层铺贴项目及图案周边异形块料铺贴另加工料项目。周边异形铺贴

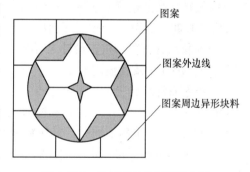

图 4-135　块料面层拼图案示意图

材料的损耗率，应根据施工现场实际情况，并入相应块料面层铺贴项目内。

注意！

①"图案外边线"是指铺贴图案所影响周围规格材料的最大范围；②图案和图案周边异形块料工程量应分别计算。

⑦ 设计块料面层中有不同种类、不同材质的材料，应分别按相应定额项目执行。

⑧ 硬木地板，定额按不带油漆考虑；若实际使用成品木地板（带油漆地板），按其做法套用相应定额子目，扣除子目中刨光机械，其他不变。

2）定额综合解释。

① 楼梯、台阶的牵边，是指楼梯、台阶踏步的两端（或一端）防止流水直接从踏步端

部下落的构造或做法，如图 4-134b 所示。

② 水磨石楼地面子目，不包括水磨石面层的分格嵌条。

③ 大理石、花岗岩楼地面面层分色子目，按不同颜色、不同规格的规格块料拼简单图案编制。其工程量应分别计算，均执行相应分色子目。

④ 大理石、花岗石楼地面面层点缀子目，其点缀块料按规格块料、被点缀的主体块料按现场加工编制。点缀块料面层的工程量，按设计图示尺寸，单独计算；不扣除被点缀的主体块料面层的工程量，其现场加工的人工、机械也不增加。

说明：楼地面点缀，是一种简单的楼地面块料拼铺方式，即在块料四角相交处各切去一个角，另镶嵌一块深颜色的块料，起到点缀作用，如图 4-136 所示。

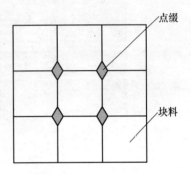

图 4-136 块料面层点缀示意

⑤ 楼梯大理石、花岗岩现场加工补充定额，共 2 项：

a. 定额大理石、花岗岩楼梯面层子目，块料按规格块料（成品，现场不切割）编制。实际施工时，若不能采用规格块料，其现场加工，执行《综合解释》（2004 年）中补充子目 9 − 1 − 162、9 − 1 − 163。

b. 楼梯大理石、花岗岩现场加工，按实际切割长度，以米计算。

c. 大理石、花岗岩块料现场加工的损耗率，根据现场加工情况据实测定。

⑥ 旋转、弧形楼梯的装饰，其踏步，按水平投影面积计算，执行楼梯的相应子目，人工乘系数 1.20；其侧面，按展开面积计算，执行零星项目的相应子目。

⑦ 预制水磨石踢脚板，设计为异形时，执行大理石异形踢脚板子目，调整其中的大理石踢脚板，消耗量及其他均不变。

⑧ 楼地面铺缸砖（勾缝）子目 9 − 1 − 92、9 − 1 − 94，定额按缝宽 6mm 编制：铺广场砖子目 9 − 1 − 109 ～ 9 − 1 − 111，定额按缝宽 5mm 编制。其他块料面层项目，定额均按密缝编制。当设计缝宽与定额不同时，其块料和勾缝砂浆的用量可以调整，其他不变。

⑨ 实木踢脚板子目，定额按踢脚板直接铺钉在墙面上编制。若设计要求做基层板，另按本单元课题 2 墙、柱饰面中的基层板子目计算。

⑩ 楼地面层铺地毯，定额按矩形房间编制。若遇异形房间，设计允许接缝时，人工乘系数 1.10，其他不变；设计不允许接缝时，人工乘系数 1.20；地毯损耗率，根据现场裁剪情况据实测定。

⑪ 楼地面铺贴块料面层子目，定额中只包括了块料面层的结合层，不包括黏结层之下的结合层。结合层另按本任务找平层的相应规定计算。

⑫ 楼地面铺贴大理石、花岗石，遇异形房间需现场切割时（按批准的排板方案），按相应图案周边异形块料铺贴的计算方法，计算工程量和实际消耗量，并执行其另加工料的相应子目。

⑬ 楼地面铺贴全瓷地板砖，遇异形房间需现场切割时（按经过批准的排板方案），按楼地面大理石拼图案中图案周边异形块料铺贴的计算方法，计算工程量和实际消耗量，并执行大理石图案周边异形块料铺贴另加工料定额子目 9 − 1 − 50。

⑭ 楼地面铺贴大理石、花岗石、全瓷地板砖，因裁板宽度有特定要求需现场切割时

（按经过批准的排板方案），其实际消耗量并入相应块料面层铺贴子目内。

⑮瓷砖踢脚板，按 9 – 1 – 86、9 – 1 – 87 彩釉砖踢脚板子目换算，其中，瓷砖 152mm × 152mm 的定额用量为 1.55m² （踢脚板高 152mm，施工损耗率 2%）。若设计踢脚板高度与设计面板材料不合模数，其现场加工的实际消耗量，根据现场加工实际情况据实测定，其他不变。

（2）工程量计算规则

1）楼地面找平层、整体面层，均按主墙间净面积以平方米计算。计算时应扣除凸出地面的构筑物、设备基础、室内铁道、室内地沟等所占面积，不扣除柱、垛、间壁墙、附墙烟囱及面积在 0.3m² 以内的孔洞所占面积，但门洞、空圈、暖气包槽、壁龛的开口部分亦不增加。

楼地面找平层、整体面层工程量 = 主墙间净长度 × 主墙间净宽度 – 构筑物等所占面积

 知识拓展

主墙，一般是指在结构上起承重作用和功能性隔断的墙体（轻体隔断墙、间壁墙除外）。参照国家基础定额，解释如下：

墙体厚度在 180 及以上的砖墙、砌块墙；墙体厚度在 100mm 及以上的钢筋混凝土墙，均可视为主墙；其他非承重的间壁墙视为非主墙。

2）楼、地面块料面层，按设计图示尺寸实铺面积以平方米计算。门洞、空圈、暖气包槽和壁龛的开口部分的工程量，并入相应的面层内计算。

楼地面块料面层工程量 = 净长度 × 净宽度 – 不做面层面积 + 增加其他实铺面积

3）楼梯面层（包括踏步及最后一级踏步宽、休息平台、小于 500mm 宽的楼梯井），按水平投影面积计算。

 注意！

①最后一级踏步宽是指楼梯与楼层楼地面的分界，这条分界线指的是整个梯间宽度范围内的分界，而不仅仅指一个梯段的宽度；②小于 500mm 宽的楼梯井，应包括在楼梯投影面积内，当梯井宽大于 500mm 时，应将该梯井的投影面积整体从楼梯的投影面积中扣除。

如图 4-137 所示，为某标准层楼梯平面示意图。

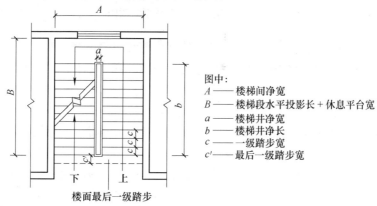

图中：
A —— 楼梯间净宽
B —— 楼梯段水平投影长 + 休息平台宽
a —— 楼梯井净宽
b —— 楼梯井净长
c —— 一级踏步宽
c′ —— 最后一级踏步宽

图 4-137　某标准层楼梯平面示意图

计算楼梯的水平投影面积，应区分两种情况。

① 当 $a \leqslant 500$mm 时，楼梯面层工程量 $= A \times B \times n + \sum (A \times c')$

② 当 $a > 500$mm 时，楼梯面层工程量 $= (A \times B - a \times b) \times n + \sum (A \times c')$

式中，n 为楼梯层数。

4）台阶面层（包括踏步及最上一层一个踏步宽）按水平投影面积计算。

5）踢脚板（线）根据设计做法，以定额单位的 m² 或 m 计算工程量。

$$踢脚线工程量 = 踢脚线净长度 \times 高度$$

$$或：踢脚线工程量 = 踢脚线净长度$$

6）防滑条、地面分格嵌条，按设计尺寸以延长米计算。

7）地面点缀，按点缀的面积计算，套用相应定额。计算地面铺贴面积时，不扣除点缀所占面积，主体块料加工用工亦不增加（加工用工已在点缀项目内考虑）。

（3）计算实例

1）整体面层。

【例 4-53】 某维修车间，其平面尺寸如图 4-138 所示。外墙为加气混凝土砌块墙，墙厚 240mm；内墙为石膏空心条板墙，墙厚 80mm；框架柱断面 240mm×240mm；地面做法：C20 细石混凝土找平层 60mm 厚，1:2.5 白水泥色石子水磨石面层 20mm，无嵌条。计算该工程地面工程量，确定定额编号。

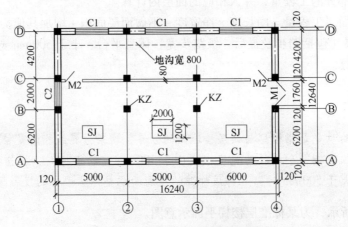

图 4-138 某维修车间平面示意图

分析：楼地面找平层、整体面层，均按主墙间净面积以平方米计算。计算时应扣除凸出地面的构筑物、设备基础、室内铁道、室内地沟等所占面积，不扣除柱、垛、间壁墙、附墙烟囱及面积在 0.3m² 以内的孔洞所占面积，但门洞、空圈、暖气包槽、壁龛的开口部分亦不增加。

解：该工程地面找平层及面层工程量计算及定额编号的确定，见表 4-143。

2）块料面层。

【例 4-54】 某单层建筑物，其平面图如图 4-139 所示。地面面层采用 1:2.5 水泥砂浆粘贴大理石板，不分色，边界到门扇底面。计算该建筑物地面面层的工程量，确定定额编号。

表4-143　定额工程量计算表

序号	项目名称	单位	计 算 式	工 程 量	定额编号
1	C20细石混凝土找平层60mm厚	m^2	$(16 - 0.12 \times 2) \times (12.4 - 0.12 \times 2) - (16 - 0.12 \times 2) \times 0.8 - 1.2 \times 2 \times 3$	171.83	9-1-4 9-1-5
2	白水泥色石子水磨石面层	m^2	$(16 - 0.12 \times 2) \times (12.4 - 0.12 \times 2) - (16 - 0.12 \times 2) \times 0.8 - 1.2 \times 2 \times 3$（同上）	171.83	9-1-16 9-1-22

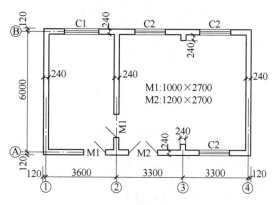

图 4-139　某建筑物平面示意图

分析：楼、地面块料面层，按设计图示尺寸实铺面积以平方米计算。门洞、空圈、暖气包槽和壁龛的开口部分的工程量并入相应的面层内计算。

解：该地面面层的工程量计算及定额编号的确定，见表4-144。

表4-144　定额工程量计算表

项目名称	单位	计 算 式	工程量	定额编号
地面面层大理石板	m^2	$(3.6 + 3.3 \times 2 - 0.24 \times 2) \times (6 - 0.12 \times 2) - 0.24 \times 0.24 \times 2 + 1 \times 0.24 + (1 + 1.2) \times 0.12$	56.38	9-1-36

知识拓展

【例4-55】　某地面铺贴大理石块料面层，如图4-140所示。每块大理石尺寸为600mm×600mm，采用1:2.5水泥砂浆粘贴，圆形图案直径为1800mm，计算该地面铺贴大理石块料面层的直接工程费。

分析：块料面层拼图案项目，其图案材料定额按成品考虑，图案按最大几何尺寸算至图案外边线。图案外边线以内周边异形块料的铺贴，套用相应块料面层铺贴项目及图案周边异形块料铺贴另加工料项目。周边异形铺贴材料的损耗率，应根据施工现场实际情况，并入相应块料面层铺贴项目内。

解：① 地面铺贴大理石面层的工程量计算及定额编号的确定，见表4-145。

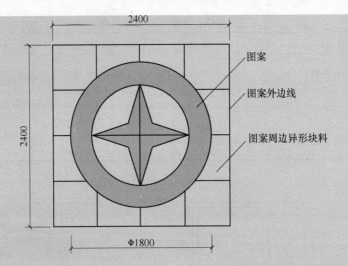

图 4-140　某地面铺大理石"块料面层拼图案"示意图

表 4-145　定额工程量计算表

序号	项目名称	单位	计 算 式	工程量	定额编号
1	图案（圆形）大理石面层	m²	$3.14 \times 0.9 \times 0.9$	2.54	9 – 1 – 49
2	图案周边异形大理石面层	m²	① 图案周边异形块料面积 = 2.4 × 2.4 – 3.14 × 0.9 × 0.9 = 3.22 ② 周边异形大理石损耗率 = (0.6 × 0.6 × 12 – 3.22) ÷ 3.22 = 34.16%	3.22	9 – 1 – 36（换） 9 – 1 – 50

② 计算直接工程费

套用定额及价目表（2015），9 – 1 – 49 基价 = 3057.69 元/10m²。

9 – 1 – 50 基价 = 368.16 元/10m²；已知大理石单价 = 163 元/m²，9 – 1 – 36（换）：

基价调整 = 1930.46 元/10m² + 10.2m²/10m² × 34.16% × 163 元/m² = 2498.40 元/m²

直接工程费 = [3057.69 元/10m² × 2.54m² + (2498.40 + 368.16) 元/10m² × 3.22m²] ÷ 10
= 1699.69 元

3）楼梯面层。

【例 4-56】　某楼梯平面与剖面图如图 4-141 所示。其楼梯面层，采用水泥砂浆铺贴花岗石板（暂不考虑防滑条），楼梯井宽 200mm，踏步宽 300mm，计算楼梯面层工程量，确定定额编号。

分析：楼梯面层（包括踏步及最后一级踏步宽、休息平台、小于 500mm 宽的楼梯井），按水平投影面积计算。本工程楼梯井宽 200mm，不扣除其占的水平投影面积。

解：楼梯面层花岗石板工程量计算及定额编号的确定，见表 4-146。

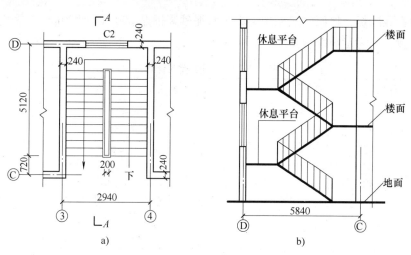

图 4-141　某顶层楼梯平面与剖面示意图

a) 顶层楼梯平面图　b) A—A 剖面图

表 4-146　定额工程量计算表

项目名称	单位	计 算 式	工程量	定额编号
楼梯面层花岗石板	m²	$(2.94 - 0.12 \times 2) \times (5.12 - 0.12) \times 2 + (2.94 - 0.12 \times 2) \times 0.3$ (二层踏步) $+ (2.94 - 0.12 \times 2) \div 2 \times 0.3$ (三层踏步)	28.22	9 - 1 - 57

4）台阶面层。

【例 4-57】某工程花岗石台阶，尺寸如图 4-142 所示。台阶、翼墙采用 1∶2.5 水泥砂浆粘贴花岗石板（翼墙外侧不贴）。计算工程量，确定定额编号。

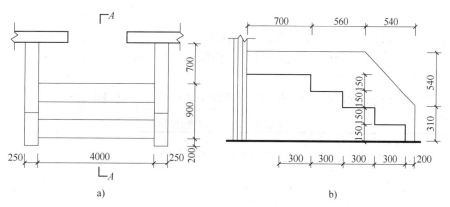

图 4-142　某台阶平面与剖面示意图

a) 某台阶平面图　b) A—A 剖面图

分析：台阶面层（包括踏步及最上一层一个踏步宽）按水平投影面积计算。

解：台阶及翼墙面层的工程量计算及定额编号的确定，见表 4-147。

5）块料踢脚板。

【例 4-58】某建筑物平面与节点示意图，如图 4-143 所示。室内水泥砂浆粘贴 200mm

高预制水磨石踢脚板，地面面层采用 1:2.5 水泥砂浆铺贴 800mm×800mm 全瓷抛光地板砖。计算其工程量，确定定额编号。

表 4-147　定额工程量计算表

序号	项目名称	单位	计算式	工程量	定额编号
1	台阶面层花岗石板	m²	台阶面层，按台阶的水平投影面积计算 4×0.3×4	4.80	9-1-59
2	台阶翼墙面层花岗石板	m²	台阶翼墙面层，按翼墙顶面面积+侧面面积之和计算 [0.3×(0.7+0.56+$\sqrt{2}$×0.54+0.31)+1.8×0.85-1/2×0.54×0.54-(1.3×0.6-0.3×0.3)]×2	2.79	9-1-68
3	地面面层花岗石板	m²	平台面层，按地面面层计算 4×(0.7-0.3)	1.6	9-1-51

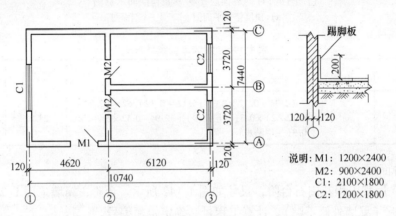

图 4-143　某建筑物平面与节点示意图

说明：M1：1200×2400
　　　M2：900×2400
　　　C1：2100×1800
　　　C2：1200×1800

分析：①踢脚板，根据设计做法，以定额单位的 m² 计算工程量；②楼、地面块料面层，按设计图示尺寸实铺面积以平方米计算，门洞、空圈、暖气包槽和壁龛的开口部分的工程量并入相应的面层内计算。

解：踢脚板及地面面层的工程量计算及定额编号的确定，见表 4-148。

表 4-148　定额工程量计算表

序号	项目名称	单位	计 算 式	工程量	定额编号
1	预制水磨石踢脚板	m²	[(4.62-0.12×2+7.44-0.12×2)×2+(6.12-0.12×2)×4+(7.44-0.24×2)×2-0.9×2×2-1.2×1+0.08×10]×0.2	11.32	9-1-76
2	地面面层全瓷抛光地板砖	m²	(4.62-0.12×2)×(7.44-0.12×2)+(6.12-0.12×2)×(7.44-0.24×2)+0.9×0.24×2+1.2×0.12	73.04	9-1-115

2. 清单计量与编制

（1）工程量清单计算规范

1）整体面层及找平层。整体面层及找平层工程量清单项目的设置、项目特征描述的内容、计量单位、工程量计算规则应按表 4-149 的规定执行。

表 4-149　整体面层及找平层（编码：011101）

项目编码	项目名称	项目特征	计量单位	工程量计算规则	工作内容
011101001	水泥砂浆楼地面	1. 找平层厚度、砂浆配合比 2. 素水泥浆遍数 3. 面层厚度、砂浆配合比 4. 面层做法要求	m²	按设计图示尺寸以面积计算。扣除凸出地面构筑物、设备基础、室内铁道、地沟等所占面积，不扣除间壁墙及≤0.3m² 柱、垛、附墙烟囱及孔洞所占面积。门洞、空圈、暖气包槽、壁龛的开口部分不增加面积	1. 基层清理 2. 抹找平层 3. 抹面层 4. 材料运输
011101002	现浇水磨石楼地面	1. 找平层厚度、砂浆配合比 2. 面层厚度、水泥石子浆配合比 3. 嵌条材料种类、规格 4. 石子种类、规格、颜色 5. 颜料种类、颜色 6. 图案要求 7. 磨光、酸洗、打蜡要求			1. 基层清理 2. 抹找平层 3. 面层铺设 4. 嵌缝条安装 5. 磨光、酸洗打蜡 6. 材料运输
011101003	细石混凝土楼地面	1. 找平层厚度、砂浆配合比 2. 面层厚度、混凝土强度等级			1. 基层清理 2. 抹找平层 3. 面层铺设 4. 材料运输
011101004	菱苦土楼地面	1. 找平层厚度、砂浆配合比 2. 面层厚度 3. 打蜡要求			1. 基层清理 2. 抹找平层 3. 面层铺设 4. 打蜡 5. 材料运输
011101005	自流平楼地面	1. 找平层砂浆配合比、厚度 2. 界面剂材料种类 3. 中层漆材料种类、厚度 4. 面漆材料种类、厚度 5. 面层材料种类			1. 基层清理 2. 抹找平层 3. 涂界面剂 4. 涂刷中层漆 5. 打磨、吸尘 6. 镘自流平面漆（浆） 7. 拌和自流平浆料 8. 铺面层
011101006	平面砂浆找平层	找平层厚度、砂浆配合比		按设计图示尺寸以面积计算	1. 基层清理 2. 抹找平层 3. 材料运输

注：1. 水泥砂浆面层处理，是拉毛还是提浆压光应在面层做法要求中描述。

　　2. 平面砂浆找平层，只适用于仅做找平层的平面抹灰。

　　3. 间壁墙，是指墙厚≤120mm 的墙。

　　4. 楼地面混凝土垫层另按现浇混凝土基础垫层项目编码列项，除混凝土外的其他材料垫层按垫层项目编码列项。

2）块料面层。块料面层工程量清单项目的设置、项目特征描述的内容、计量单位及工程量计算规则应按表 4-150 的规定执行。

3）橡塑面层。橡塑面层工程量清单项目的设置、项目特征描述的内容、计量单位及工程量计算规则应按表 4-151 的规定执行。

表 4-150　块料面层（编码：011102）

项目编码	项目名称	项目特征	计量单位	工程量计算规则	工作内容
011102001	石材楼地面	1. 找平层厚度、砂浆配合比 2. 结合层厚度、砂浆配合比 3. 面层材料品种、规格、颜色 4. 嵌缝材料种类 5. 防护层材料种类 6. 酸洗、打蜡要求	m²	按设计图示尺寸以面积计算。门洞、空圈、暖气包槽、壁龛的开口部分并入相应的工程量内	1. 基层清理 2. 抹找平层 3. 面层铺设、磨边 4. 嵌缝 5. 刷防护材料 6. 酸洗、打蜡 7. 材料运输
011102002	碎石材楼地面				
011102003	块料楼地面	1. 找平层厚度、砂浆配合比 2. 结合层厚度、砂浆配合比 3. 面层材料品种、规格、颜色 4. 嵌缝材料种类 5. 防护层材料种类 6. 酸洗、打蜡要求			

注：1. 在描述碎石材项目的面层材料特征时，可不用描述规格、颜色。
　　2. 石材、块料与黏结材料的结合面刷防渗材料的种类，在防护层材料种类中描述。
　　3. 本表工作内容中的磨边，是指施工现场磨边。后面项目工作内容中涉及的磨边含义同。

表 4-151　橡塑面层（编码：011103）

项目编码	项目名称	项目特征	计量单位	工程量计算规则	工作内容
011103001	橡胶板楼地面	1. 黏结层厚度、材料种类 2. 面层材料品种、规格、颜色 3. 压线条种类	m²	按设计图示尺寸以面积计算。门洞、空圈、暖气包槽、壁龛的开口部分并入相应的工程量内	1. 基层清理 2. 面层铺贴 3. 压缝条装钉 4. 材料运输
011103002	橡胶板卷材楼地面				
011103003	塑料板楼地面				
011103004	塑料卷材楼地面				

注：本表项目中如涉及找平层，另按表 4-149 中找平层项目编码列项。

　　4）其他材料面层。其他材料面层工程量清单项目的设置、项目特征描述的内容、计量单位及工程量计算规则应按表 4-152 的规定执行。

　　5）踢脚线。踢脚线工程量清单项目的设置、项目特征描述的内容、计量单位及工程量计算规则应按表 4-153 的规定执行。

　　6）楼梯面层。楼梯面层工程量清单项目的设置、项目特征描述的内容、计量单位及工程量计算规则应按表 4-154 的规定执行。

　　7）台阶装饰。台阶装饰工程量清单项目的设置、项目特征描述的内容、计量单位及工程量计算规则应按表 4-155 的规定执行。

表 4-152　其他材料面层（编码：011104）

项目编码	项目名称	项目特征	计量单位	工程量计算规则	工作内容
011104001	地毯楼地面	1. 面层材料品种、规格、颜色 2. 防护材料种类 3. 黏结材料种类 4. 压线条种类	m²	按设计图示尺寸以面积计算。门洞、空圈、暖气包槽、壁龛的开口部分并入相应的工程量内	1. 基层清理 2. 铺贴面层 3. 刷防护材料 4. 装钉压条 5. 材料运输
011104002	竹、木（复合）地板	1. 龙骨材料种类、规格、铺设间距 2. 基层材料种类、规格 3. 面层材料品种、规格、颜色 4. 防护材料种类			1. 基层清理 2. 龙骨铺设 3. 基层铺设 4. 面层铺贴 5. 刷防护材料 6. 材料运输
011104003	金属复合地板				
011104004	防静电活动地板	1. 支架高度、材料种类 2. 面层材料品种、规格、颜色 3. 防护材料种类			1. 基层清理 2. 固定支架安装 3. 活动面层安装 4. 刷防护材料 5. 材料运输

表 4-153　踢脚线（编码：011105）

项目编码	项目名称	项目特征	计量单位	工程量计算规则	工作内容
011105001	水泥砂浆踢脚线	1. 踢脚线高度 2. 底层厚度、砂浆配合比 3. 面层厚度、砂浆配合比	1. m² 2. m	1. 以平方米计算，按设计图示长度乘高度以面积计算 2. 按延长米计算	1. 基层清理 2. 底层和面层抹灰 3. 材料运输
011105002	石材踢脚线	1. 踢脚线高度 2. 粘贴层厚度、材料种类 3. 面层材料品种、规格、颜色 4. 防护材料种类			1. 基层清理 2. 底层抹灰 3. 面层铺贴、磨边 4. 擦缝 5. 磨光、酸洗、打蜡 6. 刷防护材料 7. 材料运输
011105003	块料踢脚线				
011105004	塑料板踢脚线	1. 踢脚线高度 2. 黏结层厚度、材料种类 3. 面层材料种类、规格、颜色	1. m² 2. m	1. 以平方米计算，按设计图示长度乘高度以面积计算 2. 以米计量，按延长米计算	1. 基层清理 2. 基层铺贴 3. 面层铺贴 4. 材料运输
011105005	木质踢脚线	1. 踢脚线高度 2. 基层材料种类、规格 3. 面层材料品种、规格、颜色			
011105006	金属踢脚线				
011105007	防静电踢脚线				

注：石材、块料与黏结材料的结合面刷防渗材料的种类在防护材料种类中描述。

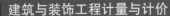

表4-154　楼梯面层（编码：011106）

项目编码	项目名称	项目特征	计量单位	工程量计算规则	工作内容
011106001	石材楼梯面层	1. 找平层厚度、砂浆配合比 2. 黏结层厚度、材料种类 3. 面层材料品种、规格、颜色 4. 防滑条材料种类、规格 5. 勾缝材料种类 6. 防护层材料种类 7. 酸洗、打蜡要求	m²	按设计图示尺寸以楼梯（包括踏步、休息平台及≤500mm的楼梯井）水平投影面积计算。楼梯与楼地面相连时，算至梯口梁内侧边沿；无梯口梁者，算至最上一层踏步边沿加300mm	1. 基层清理 2. 抹找平层 3. 面层铺贴、磨边 4. 贴嵌防滑条 5. 勾缝 6. 刷防护材料 7. 酸洗、打蜡 8. 材料运输
011106002	块料楼梯面层				
011106003	拼碎块料面层				
011106004	水泥砂浆楼梯面层	1. 找平层厚度、砂浆配合比 2. 面层厚度、砂浆配合比 3. 防滑条材料种类、规格			1. 基层清理 2. 抹找平层 3. 抹面层 4. 抹防滑条 5. 材料运输
011106005	现浇水磨石楼梯面层	1. 找平层厚度、砂浆配合比 2. 面层厚度、水泥石子浆配合比 3. 防滑条材料种类、规格 4. 石子种类、规格、颜色 5. 颜料种类、颜色 6. 磨光、酸洗、打蜡要求			1. 基层清理 2. 抹找平层 3. 抹面层 4. 贴嵌防滑条 5. 磨光、酸洗、打蜡 6. 材料运输
011106006	地毯楼梯面层	1. 基层种类 2. 面层材料品种、规格、颜色 3. 防护材料种类 4. 黏结材料种类 5. 固定配件材料种类、规格			1. 基层清理 2. 铺贴面层 3. 固定配件安装 4. 刷防护材料 5. 材料运输
011106007	木板楼梯面层	1. 基层材料种类、规格 2. 面层材料品种、规格、颜色 3. 黏结材料种类 4. 防护材料种类			1. 基层清理 2. 基层铺贴 3. 面层铺贴 4. 刷防护材料 5. 材料运输
011106008	橡胶板楼梯面层	1. 黏结层厚度、材料种类 2. 面层材料品种、规格、颜色 3. 压线条种类			1. 基层清理 2. 面层铺贴 3. 压缝条装钉 4. 材料运输
011106009	塑料板楼梯面层				

注：1. 在描述碎石材项目的面层材料特征时，可不用描述规格、颜色。
　　2. 石材、块料与黏结材料的结合面刷防渗材料的种类，在防护层材料种类中描述。

表 4-155　台阶装饰（编码：011107）

项目编码	项目名称	项目特征	计量单位	工程量计算规则	工作内容
011107001	石材台阶面	1. 找平层厚度、砂浆配合比 2. 黏结层材料种类 3. 面层材料品种、规格、颜色 4. 勾缝材料种类 5. 防滑条材料种类、规格 6. 防护材料种类	m²	按设计图示尺寸以台阶（包括最上层踏步边沿加 300mm）水平投影面积计算	1. 基层清理 2. 抹找平层 3. 面层铺贴 4. 贴嵌防滑条 5. 勾缝 6. 刷防护材料 7. 材料运输
011107002	块料台阶面				
011107003	拼碎块料台阶面				
011107004	水泥砂浆台阶面	1. 垫层材料种类、厚度 2. 找平层厚度、砂浆配合比 3. 面层厚度、砂浆配合比 4. 防滑条材料种类			1. 基层清理 2. 抹找平层 3. 抹面层 4. 抹防滑条 5. 材料运输
011107005	现浇水磨石台阶面	1. 垫层材料种类、厚度 2. 找平层厚度、砂浆配合比 3. 面层厚度、水泥石子浆配合比 4. 防滑条材料种类、规格 5. 石子种类、规格、颜色 6. 颜料种类、颜色 7. 磨光、酸洗、打蜡要求			1. 清理基层 2. 抹找平层 3. 抹面层 4. 贴嵌防滑条 5. 打磨、酸洗、打蜡 6. 材料运输
011107006	剁假石台阶面	1. 垫层材料种类、厚度 2. 找平层厚度、砂浆配合比 3. 面层厚度、砂浆配合比 4. 剁假石要求			1. 清理基层 2. 抹找平层 3. 抹面层 4. 剁假石 5. 材料运输

注：1. 在描述碎石材项目的面层材料特征时，可不用描述规格、颜色。
　　2. 石材、块料与黏结材料的结合面刷防渗材料的种类，在防护材料种类中描述。

8）零星装饰项目。零星装饰项目工程量清单项目的设置、项目特征描述的内容、计量单位及工程量计算规则应按表 4-156 的规定执行。

（2）清单编制典型案例

1）背景资料。某单元式住宅楼，其平面图如图 4-144 所示。墙体厚度均为 240mm，地面做法：3∶7 灰土垫层 300mm 厚，60mm 厚 C15 细石混凝土找平层，细石混凝土现场搅拌，20mm 厚 1∶3 水泥砂浆面层。

2）问题。根据以上背景资料及《建设工程工程量清单计价规范》（GB 50500—2013）、《房屋建筑与装饰工程工程量计算规范》（GB 50584—2013），试列出该工程地面面层的分部分项工程量清单。

分析：本项目清单地面水泥砂浆面层的工程量和定额工程量计算规则相同，均按设计图示尺寸以面积计算。扣除凸出地面构筑物、设备基础、室内铁道、地沟等所占面积，不扣除间壁墙及≤0.3m² 柱、垛、附墙烟囱及孔洞所占面积。门洞、空圈、暖气包槽、壁龛的开口部分不增加面积。

表 4-156　零星装饰项目（编码：011108）

项目编码	项目名称	项目特征	计量单位	工程量计算规则	工作内容
011108001	石材零星项目	1. 工程部位 2. 找平层厚度、砂浆配合比 3. 贴结合层厚度、材料种类 4. 面层材料品种、规格、颜色 5. 勾缝材料种类 6. 防护材料种类 7. 酸洗、打蜡要求	m^2	按设计图示尺寸以面积计算	1. 清理基层 2. 抹找平层 3. 面层铺贴、磨边 4. 勾缝 5. 刷防护材料 6. 酸洗、打蜡 7. 材料运输
011108002	拼碎石材零星项目				
011108003	块料零星项目				
011108004	水泥砂浆零星项目	1. 工程部位 2. 找平层厚度、砂浆配合比 3. 面层厚度、砂浆厚度			1. 清理基层 2. 抹找平层 3. 抹面层 4. 材料运输

注：1. 楼梯、台阶牵边和侧面镶贴块料面层，不大于 $0.5m^2$ 的少量分散的楼地面镶贴块料面层，应按本表执行。

　　2. 石材、块料与黏结材料的结合面刷防渗材料的种类，在防护材料种类中描述。

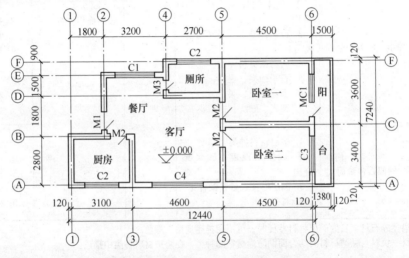

图 4-144　某住宅单元平面示意图

解： 地面水泥砂浆面层的分部分项工程计量与清单编制，见表4-157和表4-158。

表 4-157　清单工程量计算表

项目编号	项目名称	计量单位	计 算 式	工程量
011101001001	水泥砂浆楼地面	m^2	① 餐厅：$(3.2-0.24)\times(1.8+1.5-0.24)=9.06$ ② 客厅：$(4.65-0.24)\times(2.8+1.8-0.24)-(4.6-2.7-0.24)\times(1.8-0.24)=16.64$ ③ 厕所：$(2.7-0.24)\times(1.5+0.9-0.24)=5.31$ ④ 卧室一：$(4.5-0.24)\times(3.6-0.24)=14.31$ ⑤ 卧室二：$(4.5-0.24)\times(3.4-0.24)=13.46$ ⑥ 厨房：$(3.1-0.24)\times(2.8-0.24)=7.32$ ⑦ 阳台：$(1.38-0.12)\times(3.4+3.6)=8.82$ 合计：①＋②＋③＋④＋⑤＋⑥＋⑦＝9.06＋16.64＋5.31＋14.31＋13.46＋7.32＋8.82＝74.92	74.92

表 4-158　分部分项工程清单

项目编号	项目名称	项目特征描述	计量单位	工程量
011101001001	水泥砂浆楼地面	1. 找平层厚度、砂浆配合比 2. 素水泥浆遍数 3. 面层厚度、砂浆配合比 4. 面层做法要求	m²	74.92

课题 2　墙、柱面工程计量与计价

1. 定额计量与计价

（1）定额编制说明与综合解释

1）定额编制说明。

① 本单元定额包括墙、柱面的一般抹灰、装饰抹灰、镶贴块料及饰面、隔断、幕墙等内容。

② 本单元定额中凡注明砂浆种类、配合比，饰面材料、型号、规格的，设计与定额不同时，可按设计规定调整，但人工数量不变。

③ 墙面抹石灰砂浆分二遍、三遍、四遍，其标准如下。

二遍：一遍底层，一遍面层。

三遍：一遍底层，一遍中层，一遍面层。

四遍：一遍底层，一遍中层，二遍面层。

抹灰等级与抹灰遍数、工序、外观质量的对应关系，见表 4-159。

表 4-159　墙面抹石灰砂浆等级、工序、外观质量关系表

名　称	普通抹灰 （二遍）	中级抹灰 （三遍）	高级抹灰 （四遍）
主要工序	分层找平、修整、表面压光	阳角找方、设置标筋、分层找平、修整、表面压光	阳角找方、设置标筋、分层找平、修整、表面压平
外观质量	表面光滑、洁净、接槎平整	表面光滑、洁净、按槎平整、压线清晰、顺直	表面光滑、洁净、颜色均匀、无抹纹、压线平直方正

④ 抹灰厚度，设计与定额取定不同时，除定额有调整项目的可以换算外，其他不作调整。抹灰厚度，定额按不同的砂浆种类分别列在项目中，调整时按相应项目分别调整。

⑤ 圆弧形墙面的抹灰，圆弧形、锯齿形墙面镶贴块料、饰面，按相应项目人工乘以系数 1.15。

⑥ 外墙贴面砖项目，灰缝宽按 5mm 以内、10mm 以内和 20mm 以内列项，其人工、材料已综合考虑。如灰缝超过 20mm 者，其块料及灰缝材料用量允许调整，其他不变。

⑦ 定额内除注明者外，均未包括压条、收边、装饰线（板），设计有要求时，按相应定额计算。

⑧ 墙、柱饰面中的面层、基层、龙骨均未包括刷防火涂料，设计有要求时，按相应定额计算。

⑨ 幕墙、隔墙（间壁）、隔断所用的轻钢、铝合金龙骨，设计与定额不同时允许换算，人工用量不变（轻钢龙骨损耗率 6%，铝合金龙骨损耗率 7%，木龙骨损耗率 6%）。

⑩ 块料镶贴和装饰抹灰的"零星项目",适用于挑檐、天沟、腰线、窗台线、门窗套、压顶、栏板、扶手、遮阳板、雨篷周边等。一般抹灰中的"零星项目",适用于各种壁柜、碗柜、过人洞、暖气壁龛、池槽、花台以及 $1m^2$ 以内的抹灰;"装饰线条"抹灰,适用于门窗套、挑檐、腰线、压顶、遮阳板、楼梯边梁、宣传栏边框等展开宽度小于 300mm 的竖、横线条抹灰。展开宽度超过 300mm 时,按"零星项目"执行。

⑪ 墙面镶贴块料高度大于 300mm 时,按墙面、墙裙项目套用;小于 300mm 按踢脚线项目套用。

⑫ 木龙骨基层项目中,龙骨是按双向计算的;设计为单向时,人工、材料、机械消耗量乘以系数 0.55。

⑬ 基层板上钉铺造型层,定额按不满铺考虑,若在基层板上满铺板时,可套用造型层相应项目,人工消耗量乘系数 0.85。

⑭ 玻璃幕墙、隔墙中设计有平开窗、推拉窗者,木隔断(间壁)、铝合金隔断(间壁)设计有门者,扣除门窗面积;门窗按相应项目的规定另行计算。

2) 定额综合解释。

① 本项目中所有定额子目,定额不分外墙、内墙,使用时按设计饰面做法和不同材质墙体,分别执行相应定额项目。

② 本项目抹灰(含一般抹灰和装饰抹灰)子目,定额注明了抹灰厚度。

a. 定额中厚度为××mm 者,抹灰种类为一种一层。

b. 定额中厚度为××mm + ××mm 者,抹灰种类为两种两层,前者数据为打底抹灰厚度,后者数据为罩面抹灰厚度。

c. 厚度为××mm + ××mm + ××mm 者,抹灰种类为三种三层,前者数据为罩面抹灰厚度,中者数据为中层抹灰厚度;后者数据为打底抹灰厚度。

砂浆种类和抹灰厚度,设计与定额不同时,执行抹灰砂浆厚度调整子目。先调整抹灰厚度,再调整砂浆种类,其他不变。

③ 窗台(无论内、外)抹灰的砂浆种类和厚度,与墙面一致时,不另计算;否则,按其展开宽度,按相应零星项目或装饰线条计算。

④ 凸弧形装饰线条补充定额,共 3 项:

a. 凸弧形装饰线条,指突出墙面、断面外形为弧形(由抹灰形成)的直线型线条。

b. 凸弧形装饰线条,区分不同断面,按设计长度,以米计算。

c. 突出墙面的矩形混凝土或砖外表面,抹灰形成凸弧形装饰线条,该线条的断面面积,应扣除混凝土或砖所占的矩形面积。

d. 线条纵向成弧形,或纵向直线连续长度小于 2m 时,人工乘以系数 1.15。

⑤ 墙面抹灰(含一般抹灰和装饰抹灰)的工程量,应扣除零星抹灰所占面积,不扣除各种装饰线条所占面积。

⑥ 墙、柱面干挂大理石、花岗岩子目,定额按块料挂在膨胀螺栓上编制。若设计挂在龙骨上,龙骨单独计算,执行相应龙骨子目;扣除子目中膨胀螺栓的消耗量,其他不变。

⑦ 镶贴块料面层子目,除定额已注明留缝宽度的项目外,其余项目均按密缝编制。若设计留缝宽度与定额不同时,其相应项目的块料和勾缝砂浆用量可以调整,其他不变。

⑧ 单块面积 0.03m² 以内的墙柱饰面面层,其材料与周边饰面面层不一致时,应单独计

算，且不扣除周边饰面面层的工程量。

⑨ 各类幕墙的周边封口，若采用相同材料，按其展开面积，并入相应幕墙的工程量内计算；若采用不同材料，其工程量应单独计算。

⑩ 墙柱面抹石灰砂浆子目，定额编制说明第三条和项目名称中的"遍数"，不含罩面的麻刀石灰浆。

⑪ 墙柱面粘贴块料面层子目，定额中包括了块料面层的粘接层和粘接层之下的结合层，粘接层和结合层的砂浆种类、配合比、厚度与定额不同时，允许调整，砂浆损耗率1%。

⑫ 墙柱面粘贴面砖子目，定额按三种不同的灰缝宽度编制。灰缝宽度 >20mm 时，应调整定额中瓷质外墙砖和勾缝砂浆（1:1 水泥砂浆）的用量，其他不变。瓷质外墙砖的损耗率为 3%。

⑬ 阴、阳角面砖、瓷砖 45°角割角、对缝，执行补充子目 9 - 2 - 334。该子目内包括面砖、瓷砖的割角损耗。

⑭ 墙柱面挂贴块料面层子目，定额中包括了块料面层的灌缝砂浆（均为50mm厚），其砂浆种类、配合比，可按定额相应规定换算；其厚度，设计与定额不同时，可按比例调整砂浆用量，其他不变。

（2）工程量计算规则

1）内墙抹灰工程量，按以下规则计算。

① 内墙抹灰以平方米计算。计算时应扣除门窗洞口和空圈所占的面积，不扣除踢脚板、挂镜线、单个面积在 $0.3m^2$ 以内的孔洞和墙与构件交接处的面积，洞侧壁和顶面亦不增加。墙垛和附墙烟囱侧壁面积与内墙抹灰工程量合并计算。

② 内墙面抹灰的长度，以主墙间的图示净长尺寸计算。

其高度确定如下：

a. 无墙裙的，其高度按室内地面或楼面至顶棚底面之间距离计算。

b. 有墙裙的，其高度按墙裙顶至顶棚底面之间距离计算。

c. 有顶棚的，其高度至顶棚底面另加 100mm 计算。

内墙抹灰工程量 = 主墙间净长度 × 墙面高度 - 门窗等面积 + 垛的侧面抹灰面积

③ 内墙裙抹灰面积，按内墙净长乘以高度计算（扣除或不扣除，内容同内墙抹灰）。

内墙裙抹灰工程量 = 主墙间净长度 × 墙裙高度 - 门窗所占面积 + 垛的侧面抹灰面积

④ 柱抹灰，按结构断面周长乘设计柱抹灰高度以平方米计算。

柱抹灰工程量 = 柱结构断面周长 × 设计柱抹灰高度

2）外墙一般抹灰工程量，按以下规则计算。

① 外墙抹灰面积，按设计外墙抹灰的垂直投影面积以平方米计算。计算时应扣除门窗洞口、外墙裙和单个面积大于 $0.3m^2$ 孔洞所占面积，洞口侧壁面积不另增加。附墙垛、梁、柱侧面抹灰面积并入外墙面工程量内计算。

外墙抹灰工程量 = 外墙面长度 × 墙面高度 - 门窗等面积 + 垛梁柱的侧面抹灰面积

② 外墙裙抹灰面积，按其长度乘高度计算（扣除或不扣除内容同外墙抹灰）。

外墙裙抹灰工程量 = 外墙面长度 × 墙裙高度 - 门窗所占面积 + 垛梁柱侧面抹灰面积

③ 其他抹灰：展开宽度在300mm 以内者，按延长米计算，展开宽度超过300mm 时，按图示尺寸的展开面积计算。

其他抹灰工程量 = 展开宽度在 300mm 以内的实际长度

或：其他抹灰工程量 = 展开宽度在 300mm 以上的实际面积

④ 栏板、栏杆（包括立柱、扶手或压顶等）设计抹灰做法相同时，抹灰按垂直投影面积以平方米计算。设计抹灰做法不同时，按其他抹灰规定计算。

栏板、栏杆工程量 = 栏板、栏杆长度 × 栏板、栏杆抹灰高度

⑤ 墙面勾缝，按设计勾缝墙面的垂直投影面积计算。不扣除门窗洞口、门窗套、腰线等零星抹灰所占的面积，附墙柱和门窗洞口侧面的勾缝面积亦不增加。独立柱、房上烟囱勾缝，按图示尺寸的平方米计算。

墙面勾缝工程量 = 墙面长度 × 墙面高度

3）外墙装饰抹灰工程量，按以下规则计算。

① 外墙各种装饰抹灰，均按设计外墙抹灰的垂直投影面积计算，计算时应扣除门窗洞口、空圈及单个面积大于 $0.3m^2$ 孔洞所占面积，其侧壁面积不另增加。附墙垛侧面抹灰面积并入外墙抹灰工程量内计算。

外墙装饰抹灰工程量 = 外墙面长度 × 抹灰高度 − 门窗等面积 + 垛梁柱的侧面抹灰面积

② 挑檐、天沟、腰线、栏板、门窗套、窗台线、压顶等，均按图示尺寸的展开面积以平方米计算。

③ 柱装饰抹灰，按结构断面周长乘设计柱抹灰高度，以平方米计算。

柱装饰抹灰工程量 = 柱结构断面周长 × 设计柱抹灰高度

4）块料面层工程量，按以下规则计算。

① 墙面贴块料面层，按图示尺寸的实贴面积计算。

墙面贴块料工程量 = 图示长度 × 装饰高度

② 柱面贴块料面层，按块料外围周长乘装饰高度，以平方米计算。

柱面贴块料工程量 = 柱装饰块料外围周长 × 装饰高度

5）墙、柱饰面、隔断、幕墙工程量，按以下规则计算。

① 墙、柱饰面龙骨，按图示尺寸长度乘以高度，以平方米计算。定额龙骨按附墙、附柱考虑，若遇其他情况，按下列规定乘以系数处理：

a. 设计龙骨外挑时，其相应定额项目乘系数 1.15。

b. 设计木龙骨包圆柱，其相应定额项目乘系数 1.18。

c. 设计金属龙骨包圆柱，其相应定额项目乘系数 1.20。

墙、柱饰面龙骨工程量 = 图示长度 × 高度 × 系数

② 墙、柱饰面基层板、造型层，按图示尺寸面积，以平方米计算。面层按展开面积，以平方米计算。单块面积 $0.03m^2$ 以内的墙面饰面面层，其材料与周边饰面面层不一致时，应单独计算，且不扣除周边饰面面层的工程量。

墙、柱饰面基层、面层工程量 = 图示长度 × 高度

③ 木间壁、隔断，按图示尺寸长度乘以高度，以平方米计算。有门窗者，扣除门窗面积，门窗扇执行其他项目有关规定。

木间壁、隔断工程量 = 图示长度 × 高度 − 门窗面积

④ 玻璃间壁、隔断，按上横档顶面至下横档底面之间的图示尺寸，以平方米计算。有门窗者，扣除门窗面积，门窗执行其他项目有关规定。

⑤ 铝合金（轻钢）间壁、隔断、各种幕墙，按设计四周外边线的框外围面积计算。有门窗者，扣除门窗面积，门窗执行其他项目有关规定。

铝合金（轻钢）间壁、隔断、幕墙工程量 = 净长度 × 净高度 − 门窗面积

⑥ 墙面保温项目，按设计图示尺寸以平方米计算。

（3）计算实例

【例 4-59】　某单层砖混结构房屋，如图 4-145 所示。内外墙面做法如下：

① 内墙面：1:2 水泥砂浆打底，1:3 水泥砂浆找平层，麻刀石灰浆面层，共 20mm 厚；内墙裙采用 1:3 水泥砂浆打底（19mm 厚），1:2.5 水泥砂浆面层（6mm 厚）。

② 外墙面：1:3 水泥砂浆打底 14mm 厚，面层为 1:2 水泥砂浆抹面 6mm 厚；外墙裙水刷石，1:3 水泥砂浆打底 12mm 厚，素水泥浆二遍，1:2.5 水泥白石子 10mm 厚；挑檐水刷石，厚度与配合比均与定额相同。计算内、外墙面抹灰工程量，确定定额编号。

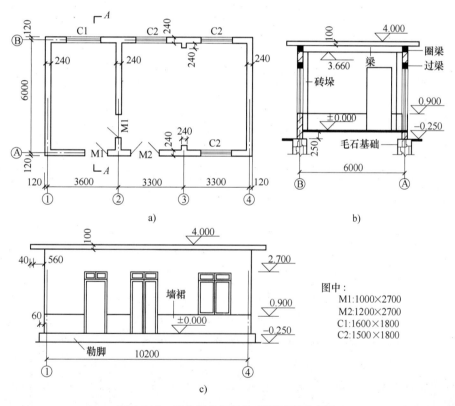

图 4-145　某单层砖混结构房屋平面示意图
a）平面图　b）A—A 剖面图　c）①~④轴立面图

分析：① 内墙抹灰以平方米计算。计算时应扣除门窗洞口和空圈所占的面积，不扣除踢脚板、挂镜线、单个面积在 0.3m² 以内的孔洞和墙与构件交接处的面积，洞侧壁和顶面亦不增加；墙垛和附墙烟囱侧壁面积与内墙抹灰工程量合并计算。内墙面有墙裙的，其高度按墙裙顶至顶棚底面之间距离计算。

② 外墙一般抹灰与装饰抹灰工程量计算规则相同，均按设计外墙抹灰的垂直投影面积以平方米计算。计算时应扣除门窗洞口、外墙裙和单个面积大于 0.3m² 孔洞所占面积，洞

口侧壁面积不另增加。附墙垛、梁、柱侧面抹灰面积并入外墙面工程量内计算。

解： 本工程内、外墙面抹灰的工程量计算及定额编号的确定，见表4-160。

表4-160　定额工程量计算表

序号	项目名称	单位	计　算　式	工程量	定额编号
1	内墙面抹石灰砂浆	m²	$[(3.6+3.3\times2-0.24\times2+0.24\times2)\times2+(6-0.24)\times4]\times(4-0.1-0.9)-1\times2.7\times3-1.2\times2.7\times1-1.6\times1.8\times1-1.5\times1.8\times3$	108.00	9-2-5 9-2-52
2	内墙裙抹水泥砂浆	m²	$[(3.6+3.3\times2-0.24\times2+0.24\times2)\times2+(6-0.24)\times4]\times0.9-1\times0.9\times3-1.2\times0.9\times1$	35.32	9-2-20 9-2-54
3	外墙面抹水泥砂浆	m²	$(3.6+3.3\times2+0.12\times2+6+0.12\times2)\times2\times(4-0.1-0.9)-1\times(2.7-0.9)\times1-1.2\times(2.7-0.9)\times1-1.6\times1.8\times1-1.5\times1.8\times3$	85.14	9-2-20(换)
4	外墙裙水刷白石子	m²	$[(3.6+3.3\times2+0.12\times2+6+0.12\times2)\times2-1\times1-1.2\times1]\times0.9$	28.04	9-2-74(换)
5	外墙裙增一遍素水泥浆	m²	$[(3.6+3.3\times2+0.12\times2+6+0.12\times2)\times2-1\times1-1.2\times1]\times0.9$（同外墙裙水刷白石子工程量）	28.04	9-2-112
6	外墙裙分格嵌缝	m²	$[(3.6+3.3\times2+0.12\times2+6+0.12\times2)\times2-1\times1-1.2\times1]\times0.9$（同外墙裙水刷白石子工程量）	28.04	9-2-110
7	挑檐水刷石	m²	$(3.6+3.3\times2+0.12\times2+0.6\times2+6+0.12\times2+0.6\times2)\times2\times0.1+(3.6+3.3\times2+0.12\times2+0.58\times2+6+0.12\times2+0.58\times2)\times2\times0.04$	5.34	9-2-77

？注意！

表4-160中：①由于本工程外墙面面层水泥砂浆的配合比为1:2，与定额9-2-20水泥砂浆的配合比1:2.5不一致，所以定额子目9-2-20要进行基价调整。

9-2-20（换），基价调整 = 171.22元/10m² + [273.02(1:2水泥砂浆单价) − 233.82 (1:2.5水泥砂浆单价)]元/m² × 0.069(9-2-20水泥砂浆消耗量) = 173.92元/10m²。

② 由于本工程外墙裙面层水泥白石子浆的配合比为1:2.5，与定额9-2-74中水泥白石子浆的配合比为1:1.5不一致，所以定额子目9-2-74要进行基价调整。

9-2-74（换），基价调整 = 401.87元/10m² + [536.21（1:2.5水泥白石子浆单价）−600.31（1:1.5水泥白石子浆单价）]元/m² × 0.115（9-2-74水泥白石子浆消耗量）= 394.50元/10m²。

【例4-60】 某值班室，平面图及外墙身节点详图如图4-146所示。M1为1000mm×2600mm，M2为1200mm×2600mm，C1为1400mm×1700mm，C2为1500mm×1700mm。

外墙裙、外墙面建筑做法如下。

① 外墙裙：高900mm，贴蘑菇石板。

② 外墙面：1:3水泥砂浆打底14mm厚，1:2.5水泥砂浆面层6mm厚。

试计算外墙裙、外墙面的工程量，确定定额编号。

分析： ①外墙裙抹灰面积，按其长度乘高度计算（扣除或不扣除内容同外墙抹灰）。

②外墙一般抹灰工程量，均按设计外墙抹灰的垂直投影面积以平方米计算；计算时应扣除门窗洞口、外墙裙和单个面积大于 $0.3m^2$ 孔洞所占面积，洞口侧壁面积不另增加；附墙垛、梁、柱侧面抹灰面积并入外墙面工程量内计算。

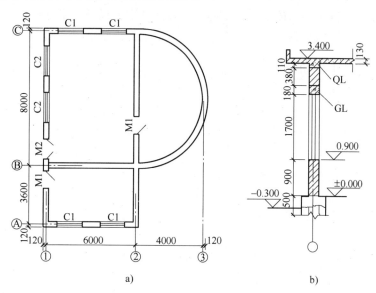

图 4-146　某值班室平面与墙身节点剖面示意图
a) 平面图　b) 外墙身节点详图

解：本工程外墙裙、外墙面抹灰的工程量计算及定额编号的确定，见表 4-161。

表 4-161　定额工程量计算表

序号	项目名称	单位	计　算　式		工程量	定额编号
1	外墙裙贴蘑菇石板	m²	平直墙裙	$[(6+0.12\times2)\times2+8+3.6+0.12\times2+3.6-1\times1-1.2\times1+0.08\times4]\times0.9$	23.44	9 - 2 - 136
			弧形墙裙	$3.14\times4\times0.9$	11.30	9 - 2 - 136（换）
2	外墙面抹水泥砂浆	m²	平直墙面	$[(6+0.12\times2)\times2+8+3.6+0.12\times2+3.6]\times(3.4-0.13-0.9)-1.4\times1.7\times4-1.5\times1.7\times2-1\times(2.6-0.9)-1.2\times(2.6-0.9)$	47.81	9 - 2 - 20
			弧形墙面	$3.14\times4\times(3.4-0.13-0.9)$	29.77	9 - 2 - 20（换）

？ 注意！

根据本定额编制说明第⑤条，"圆弧形墙面的抹灰，圆弧形、锯齿形墙面镶贴块料、饰面，按相应项目人工乘以系数 1.15"。所以本工程，圆弧形墙裙、圆弧形墙面的定额子目基价均进行调整。

9 - 2 - 136（换），基价调整 = 4211.27 元/10m² + 921.88 元/10m² × 0.15 = 4349.55 元/10m²

9 - 2 - 20（换），基价调整 = 171.22 元/10m² + 110.20 元/10m² × 0.15 = 187.75 元/10m²

【例4-61】 某砖柱2根，其立面与断面示意图如图4-147所示。砖柱柱面采用水泥砂浆挂贴30mm厚大理石板，1:2.5灌缝砂浆厚50mm；柱帽、柱脚采用水泥砂浆挂贴大理石板。计算该砖柱柱帽、柱脚、柱面面层的工程量，确定定额编号。

分析： 柱面贴块料面层，按块料外围周长乘装饰高度，以平方米计算；柱装饰抹灰，按结构断面周长乘设计柱抹灰高度，以平方米计算。本工程为镶贴块料面层。

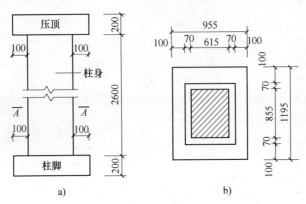

图4-147 某砖柱立面与断面示意图
a）砖柱立面图 b）A—A断面图

解： 砖柱挂贴大理石板的工程量计算及定额项目的编号，见表4-162。

表4-162 定额工程量计算表

序号	项目名称	单位	计 算 式	工程量	定额编号
1	柱面 粘贴大理石板	m²	$(0.615 + 0.07 \times 2 + 0.855 + 0.07 \times 2) \times 2 \times 2.6 \times 2$	18.20	9 - 2 - 115
2	柱帽、柱脚 粘贴大理石板	m²	$[(0.955 + 1.195) \times 2 \times 0.2 + (0.615 + 0.07 \times 2 + 0.05 \times 2 + 0.855 + 0.07 \times 2 + 0.05 \times 2) \times 2 \times 0.1] \times 2 \times 2$	5.00	9 - 2 - 121

 讨论与分析

若以上砖柱柱帽、柱脚、柱面均采用水刷石装饰面层，其工程量如何计算？

2. 清单计量与编制

（1）工程量清单计算规范

1）墙面抹灰。墙面抹灰工程量清单项目的设置、项目特征描述的内容、计量单位及工程量计算规则应按表4-163的规定执行。

2）柱（梁）面抹灰。柱（梁）面抹灰工程量清单项目的设置、项目特征描述的内容、计量单位及工程量计算规则应按表4-164的规定执行。

3）零星抹灰。零星抹灰工程量清单项目的设置、项目特征描述的内容、计量单位及工程量计算规则应按表4-165的规定执行。

4）墙面块料面层。墙面块料面层工程量清单项目的设置、项目特征描述的内容、计量单位及工程量计算规则应按表4-166的规定执行。

5）柱（梁）面镶贴块料。柱（梁）面镶贴块料工程量清单项目的设置、项目特征描述的内容、计量单位及工程量计算规则应按表 4-167 的规定执行。

表 4-163　墙面抹灰（编码：011201）

项目编码	项目名称	项目特征	计量单位	工程量计算规则	工作内容
011201001	墙面一般抹灰	1. 墙体类型 2. 底层厚度、砂浆配合比 3. 面层厚度、砂浆配合比	m²	按设计图示尺寸以面积计算。扣除墙裙、门窗洞口及单个 > 0.3m² 的孔洞面积，不扣除踢脚线、挂镜线和墙与构件交接处的面积，门窗洞口和孔洞的侧壁及顶面不增加面积。附墙柱、梁、垛、烟囱侧壁并入相应的墙面面积内 　1. 外墙抹灰面积，按外墙垂直投影面积计算 　2. 外墙裙抹灰面积，按其长度乘以高度计算 　3. 内墙抹灰面积，按主墙间的净长乘以高度计算 　（1）无墙裙的，高度按室内楼地面至天棚底面计算 　（2）有墙裙的，高度按墙裙顶至天棚底面计算 　（3）有吊顶天棚抹灰，高度算至天棚底 　4. 内墙裙抹灰面积，按内墙净长乘以高度计算	1. 基层清理 2. 砂浆制作、运输 3. 底层抹灰 4. 抹面层 5. 抹装饰面 6. 勾分格缝
011201002	墙面装饰抹灰	4. 装饰面材料种类 5. 分格缝宽度、材料种类			
011201003	墙面勾缝	1. 勾缝类型 2. 勾缝材料种类			1. 基层清理 2. 砂浆制作、运输 3. 抹灰找平
011201004	立面砂浆找平层	1. 基层类型 2. 找平层砂浆厚度、配合比			1. 基层清理 2. 砂浆制作、运输 3. 勾缝

注：1. 立面砂浆找平项目，适用于仅做找平层的立面抹灰。
　2. 墙面抹石灰砂浆、水泥砂浆、混合砂浆、聚合物水泥砂浆、麻刀石灰浆、石膏灰浆等，按本表中墙面一般抹灰列项；墙面水刷石、斩假石、干粘石、假面砖等按本表中墙面装饰抹灰列项。
　3. 飘窗凸出外墙面增加的抹灰，并入外墙工程量内。
　4. 有吊顶天棚的内墙面抹灰，抹至吊顶以上部分，在综合单价中考虑。

表 4-164　柱（梁）面抹灰（编码：011202）

项目编码	项目名称	项目特征	计量单位	工程量计算规则	工作内容
011202001	柱、梁面一般抹灰	1. 柱（梁）体类型 2. 底层厚度、砂浆配合比 3. 面层厚度、砂浆配合比	m²	1. 柱面抹灰：按设计图示柱断面周长乘高度以面积计算 2. 梁面抹灰：按设计图示梁断面周长乘长度以面积计算	1. 基层清理 2. 砂浆制作、运输 3. 底层抹灰 4. 抹面层 5. 勾分格缝
011202002	柱、梁面装饰抹灰	4. 装饰面材料种类 5. 分格缝宽度、材料种类			
011202003	柱、梁面砂浆找平	1. 柱（梁）体类型 2. 找平的砂浆厚度、配合比			1. 基层清理 2. 砂浆制作、运输 3. 抹灰找平

（续）

项目编码	项目名称	项目特征	计量单位	工程量计算规则	工作内容
011202004	柱面勾缝	1. 勾缝类型 2. 勾缝材料种类	m²	按设计图示柱断面周长乘高度以面积计算	1. 基层清理 2. 砂浆制作、运输 3. 勾缝

注：1. 砂浆找平项目，适用于仅做找平层的柱（梁）面抹灰。
　　2. 柱（梁）面抹石灰砂浆、水泥砂浆、混合砂浆、聚合物水泥砂浆、麻刀石灰浆、石膏灰浆等按本表中柱（梁）面一般抹灰编码列项；柱（梁）面水刷石、斩假石、干粘石、假面砖等按本表中柱（梁）面装饰抹灰项目编码列项。

表 4-165　零星抹灰（编码：011203）

项目编码	项目名称	项目特征	计量单位	工程量计算规则	工作内容
011203001	零星项目一般抹灰	1. 基层类型、部位 2. 底层厚度、砂浆配合比 3. 面层厚度、砂浆配合比	m²	按设计图示尺寸以面积计算	1. 基层清理 2. 砂浆制作、运输 3. 底层找平 4. 抹面层 5. 抹装饰面 6. 勾分格缝
011203002	零星项目装饰抹灰	4. 装饰面材料种类 5. 分格缝宽度、材料种类			
011203003	零星项目砂浆找平	1. 基层类型 2. 找平的砂浆厚度、配合比			1. 基层清理 2. 砂浆制作、运输 3. 抹灰找平

注：1. 零星项目抹石灰砂浆、水泥砂浆、混合砂浆、聚合物水泥砂浆、麻刀石灰浆、石膏灰浆等按本表中零星项目一般抹灰编码列项，水刷石、斩假石、干粘石、假面砖等按本表中零星项目装饰抹灰编码列项。
　　2. 墙、柱（梁）面≤0.5m² 的少量分散的抹灰按本表中零星抹灰项目编码列项。

表 4-166　墙面块料面层（编码：011204）

项目编码	项目名称	项目特征	计量单位	工程量计算规则	工作内容
011204001	石材墙面				
011204002	拼碎石材墙面	1. 墙体类型 2. 安装方式 3. 面层材料品种、规格、颜色 4. 缝宽、嵌缝材料种类 5. 防护材料种类 6. 磨光、酸洗、打蜡要求	m²	按镶贴表面积计算	1. 基层清理 2. 砂浆制作、运输 3. 黏结层铺贴 4. 面层安装 5. 嵌缝 6. 刷防护材料 7. 磨光、酸洗、打蜡
011204003	块料墙面				
011204004	干挂石材钢骨架	1. 骨架种类、规格 2. 防锈漆品种遍数	t	按设计图示以质量计算	1. 骨架制作、运输、安装 2. 刷漆

注：1. 在描述碎块项目的面层材料特征时，可不用描述规格、颜色。
　　2. 石材、块料与黏结材料的结合面刷防渗材料的种类，在防护层材料种类中描述。
　　3. 安装方式可描述为砂浆或黏结剂粘贴、挂贴、干挂等，不论哪种安装方式，都要详细描述与组价相关的内容。

表 4-167 柱（梁）面镶贴块料（编码：011205）

项目编码	项目名称	项目特征	计量单位	工程量计算规则	工作内容
011205001	石材柱面	1. 柱截面类型、尺寸 2. 安装方式 3. 面层材料品种、规格、颜色 4. 缝宽、嵌缝材料种类 5. 防护材料种类 6. 磨光、酸洗、打蜡要求	m²	按镶贴表面积计算	1. 基层清理 2. 砂浆制作、运输 3. 黏结层铺贴 4. 面层安装 5. 嵌缝 6. 刷防护材料 7. 磨光、酸洗、打蜡
011205002	块料柱面				
011205003	拼碎块柱面				
011205004	石材梁面	1. 安装方式 2. 面层材料品种、规格、颜色 3. 缝宽、嵌缝材料种类 4. 防护材料种类 5. 磨光、酸洗、打蜡要求	m²		
011205005	块料梁面				

注：1. 在描述碎块项目的面层材料特征时，可不用描述规格、颜色。
2. 石材、块料与粘接材料的结合面刷防渗材料的种类，在防护层材料种类中描述。
3. 柱（梁）面干挂石材的钢骨架，按"楼地面装饰工程中，其他材料"相应项目编码列项。

6）镶贴零星块料。镶贴零星块料工程量清单项目的设置、项目特征描述的内容、计量单位及工程量计算规则应按表 4-168 的规定执行。

表 4-168 镶贴零星块料（编码：011206）

项目编码	项目名称	项目特征	计量单位	工程量计算规则	工作内容
011206001	石材零星项目	1. 基层类型 2. 安装方式 3. 面层材料品种、规格、颜色 4. 缝宽、嵌缝材料种类 5. 防护材料种类 6. 磨光、酸洗、打蜡要求	m²	按镶贴表面积计算	1. 基层清理 2. 砂浆制作、运输 3. 面层安装 4. 嵌缝 5. 刷防护材料 6. 磨光、酸洗、打蜡
011206002	块料零星项目				
011206003	拼碎块零星项目				

注：1. 在描述碎块项目的面层材料特征时，可不用描述规格、颜色。
2. 石材、块料与粘接材料的结合面刷防渗材料的种类，在防护层材料种类中描述。
3. 零星项目干挂石材的钢骨架，按本任务"墙面块料面层"相应项目编码列项。
4. 墙柱面≤0.5m² 的少量分散的镶贴块料面层，按本表中零星项目执行。

7）墙饰面。墙饰面工程量清单项目的设置、项目特征描述的内容、计量单位及工程量计算规则应按表 4-169 的规定执行。

8）柱（梁）饰面。柱（梁）饰面工程量清单项目的设置、项目特征描述的内容、计量单位及工程量计算规则应按表 4-170 的规定执行。

9）幕墙工程。幕墙工程工程量清单项目的设置、项目特征描述的内容、计量单位、工程量计算规则应按表 4-171 的规定执行。

10）隔断。隔断工程量清单项目的设置、项目特征描述的内容、计量单位及工程量计算规则应按表 4-172 的规定执行。

表 4-169　墙饰面（编码：011207）

项目编码	项目名称	项目特征	计量单位	工程量计算规则	工作内容
011207001	墙面装饰板	1. 龙骨材料种类、规格、中距 2. 隔离层材料种类、规格 3. 基层材料种类、规格 4. 面层材料品种、规格、颜色 5. 压条材料种类、规格	m²	按设计图示墙净长乘净高以面积计算。扣除门窗洞口及单个 >0.3m² 的孔洞所占面积	1. 基层清理 2. 龙骨制作、运输、安装 3. 钉隔离层 4. 基层铺钉 5. 面层铺贴
011207002	墙面装饰浮雕	1. 基层类型 2. 浮雕材料种类、规格 3. 浮雕样式		按设计图示尺寸以面积计算	1. 基层清理 2. 材料制作、运输 3. 安装成型

表 4-170　柱（梁）饰面（编码：011208）

项目编码	项目名称	项目特征	计量单位	工程量计算规则	工作内容
011208001	柱（梁）面装饰	1. 龙骨材料种类、规格、中距 2. 隔离层材料种类 3. 基层材料种类、规格 4. 面层材料品种、规格、颜色 5. 压条材料种类、规格	m²	按设计图示饰面外围尺寸以面积计算。柱帽、柱墩并入相应柱饰面工程量内	1. 清理基层 2. 龙骨制作、运输、安装 3. 钉隔离层 4. 基层铺钉 5. 面层铺贴
011208002	成品装饰柱	1. 柱截面、高度尺寸 2. 柱材质	1. 根 2. m	1. 以根计量，按设计数量计算 2. 以米计量，按设计长度计算	柱运输、固定、安装

表 4-171　幕墙工程（编码：011209）

项目编码	项目名称	项目特征	计量单位	工程量计算规则	工作内容
011209001	带骨架幕墙	1. 骨架材料种类、规格、中距 2. 面层材料品种、规格、颜色 3. 面层固定方式 4. 隔离带、框边封闭材料种、规格 5. 嵌缝、塞口材料种类	m²	按设计图示框外围尺寸以面积计算。与幕墙同种材质的窗所占面积不扣除	1. 骨架制作、运输、安装 2. 面层安装 3. 隔离带、框边封闭 4. 嵌缝、塞口 5. 清洗
011209002	全玻（无框玻璃）幕墙	1. 玻璃品种、规格、颜色 2. 黏结塞口材料种类 3. 固定方式		按设计图示尺寸以面积计算。带肋全玻幕墙按展开面积计算	1. 幕墙安装 2. 嵌缝、塞口 3. 清洗

表 4-172　隔断（编码：011210）

项目编码	项目名称	项目特征	计量单位	工程量计算规则	工作内容
011210001	木隔断	1. 骨架、边框材料种类、规格 2. 隔板材料品种、规格、颜色 3. 嵌缝、塞口材料品种 4. 压条材料种类	m²	按设计图示框外围尺寸以面积计算。不扣除单个 ≤0.3m² 的孔洞所占面积；浴厕门的材质与隔断相同时，门的面积并入隔断面积内	1. 骨架及边框制作、运输、安装 2. 隔板制作、运输、安装 3. 嵌缝、塞口 4. 装钉压条
011210002	金属隔断	1. 骨架、边框材料种类、规格 2. 隔板材料品种、规格、颜色 3. 嵌缝、塞口材料品种			1. 骨架及边框制作、运输、安装 2. 隔板制作、运输、安装 3. 嵌缝、塞口
011210003	玻璃隔断	1. 边框材料种类、规格 2. 玻璃品种、规格、颜色 3. 嵌缝、塞口材料品种		按设计图示框外围尺寸以面积计算。不扣除单个 ≤0.3m² 的孔洞所占面积	1. 边框制作、运输、安装 2. 玻璃制作、运输、安装 3. 嵌缝、塞口
011210004	塑料隔断	1. 边框材料种类、规格 2. 隔板材料品种、规格、颜色 3. 嵌缝、塞口材料品种			1. 骨架及边框制作、运输、安装 2. 隔板制作、运输、安装 3. 嵌缝、塞口
011210005	成品隔断	1. 隔断材料品种、规格、颜色 2. 配件品种、规格	1. m² 2. 间	1. 以平方米计量，按设计图示框外围尺寸以面积计算 2. 以间计量，按设计间的数量计算	1. 隔断运输、安装 2. 嵌缝、塞口
011210006	其他隔断	1. 骨架、边框材料种类、规格 2. 隔板材料品种、规格、颜色 3. 嵌缝、塞口材料品种	m²	按设计图示框外围尺寸以面积计算。不扣除单个 ≤0.3m² 的孔洞所占面积	1. 骨架及边框安装 2. 隔板安装 3. 嵌缝、塞口

注意！

> 本部分清单与定额工程量计算规则相同。

（2）工程量清单编制典型案例（略）

课题3　顶棚工程计量与计价

1. 定额计量与计价

（1）定额编制说明

1）本单元定额包括顶棚抹灰、顶棚龙骨、顶棚饰面、采光顶棚等内容。

2）本单元定额凡注明砂浆种类、配合比、饰面材料型号规格的，设计规定与定额不同时，可按设计规定换算，其他不变。混凝土顶棚抹灰分现浇和预制混凝土面上抹灰，9-3-5 子目适用于混凝土面顶棚混合砂浆找平。

3）本单元定额中龙骨按常用材料及规格编制，设计规定与定额不同时，可以换算，其他不变。材料的损耗率分别为：木龙骨6%，轻钢龙骨6%，铝合金龙骨7%。

4）定额中顶棚等级的划分：

① 顶棚面层在同一标高者为"一级"顶棚。

② 顶棚面层不在同一标高，且龙骨有跌级高差者为"二级~三级"顶棚。

5）定额中顶棚龙骨、顶棚面层分别列项，使用时分别套用相应定额。对于二级以上顶棚的面层，人工乘以系数1.1。

6）轻钢龙骨、铝合金龙骨，定额按双层结构编制（即中、小龙骨紧贴大龙骨底面吊挂），如采用单层结构时（大、中龙骨底面在同一水平面上），扣除定额内小龙骨及相应配件数量，人工乘以系数0.85。

（2）定额综合解释

1）楼梯底面（包括侧面及连接梁、平台梁、斜梁的侧面）抹灰，按楼梯水平投影面乘以系数1.31，并入相应顶棚抹灰工程量内计算。

2）吊顶顶棚等级的划分

① 房间内全部吊顶、局部向下跌落，最大跌落线向外、最小跌落线向里每边各加0.60m，两条0.60m线范围内的吊顶，为二、三级吊顶顶棚，其余为一级吊顶顶棚。

② 若最大跌落线向外，距墙边≤1.2m时，最大跌落线以外的全部吊顶，为二、三级吊顶顶棚。

③ 若最小跌落线任意两对边之间的距离（或直径）≤1.8m时，最小跌落线以内的全部吊顶，为二、三级吊顶顶棚。

④ 若房间内局部为板底抹灰顶棚、局部向下跌落时，两条0.6m线范围内的抹灰顶棚，不得计算为吊顶顶棚；吊顶顶棚与抹灰顶棚只有一个跌级时，该吊顶顶棚的龙骨则为一级顶棚龙骨，该吊顶顶棚的饰面按二、三级顶棚饰面计算。

3）各种吊顶顶棚龙骨，按主墙间净空面积计算，不扣除间壁墙、检查口、附墙烟囱、柱、灯孔、垛和管道所占面积，由于上述原因所引起的工料也不增加。

4）顶棚木龙骨子目，区分单层结构与双层结构。单层结构是指双向木龙骨形成的龙骨网片，直接由吊杆引上、与吊点固定的情况；双层结构是指双向木龙骨形成的龙骨网片，首先固定在单向设置的主木龙骨上，再由主木龙骨与吊杆连接、引上、与吊点固定的情况。

5）顶棚木龙骨及其吊杆的规格与用量，设计与定额不同时，可以调整，其他不变（木龙骨和角钢的损耗率均为6%）。

6）顶棚装饰面开挖灯孔，按每开挖10个灯孔用工1.0工日计算。

2. 工程量计算规则

（1）顶棚抹灰　顶棚抹灰工程量，按以下规则计算。

1）顶棚抹灰面积，按主墙间的净面积计算；不扣除柱、垛、间壁墙、附墙烟囱、检查口和管道所占的面积。带梁顶棚，梁两侧抹灰面积，并入顶棚抹灰工程量内计算。

顶棚抹灰工程量 = 主墙间的净长度×主墙间的净宽度 + 梁侧面面积

2）密肋梁和井字梁顶棚抹灰面积，按展开面积计算。

井字梁顶棚抹灰工程量 = 主墙间的净长度×主墙间的净宽度 + 梁侧面面积

3）顶棚抹灰带有装饰线时，装饰线按延长米计算。装饰线的道数，以一个凸出的棱角为一道线。

$$装饰线工程量 = \Sigma(房间净长度 + 房间净宽度) \times 2$$

4）檐口顶棚及阳台、雨篷底的抹灰面积，并入相应的顶棚抹灰工程量内计算。

5）顶棚中的折线、灯槽线、圆弧形线、拱形线等艺术形式的抹灰，按展开面积计算，并入相应的顶棚抹灰工程量内。

（2）顶棚龙骨　各种吊顶顶棚龙骨，按主墙间净空面积以平方米计算；不扣除间壁墙、检查口、附墙烟囱、柱、灯孔、垛和管道所占面积。

1）"二～三级"顶棚龙骨的工程量，按龙骨的跌级高差外边线所含最大矩形面积以平方米计算，套用"二～三级"顶棚龙骨定额。

说明：若顶棚龙骨有几级跌级高差者，按最外层龙骨跌级高差外边线的最大矩形面积计算（最大矩形面积内仍有跌级部分不再计算），套用"二～三级"顶棚龙骨定额项目。

2）计算顶棚龙骨时，顶棚中的折线、跌落、高低吊顶槽等面积不展开计算。

（3）顶棚饰面　顶棚饰面工程量，按以下规则计算。

1）顶棚装饰面积，按主墙间设计面积以平方米计算：不扣除间壁墙、检查口、附墙烟囱、附墙垛和管道所占面积，但应扣除独立柱、灯带、大于 $0.3m^2$ 的灯孔及与顶棚相连的窗帘盒所占的面积。

$$顶棚饰面工程量 = 主墙间的净长度 \times 主墙间的净宽度 - 梁侧面面积$$

注意！

　顶棚抹灰、顶棚龙骨与顶棚饰面，均按主墙间净空面积计算，但扣除的内容不同，顶棚抹灰、顶棚饰面要扣除独立柱、灯带、大于 $0.3m^2$ 的灯孔所占的面积，而顶棚龙骨不扣。

2）顶棚中的折线、跌落、拱形、高低灯槽及其他艺术形式顶棚面层均按展开面积计算。

3. 计算实例

【例 4-62】　某井字梁顶棚，如图 4-148 所示。顶棚面层抹水泥砂浆，计算该顶棚工程量，确定定额编号。

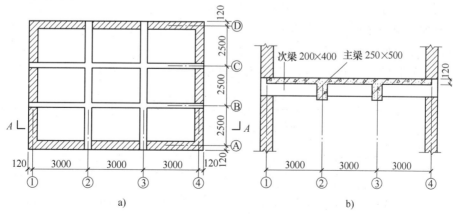

图 4-148　某现浇有梁板平面与剖面示意图

a）某现浇有梁板平面图　b）A—A 剖面图

分析：顶棚抹灰面积，按主墙间的净面积计算；不扣除柱、垛、间壁墙、附墙烟囱、检查口和管道所占的面积。带梁顶棚，梁两侧抹灰面积，并入顶棚抹灰工程量内计算。

解：该工程顶棚抹灰的工程量计算及定额项目的编号，见表 4-173。

表 4-173　定额工程量计算表

项目名称	单位	计　算　式	工程量	定额编号
顶棚面层 抹水泥砂浆	m²	$(3 \times 3 - 0.12 \times 2) \times (2.5 \times 3 - 0.12 \times 2)$（净空面积）$+$ $(0.4 - 0.12) \times (3 \times 3 - 0.12 \times 2 - 0.25 \times 2) \times 2 \times 2$（次梁 侧面面积）$+ [(0.5 - 0.12) \times (2.5 \times 3 - 0.12 \times 2) -$ $0.2 \times (0.4 - 0.12) \times 2] \times 2 \times 2$（主梁侧面面积）	83.44	9 - 3 - 3

【例 4-63】　预制钢筋混凝土板底，吊不上人型装配式 U 形轻钢龙骨，间距 450mm × 450mm，龙骨上铺钉中密度板，面层粘贴 6mm 厚铝塑板，尺寸如图 4-149 所示。试计算顶棚工程量，确定定额编号。

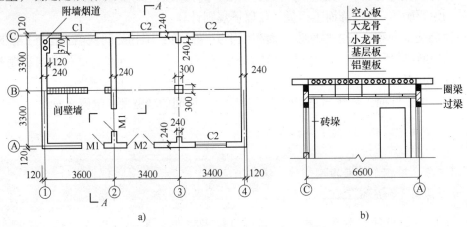

图 4-149　某建筑物平面与剖面示意图
a) 平面图　b) A—A 剖面图

分析：吊顶顶棚，各分项工程的计算，要按龙骨、面层分别计算。①各种吊顶顶棚龙骨，按主墙间净空面积以平方米计算；不扣除间壁墙、检查口、附墙烟囱、柱、灯孔、垛和管道所占面积。②顶棚装饰面积，按主墙间设计面积以平方米计算；不扣除间壁墙、检查口、附墙烟囱、附墙垛和管道所占面积，但应扣除独立柱、灯带、大于 $0.3 m^2$ 的灯孔及与顶棚相连的窗帘盒所占的面积。装饰基层板属于装饰面积范围。

解：该工程顶棚各分项的工程量计算及定额项目的编号，见表 4-174。

表 4-174　定额工程量计算表

序号	项目名称	单位	计　算　式	工程量	定额编号
1	顶棚 轻钢龙骨	m²	$(3.6 + 3.4 \times 2 - 0.24 \times 2) \times (3.3 \times 2 - 0.12 \times 2)$	63.09	9 - 3 - 27
2	中密度 基层板	m²	$(3.6 + 3.4 \times 2 - 0.24 \times 2) \times (3.3 \times 2 - 0.12 \times 2) - 0.3 \times 0.3$	63.00	9 - 3 - 81
3	铝塑板 面层	m²	$(3.6 + 3.4 \times 2 - 0.24 \times 2) \times (3.3 \times 2 - 0.12 \times 2) - 0.3 \times 0.3$	63.00	9 - 3 - 110

【例 4-64】　某吊顶顶棚，尺寸如图 4-150 所示。钢筋混凝土板下，吊双层楞木，面层

为塑料板。试计算顶棚工程量，确定定额编号。

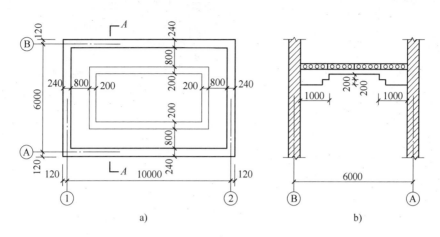

图 4-150　某顶棚平面与剖面示意图
a) 顶棚平面图　b) A—A 剖面图

分析：吊顶顶棚，各分项工程的计算，要按龙骨、面层分别计算。工程量计算规则同上例。本题的重点主要是弄清吊顶顶棚等级的划分，因此需注意三点：①顶棚面层不在同一标高，且龙骨有跌级高差者为"二级～三级"顶棚。②若最大跌落线向外，距墙边≤1.2m 时，最大跌落线以外的全部吊顶，为二、三级吊顶顶棚。本题最大跌落线向外距墙边 0.8m。③定额中顶棚龙骨、顶棚面层分别列项，使用时分别套用相应定额。对于二级以上顶棚的面层，人工乘以系数 1.1。

解：该工程顶棚龙骨及面层工程量计算及定额项目的编号，见表 4-175。

表 4-175　定额工程量计算表

序号	项目名称	单位	计　算　式	工程量	定额编号
1	一级顶棚龙骨（双层楞木）	m²	$(10 - 0.24 - 0.8 \times 2) \times (6 - 0.24 - 0.8 \times 2)$	33.95	9 - 3 - 22
2	三级顶棚龙骨（双层楞木）	m²	$(10 - 0.24) \times (6 - 0.24) - 33.95$	22.27	9 - 3 - 24
3	一级顶棚面层塑料板	m²	$(10 - 0.24 - 0.8 \times 2) \times (6 - 0.24 - 0.8 \times 2) +$ $[(10 - 0.24 - 0.8 \times 2 + 6 - 0.24 - 0.8 \times 2) \times 2 + (10 - 0.24 - 1 \times 2 + 6 - 0.24 - 1 \times 2) \times 2] \times 0.2$	43.48	9 - 3 - 118
4	三级顶棚面层塑料板	m²	22.27（同三级顶棚龙骨工程量）	22.27	9 - 3 - 118（换）

4. 清单计量与编制

（1）工程量清单计算规范

1）天棚抹灰。天棚抹灰工程量清单项目的设置、项目特征描述的内容、计量单位及工程量计算规则应按表 4-176 的规定执行。

表 4-176　天棚抹灰（编码：011301）

项目编码	项目名称	项目特征	计量单位	工程量计算规则	工作内容
011301001	天棚抹灰	1. 基层类型 2. 抹灰厚度、材料种类 3. 砂浆配合比	m²	按设计图示尺寸，以水平投影面积计算。不扣除间壁墙、垛、柱、附墙烟囱、检查口和管道所占的面积，带梁天棚的梁两侧抹灰面积并入天棚面积内，板式楼梯底面抹灰按斜面积计算，锯齿形楼梯底板抹灰按展开面积计算	1. 基层清理 2. 底层抹灰 3. 抹面层

2）天棚吊顶。天棚吊顶工程量清单项目的设置、项目特征描述的内容、计量单位及工程量计算规则应按表 4-177 的规定执行。

表 4-177　天棚吊顶（编码：011302）

项目编码	项目名称	项目特征	计量单位	工程量计算规则	工作内容
011302001	吊顶天棚	1. 吊顶形式、吊杆规格、高度 2. 龙骨材料种类、规格、中距 3. 基层材料种类、规格 4. 面层材料品种、规格 5. 压条材料种类、规格 6. 嵌缝材料种类 7. 防护材料种类	m²	按设计图示尺寸，以水平投影面积计算。天棚面中的灯槽及跌级、锯齿形、吊挂式、藻井式天棚面积不展开计算。不扣除间壁墙、检查口、附墙烟囱、柱垛和管道所占面积，扣除单个 > 0.3m² 的孔洞、独立柱及与天棚相连的窗帘盒所占的面积	1. 基层清理、吊杆安装 2. 龙骨安装 3. 基层板铺贴 4. 面层铺贴 5. 嵌缝 6. 刷防护材料
011302002	格栅吊顶	1. 龙骨材料种类、规格、中距 2. 基层材料种类、规格 3. 面层材料品种、规格 4. 防护材料种类		按设计图示尺寸，以水平投影面积计算	1. 基层清理 2. 龙骨安装 3. 基层板铺贴 4. 面层铺贴 5. 刷防护材料
011302003	吊筒吊顶	1. 吊筒形状、规格 2. 吊筒材料种类 3. 防护材料种类			1. 基层清理 2. 吊筒制作安装 3. 刷防护材料
011302004	藤条造型悬挂吊顶	1. 骨架材料种类、规格 2. 面层材料品种、规格			1. 基层清理 2. 龙骨安装 3. 铺贴面层
011302005	织物软雕吊顶				1. 基层清理 2. 网架制作安装
011302006	装饰网架吊顶	网架材料品种、规格			

3）采光天棚。采光天棚工程量清单项目的设置、项目特征描述的内容、计量单位及工程量计算规则应按表 4-178 的规定执行。

表4-178 采光天棚（编码：011303）

项目编码	项目名称	项目特征	计量单位	工程量计算规则	工作内容
011303001	采光天棚	1. 骨架类型 2. 固定类型、固定材料品种、规格 3. 面层材料品种、规格 4. 嵌缝、塞口材料种类	m²	按框外围展开面积计算	1. 清理基层 2. 面层制安 3. 嵌缝、塞口 4. 清洗

注：采光天棚骨架，不包括在本项目中，应单独按金属结构工程相关项目编码列项。

4）天棚其他装饰。天棚其他装饰工程量清单项目的设置、项目特征描述的内容、计量单位及工程量计算规则应按表4-179的规定执行。

表4-179 天棚其他装饰（编码：011304）

项目编码	项目名称	项目特征	计量单位	工程量计算规则	工作内容
011304001	灯带（槽）	1. 灯带型式、尺寸 2. 格栅片材料品种、规格 3. 安装固定方式	m²	按设计图示尺寸，以框外围面积计算	安装、固定
011304002	送风口、回风口	1. 风口材料品种、规格、 2. 安装固定方式 3. 防护材料种类	个	按设计图示数量计算	1. 安装、固定 2. 刷防护材料

（2）清单编制典型案例

1）案例描述。某建筑物，钢筋混凝土框架结构，共四层，首层层高4.2m，第二~四层层高分别为3.9m，首层平面图、柱网布置及配筋图、一层顶梁结构图、一层顶板结构图如图4-151~图4-154所示。M1为1900mm×3300mm铝合金平开门；C1为2100mm×2400mm铝合金推拉窗；C2为1200mm×2400mm铝合金推拉窗；C3为1800mm×2400mm铝合金推拉窗。门窗洞口上设钢筋混凝土过梁，截面为240mm×180mm，过梁两端各伸入墙内250mm。室内建筑做法如下。

① 地面：素水泥浆一遍，25mm厚1:3干硬性水泥砂浆结合层铺贴800mm×800mm全瓷地面砖，白水泥砂浆擦缝。

② 墙面：木质踢脚线1mm，基层为9mm厚胶合板，面层为红榉木装饰板，上口钉木线；内墙面为20mm厚1:2.5水泥砂浆抹面。

③ 柱面：木龙骨为25mm×30mm，中距300mm×300mm，基层为9mm厚胶合板，面层为红榉木装饰板。

④ 天棚：天棚吊顶为轻钢龙骨矿棉板平顶，U形轻钢龙骨中距为450mm×450mm，面层为矿棉吸声板，首层吊顶底标高为3.4m。

2）问题。

根据《房屋建筑与装饰工程工程量计算规范》（GB 50854—2013）规定，计算室内块料地面、木质踢脚线、墙面抹灰、柱面（包括靠墙柱）装饰、天棚吊顶的工程量，并编制分部分项工程量清单。

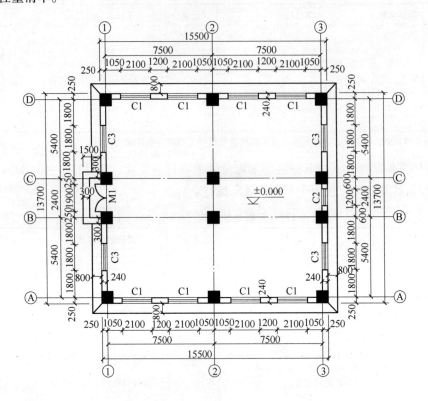

图 4-151 某框架结构楼房"首层平面图"

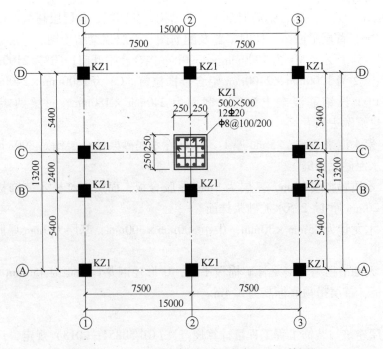

图 4-152 某框架结构楼房"柱网布置及配筋图"

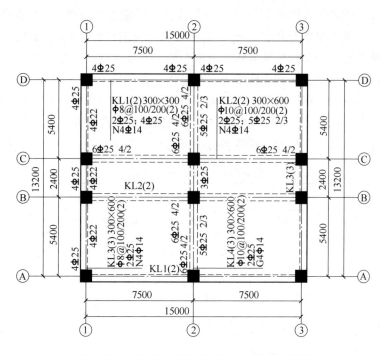

图 4-153　某框架结构楼房"一层顶梁结构图"

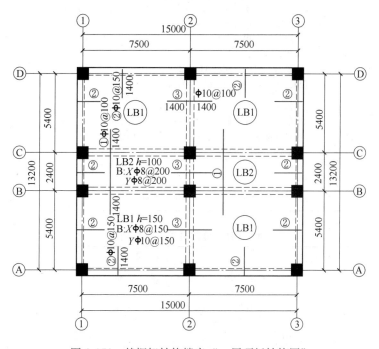

图 4-154　某框架结构楼房"一层顶板结构图"

　　分析：根据《房屋建筑与装饰工程工程量计算规范》规定：①块料地面，按设计图示尺寸以面积计算。门洞、空圈、暖气包槽、壁龛的开口部分并入相应的工程量内。②木质踢脚线，以平方米计算，按设计图示长度乘高度以面积计算；以米计量按延长米计算。③墙面一般抹灰，按设计图示尺寸以面积计算。扣除墙裙、门窗洞口及单个 $>0.3m^2$ 的孔洞面积，不扣除踢脚线、挂镜线和墙与构件交接处的面积，门窗洞口和孔洞的侧壁及顶面不增加面积。附墙柱、梁、垛、烟囱侧壁并入相应面面积内。④柱面饰面，按设计图示饰面外围尺寸以面积计算。柱帽、柱墩并入相应柱饰面工程量内。⑤吊顶天棚，龙骨、面层均按设计图示尺寸，以水平投影面积计算。不扣除间壁墙、检查口、附墙烟囱、柱垛和管道所占面积，应扣除单个 $>0.3m^2$ 的孔洞、独立柱及与天棚相连的窗帘盒所占的面积。

解： 室内地面、墙面、柱面、顶棚各分项工程计量与清单编制，见表 4-180 和表 4-181。

表 4-180　清单工程量计算表

序号	项目名称	计量单位	计　算　式	工程量
1	块料地面	m²	① 净面积：$(15.5-0.24\times2)\times(13.7-0.24\times2)=198.564$ ② 门洞开口部分面积：$1.9\times0.24=0.456$ ③ 扣除柱面积：$(0.5-0.24)\times(0.5-0.24)\times4+(0.5-0.24)\times0.5\times6+0.5\times0.5\times2=1.55$ ④ 实铺面积合计：①＋②－③ $198.564+0.456-1.550=197.47$	197.47
2	木质踢脚线	m m²	① 长度：$(15.5-0.24\times2+13.7-0.24\times2)\times2m-1.9m+0.25\times2m+(0.5-0.24)\times10m=57.68m$ ② 高度：$0.15m$ ③ 踢脚线面积：$57.68\times0.150m^2=8.65m^2$	57.68 8.65
3	墙面一般抹灰	m²	① 长度：$(15+13.2)\times2m-0.5\times10m（扣柱）=51.40m$ ② 高度：$3.4m$（不扣踢脚线） ③ 扣洞口面积：$(1.9\times3.3\times1+2.1\times2.4\times8+1.2\times2.4\times1+1.8\times2.4\times4)m^2=66.75m^2$ ④ 墙面一般抹灰面积：①×②－③ $(51.4\times3.4-66.75)m^2=108.01m^2$	108.01
4	柱面装饰	m²	① 独立柱饰面外围周长：$(0.5+0.03\times2)\times4m=2.24m$ ② 角柱饰面外围周长：$(0.5-0.24+0.03)\times2m=0.58m$ ③ 墙柱饰面外围周长：$[(0.5-0.24+0.03)\times2+0.56]m=1.14m$ ④ 柱饰面高度：$3.4m$ ⑤ 柱饰面面积：$3.4\times(2.24\times2+0.58\times4+1.14\times6)m^2=46.38m^2$	46.38
5	吊顶天棚	m²	$(15.5-0.24\times2)\times(13.7-0.24\times2)m^2=198.56m^2$	198.56

表 4-181　分部分项工程量清单

序号	项目编号	项目名称	项目特征描述	计量单位	工程量
1	011102003001	块料地面	1. 结合层：素水泥浆一遍，25mm 厚 1:3 干硬性水泥砂浆 2. 面层：800mm×800mm 全瓷地面砖 3. 白水泥砂浆擦缝	m²	197.47
2	011105005001	木质踢脚线	1. 踢脚线高度：150mm 2. 基层：9mm 厚胶合板 3. 面层：红榉木装饰板，上口钉木线	m m²	57.68 8.65
3	011201001001	墙面一般抹灰	1. 墙体类型：砌块内墙 2. 1:2.5 水泥砂浆 25mm 厚	m²	108.01

（续）

序号	项目编号	项目名称	项目特征描述	计量单位	工程量
4	011208001001	柱面装饰	1. 木龙骨：25mm×30mm，中距 300mm×300mm 2. 基层：9mm 厚胶合板 3. 面层：红榉木装饰板	m²	46.38
5	011302001001	吊顶天棚	1. 龙骨：U 形轻钢龙骨中距 450mm×450mm 2. 面层：矿棉吸声板	m²	198.56

课题 4　油漆、涂料及裱糊工程计量与计价

1. 定额计量与计价

（1）定额编制说明与综合解释

1）定额编制说明。

① 本单元定额包括木材面、金属面、抹灰面油漆及裱糊等内容。

② 本单元定额中刷涂料、刷油采用手工操作，喷塑、喷涂、喷油采用机械操作，实际操作方法不同时，不做调整。

③ 定额已综合考虑在同一平面上的分色及门窗内外分色的因素，如需做美术图案的另行计算。

④ 硝基清漆需增刷硝基亚光漆者，套用硝基清漆每增一遍子目，换算油漆种类，油漆用量不变。

⑤ 喷塑（一塑三油）大压花、中压花、喷中点的规格划分如下。

a. 大压花：喷点压平、点面积在 1.2cm² 以上。

b. 中压花：喷点压平、点面积在 1~1.2cm² 以内。

c. 喷中点、幼点：喷点面积在 1cm² 以内。

⑥ 墙面、墙裙、顶棚及其他饰面上的装饰线油漆与附着面的油漆种类相同时，装饰线油漆不单独计算；单独的装饰线油漆执行不带托板的木扶手油漆，套用定额时，宽度 50mm 以内的线条乘系数 0.2，宽度 100mm 以内的线条乘系数 0.35，宽度 200mm 内的线条乘系数 0.45。

⑦ 木踢脚线油漆，按踢脚线的计算规则计算工程量，套用其他木材面油漆项目。

⑧ 抹灰面油漆、涂料项目中均未包括刮腻子内容，刮腻子按基层处理有关项目单独计算。木夹板、石膏板面刮腻子，套用相应定额，其人工乘系数 1.10，材料乘系数 1.20。

2）定额综合解释。

① 油漆子目分为基本子目和每增加一遍子目。基本子目中的油漆遍数，是根据施工规范要求或装饰质量要求所确定的最少施工遍数。

② 木材面油漆补充定额，共 20 项，定额应用如下。

a. 聚酯清漆，每增加一遍透明腻子，执行补充子目 9-4-215~219。

b. 聚酯清漆，每增加一遍底油，执行补充子目 9-4-220~224。

c. 硝基哑光漆（基本子目），执行补充子目 9-4-225~229。

d. 硝基清漆、硝基哑光漆，每增加一遍硝基哑光漆，执行补充子目 9-4-230~234。

③ 木踢脚板油漆，若与木地板油漆相同，并入地板工程量内计算，其工程量计算方法

和系数不变。

④ 其他木材面工程量系数表中的"零星木装饰"项目,指木材面油漆工程量系数表中未列的项目。

(2) 工程量计算规则

1) 楼地面、顶棚面、墙、柱面的喷(刷)涂料、油漆。楼地面、顶棚面、墙、柱面的喷(刷)涂料、油漆工程,其工程量按本项目各自抹灰的工程量计算规则计算。涂料系数表中有规定的,按规定计算工程量并乘系数表中的系数。裱糊项目工程量,按设计裱糊面积,以平方米计算。

$$涂刷工程量 = 抹灰工程量$$

$$裱糊工程量 = 设计裱糊(实贴)面积$$

2) 木材面、金属面油漆。木材面、金属面油漆的工程量,分别按油漆、涂料系数表中规定,并乘以系数表内的系数以平方米计算。

$$油漆工程量 = 代表项工程量 × 各项相应系数$$

3) 窗帘盒。明式窗帘盒按延长米计算工程量,套用木扶手(不带托板)项目,暗式窗帘盒按展开面积计算工程量,套用其他木材面油漆项目。

4) 基层处理。基层处理的工程量,按其面层的工程量套用基层处理相应子目。

$$基层处理工程量 = 面层工程量$$

5) 木材面刷防火涂料,按所刷木材面的面积计算工程量;木方面刷防火涂料,按木方所附墙、板面的投影面积计算工程量。

$$木材面刷防火涂料 = 板方框外围投影面积$$

6) 油漆、涂料工程量系数表。

① 木材面油漆,工程量系数表,见表 4-182 ~ 表 4-187。

表 4-182　单层木门工程量系数表

定额项目	项目名称	系　　数	工程量计算方法
单层木门	单层木门 双层(一板一纱)木门 双层(单裁口)木门 单层全玻门 木百叶门 厂库大门	1.00 1.36 2.00 0.83 1.25 1.10	按单面洞口面积

表 4-183　单层木窗工程量系数表

定额项目	项目名称	系　　数	工程量计算方法
单层木窗	单层玻璃窗 双层(一玻一纱)窗 双层(单裁口)窗 三层(二玻一纱)窗 单层组合窗 双层组合窗 木百叶窗	1.00 1.36 2.00 2.60 0.83 1.13 1.50	按单面洞口面积

表4-184　木扶手（不带托板）工程量系数表

定额项目	项目名称	系　数	工程量计算方法
木扶手 （不带托板）	木扶手（不带托板） 木扶手（带托板） 窗帘盒 封檐板、顺水板 挂衣板、黑板框 挂镜线、窗帘框	1.00 2.60 2.04 1.74 0.52 0.35	按延长米

表4-185　墙面墙裙工程量系数表

定额项目	项目名称	系　数	工程量计算方法
墙面墙裙	无造型墙面墙裙 有造型墙面墙裙	1.00 1.25	长×宽 投影面积

表4-186　其他木材面工程量系数表

定额项目	项目名称	系　数	工程量计算方法
其他木材面	木板、纤维板、胶合板顶棚、檐口（其他木材面） 清水板条顶棚、檐口 木方格吊顶顶棚 吸声板墙面、顶棚面 鱼鳞板墙 窗台板、筒子板、盖板 门窗套、踢脚线 暖气罩	1.00 1.00 1.07 1.20 0.87 2.48 1.00 1.00 1.28	长×宽
	屋面板（带檩条）	1.11	斜长×宽
	木间壁、木隔断 玻璃间壁露明墙筋 木栅栏、木栏杆带扶手	1.90 1.65 1.82	单面外围面积
	木屋架	1.79	跨度（长）×中高×1/2
	衣柜、壁柜	1.00	展开面积
	零星木装修	1.10	展开面积

表4-187　木地板工程量系数表

定额项目	项目名称	系　数	工程量计算方法
木地板	木地板、木踢脚线 木楼梯（不包括底面）	1.00 2.30	长×宽 水平投影面积

② 金属面油漆，工程量系数表见表4-188～表4-190。

表 4-188　单层钢门窗工程量系数表

定额项目	项目名称	系　数	工程量计算方法
单层钢门窗	单层钢门窗 双层（一玻一纱）钢门窗 钢百叶钢门 半截百叶钢门 满钢门或包薄钢板门 钢折叠门	1.00 1.48 2.74 2.22 1.63 2.30	洞口面积
	射线防护门 厂库房平开、推拉门 钢丝网大门	2.96 1.70 0.81	框（扇）外围面积
	间壁	1.85	长×宽
	平板屋面 瓦垄板屋面	0.74 0.89	斜长×宽
	排水、伸缩缝盖板	0.78	展开面积
	吸气罩	1.63	水平投影面积

表 4-189　其他金属面工程量系数表

定额项目	项目名称	系　数	工程量计算方法
其他金属面	钢屋架、天窗架、挡风架、屋架梁 支撑、檩条 墙架（空腹式） 墙架（格板式） 钢柱、吊车梁、花式梁、柱 空花构件 操作台、走台、制动梁、钢梁 车挡 钢栅栏门、栏杆、窗栅 钢爬梯 轻型屋架 踏步式钢扶梯 零星铁件	1.00 1.00 0.50 0.82 0.63 0.63 0.71 0.71 1.71 1.18 1.42 1.05 1.32	质量（吨）

表 4-190　平板屋面涂刷磷化、锌黄底漆工程量系数表

定额项目	项目名称	系　数	工程量计算方法
平板屋面	平板屋面	1.00	斜长×宽
	瓦垄板屋面	1.20	
	排水、伸缩缝盖板	1.05	展开面积
	吸气罩	2.20	水平投影面积
	包镀锌薄钢板门	2.20	洞口面积

③ 抹灰面油漆，工程量系数表见表 4-191。

表 4-191　抹灰面工程量系数表

定额项目	项目名称	系　数	工程量计算方法
抹灰面	槽形底板、混凝土折板 有梁底板 密肋、井字梁底板	1.30 1.10 1.50	长×宽
	混凝土平板式楼梯底	1.30	水平投影面积

（3）计算实例

【例 4-65】　某工程平面与剖面图，如图 4-155 所示，地面刷过氯乙烯涂料，三合板木墙裙上润油粉，刷硝基清漆六遍，墙面、顶棚刷乳胶漆三遍（光面）。计算工程量，确定定额编号。

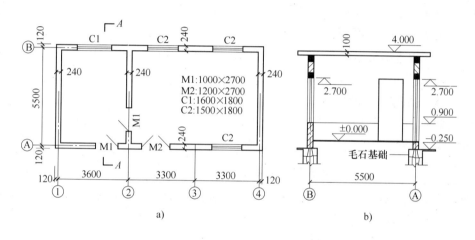

图 4-155　某建筑物平面与剖面示意图
a）平面图　b）A—A 剖面图

分析：①地面刷过氯乙烯涂料、顶棚面喷（刷）涂料，工程量按本项目各自抹灰的工程量计算规则（主墙间净面积）计算；②三合板木墙裙刷硝基清漆，工程量按墙裙工程量乘以油漆系数 1，以平方米计算；③墙面刷乳胶漆，工程量按墙面抹灰工程量计算规则计算。

解：该工程各分项工程量计算及定额编号的确定，见表 4-192。

表 4-192　定额工程量计算表

序　号	项目名称	单位	计　算　式	工程量	定额编号
1	地面刷过氯乙烯涂料	m²	$(3.6+3.3\times2-0.24\times2)\times(5.5-0.12\times2)$	51.13	9-4-186
2	墙裙刷硝基清漆	m²	$[(3.6+3.3\times2-0.24\times2)\times2+(5.5-0.12\times2)\times4-1\times3-1.2\times1+0.08\times8]\times0.9$	33.23	9-4-93 9-4-98
3	顶棚刷乳胶漆	m²	$(3.6+3.3\times2-0.24\times2)\times(5.5-0.12\times2)$ （同地面）	51.13	9-4-151 9-4-157
4	墙面刷乳胶漆	m²	$[(3.6+3.3\times2-0.24\times2)\times2+(5.5-0.12\times2)\times4]\times(4-0.1-0.9)-1.6\times1.8\times1-1.5\times1.8\times3-(1\times3+1.2)\times(2.7-0.9)$	102.90	9-4-152 9-4-158

【例4-66】 全玻璃木门12樘，尺寸如图4-156所示。油漆为底油一遍调和漆三遍。试计算12樘全玻璃木门油漆分项工程的定额直接工程费。

分析：木材面、金属面油漆的工程量，分别按油漆、涂料系数表中规定，并乘以系数表内的系数以平方米计算。

即，单面木门油漆工程量 = 木门单面洞口面积 × 0.83（单面全玻门油漆系数）。

解：1）计算油漆工程量，确定定额编号。

油漆工程量 = $1.5m \times 2.7m \times 0.83$（系数）× 12 樘 = $40.34m^2$

底油一遍，调和漆两遍，套定额及价目表（2015）9 - 4 - 1，定额基价 = 224.23 元$/10m^2$。

每增加一遍，套定额9 - 4 - 21，定额基价 = 65.01 元$/10m^2$。

图 4-156　某全玻璃门立面图

2）计算分项工程直接工程费。

本分项工程直接工程费 = $(224.23 + 65.01)$元$/10m^2 \times 40.34m^2 \div 10 = 1166.79$ 元

2. 清单计量与编制

（1）工程量清单计算规范

1）门油漆。门油漆工程量清单项目设置、项目特征描述的内容、计量单位及工程量计算规则应按表4-193的规定执行。

表 4-193　门油漆（编号：011401）

项目编码	项目名称	项目特征	计量单位	工程量计算规则	工作内容
011401001	木门油漆	1. 门类型 2. 门代号及洞口尺寸 3. 腻子种类 4. 刮腻子遍数 5. 防护材料种类 6. 油漆品种、刷漆遍数	1. 樘 2. m²	1. 以樘计量，按设计图示数量计量 2. 以平方米计量，按设计图示洞口尺寸以面积计算	1. 基层清理 2. 刮腻子 3. 刷防护材料、油漆
011401002	金属门油漆				1. 除锈、基层清理 2. 刮腻子 3. 刷防护材料、油漆

注：1. 木门油漆应区分木大门、单层木门、双层（一玻一纱）木门、双层（单裁口）木门、全玻自由门、半玻自由门、装饰门及有框门或无框门等项目，分别编码列项。

2. 金属门油漆应区分平开门、推拉门、钢制防火门等项目，分别编码列项。

3. 以平方米计量，项目特征可不必描述洞口尺寸。

2）窗油漆。窗油漆工程量清单项目设置、项目特征描述的内容、计量单位及工程量计算规则应按表4-194的规定执行。

3）木扶手及其他板条、线条油漆。木扶手及其他板条、线条油漆工程量清单项目设置、项目特征描述的内容、计量单位及工程量计算规则应按表4-195的规定执行。

4）木材面油漆。木材面油漆工程量清单项目设置、项目特征描述的内容、计量单位及工程量计算规则应按表4-196的规定执行。

5）金属面油漆。金属面油漆工程量清单项目设置、项目特征描述的内容、计量单位及工程量计算规则应按表4-197的规定执行。

表 4-194　窗油漆（编号：011402）

项目编码	项目名称	项目特征	计量单位	工程量计算规则	工作内容
011402001	木窗油漆	1. 窗类型 2. 窗代号及洞口尺寸 3. 腻子种类 4. 刮腻子遍数 5. 防护材料种类 6. 油漆品种、刷漆遍数	1. 樘 2. m²	1. 以樘计量，按设计图示数量计量 2. 以平方米计量，按设计图示洞口尺寸以面积计算	1. 基层清理 2. 刮腻子 3. 刷防护材料、油漆
011402002	金属窗油漆				1. 除锈、基层清理 2. 刮腻子 3. 刷防护材料、油漆

注：1. 木窗油漆应区分单层木窗、双层（一玻一纱）木窗、双层框扇（单裁口）木窗、双层框三层（二玻一纱）木窗、单层组合窗、双层组合窗、木百叶窗、木推拉窗等项目，分别编码列项。
　　2. 金属窗油漆应区分平开窗、推拉窗、固定窗、组合窗、金属隔栅窗等项目，分别编码列项。
　　3. 以平方米计量，项目特征可不必描述洞口尺寸。

表 4-195　木扶手及其他板条、线条油漆（编号：011403）

项目编码	项目名称	项目特征	计量单位	工程量计算规则	工作内容
011403001	木扶手油漆	1. 断面尺寸 2. 腻子种类 3. 刮腻子遍数 4. 防护材料种类 5. 油漆品种、刷漆遍数	m	按设计图示尺寸以长度计算	1. 基层清理 2. 刮腻子 3. 刷防护材料、油漆
011403002	窗帘盒油漆				
011403003	封檐板、顺水板油漆				
011403004	挂衣板、黑板框油漆				
011403005	挂镜线、窗帘棍、单独木线油漆				

注：木扶手应区分带托板与不带托板，分别编码列项，若是木栏杆带扶手，木扶手不应单独列项，应包含在木栏杆油漆中。

表 4-196　木材面油漆（编号：011404）

项目编码	项目名称	项目特征	计量单位	工程量计算规则	工作内容
011404001	木护墙、木墙裙油漆	1. 腻子种类 2. 刮腻子遍数 3. 防护材料种类 4. 油漆品种、刷漆遍数	m²	按设计图示尺寸以面积计算	1. 基层清理 2. 刮腻子 3. 刷防护材料、油漆
011404002	窗台板、筒子板、盖板、门窗套、踢脚线油漆				
011404003	清水板条天棚、檐口油漆				
011404004	木方格吊顶天棚油漆				
011404005	吸音板墙面、天棚面油漆				
011404006	暖气罩油漆				
011404007	其他木材面				
011404008	木间壁、木隔断油漆			按设计图示尺寸以单面外围面积计算	
011404009	玻璃间壁露明墙筋油漆				
011404010	木栅栏、木栏杆（带扶手）油漆				

（续）

项目编码	项目名称	项目特征	计量单位	工程量计算规则	工作内容
011404011	衣柜、壁柜油漆	1. 腻子种类 2. 刮腻子遍数 3. 防护材料种类 4. 油漆品种、刷漆遍数	m²	按设计图示尺寸以油漆部分展开面积计算	1. 基层清理 2. 刮腻子 3. 刷防护材料、油漆
011404012	梁柱饰面油漆				
011404013	零星木装修油漆				
011404014	木地板油漆			按设计图示尺寸以面积计算。空洞、空圈、暖气包槽、壁龛的开口部分并入相应的工程量内	
011404015	木地板烫硬蜡面	1. 硬蜡品种 2. 面层处理要求			1. 基层清理 2. 烫蜡

表4-197　金属面油漆（编号：011405）

项目编码	项目名称	项目特征	计量单位	工程量计算规则	工作内容
011405001	金属面油漆	1. 构件名称 2. 腻子种类 3. 刮腻子要求 4. 防护材料种类 5. 油漆品种、刷漆遍数	1. t 2. m²	1. 以吨计量，按设计图示尺寸以质量计算 2. 以平方米计量，按设计展开面积计算。	1. 基层清理 2. 刮腻子 3. 刷防护材料、油漆

6）抹灰面油漆。抹灰面油漆工程量清单项目设置、项目特征描述的内容、计量单位及工程量计算规则应按表4-198的规定执行。

表4-198　抹灰面油漆（编号：011406）

项目编码	项目名称	项目特征	计量单位	工程量计算规则	工作内容
011406001	抹灰面油漆	1. 基层类型 2. 腻子种类 3. 刮腻子遍数 4. 防护材料种类 5. 油漆品种、刷漆遍数	m²	按设计图示尺寸以面积计算	1. 基层清理 2. 刮腻子 3. 刷防护材料、油漆
011406002	抹灰线条油漆	1. 线条宽度、道数 2. 腻子种类 3. 刮腻子遍数 4. 防护材料种类 5. 油漆品种、刷漆遍数	m	按设计图示尺寸以长度计算	
011406003	满刮腻子	1. 基层类型 2. 腻子种类 3. 刮腻子遍数	m²	按设计图示尺寸以面积计算	1. 基层清理 2. 刮腻子

7）喷刷涂料。喷刷涂料工程量清单项目设置、项目特征描述的内容、计量单位及工程量计算规则应按表4-199的规定执行。

表4-199　喷刷涂料（编号：011407）

项目编码	项目名称	项目特征	计量单位	工程量计算规则	工作内容
011407001	墙面喷刷涂料	1. 基层类型 2. 喷刷涂料部位 3. 腻子种类 4. 刮腻子要求 5. 涂料品种、喷刷遍数	m²	按设计图示尺寸以面积计算	1. 基层清理 2. 刮腻子 3. 刷、喷涂料
011407002	天棚喷刷涂料				
011407003	空花格、栏杆刷涂料	1. 腻子种类 2. 刮腻子遍数 3. 涂料品种、刷喷遍数		按设计图示尺寸以单面外围面积计算	
011407004	线条刷涂料	1. 基层清理 2. 线条宽度 3. 刮腻子遍数 4. 刷防护材料、油漆	m	按设计图示尺寸以长度计算	
011407005	金属构件刷防火涂料	1. 喷刷防火涂料构件名称 2. 防火等级要求 3. 涂料品种、喷刷遍数	1. m² 2. t	1. 以吨计量，按设计图示尺寸以质量计算 2. 以平方米计量，按设计展开面积计算	1. 基层清理 2. 刷防护材料、油漆
011407006	木材构件喷刷防火涂料		m²	以平方米计量，按设计图示尺寸以面积计算	1. 基层清理 2. 刷防火材料

注：喷刷墙面涂料部位，要注明内墙或外墙。

8）裱糊。裱糊工程量清单项目设置、项目特征描述的内容、计量单位及工程量计算规则应按表4-200的规定执行。

表4-200　裱糊（编号：011408）

项目编码	项目名称	项目特征	计量单位	工程量计算规则	工作内容
011408001	墙纸裱糊	1. 基层类型 2. 裱糊部位 3. 腻子种类 4. 刮腻子遍数 5. 黏结材料种类 6. 防护材料种类 7. 面层材料品种、规格、颜色	m²	按设计图示尺寸以面积计算	1. 基层清理 2. 刮腻子 3. 面层铺粘 4. 刷防护材料
011408002	织锦缎裱糊				

注意！

本部分清单与定额工程量计算规则相同。

（2）清单编制典型案例（略）

课题5　配套装饰项目工程计量与计价

1. 定额计量与计价

（1）定额编制说明与综合解释

1）定额编制说明。

① 本单元定额中的成品安装项目，实际使用的材料品种、规格与定额取定不同时，可以换算，但人工、机械的消耗量不变。

② 本单元定额中除铁件已包括刷防锈漆一遍外，均不包括油漆。油漆按本单元课题4相应项目执行。

③ 本单元定额中均未包括收口线、封边条、线条边框的工料，使用时另行计算线条用量，套用本单元定额装饰线条相应子目。

④ 本单元定额中除有注明外，龙骨均按木龙骨考虑，如实际采用细木工板、多层板等做龙骨，均执行定额不再调整。

⑤ 本单元定额中玻璃均按成品加工玻璃考虑，并计入了安装时的损耗。

⑥ 零星木装饰。

a. 门窗口套、窗台板、暖气罩及窗帘盒按基层、造型层和面层分别列项，使用时分别套用相应定额。

b. 门窗贴脸按成品线条编制，使用时套用本单元定额装饰线条相应子目。

⑦ 装饰线条。

a. 装饰线条，均按成品安装编制。

b. 装饰线条，按直线安装编制，如安装圆弧形或其他图案者，按以下规定计算：顶棚面安装圆弧装饰线条，人工乘以1.4系数；墙面安装圆弧装饰线条，人工乘以1.2系数；装饰线条做艺术图案，人工乘以1.6系数。

⑧ 卫生间零星装饰。

a. 大理石洗漱台的台面及裙边与挡水板分别列项，台面及裙边子目中综合取定了钢支架的消耗量。洗漱台面按成品考虑，如需现场开孔，执行相应台面加工子目。

b. 卫生间配件按成品安装编制。

⑨ 工艺门窗。定额木门窗安装子目中，每扇按3个合页编制，如与实际不同时，合页用量可以调整，每增减10个合页，增减0.25工日。

⑩ 橱柜。

a. 橱柜定额，按骨架制安、骨架围板、隔板制安、橱柜贴面层、抽屉、门扇龙骨及门扇安装、玻璃柜及五金件安装分别列项，使用时分别套用相应定额。

b. 橱柜骨架中的木龙骨用量，设计与定额不同时可以换算，但人工、机械消耗量不变。

⑪ 美术字安装。

a. 美术字定额，按成品字安装固定编制，美术字不分字体。

b. 外文或拼音字，以中文意译的单字计算。

c. 材料适用范围：泡沫塑料有机玻璃字，适用于泡沫塑料、硬塑料、有机玻璃、镜面玻璃等材料制作的字；木质字适用于软、硬质木、合成材等材料制作的字；金属字适用于铝铜材、不锈钢、金、银等材料制作的字。

⑫ 招牌、灯箱。

a. 招牌、灯箱分一般及复杂形式。一般形式是指矩形，表面平整无凹凸造型；复杂形式是指异形或表面有凹凸造型的情况。

b. 招牌内的灯饰不包括在定额内。

2）定额综合解释。

① 木龙骨（装修材）的用量、钢龙骨（角钢）的规格和用量，设计与定额不同时，可以调整，其他不变。木龙骨的制作损耗率和下料损耗率分别为 8% 和 6%，钢龙骨损耗率为 6%。

　　② 楼梯斜长部分的栏板、栏杆、扶手，按平台梁与连接梁外沿之间的水平投影长度，乘以系数 1.15 计算。

　　③ 本课题所有定额子目，均不包括油漆和防火涂料，实际发生时按定额第四节相应规定计算。

　　（2）工程量计算规则

　　1）基层、造型层及面层的工程量，均按设计面积以平方米计算。

　　2）窗台板，按设计长度乘以宽度以平方米计算；设计未注明尺寸时，按窗宽两边共加100mm 计算长度（有贴脸的按贴脸外边线间宽度），凸出墙面的宽度按 50mm 计算。

　　3）暖气罩各层，按设计面积计算，与壁柜相连时，暖气罩算至壁柜隔板外侧，壁柜套用橱柜相应子目，散热口按其框外围面积单独计算。

　　4）百叶窗帘、网扣帘，按设计尺寸面积计算，设计未注明尺寸时，按洞口面积计算；窗帘、遮光帘均按帘轨的长度以米计算（折叠部分已在定额内考虑）。

　　5）明式窗帘盒，按设计长度以延长米计算；与天棚相连的暗式窗帘盒，基层板（龙骨）、面层板按展开面积以平方米计算。

　　6）装饰线条，应区分材质及规格，按设计延长米计算。

　　7）大理石洗漱台，按台面及裙边的展开面积计算，不扣除开孔的面积；挡水板按设计面积计算。台面需现场开孔、磨孔边，按个计算。

　　8）不锈钢、塑铝板包门框，按框饰面面积以平方米计算。

　　9）夹板门门扇木龙骨，不分扇的形式，按扇面积计算；基层、造型层及面层按设计面积计算。扇安装按扇个数计算。门扇上镶嵌，按镶嵌的外围面积计算。

　　10）橱柜木龙骨项目，按橱柜正立面的投影面积计算。基层板、造型层板及饰面板按实铺面积计算。抽屉按抽屉正面面板面积计算。

　　11）木楼梯按水平投影面积计算，不扣除宽度小于 300mm 的楼梯井面积，踢脚板、平台和伸入墙内部分不另计算；栏板、扶手按延长米计算；木柱、木梁按竣工体积以立方米计算。

　　12）栏板、栏杆、扶手，按设计长度以米计算。

　　13）美术字安装，按字的最大外围矩形面积以个计算。

　　14）招牌、灯箱的龙骨，按正立面投影面积计算，基层及面层按设计面积计算。

　　（3）计算实例

　　【例 4-67】　某宾馆有 900mm × 2100mm 的门洞 60 个，内、外钉贴细木工板门套、贴脸（不带龙骨），榉木夹板贴面，尺寸如图 4-157 所示。计算其工程量，确定定额编号。

　　分析：本工程门套、贴脸（不带龙骨）的基层及面层工程量，均按设计面积以平方米计算。

　　解：该工程门套、贴脸的基层及面层的工程量计算及

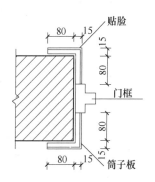

图 4-157　某门套、贴脸示意图

定额编号的确定，见表4-201。

表4-201　定额工程量计算表

序号	项目名称	单位	计　算　式	工程量	定额编号
1	基层细木工板	m²	$[(0.9+2.1\times2)\times0.095+(0.9+0.095\times2+2.1\times2)\times0.095]\times2\times60$	118.45	9-5-6
2	面层榉木夹板	m²	工程量同上	118.45	9-5-10

【例4-68】　某平墙式暖气罩，尺寸如图4-158所示，五合板基层，榉木板面层，机制木花格散热口，共20个。计算工程量，确定定额编号。

分析：暖气罩各层，按设计面积计算，与壁柜相连时，暖气罩算至壁柜隔板外侧，壁柜套用橱柜相应子目；散热口按其框外围面积单独计算。

解：该工程各分项工程量计算及定额编号的确定，见表4-202。

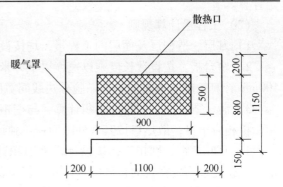

图4-158　某平墙式暖气罩立面图

表4-202　定额工程量计算表

序号	项目名称	单位	计　算　式	工程量	定额编号
1	基层五合板	m²	$[(1.1+0.2\times2)\times1.15-1.1\times0.15-0.9\times0.5]\times20$	22.2	9-5-27
2	面层榉木板	m²	$[(1.1+0.2\times2)\times1.15-1.1\times0.15-0.9\times0.5]\times20$（同上）	22.2	9-5-32
3	散热口	m²	$0.9\times0.5\times20$	9	9-5-35

【例4-69】　某厨房制作、安装一吊柜，尺寸如图4-159所示。木骨架，背面、上面及侧面三合板围板，底板与隔板为18mm厚细木工板，外围及框的正面贴榉木板面层，玻璃推拉门，金属导轨。计算工程量，确定定额编号。

分析：①橱柜木龙骨项目，按橱柜正立面的投影面积计算；②基层板、造型层板及饰面板按实铺面积计算；③基层、造型层及面层的工程量，均按设计面积以平方米计算。

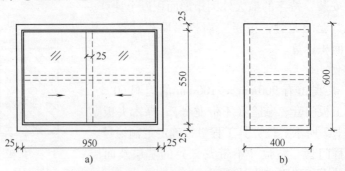

图4-159　某吊柜正立面与侧立面示意图
a）吊柜正立面图　b）吊柜左侧立面图

解：该工程各分项工程量计算及定额编号的确定，见表 4-203。

表 4-203　定额工程量计算表

序号	项目名称	单位	计 算 式	工程量	定额编号
1	吊柜骨架制作安装	m²	$(0.95 + 0.025 \times 2) \times 0.6$	0.60	9-5-155
2	骨架三合板围板	m²	$1 \times 0.6 + (1 + 0.6 \times 2) \times 0.4$	1.48	9-5-159
3	隔板细木工板	m²	$0.95 \times (0.4 - 0.025) \times 2$	0.71	9-5-163
4	面层榉木板	m²	$(1 + 0.6) \times 2 \times 0.4 + (0.95 + 0.025 + 0.55 + 0.025) \times 2 \times 0.025 + 0.95 \times 0.018$	1.38	9-5-164
5	玻璃门扇	m²	$(0.95 + 0.025) \times 0.55$	0.54	9-5-174
6	玻璃滑轨	m²	0.95×2	1.90	9-5-178

2. 清单计量与编制

（1）工程量清单计算规范

1）柜类、货架。柜类、货架工程量清单项目设置、项目特征描述的内容、计量单位及工程量计算规则，应按表 4-204 的规定执行。

表 4-204　柜类、货架（编号：011501）

项目编码	项目名称	项目特征	计量单位	工程量计算规则	工作内容
011501001	柜台	1. 台柜规格 2. 材料种类、规格 3. 五金种类、规格 4. 防护材料种类 5. 油漆品种、刷漆遍数	1. 个 2. m 3. m³	1. 以个计量，按设计图示数量计量 2. 以米计量，按设计图示尺寸以延长米计算 3. 以立方米计量，按设计图示尺寸以体积计算	1. 台柜制作、运输、安装（安放） 2. 刷防护材料、油漆 3. 五金件安装
011501002	酒柜				
011501003	衣柜				
011501004	存包柜				
011501005	鞋柜				
011501006	书柜				
011501007	厨房壁柜				
011501008	木壁柜				
011501009	厨房低柜				
011501010	厨房吊柜				
011501011	矮柜				
011501012	吧台背柜				
011501013	酒吧吊柜				
011501014	酒吧台				
011501015	展台				
011501016	收银台				
011501017	试衣间				
011501018	货架				
011501019	书架				
011501020	服务台				

2）压条、装饰线。压条、装饰线工程量清单项目设置、项目特征描述的内容、计量单位及工程量计算规则，应按表4-205的规定执行。

表4-205　压条、装饰线（编号：011502）

项目编码	项目名称	项目特征	计量单位	工程量计算规则	工作内容
011502001	金属装饰线	1. 基层类型 2. 线条材料品种、规格、颜色 3. 防护材料种类	m	按设计图示尺寸以长度计算	1. 线条制作、安装 2. 刷防护材料
011502002	木质装饰线				
011502003	石材装饰线				
011502004	石膏装饰线				
011502005	镜面玻璃线	1. 基层类型 2. 线条材料品种、规格、颜色 3. 防护材料种类			
011502006	铝塑装饰线				
011502007	塑料装饰线				
011502008	GRC装饰线条	1. 基层类型 2. 线条规格 3. 线条安装部位 4. 填充材料种类			线条制作安装

3）扶手、栏杆、栏板装饰。扶手、栏杆、栏板装饰工程量清单项目的设置、项目特征描述的内容、计量单位及工程量计算规则，应按表4-206的规定执行。

表4-206　扶手、栏杆、栏板装饰（编码：011503）

项目编码	项目名称	项目特征	计量单位	工程量计算规则	工作内容
011503001	金属扶手、栏杆、栏板	1. 扶手材料种类、规格 2. 栏杆材料种类、规格 3. 栏板材料种类、规格、颜色 4. 固定配件种类 5. 防护材料种类	m	按设计图示以扶手中心线长度（包括弯头长度）计算	1. 制作 2. 运输 3. 安装 4. 刷防护材料
011503002	硬木扶手、栏杆、栏板				
011503003	塑料扶手、栏杆、栏板				
011503004	GRC栏杆、扶手	1. 栏杆的规格 2. 安装间距 3. 扶手类型规格 4. 填充材料种类			
011503005	金属靠墙扶手	1. 扶手材料种类、规格 2. 固定配件种类 3. 防护材料种类			
011503006	硬木靠墙扶手				
011503007	塑料靠墙扶手				
011503008	玻璃栏板	1. 栏杆玻璃种类、规格、颜色 2. 固定方式 3. 固定配件种类			

4）暖气罩。暖气罩工程量清单项目设置、项目特征描述的内容、计量单位及工程量计算规则，应按表4-207的规定执行。

表4-207　暖气罩（编号：011504）

项目编码	项目名称	项目特征	计量单位	工程量计算规则	工作内容
011504001	饰面板暖气罩	1. 暖气罩材质 2. 防护材料种类	m²	按设计图示尺寸以垂直投影面积（不展开）计算	1. 暖气罩制作、运输、安装 2. 刷防护材料
011504002	塑料板暖气罩				
011504003	金属暖气罩				

　　5）浴厕配件。浴厕配件工程量清单项目设置、项目特征描述的内容、计量单位及工程量计算规则，应按表4-208的规定执行。

表4-208　浴厕配件（编号：011505）

项目编码	项目名称	项目特征	计量单位	工程量计算规则	工作内容
011505001	洗漱台	1. 材料品种、规格、颜色 2. 支架、配件品种、规格	1. m² 2. 个	1. 按设计图示尺寸以台面外接矩形面积计算。不扣除孔洞、挖弯、削角所占面积，挡板、吊沿板面积并入台面面积内 2. 按设计图示数量计算	1. 台面及支架运输、安装 2. 杆、环、盒、配件安装 3. 刷油漆
011505002	晒衣架		个	按设计图示数量计算	
011505003	帘子杆				
011505004	浴缸拉手				
011505005	卫生间扶手		套		1. 台面及支架制作、运输、安装 2. 杆、环、盒、配件安装 3. 刷油漆
011505006	毛巾杆（架）		副		
011505007	毛巾环		个		
011505008	卫生纸盒				
011505009	肥皂盒				
011505010	镜面玻璃	1. 镜面玻璃品种、规格 2. 框材质、断面尺寸 3. 基层材料种类 4. 防护材料种类	m²	按设计图示尺寸以边框外围面积计算	1. 基层安装 2. 玻璃及框制作、运输、安装
011505011	镜箱	1. 箱体材质、规格 2. 玻璃品种、规格 3. 基层材料种类 4. 防护材料种类 5. 油漆品种、刷漆遍数	个	按设计图示数量计算	1. 基层安装 2. 箱体制作、运输、安装 3. 玻璃安装 4. 刷防护材料、油漆

　　6）雨篷、旗杆。雨篷、旗杆工程量清单项目设置、项目特征描述的内容、计量单位及工程量计算规则，应按表4-209的规定执行。

表 4-209　雨篷、旗杆（编号：011506）

项目编码	项目名称	项目特征	计量单位	工程量计算规则	工作内容
011506001	雨篷吊挂饰面	1. 基层类型 2. 龙骨材料种类、规格、中距 3. 面层材料品种、规格 4. 吊顶（天棚）材料品种、规格 5. 嵌缝材料种类 6. 防护材料种类	m²	按设计图示尺寸，以水平投影面积计算	1. 底层抹灰 2. 龙骨基层安装 3. 面层安装 4. 刷防护材料、油漆
011506002	金属旗杆	1. 旗杆材料、种类、规格 2. 旗杆高度 3. 基础材料种类 4. 基座材料种类 5. 基座面层材料、种类、规格	根	按设计图示数量计算	1. 土石挖、填、运 2. 基础混凝土浇筑 3. 旗杆制作、安装 4. 旗杆台座制作、饰面
011506003	玻璃雨篷	1. 玻璃雨篷固定方式 2. 龙骨材料种类、规格、中距 3. 玻璃材料品种、规格 4. 嵌缝材料种类 5. 防护材料种类	m²	按设计图示尺寸，以水平投影面积计算	1. 龙骨基层安装 2. 面层安装 3. 刷防护材料、油漆

7）招牌、灯箱。招牌、灯箱工程量清单项目设置、项目特征描述的内容、计量单位及工程量计算规则，应按表4-210的规定执行。

表 4-210　招牌、灯箱（编号：011507）

项目编码	项目名称	项目特征	计量单位	工程量计算规则	工作内容
011507001	平面、箱式招牌	1. 箱体规格 2. 基层材料种类 3. 面层材料种类 4. 防护材料种类	m²	按设计图示尺寸以正立面边框外围面积计算。复杂形的凸凹造型部分不增加面积	1. 基层安装 2. 箱体及支架制作、运输、安装 3. 面层制作、安装 4. 刷防护材料、油漆
011507002	竖式标箱				
011507003	灯箱				
011507004	信报箱	1. 箱体规格 2. 基层材料种类 3. 面层材料种类 4. 防护材料种类 5. 户数	个	按设计图示数量计算	

8）美术字。美术字工程量清单项目设置、项目特征描述的内容、计量单位及工程量计算规则，应按表4-211的规定执行。

 注意!

本部分清单与定额工程量计算规则相同。

（2）工程量清单编制典型案例（略）

表 4-211　美术字（编号：011508）

项目编码	项目名称	项目特征	计量单位	工程量计算规则	工作内容
011508001	泡沫塑料字	1. 基层类型 2. 镌字材料品种、颜色 3. 字体规格 4. 固定方式 5. 油漆品种、刷漆遍数	个	按设计图示数量计算	1. 字制作、运输、安装 2. 刷油漆
011508002	有机玻璃字				
011508003	木质字				
011508004	金属字				
011508005	吸塑字				

知识回顾

1. 本单元主要分项工程定额与清单两种计量方法的比较，见表 4-212。

表 4-212　金属结构主要分项工程工程量计算规则对比

项目名称	定额工程量计算规则	清单工程量计算规则
楼地面工程	① 楼地面找平层、整体面层，均按主墙间净面积以平方米计算 ② 楼、地面块料面层，按设计图示尺寸实铺面积以平方米计算 ③ 楼梯面层（包括踏步及最后一级踏步宽、休息平台、小于 500mm 宽的楼梯井），按水平投影面积计算	① 楼地面找平层、整体面层，定额与清单计算规则相同 ② 楼、地面块料面层，定额与清单计算规则相同 ③ 楼梯面层定额与清单计算规则基本相同：按设计图示尺寸以楼梯的水平投影面积计算。楼梯与楼地面相连时，算至梯口梁内侧边沿；无梯口梁者，算至最上一层踏步边沿加 300mm
墙、柱面工程	① 内墙抹灰以平方米计算。计算时应扣除门窗洞口和空圈所占的面积，不扣除踢脚板、挂镜线、单个面积在 0.3m² 以内的孔洞和墙与构件交接处的面积，洞侧壁和顶面亦不增加。墙垛和附墙烟囱侧壁面积与内墙抹灰工程量合并计算 ② 外墙一般抹灰、装饰抹灰面积，按设计外墙抹灰的垂直投影面积以平方米计算。扣除与不扣除内容同内墙	① 内墙抹灰定额与清单计算规则相同 ② 外墙一般抹灰、装饰抹灰面积定额与清单计算规则相同
顶棚工程	① 顶棚抹灰面积，按主墙间的净面积计算；不扣除柱、垛、间壁墙、附墙烟囱、检查口和管道所占的面积。带梁顶棚，梁两侧抹灰面积，并入顶棚抹灰工程量内计算 ② 各种吊顶顶棚龙骨，按主墙间净空面积以平方米计算；不扣除间壁墙、检查口、附墙烟囱、柱、灯孔、垛和管道所占面积 ③ 顶棚装饰面积，按主墙间设计面积以平方米计算；不扣除间壁墙、检查口、附墙烟囱、附墙垛和管道所占面积，但应扣除独立柱、灯带、大于 0.3m² 的灯孔及与顶棚相连的窗帘盒所占的面积	① 天棚抹灰按设计图示尺寸，以水平投影面积计算。不扣除间壁墙、垛、柱、附墙烟囱、检查口和管道所占的面积，带梁天棚的梁两侧抹灰面积并入天棚面积内，板式楼梯底面抹灰按斜面积计算，锯齿形楼梯底板抹灰按展开面积计算 ② 吊顶天棚，按设计图示尺寸，以水平投影面积计算。天棚面中的灯槽及跌级、锯齿形、吊挂式、藻井式天棚面积不展开计算。不扣除间壁墙、检查口、附墙烟囱、柱垛和管道所占面积，扣除单个 > 0.3m² 的孔洞、独立柱及与天棚相连的窗帘盒所占的面积

（续）

项目名称	定额工程量计算规则	清单工程量计算规则
油漆、涂料及裱糊	① 楼地面、顶棚面、墙、柱面的喷（刷）涂料、油漆工程，其工程量按本项目各自抹灰的工程量计算规则计算。涂料系数表中有规定的，按规定计算工程量并乘系数表中的系数。裱糊项目工程量，按设计裱糊面积，以平方米计算 ② 木材面、金属面油漆的工程量，分别按油漆、涂料系数表中规定，并乘以系数表内的系数以平方米计算	① 门油漆、窗油漆：以樘计量，按设计图示数量计量；以平方米计量，按设计图示洞口尺寸以面积计算 ② 木材面油漆：按设计图示尺寸以平方米计量 ③ 金属面油漆：以吨计量，按设计图示尺寸以质量计量；以平方米计量，按设计展开面积计算 ④ 抹灰面油漆：按设计图示尺寸以面积计算；按设计图示尺寸以长度计算
配套装饰项目	① 基层、造型层及面层的工程量，均按设计面积以平方米计算（本条主要是指门窗套） ② 暖气罩各层，按设计面积计算，与壁柜相连时，暖气罩算至壁柜隔板外侧，壁柜套用橱柜相应子目，散热口按其框外围面积单独计算	① 门窗套：以樘计量，按设计图示数量计算；以平方米计量，按设计图示尺寸以展开面积计算；以米计量，按设计图示中心线以延长米计算 ② 暖气罩：按设计图示尺寸以垂直投影面积（不展开）计算

2. 定额计价以直接工程费的计算为计算基础；清单计价以综合单价的计算为计算基础。

检查测试

一、填空题

1. 楼地面找平层、整体面层，均按_____面积以平方米计算；楼、地面块料面层，按设计图示尺寸_____面积以平方米计算。

2. 楼梯面层（包括_____及_____、_____、小于_____mm 宽的楼梯井），按水平投影面积计算。

3. 内墙抹灰，以平方米计算。计算时应扣除_____和_____所占的面积，不扣除_____、_____、单个面积在_____以内的孔洞和墙与构件交接处的面积，洞侧壁和顶面_____增加。

4. 楼地面、顶棚面、墙、柱面的喷（刷）涂料、油漆工程：其工程量，定额按_____的工程量计算规则计算。涂料系数表中有规定的，按规定计算工程量并乘系数表中的_____。木材面、金属面油漆的工程量，定额分别按油漆、涂料系数表中规定，并乘以系数表内的系数以_____计算。

5. 暖气罩：定额按_____计算；清单按设计图示尺寸以_____计算。

二、单项选择题

1. 某建筑物，外墙轴线尺寸为 9.6m×5.4m，外墙均为 240mm 厚，内、外墙及门洞所占地面面积如下：外墙上有门二樘计 0.48m²，120mm 内墙门一樘 0.29m²，240mm 内墙横截面面积共计 2.48m²，120mm 内墙横截面面积共计 0.33m²。则该建筑地面水泥砂浆抹面的工程量应为（　　）m²。

A. 44.71　　　　B. 45.01　　　　C. 45.82　　　　D. 44.49

2. 墙面抹灰按垂直投影面积计算，但应扣除（　　）。

A. 踢脚线　　　B. 构件与墙面交接处　　C. 门窗洞口　　　D. 挂镜线

3. 有一横截面为 490mm×490mm、高 3.6m 的独立砖柱，镶贴人造石板材（厚 25mm），结合层为 1∶2.5 水泥砂浆厚 15mm，则镶贴块料工程量为（　　　）m²。

  A. 7.05   B. 7.99   C. 7.63   D. 8.21

  4. 根据《房屋建筑与装饰工程工程量计算规范》（GB 50854—2013）的有关规定，天棚吊顶工程量清单计算中，下面说法正确的是（　　　）。

  A. 按图示尺寸以水平投影面积计算

  B. 吊挂式天棚面积展开计算

  C. 扣除间壁墙、检查口、柱垛所占面积

  D. 不扣除与天棚相连的窗帘盒所占的面积

  5. 下列油漆工程量计算规则中，正确的是（　　　）。

  A. 门窗油漆按展开面积计算

  B. 木扶手油漆按设计图示尺寸以长度计算

  C. 金属面油漆按图示尺寸以面积计算

  D. 抹灰面油漆按图示尺寸面积和遍数计算

三、多项选择题

  1. 外墙各种装饰抹灰，均按设计外墙抹灰的垂直投影面积以平方米计算。计算时应扣除（　　　）所占面积，其侧壁面积不另增加。附墙垛侧面抹灰并入外墙抹灰工程量内计算。

  A. 门窗洞口   B. 空圈   C. 单个面积≤0.3m²

  D. 单个面积≥0.3m² E. 单个面积＞0.3m²

  2. 各种吊顶顶棚龙骨，按主墙间净空面积以平方米计算；不扣除间壁墙、检查口、_____、_____、_____和管道所占面积（　　　）。

  A. 单个面积≤0.3m² B. 灯孔   C. 柱

  D. 附墙烟囱   E. 垛

  3. 根据《房屋建筑与装饰工程工程量计算规范》（GB 50854—2013）的有关规定，下面关于楼、地面工程中的叙述，正确的是（　　　）。

  A. 间壁墙是指墙厚≤120mm 的墙

  B. 平面砂浆找平层只适用于仅做找平层的平面砂浆

  C. 菱苦土楼地面，不扣除间壁墙及≤0.3m² 柱、垛、附墙烟囱及孔洞所占面积

  D. 拼碎块料台阶面，按设计图示尺寸以台阶（包括最上层踏步边沿加 300mm）展开面积计算，单位：m²

  E. 自流平楼地面，门洞、空圈、暖气包槽、壁龛的开口部分不增加面积

单元 18　施工技术措施项目

单元描述

  施工技术措施项目，是指为完成工程项目施工任务，发生于该工程施工前和施工过程中技术、生活、安全等方面的非工程实体项目。其内容包括：脚手架、混凝土模板及支架、垂直运输、超高施工增加、大型机械设备进出场安拆及运输、施工排水及降水、安全文明施工及其他

措施项目等。图 4-160 所示为某施工现场型钢平台挑钢管式脚手架实景与构造形式图。

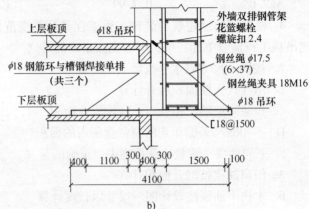

a)   b)

图 4-160　某型钢平台挑钢管式脚手架现场与构造形式示意图
a）某施工现场型钢平台挑钢管式脚手架　b）型钢平台挑钢管式脚手架构造形式图

本单元主要介绍脚手架工程，垂直运输机械及超高增加，构件运输及安装工程，混凝土模板及支撑工程以及大型机械安装、拆卸及场外运输项目的定额计量与计价、清单计量与编制。

学习目标

1. 熟悉施工技术措施项目定额与清单两种方法的工程量计算规则。
2. 能进行施工技术措施项目主要分项工程的定额计量与计价、清单计量与编制。

工作任务

1. 施工技术措施项目主要分项工程的定额计量与计价。
2. 施工技术措施项目主要分项工程的清单计量与编制。

相关知识

课题1　脚手架工程计量与计价

1. 定额计量与计价

（1）定额编制说明与综合解释

1）定额编制说明。

① 本单元定额包括外脚手架、里脚手架、满堂脚手架、悬空及挑脚手架、安全网等内容。脚手架按搭设材料分为木制、钢管式；按搭设形式及作用分为型钢平台挑钢管式脚手架、烟囱脚手架和电梯井字脚手架等。

② 外脚手架，综合了上料平台、护卫栏杆等。

③ 斜道，是按依附斜道编制的，独立斜道按依附斜道子目人工、材料、机械乘以系数 0.8。

知识拓展

斜道，一般用于无施工电梯情况下人员上下。斜道并非每个工程都必须搭设。

④ 水平防护架和垂直防护架，指脚手架以外单独搭设的，用于车辆通行、人行通道、临街防护和施工与其他物体隔离等的防护。

知识拓展

水平防护架，一般用于防止上方物体坠落，是搭设的与地面平行的架子。水平防护架顶端铺设木板、钢脚手板、竹笆等以隔挡坠落物。水平防护架用于车辆通行、人行通道、临街防护、施工通道等。垂直防护架一般用于建筑物与高压线之间的隔离。

⑤ 烟囱脚手架综合了垂直运输架、斜道、缆风绳、地锚等内容。

⑥ 水塔脚手架按相应的烟囱脚手架人工乘以系数 1.11，其他不变。倒锥壳水塔脚手架，按烟囱脚手架相应子目乘以系数 1.3。

2）定额综合解释。

① 外脚手架子目综合了上料平台、护卫栏杆。依附斜道、安全网和建筑物的垂直封闭等，应依据相应规定另行计算。

② 外脚手架的高度，在工程量计算及执行定额时，均自设计室外地坪算至檐口顶。

a. 先主体、后回填，自然地坪低于设计室外地坪时，外脚手架的高度，自自然地坪算起。

b. 设计室外地坪标高不同时，有错坪的，按不同标高分别计算；有坡度的，按平均标高计算。

c. 外墙有女儿墙的，算至女儿墙压顶上坪；无女儿墙的，算至檐板上坪，或檐沟翻檐的上坪。

d. 坡屋面的山尖部分，其工程量按山尖部分的平均高度计算；但应按山尖顶坪执行定额。

e. 凸出屋面的电梯间、水箱间等，执行定额时不计入建筑物的总高度。

③ 各种现浇混凝土独立柱、框架柱、砖柱、石柱等，均需单独计算脚手架；混凝土构造柱，不单独计算。

④ 现浇混凝土圈梁、过梁、楼梯、雨篷、阳台、挑檐中的梁和挑梁，均不单独计算脚手架。

⑤ 各种现浇混凝土板、现浇混凝土楼梯，不单独计算脚手架。

⑥ 外挑阳台的外脚手架，按其外挑宽度，并入外墙外边线长度内计算。

⑦ 高低层交界处的高层外脚手架，按低层屋面结构上坪至檐口（或女儿墙顶）的高度计算工程量，按设计室外地坪至檐口（或女儿墙顶）的高度执行定额。高出屋面的电梯间、水箱间，其脚手架按自身高度计算。

⑧ 设计室内地坪至顶板下坪（或山墙高度 1/2 处）的高度超过 6m 时，内墙（非轻质砌块墙）砌筑脚手架，执行单排外脚手架子目；轻质砌块墙砌筑脚手架，执行双排外脚手架子目。

⑨ 混凝土独立基础高度超过 1m，按柱脚手架规则计算工程量（外围周长按最大底面周长），执行单排外脚手架子目。

⑩ 石砌基础，高度超过 1m，执行双排里脚手架子目；超过 3m，执行双排外脚手架子

目。边砌边回填时，不得计算脚手架。

⑪ 石砌围墙或厚 2 砖以上的砖围墙，增加一面双排里脚手架。

⑫ 各种石砌挡土墙的砌筑脚手架，按石砌基础的规定执行。

⑬ 型钢平台外挑双排钢管架子目，一般适用于自然地坪或高层建筑的低层屋面不能承受外脚手架荷载，不能搭设落地脚手架等情况，其工程量计算，执行外脚手架的相应规定。

⑭ 编制标底时，外脚手架高度在 110m 以内，按相应落地钢管架子目执行；高度超过 110m 时，按型钢平台外挑双排钢管架子目执行。

⑮ 满堂脚手架，按室内净面积计算，不扣除柱、垛所占面积。

⑯ 内装饰脚手架，内墙高度在 3.6m 以内时按相应脚手架子目 30% 计取。但计取满堂脚手架后，不再计取内装饰脚手架。

⑰ 依附斜道的高度，指斜道所爬升的垂直高度，从下至上连成一个整体为 1 座。

⑱ 斜道的数量，编制标底时，建筑物首层（不含地下室）建筑面积 1200m² 以内，计 1 座；超过 1200m²，每增加 500m² 以内，增加 1 座。

⑲ 平挂式安全网（脚手架与建筑物外墙之间的安全网），按水平挂设的投影面积，以平方米计算，执行定额 10-1-46 立挂式安全网子目。

⑳ 建筑物垂直封闭采用交替倒用时，工程量按倒用封闭过的垂直投影面积计算；执行定额时，封闭材料乘以下列系数：竹席 0.5、竹笆和密目网 0.33。

㉑ 建筑物垂直封闭，编制标底时，建筑物层数 16 层（或檐高 50m）以内，按固定封闭计算；16 层（或檐高 50m）以上，按交替倒用封闭计算。封闭材料采用密目网。

㉒ 高出屋面水箱间、电梯间，不计算垂直封闭。

㉓ 滑升钢模浇筑的钢筋混凝土烟囱、倒锥壳水塔支筒及筒仓，定额按无井架施工编制，不另计脚手架费用。

㉔ 大型现浇混凝土贮水（油）池、框架式设备基础的混凝土壁、柱、顶板梁等混凝土浇筑脚手架，按现浇混凝土墙、柱、梁的相应规定计算。

㉕ 电梯井脚手架的搭设高度，指电梯井底板上坪至顶板下坪（不包括建筑物顶层电梯机房）之间的高度。

㉖ 主体工程外脚手架和外装饰工程脚手架，其工程量计算执行外脚手架有关规定。

㉗ 外墙面局部玻璃幕墙的外装饰工程脚手架，按幕墙宽度两侧各加 1m，乘以幕墙高度，以平方米计算工程量；按设计室外地坪至幕墙上边缘高度执行定额。

㉘ 脚手架定额的工作内容中，包括底层脚手架下的平土、挖坑，实际与定额不同时，不得调整。

㉙ 地下室外脚手架的高度，按其他底板上坪至地下室顶板上坪之间的高度计算。

㉚ 现浇混凝土单梁、连续梁的脚手架，按其相应规定计算。但梁下为混凝土墙（同一轴线）并与墙一起整浇时，不单独计算。有梁板的板下梁，不计算脚手架。

㉛ 砌筑高度不小于 15m，但外墙门窗及外墙装饰面积超过外墙表面积 60%（或外墙为现浇混凝土墙、轻质砌块墙）时，按双排脚手架计算。

㉜ 外墙装饰不能利用主体脚手架施工时，需要重新搭设外装饰脚手架，应执行外装饰工程脚手架相应子目。

（2）工程量计算规则

1）一般规定。

① 计算内、外墙脚手架时，均不扣除门窗洞口、空圈洞口等所占的面积。

② 同一建筑物高度不同时，应按不同高度分别计算。

③ 总包施工单位承包工程范围，不包括外墙装饰工程或外墙装饰不能利用主体施工脚手架施工的工程，可分别套用主体外脚手架或装饰外脚手架项目。

2）外脚手架。

① 建筑物外脚手架高度，自设计室外地坪算至檐口（或女儿墙）；工程量按外墙外边线长度（凸出墙面宽度大于240mm的墙垛等，按图示尺寸展开计算，并入外墙长度内），乘以高度以平方米计算。

外墙脚手架工程量 =（外墙外边线长度 + 墙垛侧面宽度 ×2×垛数量）× 外脚手架高度

② 砌筑高度在15m以下的按单排脚手架计算；高度在15m以上或高度虽小于15m，但外墙门窗及装饰面积超过外墙表面积60%（或外墙为现浇混凝土墙、轻质砌块墙）时，按双排脚手架计算；建筑物高度超过30m时，可根据工程情况，按型钢挑平台双排脚手架计算。

③ 独立柱（现浇混凝土框架柱），按柱图示结构外围周长另加3.6m，乘以设计柱高以平方米计算，套用单排外脚手架项目。现浇混凝土梁、墙，按设计室外地坪或楼板上表面至楼板底之间的高度，乘以梁、墙净长以平方米计算，套用双排外脚手架项目。

独立柱脚手架工程量 =（柱图示结构外围周长 + 3.6m）× 设计柱高度

梁、墙脚手架工程量 = 梁、墙净长度 × 设计室外地坪（或板顶）至板底高度

④ 型钢平台外挑钢管架，按外墙外边线长度乘以设计高度以平方米计算。平台外挑宽度定额已综合取定，使用时按定额项目的设置高度分别套用。

型钢平台外挑钢管架工程量 = 外墙外边线长度 × 设计高度

3）里脚手架。

① 建筑物内墙脚手架，凡设计室内地坪至顶板下表面（或山墙高度1/2处）的高度在3.6m以下（非轻质砌块墙）时，按单排里脚手架计算；高度超过3.6m小于6m时，按双排里脚手架计算。

② 里脚手架，按墙面垂直投影面积计算，套用里脚手架项目。不能在内墙上留脚手架洞的各种轻质砌块墙等套用双排里脚手架项目。里脚手架高度按设计室内地坪至顶板下表面计算（有山尖或坡度的高度折算）。计算墙面垂直投影面积时，不扣除门窗洞口、圈梁、混凝土过梁、构造柱及梁头等所占面积。

内墙体里脚手架工程量 = 内墙净长度 × 设计净高度

4）装饰脚手架。

① 高度超过3.6m的内墙面装饰不能利用原砌筑脚手架时，可按里脚手架计算规则计算装饰脚手架。装饰脚手架按双排里脚手架乘以0.3系数计算。

内墙面装饰双排里脚手架工程量 = 内墙净长度 × 设计净高度 ×0.3

内墙装饰脚手架按装饰的结构面垂直投影面积（不扣除门窗洞口面积）计算。

② 室内天棚装饰面距设计室内地坪在3.6m以上时，可计算满堂脚手架。满堂脚手架按室内净面积计算，其高度在3.61～5.2m之间，计算基本层。超过5.2m时，每增加1.2m按增加一层计算，不足0.6m的不计，如图4-161所示。

增加层按下式计算：

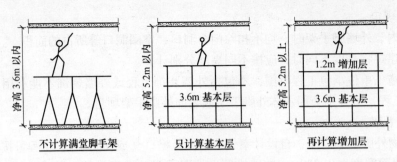

图 4-161　计算满堂脚手架示意图

$$满堂脚手架增加层 = (室内净高度 - 5.2m) \div 1.2m$$
(计算结果 0.5 以内舍去)

③ 外墙装饰不能利用主体脚手架施工时，可计算外墙装饰脚手架。外墙装饰脚手架，按设计外墙装饰面积计算，套用相应定额项目。外墙油漆、涂刷者不计算外墙装饰脚手架。

$$外墙装饰脚手架工程量 = 装饰面长度 \times 装饰面高度$$

④ 按规定计算满堂脚手架后，室内墙面装饰工程不再计算脚手架。

5) 其他脚手架。

① 围墙脚手架，按室外自然地坪至围墙顶面的砌筑高度乘长度以平方米计算。围墙脚手架套用单排脚手架相应项目。

$$围墙脚手架工程量 = 围墙长度 \times 室外自然地坪至围墙顶面高度$$

② 石砌墙体，凡砌筑高度在 1.0m 以上时，按设计砌筑高度乘长度以平方米计算，套用双排里脚手架项目。

$$石砌墙体双排里脚手架工程量 = 砌筑长度 \times 砌筑高度$$

③ 水平防护架，按实际铺板的水平投影面积，以平方米计算。

$$水平防护架工程量 = 水平投影长度 \times 水平投影宽度$$

④ 垂直防护架，按自然地坪至最上一层横杆之间的搭设高度，乘以实际搭设长度以平方米计算。

$$垂直防护架工程量 = 实际搭设长度 \times 自然地坪至最上一层横杆的高度$$

⑤ 挑脚手架，按搭设长度和层数，以延长米计算。

$$挑脚手架工程量 = 实际搭设总长度$$

⑥ 悬空脚手架，按搭设水平投影面积以平方米计算。

$$悬空脚手架工程量 = 水平投影长度 \times 水平投影宽度$$

⑦ 烟囱脚手架，区别不同搭设高度以座计算。滑升模板施工的混凝土烟囱，筒仓不另计算脚手架。

⑧ 电梯井脚手架，按单孔以座计算。

 注意!

电梯井脚手架的搭设高度，指电梯井底板上坪至顶板下坪（不包括建筑物顶层电梯机房）之间的高度。设备管道井不得套用。

⑨ 斜道区别不同高度以座计算。使用时，应根据斜道所爬垂直高度计算，从下至上连成一个整体的斜道为 1 座。

投标报价时，施工单位应按照施工组织设计要求确定数量。编制标底时，建筑物底面积小于 1200m² 的按 1 座计算，超过 1200m² 按每 500m² 以内增加 1 座。

⑩ 砌筑贮仓脚手架，不分单筒或贮仓组均按单筒外边线周长，乘以设计室外地坪至贮仓上口之间高度，以平方米计算，套用双排外脚手架项目。

⑪ 贮水（油）池脚手架，按外壁周长乘以室外地坪至池壁顶面之间高度，以平方米计算。贮水（油）池凡距地坪高度超过 1.2m 时，套用双排外脚手架项目。

⑫ 设备基础脚手架，按其外形周长乘以地坪至外形顶面边线之间高度，以平方米计算，套用双排里脚手架项目。

说明：此条规定针对块体的设备基础。若墙、柱、梁形设备基础，按墙、柱、梁脚手架计算规则计算。

⑬ 建筑物垂直封闭工程量，按封闭面的垂直投影面积计算（实际为外脚手架面积）。若采用交替向上倒用时，工程量按倒用封闭过的垂直投影面积计算，套用定额项目中的封闭材料乘以以下系数：竹席 0.5、竹笆和密目网 0.33。

注意！

关于建筑物垂直封闭：报价时由施工单位根据施工组织设计要求确定。编制标底时，建筑物 16 层（檐高 50m）以内的工程按固定封闭计算；建筑物层数在 16 层以上（檐高 50m 以上）的工程，按交替封闭计算，封闭材料采用密目网。

建筑物垂直封闭工程量 =（外围周长 + 1.50m × 8）×（建筑物脚手架高度 + 1.5 护栏高）

⑭ 立挂式安全网，按架网部分的实际长度乘以实际高度以平方米计算。

立挂式安全网工程量 = 实际长度 × 实际高度

⑮ 挑出式安全网，按挑出的水平投影面积计算。

挑出式安全网工程量 = 挑出总长度 × 挑出的水平投影宽度

⑯ 平挂式安全网（脚手架与建筑物外墙之间的安全网），按水平挂设的投影面积，以平方米计算，执行定额 10 - 1 - 46 立挂式安全网子目。

注意！

投标报价时，施工单位根据施工组织设计要求确定。编制标底时，按平挂式安全网计算，根据《建筑施工扣件式钢管脚手架安全技术规范》（JGJ 130—2011）要求，随层安全网搭设数量按每层一道。平挂式安全网宽度按 1.5m，工程量按下式计算：

平挂式安全网工程量 =（外围周长 × 1.50m + 1.50m × 1.50m × 4）×（建筑物层数 - 1）

（3）计算实例

1）外脚手架。

【例 4-70】 某工程，如图 4-162 所示，女儿墙高 2m，计算外脚手架工程量，确定定额编号。

分析：外脚手架工程量按外墙外边线长度乘以外脚手架高度，以平方米计算。同一建筑物高度不同时，应按不同高度分别计算。突出屋面的电梯间、水箱间等，执行定额时不计入

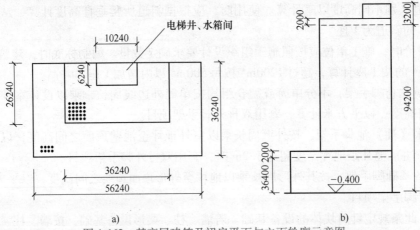

图 4-162　某高层建筑及裙房平面与立面轮廓示意图

a）某高层建筑及裙房平面轮廓示意图　b）右立面轮廓示意图

建筑物的总高度；高出屋面的电梯间、水箱间，其脚手架按自身高度计算。

解：该工程外脚手架工程量计算及定额编号的确定，见表 4-213。

表 4-213　定额工程量计算表

序号	项目名称	单位	计　算　式	工程量	定额编号
1	高层（25层）外脚手架	m²	① $36.24 \times (94.2 + 2)$ m² = 3493.54m² ② $(36.24 + 26.24 \times 2) \times (94.2 - 36.24 + 2)$ m² = 5305.43m² ③ $10.24 \times (3.2 - 2)$ m² = 12.29m² 小计：$(3493.54 + 5305.43 + 12.29)$ m² = 8811.26m² 建筑高度 = $(94.2 + 2)$ m = 96.2m	8811.26	10-1-11
2	低层（8层）外脚手架	m²	$[(56.24 + 36.24) \times 2 - 36.24] \times (36.4 + 2)$ m² = 5710.85m²	5710.85	10-1-8
3	电梯间、水箱间外脚手架	m²	$(10.24 + 6.24 \times 2) \times 3.2$ m² = 72.70m²	72.70	10-1-4

【例 4-71】　某工程，如图 4-163 所示，八层住宅楼，现浇钢筋混凝土外挑阳台。计算该住宅楼外脚手架工程量，确定定额编号。

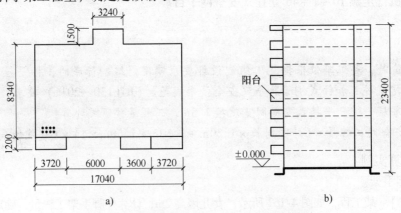

图 4-163　某八层住宅楼平面与立面轮廓示意图

a）某住宅楼平面轮廓示意图　b）右立面示意图

分析：外挑阳台的外脚手架，按其外挑宽度，并入外墙外边线长度内计算。

解：该工程外脚手架的工程量计算及定额编号的确定，见表 4-214。

表 4-214　定额工程量计算表

项目名称	单　位	计　算　式	工程量	定额编号
外脚手架	m²	$[(17.04+8.34+1.5)×2+1.2×4]×23.4$	1370.30	10-1-6

【例 4-72】　某高层建筑物，有挑出的外墙，如图 4-164 所示。计算该高层建筑物的外脚手架工程量，确定定额编号。

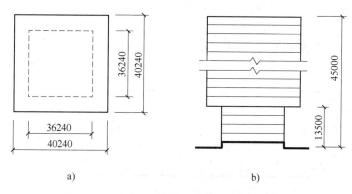

图 4-164　某高层建筑平面与剖面轮廓示意图
a）某高层建筑平面轮廓示意图　b）剖面轮廓示意图

分析：计算外脚手架时，若建筑物有挑出的外墙，挑出宽度大于 1.5m 时，外脚手架的工程量按上部挑出外墙宽度乘以设计室外地坪至檐口或女儿墙表面高度，套用相应高度的外脚手架；下层缩入部分的脚手架，工程量按缩入外墙长度乘以设计室外地坪至挑出层板底高度计算，不论实际需搭设单双排脚手架，均按单排脚手架定额执行。

解：该工程外脚手架的工程量计算及定额编号的确定，见表 4-215。

表 4-215　定额工程量计算表

序号	项目名称	单位	计　算　式	工程量	定额编号
1	挑出部分外脚手架	m²	$40.24×4×45$	7243.20	10-1-8
2	缩入部分外脚手架	m²	$36.24×4×13.5$	1956.96	10-1-4

2）柱、梁脚手架。

【例 4-73】　某框架结构工程，其钢筋混凝土柱、梁、板结构平面图，如图 4-165 所示，层高 3.0m，板厚为 120mm，梁、板顶结构标高为 6.00m，图示柱的区域部分为 3.0 ~ 6.00m，计算图示框架柱、框架梁的脚手架工程量，确定定额编号。

分析：独立柱（现浇混凝土框架柱），按柱图示结构外围周长另加 3.6m，乘以设计柱高以平方米计算，套用单排外脚手架项目。现浇混凝土梁、墙，按设计室外地坪或楼板上表面至楼板底之间的高度，乘以梁、墙净长以平方米计算，套用双排外脚手架项目。

解：该工程框架柱、框架梁的脚手架工程量计算及定额编号的确定，见表 4-216。

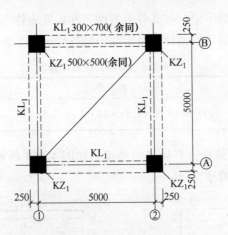

图 4-165 某钢筋混凝土柱、梁、板结构平面示意图

表 4-216 定额工程量计算表

序号	项目名称	单位	计 算 式	工程量	定额编号
1	框架柱 脚手架	m²	$(0.5 \times 4 + 3.6) \times 3 \times 4$	67.20	10-1-4
2	框架梁 脚手架	m²	$(5 - 0.25 \times 2) \times (3 - 0.12) \times 4$	51.84	10-1-5

3）里脚手架。

【例 4-74】 某独立别墅，首层平面图如图 4-166 所示。层高 3.00m，内、外砖墙厚均为 240mm，钢筋混凝土楼板、阳台板厚 120mm。计算该别墅砌筑里脚手架工程量，确定定额编号。

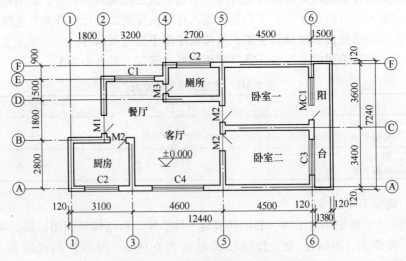

图 4-166 某独立别墅首层平面示意图

分析： 里脚手架工程量，按墙面单面垂直投影面积计算。这里的"墙面"，指的是内墙面，因此，计算前应先分清哪些是内墙。不能在内墙上留脚手架洞的各种轻质砌块墙等套用双排里脚手架项目。里脚手架高度，按设计室内地坪至顶板下表面计算（有山尖或坡度的

高度折算）。计算墙面垂直投影面积时，不扣除门窗洞口、圈梁、混凝土过梁、构造柱及梁头等所占面积。阳台外墙应按里脚手架计算。

解：该工程里脚手架工程量计算及定额编号的确定，见表4-217。

表4-217　定额工程量计算表

项目名称	单位	计　算　式	工程量	定额编号
砖墙砌筑里脚手架	m²	$[2.7-0.12+0.12+4.5-0.12\times2+3.1-1.8-0.12+0.12+2.8-0.12+0.12+1.5-0.12+0.12+(3.4+3.6-0.12\times4)\times2]\times(3-0.12)$	73.73	10-1-21

4）满堂脚手架。

【例4-75】某室内天棚抹灰，尺寸如图4-167所示，搭设钢管满堂脚手架。计算该天棚抹灰满堂脚手架的工程量，确定定额编号。

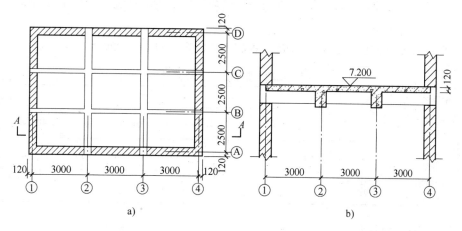

图4-167　某有梁板天棚平面与剖面示意图

a）某现浇有梁板平面图　b）A—A剖面图

分析：室内天棚装饰面距设计室内地坪在3.6m以上时，可计算满堂脚手架。满堂脚手架按室内净面积计算，其高度在3.61～5.2m之间，计算基本层。超过5.2m时，每增加1.2m按增加一层计算，不足0.6m的不计。

解：该工程天棚抹灰满堂脚手架工程量计算及定额编号的确定，见表4-218。

表4-218　定额工程量计算表

项目名称	单位	计　算　式	工程量	定额编号
满堂脚手架	m²	① $S_{净}=(3\times3-0.24)\text{m}\times(2.5\times3-0.24)\text{m}=63.60\text{m}^2$ ② 增加层 $=(7.2-0.12-5.2)\div1.2\text{层}=1.57\text{层}\approx2\text{层}$	63.60	10-1-27 10-1-28×2

5）依附斜道。

【例4-76】某工程如图4-162所示，计算依附斜道工程量，确定定额编号。

分析：斜道区别不同高度以座计算。使用时，应根据斜道所爬垂直高度计算，从下至上连成一个整体的斜道为1座。投标报价时，施工单位应按照施工组织设计要求确定数量。编制标底时，建筑物底面积小于1200m²的按1座计算，超过1200m²按每500m²以内增加

1 座。

解：该工程依附斜道的工程量计算及定额编号的确定，见表 4-219。

表 4-219　定额工程量计算表

序号	项目名称	单位	计　算　式	工程量	定额编号
1	高层部分斜道	座	底面积 = 36.24m × 26.24m = 950.94m² < 1200m² 斜道座数 = 1 座，执行 110m 以内钢管斜道子目	1.00	10 - 1 - 45
2	低层部分斜道	座	底面积 = 56.24m × 36.24m = 2038.14m² > 1200m² 斜道座数 = (2038.14 - 1200.00) ÷ 500 座 = 1.676 座 ≈ 2 座，执行 50m 以内钢管斜道子目	2.00	10 - 1 - 42

6）安全网。

【例 4-77】 某工程如图 4-162 所示，计算平挂式安全网工程量，确定定额编号。

分析：平挂式安全网，按水平挂设的投影面积，以平方米计算，执行定额 10 - 1 - 46 立挂式安全网子目。

解：平挂式安全网的工程量计算及定额编号的确定，见表 4-220。

表 4-220　定额工程量计算表

序号	项目名称	单位	计　算　式	工程量	定额编号
1	低层（8 层）部分	m²	[(56.24 + 36.24) × 2 × 1.5 + 1.5 × 1.5 × 4] × (8 - 1)	2005.08	平挂式安全网 10 - 1 - 46
2	高层（25 层）部分	m²	[(36.24 + 26.24) × 2 × 1.5 + 1.5 × 1.5 × 4] × (17 - 1)	3143.03	
3	电梯间、水箱间部分	m²	(10.24 + 1.50 × 2) × 1.50	19.87	

7）建筑物垂直封闭。

【例 4-78】 某工程如图 4-162 所示，计算建筑物垂直封闭工程量，确定定额编号。

分析：建筑物垂直封闭工程量，按封闭面的垂直投影面积计算。若采用交替向上倒用时，工程量按倒用封闭过的垂直投影面积计算，套用定额项目中的封闭材料乘以以下系数：竹席 0.5、竹笆和密目网 0.33。

关于建筑物垂直封闭：报价时由施工单位根据施工组织设计要求确定。编制标底时，建筑物 16 层（檐高 50m）以内的工程按固定封闭计算；建筑物层数在 16 层以上（檐高 50m 以上）的工程，按交替封闭计算，封闭材料采用密目网。

解：该建筑物垂直封闭工程量计算及定额编号的确定，见表 4-221。

表 4-221　定额工程量计算表

序号	项目名称	单位	计　算　式	工程量	定额编号
1	8 层部分密目网垂直封闭	m²	[(56.24 + 36.24) × 2 + 1.5 × 8] × (36.4 + 2 + 1.5)	7858.70	10 - 1 - 51
2	25 层部分密目网垂直封闭	m²	(36.24 + 26.24 × 2 + 1.5 × 6) × (94.20 - 36.40 + 2.00 + 1.50) + (36.24 + 1.50 × 2) × (94.20 - 36.40) + (10.24 + 1.50 × 2) × (3.20 - 2.0)	8274.20	10 - 1 - 51（换）

注意!

高层（25层）部分，按交替倒用密目网垂直封闭，套定额及价目表（2015），10-1-51（换），基价调整 $=107.47$ 元$/10m^2 - 10.5 \times (1-0.33) \times 8.4$ 元$/10m^2 = 48.38$ 元$/10m^2$。

2. 清单计量与编制

（1）工程量清单计算规范　脚手架工程工程量清单项目设置、项目特征描述的内容、计量单位及工程量计算规则，应按表4-222的规定执行。

表4-222　脚手架工程（编码：011701）

项目编码	项目名称	项目特征	计量单位	工程量计算规则	工作内容
011701001	综合脚手架	1. 建筑结构形式 2. 檐口高度	m²	按建筑面积计算	1. 场内、场外材料搬运 2. 搭、拆脚手架、斜道、上料平台 3. 安全网的铺设 4. 选择附墙点与主体连接 5. 测试电动装置、安全锁等 6. 拆除脚手架后材料的堆放
011701002	外脚手架	1. 搭设方式 2. 搭设高度 3. 脚手架材质		按所服务对象的垂直投影面积计算	1. 场内、场外材料搬运 2. 搭、拆脚手架、斜道、上料平台 3. 安全网的铺设 4. 拆除脚手架后材料的堆放
011701003	里脚手架				
011701004	悬空脚手架	1. 搭设方式 2. 悬挑宽度 3. 脚手架材质		按搭设的水平投影面积计算	
011701005	挑脚手架		m	按搭设长度乘以搭设层数以延长米计算	
011701006	满堂脚手架	1. 搭设方式 2. 搭设高度 3. 脚手架材质		按搭设的水平投影面积计算	
011701007	整体提升架	1. 搭设方式及启动装置 2. 搭设高度	m²	按所服务对象的垂直投影面积计算	1. 场内、场外材料搬运 2. 选择附墙点与主体连接 3. 搭、拆脚手架、斜道、上料平台 4. 安全网的铺设 5. 测试电动装置、安全锁等 6. 拆除脚手架后材料的堆放
011701008	外装饰吊篮	1. 升降方式及启动装置 2. 搭设高度及吊篮型号		按所服务对象的垂直投影面积计算	1. 场内、场外材料搬运 2. 吊篮的安装 3. 测试电动装置、安全锁、平衡控制器等 4. 吊篮的拆卸

注：1. 使用综合脚手架时，不再使用外脚手架、里脚手架等单项脚手架；综合脚手架适用于能够按"建筑面积计算规则"计算建筑面积的建筑工程脚手架，不适用于房屋加层、构筑物及附属工程脚手架。
　　2. 同一建筑物有不同檐高时，按建筑物竖向切面，分别按不同檐高编列清单项目。
　　3. 整体提升架，已包括2m高的防护架体设施。
　　4. 脚手架材质可以不描述，但应注明由投标人根据工程实际情况按照国家现行标准《建筑施工扣件式钢管脚手架安全技术规范》JGJ130、《建筑施工附着升降脚手架管理暂行规定》（建建［2000］230号）等规范自行确定。

（2）工程量清单编制典型案例（略）

课题2　垂直运输机械及超高增加计量与计价

1. 定额计量与计价

（1）定额编制说明及综合解释

1）定额编制说明。

① 建筑物垂直运输机械。

a. 本单元定额包括建筑物垂直运输机械、建筑物超高人工机械增加内容。本定额所称"檐口高度"，是指设计室外地坪至屋面板板底（坡屋面算至外墙与屋面板板底）的高度。凸出建筑物屋顶的电梯间、水箱间等不计入檐口高度之内。

b. 檐口高度在 3.6m 以内的建筑物不计算垂直运输机械。

c. 同一建筑物，檐口高度不同时应分别计算。

d. 20m 以上垂直运输机械，除混合结构及影剧院、体育馆外其余均以现浇框架外砌围护结构编制。若建筑物结构不同时，按表4-223 执行乘以相应系数。

表 4-223　垂直运输机械系数表

结构类型	建筑物檐高/m（以内）		
	20～40	50～70	80～150
全现浇	0.92	0.84	0.76
滑模	0.82	0.77	0.72
预制框（排）架	0.96	0.96	0.96
内浇外挂	0.71	0.71	0.71

e. 预制钢筋混凝土柱、钢屋架的厂房，按预制排架类型计算。

f. 轻钢结构中有高度大于 3.6m 的砌体、钢筋混凝土、抹灰及门窗安装等内容时，其垂直运输机械按各自工程量，分别套用本定额中轻钢结构建筑物垂直运输机械的相应子目。

g. 构筑物垂直运输机械。构筑物的高度，以设计室外地坪至构筑物的结构顶面标高为准。

② 建筑物超高人工、机械增加。

a. 建筑物设计室外地坪至檐口高度超过 20m 时，即为"超高工程"。本任务定额项目适用于建筑物檐口高度 20m 以上的工程。

b. 本单元定额各项降效系数，包括完成建筑物 20m 以上（除垂直运输、脚手架外）全部工程内容的降效。

c. 本单元定额其他机械降效系数，是指除垂直运输机械及其所含机械以外的，其他施工机械的降效。

d. 建筑物内装修工程超高人工增加，是指无垂直运输机械，无施工电梯上下的情况。

③ 建筑物分部工程垂直运输机械。

a. 建筑物主体垂直运输机械项目、建筑物外墙装修垂直运输机械项目、建筑物内装修垂直运输机械项目，适用于建设单位单独发包的情况。

b. 建筑物主体结构工程垂直运输机械，适用于 ±0.000 以上的主体结构工程。定额按现浇框架外砌围护结构编制，若主体结构为其他形式，按垂直运输系数表乘相应系数。

c. 建筑物外墙装修工程垂直运输机械，适用于由外墙装修施工单位自设垂直运输机械施工的情况。外墙装修是指各类幕墙、镶贴或干挂各类板材等内容。

d. 建筑物内装修工程垂直运输机械，适用于建筑物主体工程完成后，由装修施工单位自设垂直运输机械施工的情况。

④ 其他。

a. 建筑物结构施工采用泵送混凝土时，垂直运输机械项目中塔式起重机台班乘以系数 0.80。

b. 垂直运输机械定额项目中的其他机械包括：排污设施及清理，临时避雷设施，夜间高空安全信号等内容。

2）定额综合解释。垂直运输机械子目，定额按合理的施工工期、经济的机械配置编制。对于先主体、后回填，或因地基原因，垂直运输机械必须坐落于设计室外地坪以下的情况，执行定额时，其高度自垂直运输机械的基础上坪算起。

① ±0.000 以下垂直运输机械。

a. 满堂基础混凝土垫层、软弱地基换填毛石混凝土，深度大于 3m，执行 10 - 2 - 1 子目。

b. 条形基础、独立基础，深度大于 3m 时，按 10 - 2 - 1 子目的 50% 计算垂直运输机械。

c. 定额 10 - 2 - 2 ~ 10 - 2 - 4 子目，混凝土地下室的层数，指地下室的总层数。地下室层数不同时，应分别计算工程量，层数多的地下室的外墙外垂直面为其分界。

② 20m 以下垂直运输机械

a. 定额 10 - 2 - 5 ~ 10 - 2 - 8 子目，适用于檐高大于 3.6m 小于 20m 的建筑物。其中，10 - 2 - 5 子目，适用于除现浇混凝土结构（10 - 2 - 6）、预制排架单层厂房（10 - 2 - 7）、预制框架多层厂房（10 - 2 - 8）以外的所有结构形式。

b. 定额 10 - 2 - 5、10 - 2 - 6 子目，指其预制混凝土（钢）构件，采用塔式起重机安装时的垂直运输机械情况；若用轮胎式起重机安装，子目中的塔式起重机乘以系数 0.85。

c. 定额 10 - 2 - 7、10 - 2 - 8 子目，定额仅列有卷扬机台班，指预制混凝土（钢）构件安装（采用轮胎式起重机）完成后，维护结构砌筑、抹灰等所用的垂直运输机械。

③ 20m 以上垂直运输机械。

a. 其他混合结构，适用于除影剧院混合结构以外的所有混合结构。

b. 其他框架结构，适用于除影剧院框架结构、体育馆以外的所有框架结构。

c. 垂直运输机械系数表中的结构类型：

（a）全现浇：内、外墙及楼板均为现浇混凝土，局部内墙为砌体。

（b）滑模：采用滑升钢模施工的内、外墙及楼板均为现浇混凝土，局部内墙为砌体。

（c）预制框（排）架：采用吊装机械（含塔式起重机）安装预制构件，墙体为框架间砌筑。

（d）内浇外挂：内墙为现浇混凝土剪力墙，外墙为预制混凝土挂板，局部内墙为砌体。

d. 预制框（排）架结构中的预制混凝土（钢）构件，采用塔式起重机安装时，其垂直运输机械执行定额系数表中的系数 0.96；采用轮胎式起重机安装时，执行 10 - 2 - 7、

10－2－8子目，并乘以系数1.05。

④ 其他。

a. 轻钢结构建筑物垂直运输机械子目，仅适用于定额名称所列明的工程内容。

b. 同一建筑物，应区别不同檐高及结构形式，分别计算垂直运输机械工程量。以高层外墙外垂直面为其分界。

c. 构筑物现浇混凝土基础，深度大于3m时，执行建筑物基础相关规定。

d. 现浇混凝土贮水池的贮水量，指设计贮水量。设计贮水量大于5000t时，按10－2－49子目，增加塔式起重机的下列台班数量：10000t以内，增加35台班；15000t以内，增加75台班；15000t以上，增加120台班。

e. 建筑物主要构件柱、梁、墙（包括电梯井壁）、板施工时，均采用泵送混凝土，其垂直运输机械子目中的塔式起重机乘以系数0.8。若主要结构构件不全部采用泵送混凝土时，不乘此系数。

f. 檐高超过20m的建筑物，其超高人工、机械增加的计算基数为除下列工程内容之外的全部工程内容：

（a）室内地坪（±0.000）以下的地面垫层、基础、地下室等全部工程内容。

（b）±0.000以上的构件制作（预制混凝土构件含：钢筋、混凝土搅拌和模板）及工程内容。

（c）垂直运输机械、脚手架、构件运输工程内容。

g. 同一建筑物，檐口高度不同时，其超高人工、机械增加工程量，应分别计算。

h. 单独施工的主体结构工程和外墙装饰工程，也应计算超高人工、机械增加；其计算方法和相应规定，同整体建筑物超高人工、机械增加。单独内装饰工程，不适用于上述规定。

i. 建筑物内装饰超高人工增加，适用于建设单位单独发包内装饰工程的情况。

（a）6层以下的单独内装饰工程，不计算超高人工增加。

（b）定额中"×层～×层之间"，指单独内装饰施工所在的层数，非指建筑物总层数。

j. 建筑物分部工程垂直运输机械子目，适用于建设单位将工程发包给两个及以上施工单位承建的情况。建设单位将工程发包给一个施工单位（总包）承建时，应执行建筑物垂直运输机械子目，不得按建筑物分部工程垂直运输子目分别计算。

k. 建筑物主体结构工程垂直运输机械按建筑物垂直运输机械的相应规定计算工程量和套用相应定额。

l. 建筑物外墙装饰工程垂直运输机械子目中的外墙装修高度，指设计室外地坪至外墙装饰顶面的高度。同一建筑物，外墙装饰高度不同时，应分别计算；高层与低层交界处的工程量，并入高层部分的工程量内。

m. 建筑物外墙局部装饰时，其垂直运输机械的外墙装修高度，自设计室外地坪算至外墙装饰顶面。

n. 建筑物内装饰工程垂直运输机械子目中的层数，指建筑物（不含地下室）的总层数。同一建筑物，层数不同时，应分别计算工程量。

o. 单独施工装饰类别为Ⅰ类的内装饰，其内装饰分部工程垂直运输机械乘以系数1.2。

（2）工程量计算规则

1）建筑物垂直运输机械。

① 凡定额计量单位为平方米的，均按"建筑面积计算规则"规定计算。

② ±0.000 以上工程垂直运输机械，按"建筑面积计算规则"计算出建筑面积后，根据工程结构形式，分别套用相应定额。

③ ±0.000 以下工程垂直运输机械：

a. 钢筋混凝土地下建筑，按其上口外墙（不包括采光井、防潮层及其保护墙）外围水平面积以平方米计算。

b. 钢筋混凝土满堂基础，按其工程量计算规则计算出的立方米体积计算。

 注意！

> 建筑物垂直运输机械，定额项目包括：±0.000 以下工程垂直运输机械、20m 以下工程垂直运输机械、20m 以上工程垂直运输机械和轻钢结构建筑物垂直运输机械。±0.000 以下工程垂直运输机械，适用于钢筋混凝土满堂基础和地下室工程；20m 以下工程垂直运输机械，适用于檐口高度大于 3.6m、小于 20m 的建筑物；20m 以上工程垂直运输机械，适用于檐口高度在 20m 以上的建筑；轻钢结构建筑物垂直运输机械，包括了高度 3.6m 以上轻钢结构工程的砌体、钢筋混凝土、墙面抹灰和门窗安装的垂直运输机械定额项目。

④ 构筑物垂直运输机械：构筑物垂直运输机械工程量以座为单位计算。构筑物高度超过定额设置高度时，按每增高 1m 项目计算。高度不足 1m 时，亦按 1m 计算。

2）建筑物超高人工、机械增加。

① 人工、机械降效，按 ±0.000 以上的全部人工、机械（除脚手架、垂直运输机械外）数量乘以相应子目中的降效系数计算。

② 建筑物内装修工程的人工降效，按施工层数的全部人工数量乘以定额内分层降效系数计算。

3）建筑物分部工程垂直运输机械。

① 建筑物主体结构工程垂直运输机械，按"建筑面积计算规则"计算出面积后，套用相应定额项目。

② 建筑物外装修工程垂直运输机械，按建筑物外墙装饰的垂直投影面积（不扣除门窗洞口，凸出外墙部分及侧壁也不增加）以平方米计算。

③ 建筑物内装修工程垂直运输机械按"建筑面积计算规则"计算出面积后，并按所装修建筑物的层数套用相应定额项目。

（3）计算实例

【例 4-79】 某工程钢筋混凝土地下室，如图 4-168 所示，该地下室为二层，局部三层。计算其垂直运输机械工程量，确定定额项目。

分析：钢筋混凝土地下建筑，按其上口外墙（不包括采光井、防潮层及其保护墙）外围水平面积以平方米计算。当地下室层数不同时，应分别计算建筑面积并套用相应定额项目。不同层数相邻处混凝土地下室墙，应按层数较多的地下室外口计算面积。

解：该工程垂直运输机械工程量计算及定额项目的确定，见表 4-224。

【例 4-80】 某三层砖混楼房，如图 4-169 所示。计算该工程垂直运输机械直接工程费。

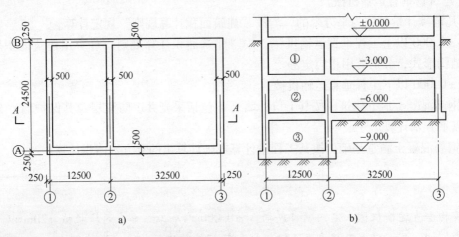

图 4-168　某建筑物地下室平面与剖面示意图

a) 某地下室平面示意图　b) A—A 剖面示意图

表 4-224　定额工程量计算表

序号	项目名称	单位	计　算　式	工程量	定额编号
1	三层地下室	m²	(12.5 + 0.25 × 2) × (24.5 + 0.25 × 2) × 3	975.00	10-2-4
2	二层地下室	m²	32.50 × (24.5 + 0.25 × 2) × 2	1625.00	10-2-3

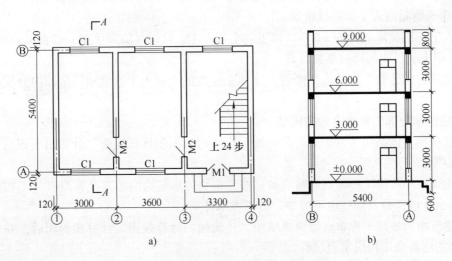

图 4-169　某建筑物平面与剖面示意图

a) 底层平面图　b) A—A 剖面示意图

分析: ±0.000 以上工程垂直运输机械, 按 "建筑面积计算规则" 计算出建筑面积后, 根据工程结构形式, 分别套用相应定额。

解: 该工程建筑面积

$= (3.00\text{m} + 3.60\text{m} + 3.30\text{m} + 0.12\text{m} \times 2) \times (5.40\text{m} + 0.12\text{m} \times 2) \times 3$

$= 171.57\text{m}^2$

本工程檐口高度 $= 3.00\text{m} \times 3 + 0.80\text{m} + 0.60\text{m} = 10.40\text{m}$

套用定额 10 – 2 – 5，基价 = 232.92 元/10m²。

$$直接工程费 = 232.92 \text{ 元}/10m^2 \times 171.57m^2 \div 10 = 3996.21 \text{ 元}$$

【例4-81】　某一高层建筑为钢筋混凝土框架剪力墙结构，平面与剖面示意图如图4-170所示。试计算：

① 该工程垂直运输机械工程量，确定定额项目。

② 若该工程檐高 77.2m、20 层部分，±0.000 以上的工程全部人工费为 1520012.21 元，全部机械费为 345625.52 元；檐高 36.4m、8 层部分，±0.000 以上的工程全部人工费为 721200.21 元，全部机械费为 145626.25 元；该高层建筑超高的人工、机械增加费是多少？

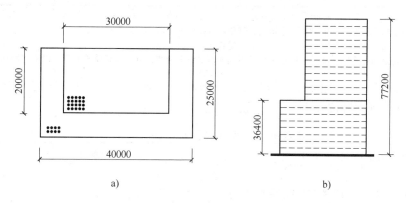

a)　　　　　　　　　　　　　　　　b)

图 4-170　某一钢筋混凝土框剪结构建筑平面与剖面示意图
a）某钢筋混凝土框剪结构平面示意图　b）右立面轮廓示意图

分析： ①同一建筑物，檐口高度不同时应分别计算垂直运输机械，套用相应高度的定额项目。②本工程，8 层与 20 层部分檐口高度均超过 20m，皆为"超高工程"。建筑物超高人工、机械增加（即人工、机械降效）按 ±0.000 以上的全部人工、机械（除脚手架、垂直运输机械外）数量乘以相应子目中的降效系数计算，又因檐高不同，所以应分别计算，分别套用不同檐高项目的降效系数。

解： ①该工程垂直运输机械工程量计算及定额项目的确定，见表4-225。

表 4-225　定额工程量计算表

序号	项目名称	单位	计　算　式	工程量	定额编号
1	檐高 77.2m、20 层部分	m²	$30 \times 20 \times 20$	12000.00	10 – 2 – 20
2	檐高 36.4m、8 层部分	m²	$(40 \times 25 - 30 \times 20) \times 8$	3200.00	10 – 2 – 16

② 檐高 77.2m、20 层部分，套用定额 10 – 2 – 55。

超高人工、机械增加费 = (1520012.21 + 345625.52) 元 × 19.2% = 358202.44 元

檐高 34.6m、8 层部分，套用定额 10 – 2 – 51。

超高人工、机械增加费 = (721200.21 + 145626.25) 元 × 6% = 52009.59 元

2. 清单计量与编制

（1）工程量清单计算规范

1）垂直运输。垂直运输工程量清单项目设置、项目特征描述的内容、计量单位及工程

量计算规则应按表 4-226 的规定执行。

表 4-226　垂直运输（011703）

项目编码	项目名称	项目特征	计量单位	工程量计算规则	工作内容
011703001	垂直运输	1. 建筑物建筑类型及结构形式 2. 地下室建筑面积 3. 建筑物檐口高度、层数	1. m² 2. 天	1. 按建筑面积计算 2. 按施工工期日历天数计算	1. 垂直运输机械的固定装置、基础制作、安装 2. 行走式垂直运输机械轨道的铺设、拆除、摊销

注：1. 建筑物的檐口高度，是指设计室外地坪至檐口滴水的高度（平屋顶系指屋面板底高度），突出主体建筑物屋顶的电梯机房、楼梯出间、水箱间、瞭望塔、排烟机房等不计入檐口高度。
　　2. 垂直运输，指施工工程在合理工期内所需垂直运输机械。
　　3. 同一建筑物有不同檐高时，按建筑物的不同檐高做纵向分割，分别计算建筑面积，以不同檐高分别编码列项。

2）超高施工增加。超高施工增加工程量清单项目设置、项目特征描述的内容、计量单位及工程量计算规则应按表 4-227 的规定执行。

表 4-227　超高施工增加（011704）

项目编码	项目名称	项目特征	计量单位	工程量计算规则	工作内容
011704001	超高施工增加	1. 建筑物建筑类型及结构形式 2. 建筑物檐口高度、层数 3. 单层建筑物檐口高度超过 20m，多层建筑物超过 6 层部分的建筑面积	m²	按建筑物超高部分的建筑面积计算	1. 建筑物超高引起的人工工效降低以及由于人工工效降低引起的机械降效 2. 高层施工用水加压水泵的安装、拆除及工作台班 3. 通信联络设备的使用及摊销

注：1. 单层建筑物檐口高度超过 20m，多层建筑物超过 6 层时，可按超高部分的建筑面积计算超高施工增加。计算层数时，地下室不计入层数。
　　2. 同一建筑物有不同檐高时，可按不同高度的建筑面积分别计算建筑面积，以不同檐高分别编码列项。

（2）工程量清单编制典型案例（略）

课题 3　构件运输及安装工程定额计量与计价

1. 定额编制说明与综合解释

（1）定额编制说明

1）本单元定额包括的内容。本单元定额包括混凝土构件运输，金属构件运输，木门窗、铝合金、塑钢门窗运输，成型钢筋场外运输；预制混凝土构件安装，金属结构构件安装等内容。

2）构件运输。

① 本单元定额适用于构件堆放场地或构件加工厂至施工现场吊装点的运输，吊装点不能堆放构件时，可按构件 1km 运输项目计算场内运输。

② 本单元定额按构件的类型和外型尺寸划分类别。构件类型及分类，见表 4-228 和表 4-229。

表 4-228　预制混凝土构件分类表

类　别	项　目
I	4m 内空心板、实心板
II	6m 内的桩、屋面板、工业楼板、基础梁、吊车梁、楼梯休息板、楼梯段、阳台板
III	6m 以上至 14m 的梁、板、柱、桩，各类屋架、桁架、托架（14m 以上另行处理）
IV	天窗架、挡风架、侧板、端壁板、天窗上下档、门框及单件体积在 0.1m³ 以内的小型构件
V	装配式内、外墙板、大楼板、厕所板
VI	隔墙板（高层用）

表 4-229　金属结构构件分类表

类　别	项　目
I	钢柱、屋架、托架梁、防风桁架
II	吊车梁、制动梁、型钢檩条、钢支撑、上下档、钢拉杆栏杆、盖板、垃圾出灰门、倒灰门、算子、爬梯、零星构件、平台、操作台、走道休息台、扶梯、钢吊车梯台、烟囱紧固箍
III	墙架、挡风架、天窗架、组合檩条、轻型屋架、滚动支架、悬挂支架、管边支架

③ 定额综合考虑了城镇及现场运输道路等级、重车上下坡等各种因素。

④ 构件运输过程中，如遇路桥限载（限高）而发生的加固、拓宽等费用，另行处理。

3）构件安装。

① 混凝土构件安装项目中，凡注明现场预制的构件，其构件按单元 12 有关子目计算；凡注明成品的构件，按其商品价格计入安装项目内。

② 金属构件安装项目中，未包括金属构件的消耗量。金属构件制作按单元 15 有关子目计算，单元 15 未包括的构件，按其商品价格计入工程造价内。

③ 本单元定额中的安装高度为 20m 以内。

④ 本单元定额中机械吊装是按单机作业编制的。

⑤ 本单元定额是按机械起吊中心回转半径 15m 以内的距离编制的。

⑥ 本单元定额中包括每一项工作循环中机械必要的位移。

⑦ 本单元定额安装项目，是以轮胎式起重机、塔式起重机（塔式起重机台班消耗量包括在垂直运输机械项目内）分别列项编制的。如使用汽车式起重机时，按轮胎式起重机相应定额项目乘以系数 1.05。

⑧ 本单元定额中不包括起重机械、运输机械行驶道路的修整、垫铺工作所消耗的人工、材料和机械。

⑨ 小型构件安装，是指单件体积小于 0.1m³，本定额中未单独列项的构件。

⑩ 升板预制柱加固，是指柱安装后至楼板提升完成期间所需要的加固搭设。

⑪ 钢屋架安装单榀质量在 1t 以下者，按轻钢屋架子目计算。

⑫ 本单元定额中的金属构件拼装和安装是按焊接编制的。

⑬ 钢柱、钢屋架、天窗架安装子目中，不包括拼装工序，如需拼装时，按拼装子目计算。

⑭ 预制混凝土构件和金属构件安装子目均不包括为安装工程所搭设的临时性脚手架及临时平台，发生时按有关规定另行计算。

⑮ 钢柱安装在混凝土柱上时，其人工、机械乘以系数 1.43。

⑯ 预制混凝土构件、钢构件必须在跨外安装就位时，按相应构件安装子目中的人工、机械台班乘系数1.18，使用塔式起重机安装时，不再乘以系数。

（2）定额综合解释

1）构件运输，包括场内运输和场外运输。场外运输，指施工单位将构件从构件预制厂运至施工现场构件堆放点的运输。

2）预制混凝土构件在吊装机械起吊半径15m范围内的地面移动和就位，已包括在安装子目内。超过15m时的地面移动，按构件运输1km以内子目计算场内运输。起吊完成后，地面上各种构件的水平移动，无论距离远近，均不另行计算。

3）门窗运输的工程量，以项目5门窗洞口面积为基数，分别乘以下列系数：木门，0.975；铝合金门窗，0.9668。

4）预制混凝土构件安装子目中的安装高度，指建筑物的总高度。

5）预制混凝土构件安装子目中，机械栏列出轮胎式起重机台班消耗量的，为轮胎式起重机安装；其余，除定额注明者外，为塔式起重机安装。

6）预制混凝土构件的轮胎式起重机安装子目，定额按单机作业编制。双机作业时，轮胎式起重机台班数量乘以系数2；三机作业时，乘以系数3。

7）10-3-201柱加固子目，是指柱安装后至楼板提升完成前的预制混凝土的搭设加固。其工程量，按提升混凝土板的体积，以立方米计算。

8）其他混凝土构件安装及灌缝子目，适用于单体体积在0.1m³以内（人力安装）或0.5m³（5t汽车式起重机安装）以内定额未单独列项的小型构件。

9）预制混凝土构件安装子目中，未计入构件的操作损耗。施工单位报价时，可根据构件、现场等具体情况，自行确定构件损耗率。编制标底时，预制混凝土构件按相应规则计算的工程量，乘以表4-230规定的工程量系数。

表4-230 预制混凝土构件分类表

构件类别 \ 定额内容	运 输	安 装
预制加工场预制	1.013	1.005
现场（非就地）预制	1.010	1.005
现场就地预制	—	1.005
成品构件	—	1.010

10）预制混凝土（钢）构件安装机械的采用，编制标底时，按下列规定执行：

① 檐高20m以下的建筑物，除预制排架单层厂房、预制框架多层厂房执行轮胎式起重机安装子目外，其他结构执行塔式起重机安装子目。

② 檐高20m以上的建筑物，预制框（排）架结构可执行轮胎式起重机安装子目，其他结构执行塔式起重机安装子目。

11）预制混凝土构件分类表中的空心板、实心板，4m内为一类，4~6m为二类，6~14m为三类。

12）预制板灌缝子目中的钢筋，非指预制板纵向板缝中的加固（受力）筋，实际用量与定额不同时，不得调整。预制板纵向板缝中的加固（受力）筋，按现浇构件钢筋的相应规定，另行计算。

13）成品 H 型钢柱（梁）安装、现场制作的独立式 H 型钢柱（梁）安装、型钢混凝土柱（梁）中的 H 型钢柱（梁）安装，均执行钢柱（钢吊车梁）安装相应子目。

2. 工程量计算规则

（1）预制混凝土构件运输及安装　预制混凝土构件运输及安装，均按图示尺寸，以实体积计算；钢构件，按构件设计图示尺寸以吨计算，所需螺栓、焊条等质量不另计算。木门窗、铝合金门窗、塑钢门窗按框外围面积计算。成型钢筋按吨计算。

（2）构件运输

1）构件运输项目的定额运距为 10km 以内，超出时按每增加 1km 子目累加计算。

2）加气混凝土板（块）、硅酸盐块运输，每立方米折合混凝土构件体积 0.4m³，按 I 类构件运输计算。

（3）预制混凝土构件安装

1）焊接成型的预制混凝土框架结构，其柱安装按框架柱计算；梁安装按框架梁计算。

2）预制钢筋混凝土工字形柱、矩形柱、空腹柱、双肢柱、空心柱、道管支架等的安装，均按柱安装计算。

3）组合屋架安装，以混凝土部分的实体积计算，钢杆件部分不另计算。

4）预制混凝土多层柱安装，首层柱按柱安装计算，二层及二层以上按柱接柱计算。

5）升板预制柱加固子目，其工程量，按提升混凝土板的体积，以立方米计算。

（4）钢构件安装

1）钢构件安装，按图示构件钢材质量以吨计算。

2）依附于钢柱上的牛腿及悬臂梁等，并入柱身主材质量内计算。

3）金属构件中所用钢板，设计为多边形者，按矩形计算，矩形的边长以设计构件尺寸的最大矩形面积计算。如图 4-171 所示，最大矩形面积 $= AB$。

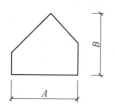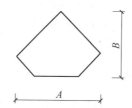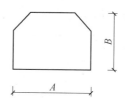

图 4-171　多边形钢板示意图

3. 计算实例

【例 4-82】　某工业厂房，屋面板为后张法预应力双 T 形板，板长 8m，单块体积为 1.1m³，共 60 块，如图 4-172 所示。构件场外运输 15km，轮胎式起重机跨内安装。计算该预制板运输、安装和灌缝工程量，确定定额项目。

图 4-172　双 T 形板实物图

分析：预制混凝土构件运输及安装，均按图示尺寸，以实体积计算；执行定额时，要根据预制混凝土构件类别、运输距离套用相应定额项目。预制槽形板灌缝按每块板体积计算，套用相应定额项目。

解：该预制板运输、安装和灌缝工程量计算及定额项目的确定，见表4-231。

表4-231 工程量计算表

序号	项目名称	单位	计 算 式	工程量	定额编号
1	预制板运输	m³	1.1×60	66.00	10-3-11 10-3-12
2	预制板安装	m³	1.1×60	66.00	10-3-159
3	预制板灌缝	m³	1.1×60	66.00	10-3-161

【例4-83】 某工程钢屋架12榀，每榀重4.5t，由金属构件厂加工，现场拼装，采用汽车吊装跨外安装，安装高度为10.5m，计算拼装、安装工程量，确定定额项目。

分析：钢构件安装，按图示构件钢材质量以吨计算；钢柱、钢屋架、天窗架安装子目中，不包括拼装工序，如需拼装时，按拼装子目，以吨计算；预制混凝土构件、钢构件必须在跨外安装就位时，按相应构件安装子目中的人工、机械台班乘系数1.18。

解：该预制板运输、安装工程量计算及定额项目的确定，见表4-232。

表4-232 定额工程量计算表

序号	项目名称	单位	计 算 式	工程量	定额编号
1	钢屋架拼装	t	4.5×12	54.00	10-3-214
2	钢屋架安装	t	4.5×12	54.00	10-3-217（换）

? 注意！

本工程钢屋架安装是采用汽车吊装跨外安装就位，其人工、机械台班应乘以系数1.18，故该定额子目基价应进行调整。套用定额及价目表（2015）10-3-217（换）。

基价调整 = 338.60 元/t + (152.00 + 159.61) 元/t × 0.18 = 394.69 元/t

4. 工程量清单编制典型案例（略）

课题4 混凝土模板及支撑工程计量与计价

1. 定额计量与计价

（1）定额编制说明与综合解释

1）定额编制说明。

① 现浇混凝土模板，定额按不同构件，分别以组合钢模板、钢支撑、木支撑，复合木模板、钢支撑、木支撑，胶合板模板、钢支撑、木支撑，木模板、木支撑编制。

② 现场预制混凝土模板，定额按不同构件分别以组合钢模板、复合木模板、木模板，并配置相应的混凝土地模、砖地模、砖胎模编制。

③ 现浇混凝土梁、板、柱、墙是按支模高度（地面支撑点至模底或模顶）3.6m编制的，支模高度超过3.6m时，另行计算模板支撑超高部分的工程量。

④ 采用钢滑升模板施工的烟囱、水塔及贮仓，是按无井架施工编制的，定额内综合了

操作平台。使用时不再计算脚手架及竖井架。

⑤ 用钢滑升模板施工的烟囱、水塔，提升模板使用的钢爬杆用量，是按一次摊销编制的，贮仓是按两次摊销编制的，设计要求不同时，可以换算。

⑥ 倒锥壳水塔塔身钢滑升模板项目，也适用于一般水塔塔身滑升模板工程。

⑦ 烟囱钢滑升模板项目均已包括烟囱筒身、牛腿、烟道口；水塔钢滑升模板均已包括直筒、门窗洞口等模板用量。

⑧ 钢筋混凝土直形墙、电梯井壁项目，模板及支撑是按普通混凝土考虑的，若设计要求防水、防油、防射线时，按相应子目增加止水螺栓及端头处理内容。

⑨ 组合钢模板、复合木模板项目，已包括回库维修费用。回库维修费的内容包括：模板的运输费，维修的人工、材料、机械费用等。

2）定额综合解释。

① 胶合板模板，定额按方木框、18mm 厚防水胶合板板面、不同混凝土构件尺寸完成加工的成品模板编制。施工单位采用复合木模板、胶合板模板等自制成品模板时，其成品价应包括按实际使用尺寸制作的人工、材料、机械，并应考虑实际采用材料的质量和周转次数。

② 现浇混凝土带形基础的模板，按其展开高度乘以基础长度，以平方米计算；基础与基础相交时重叠的模板面积不扣除；直形基础端头的模板，也不增加。

③ 杯形基础和高杯基础杯口内的模板，并入相应基础模板工程量内。

④ 现浇混凝土无梁式满堂基础模板子目，定额未考虑下翻梁的模板因素。

⑤ 现浇混凝土柱模板，按柱四周展开宽度乘以柱高，以平方米计算。

a. 柱、梁相交时，不扣除梁头所占柱模板面积。

b. 柱、板相交时，不扣除板厚所占柱模板面积。

⑥ 构造柱模板子目，已综合考虑了各种形式的构造柱和实际支模大于混凝土外露面积等因素，适用于先砌砌体，后支模、浇筑混凝土的夹墙柱情况。

构造柱模板，按混凝土外露宽度，乘以柱高以平方米计算。构造柱与砌体交错咬槎连接时，按混凝土外露面的最大宽度计算。

构造柱与砖墙咬口模板工程量 = 混凝土外露面的最大宽度 × 柱高

⑦ 现浇混凝土梁（包括基础梁）模板，按梁三面展开宽度乘以梁长，以平方米计算。

a. 单梁，支座处的模板不扣除，端头处的模板不增加。

b. 梁与梁相交时，不扣除次梁梁头所占主梁模板面积。

c. 梁与板连接时，梁侧壁模板算至板下坪。

⑧ 现浇混凝土墙模板，按混凝土与模板接触面积，以平方米计算。

a. 墙、柱连接时，柱侧壁按展开宽度，并入墙模板面积内计算。

b. 墙、梁相交时，不扣除梁头所占墙的模板面积。

⑨ 现浇混凝土板的模板，按混凝土与模板接触面积，以平方米计算。

a. 伸入梁、墙内的板头，不计算模板面积。

b. 周边带翻檐的板（如卫生间混凝土防水带等），底板的板厚部分不计算模板面积；翻檐两侧的模板，按翻檐净高度，并入板的模板工程量内计算。

c. 板、柱相交时，不扣除柱所占板的模板面积。但柱、墙相连时，柱与墙等厚部分的模板面积，应予扣除。

⑩ 现浇混凝土密肋板模板，按有梁板模板计算，斜板、折板模板，按平板模板计算；预制板板缝大于40mm时的模板，按平板后浇带模板计算。各种现浇混凝土板的倾斜度大于15°时，其模板子目的人工乘以系数1.30。

⑪ 现浇混凝土悬挑板的翻檐，其模板工程量按翻檐净高计算，执行10-4-211子目；若翻檐高度超过300mm时，执行10-4-206子目。

⑫ 现浇混凝土柱、梁、墙、板的模板支撑超高：

a. 现浇混凝土柱、梁、墙、板的模板支撑，定额按支撑高度3.60m编制。支模高度超过3.60m时，执行相应"每增3m"子目（不足3m，按3m计算），计算模板支撑超高。

b. 构造柱、圈梁、大钢模板墙，不计算模板支撑超高。

c. 支模高度，柱、墙：地（楼）面支撑点至构件顶坪；梁：地（楼）面支撑点至梁底；板：地（楼）面支撑点至板底坪。

d. 梁、板（水平构件）模板支撑超高的工程量计算公式如下：

$$超高次数 = （支模高度 - 3.6m）÷3（遇小数进为1）$$
$$超高工程量(m^2) = 超高构件的全部模板面积 × 超高次数$$

e. 柱、墙（竖直构件）模板支撑超高的工程量计算公式如下：

超高次数分段计算：自3.60m以上，第一个3m为超高1次，第二个3m为超高2次，依次类推；不足3m，按3m计算。

$$超高工程量(m^2) = \sum（相应模板面积 × 超高次数）$$

f. 墙、板后浇带的模板支撑超高，并入墙、板支撑超高工程量内计算。

g. 轻体框架柱（壁式柱）的模板支撑超高，执行10-4-148、10-4-149子目。

⑬ 现浇混凝土小型池槽模板，按构件外型体积计算，不扣除池槽中间的空心部分。

$$现浇混凝土小型池槽模板工程量 = 池槽外围体积$$

⑭ 现浇混凝土墙模板中的对拉螺栓，定额按周转使用编制。若工程需要，对拉螺栓（或对拉钢片）与混凝土一起整浇时，按定额"注"执行；对拉螺栓的端头处理，另行单独计算。

⑮ 现场预制混凝土构件的模板工程量，可直接利用按单元12相应规则计算出的构件体积。

⑯ 构筑物的混凝土模板工程量，定额单位为m³的，可直接利用按单元16相应规则计算出的构件体积；定额单位为m²的，按混凝土与模板的接触面积计算。定额未列项目，按建筑物相应构件模板子目计算。

⑰ 定额附录中的混凝土模板含量参考表，根据代表性工程测算而得，只能作为投标报价和编制标底时的参考。

⑱ 对拉螺栓与钢、木支撑结合的现浇混凝土模板子目，定额按不同构件、不同模板材料和不同支撑工艺综合考虑，实际使用对拉螺栓与钢、木支撑的多少，与定额不同时，不得调整。

⑲ 现浇混凝土带形桩承台的模板，执行现浇混凝土带形基础（有梁式）模板子目。

⑳ 现浇混凝土有梁板的板下梁的模板支撑超高，自地（楼）面支撑点计算至板底，执行板的支撑高度超高子目。

（2）工程量计算规则

1）现浇混凝土模板工程量，按以下规定计算：

① 现浇混凝土及预制钢筋混凝土模板工程量，除另有规定者外，应区别模板的材质，按混凝土与模板接触面的面积，以平方米计算。

② 现浇钢筋混凝土墙、板上单孔面积在 $0.3m^2$ 以内的孔洞，不予扣除，洞侧壁模板亦不增加；单孔面积在 $0.3m^2$ 以外时，应予扣除，洞侧壁模板面积并入墙、板模板工程量内计算。

$$钢筋混凝土模板工程量 = 混凝土与模板接触面面积 - \sum(大于 0.3m^2 单孔面积) + \sum(大于 0.3m^2 孔洞侧壁面积)$$

③ 现浇钢筋混凝土框架及框架剪力墙，分别按梁、板、柱、墙有关规定计算；附墙柱并入墙内工程量计算。

④ 杯形基础杯口高度大于杯口长度的，套用高杯基础定额项目。

⑤ 柱与梁、柱与墙、梁与梁等连接的重叠部分，以及伸入墙内的梁头、板头部分，均不计算模板面积。

⑥ 构造柱外露面，按图示外露部分计算模板面积。构造柱与墙的接触面不计算模板面积。

⑦ 混凝土后浇带二次支模工程量按混凝土与模板接触面积计算，套用后浇带项目。

$$后浇带二次支模工程量 = 后浇带混凝土与模板接触面积$$

⑧ 现浇钢筋混凝土悬挑板（雨篷、阳台），按图示外挑部分尺寸的水平投影面积计算。挑出墙外的牛腿梁及板边模板不另计算。

$$雨篷、阳台模板工程量 = 外挑部分水平投影面积$$

⑨ 现浇钢筋混凝土楼梯，以图示露明面尺寸的水平投影面积计算，不扣除小于 500mm 楼梯井所占面积。楼梯的踏步、踏步板、平台梁等侧面模板，不另计算。

$$混凝土楼梯模板工程量 = 钢筋混凝土楼梯工程量$$

⑩ 混凝土台阶（不包括梯带），按图示台阶尺寸的水平投影面积计算，台阶端头两侧不另计算模板面积。

$$混凝土台阶模板工程量 = 台阶水平投影面积$$

⑪ 现浇混凝土小型池槽，按构件外围体积计算，池槽内、外侧及底部的模板不另计算。

⑫ 各种现浇混凝土斜板，其坡度大于 15°时，人工乘 1.30 系数，其他不变。

⑬ 轻体框架柱（壁式柱）子目，已综合轻体框架中的梁、墙、柱内容，但不包括电梯井壁、单梁、挑梁。轻体框架工程量，按框架外露面积以平方米计算。

$$轻体框架模板工程量 = 框架外露面积$$

2）现场预制混凝土构件模板工程量，按以下规定计算：

① 现场预制混凝土模板工程量，除注明者外均按混凝土实体体积以立方米计算。

$$现场预制混凝土模板工程量 = 混凝土工程量$$

② 预制桩按桩体积（不扣除桩尖虚体积部分）计算。

3）构筑物混凝土模板。

① 构筑物工程的水塔、贮水（油）池、贮仓的模板工程量，按混凝土与模板的接触面积，以平方米计算。

② 大型池槽等分别按基础、墙、板、梁、柱等有关规定计算并套用相应定额项目。

③ 液压滑升钢模板施工的烟囱、倒锥壳水塔支筒、水箱、筒仓等均按混凝土体积，以立方米计算。

④ 倒锥壳水塔的水箱提升，按不同容积以座计算。

（3）计算实例

1）现浇混凝土模板。

【例4-84】 某一钢筋混凝土带型基础，基础平面与断面示意图，如图4-173所示，该基础采用组合钢模板、对拉螺栓钢支撑。试计算其模板工程量，确定定额编号。

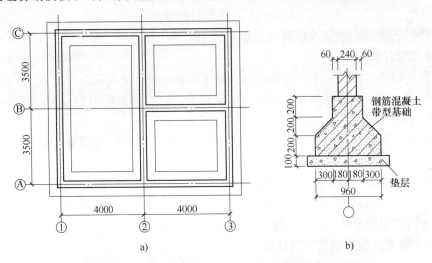

a) b)

图4-173 某钢筋混凝土带形基础平面与断面示意图
a) 基础平面示意图 b) 内、外墙基础断面示意图

分析：现浇混凝土条形基础的模板，按其展开高度乘以基础长度，以平方米计算；基础与基础相交时重叠的模板面积不扣除；直形基础端头的模板，也不增加。

解：该工程钢模板工程量计算及定额编号的确定，见表4-233。

表4-233 定额工程量计算表

序号	项目名称	单位	计 算 式	工程量	定额编号
1	相关基数	m	（1）外墙基础 外墙基础中心线长 = (8 + 7)m × 2 = 30.00m （2）内墙基础 ①内墙基础净长（上）= (4 − 0.18 × 2 + 7 − 0.18 × 2)m = 10.28m ②内墙基础净长（下）= (4 − 0.48 × 2 + 7 − 0.48 × 2)m = 9.08m		
2	现浇混凝土条形基础模板	m²	①外墙基础模板 = [0.2 × 2 × 2 × 30 − (0.36 × 0.2 + 0.96 × 0.2) × 3]m² = 23.21m² ②内墙基础模板 = [0.2 × 2 × 2 × (10.28 + 9.68) − 0.36 × 0.2 − 0.96 × 0.2]m² = 15.70m² 合计：(23.21 + 15.70)m² = 38.91m²	38.91	10 − 4 − 16

【例4-85】 有一现浇钢筋混凝土框架结构，某梁、柱立面与断面示意图，如图4-174所示。该类型柱共8根，组合钢模板，木支撑。计算其钢模板工程量，确定定额项目。

分析：现浇混凝土柱模板，按柱四周展开宽度乘以柱高，以平方米计算。柱、梁相交时，不扣除梁头所占柱模板面积；柱、板相交时，不扣除板厚所占柱模板面积。现浇混凝土柱、梁、墙、板的模板支撑，定额按支撑高度 3.60m 编制。支模高度超过 3.60m 时，执行相应"每增 3m"子目（不足 3m，按 3m 计算），计算模板支撑超高。柱、墙（竖直构件）模板支撑超高的超高次数分段计算：自 3.60m 以上，第一个 3m 为超高 1 次，第二个 3m 为超高 2 次，依次类推；不足 3m，按 3m 计算，超高工程量（m^2）= $\sum$（相应模板面积×超高次数）。

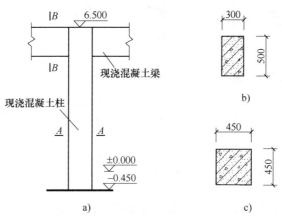

图 4-174　某钢筋混凝土框架柱立面与断面示意图

a）柱立面示意图　b）B—B 断面图　c）A—A 断面图

解：该工程工具式钢模板工程量计算及定额编号的确定，见表 4-234。

表 4-234　定额工程量计算表

序号	项目名称	单位	计　算　式	工程量	定额编号
1	现浇混凝土框架柱模板	m^2	$0.45 \times 4 \times (6.5 + 0.45) \times 8$	100.08	10-4-85
2	现浇混凝土框架柱模板支撑超高	m^2	① 超高次数 = $(6.5 + 0.45 - 3.6) \div 3$ 次 = 1.12 次 ≈ 2 次 3.6m < 第一次超高 ≤ 6.6m，超高高度 3m 6.6m < 第二次超高 ≤ 6.95m，超高高度 0.35m ② 超高工程量 = $[0.45 \times 4 \times 3 \times 1 + 0.45 \times 4 \times (6.5 + 0.45 - 3.6 - 3) \times 2] \times 8m^2 = 53.28m^2$	53.28	10-4-103

注意！

计算公式"超高工程量（m^2）= $\sum$（相应模板面积×超高次数）"，应理解为

$$超高工程量（m^2）= S_1 \times 1 + S_2 \times 2 + \cdots + S_n \times n$$

式中，S_1、S_2、S_n 分别为第一次、第二次、第 n 次支撑超高的模板面积；n 为第 n 次超高次数。

【例 4-86】　某混合结构房屋，墙体厚度均为 240mm，构造柱平面布置与竖向断面示意图，如图 4-175 所示。圈梁断面为 240mm×300mm，模板采用组合钢模板、木支撑，构造柱与墙体嵌接的马牙槎、圈梁设置均满足规范要求。计算该工程模板工程量，确定定额项目。

分析：构造柱模板，按混凝土外露宽度，乘以柱高以平方米计算。构造柱与砌体交错咬槎连接时，按混凝土外露面的最大宽度计算。圈梁模板，按模板与混凝土的接触面积计算；

构造柱、圈梁，不计算模板支撑超高。

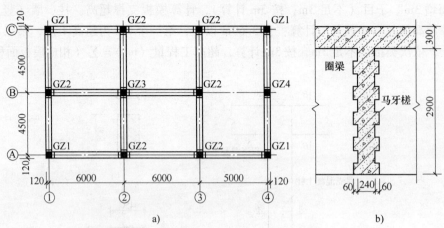

图 4-175 某工程构造柱平面布置与竖向断面示意图
a）某工程构造柱平面布置示意图 b）构造柱与圈梁竖向断面示意图

解： 该工程工具式钢模板工程量计算及定额编号的确定，见表 4-235。

表 4-235 定额工程量计算表

序号	项目名称	单位	计 算 式	工程量	定额编号
1	现浇混凝土构造柱模板	m²	（1）构造柱混凝土外露宽度 ① GZ1：$(0.24 \times 2 + 0.06 \times 4) \times 4m = 2.88m$ ② GZ2：$(0.24 + 0.06 \times 6) \times 6m = 3.60m$ ③ GZ3：$0.06 \times 8 \times 1m = 0.48m$ ④ GZ4：$(0.24 + 0.06 \times 2) \times 2 \times 1m = 0.72m$ 小计：①＋②＋③＋④＝$(2.88 + 3.60 + 0.48 + 0.72)$ m＝7.68m （2）构造柱模板工程量 $(7.68 \times 2.9 + 0.24 \times 16 \times 0.3)m^2 = 23.42m^2$	23.42	10 - 4 - 99
2	现浇混凝土圈梁模板	m²	（1）基数计算 $L_{中} = (6 \times 2 + 5 + 4.5 \times 2)m \times 2 = 52m$ $L_{内} = [12 - 0.24 \times 2 + (9 - 0.24) \times 2]m = 29.04m$ （2）圈梁模板 $(52 + 29.04 - 0.24 \times 12) \times 0.3 \times 2m^2 = 46.90m^2$	46.90	10 - 4 - 125

【例 4-87】 某现浇钢筋混凝土花篮梁，梁端有现浇梁垫，尺寸如图 4-176 所示。木模板、木支撑。计算梁模板工程量，确定定额编号。

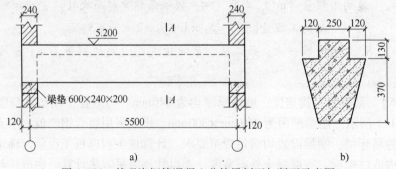

图 4-176 某现浇钢筋混凝土花篮梁剖面与断面示意图
a）梁纵剖面图 b）A—A 断面图

分析：现浇混凝土梁模板，按梁三面展开宽度乘以梁长，以平方米计算。单梁，支座处的模板不扣除，端头处的模板不增加。梁支模高度，自地（楼）面支撑点至梁底；当支模高度超过3.6m时，另行计算模板支撑超高部分的工程量。

解：该工程梁模板工程量计算及定额编号的确定，见表4-236。

表4-236 定额工程量计算表

序号	项目名称	单位	计 算 式	工程量	定额编号
1	现浇混凝土花篮梁模板	m²	$[0.25+(\sqrt{0.37^2+0.12^2}+0.13+0.12)\times 2]\times(5.5-0.12\times 2)+(0.25+0.5\times 2)\times 0.24\times 2+0.6\times 0.2\times 2\times 2$	9.12	10-4-123
2	花篮梁模板支撑超高	m²	① 支模高度 = $(5.2-0.5)$m = 4.7m > 3.6m 故需计算支撑超高部分的工程量 ② 超高次数 = $(5.2-0.5-3.6)\div 3$ 次 = 0.37 次 ≈ 1 次 ③ 超高工程量 = 9.12×1m² = 9.12m²	9.12	10-4-131

【例4-88】 某卫生间为现浇钢筋混凝土平板，尺寸如图4-177所示。模板采用组合钢模板（钢支撑），层高为2.90m，计算其模板工程量，确定定额编号。

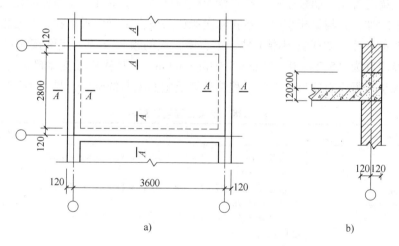

图4-177 某卫生间现浇混凝土板平面与剖面示意图
a）某卫生间现浇混凝土板平面图 b）A—A断面图

分析：现浇混凝土板的模板，按混凝土与模板接触面积，以平方米计算。伸入梁、墙内的板头，不计算模板面积；周边带翻檐的板（如卫生间混凝土防水带等），底板的板厚部分不计算模板面积；翻檐两侧的模板，按翻檐净高度，并入板的模板工程量内计算。

解：该现浇混凝土平板模板的工程量计算及定额编号的确定，见表4-237。

表4-237 定额工程量计算表

序号	项目名称	单位	计 算 式	工程量	定额编号
1	现浇混凝土平板模板	m²	① 平板模板 = $(3.6-0.12\times 2)\times(2.8-0.12\times 2)$m² = 8.60m² ② 翻檐模板 = $(3.6+2.8)\times 2\times 0.2\times 2$m² = 5.12m² 合计：① + ② = $(8.60+5.12)$m² = 13.72m²	13.72	10-4-168

【例4-89】 某现浇钢筋混凝土有梁板，尺寸如图4-178所示。采用胶合板模板（钢支撑），计算其模板工程量，确定定额编号。

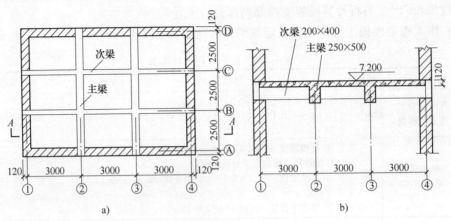

图4-178 某现浇有梁板平面与剖面示意图
a) 某现浇有梁板平面图 b) A—A剖面图

分析： 现浇混凝土密肋板模板，按有梁板模板计算。①单梁，支座处的模板不扣除；端头处的模板不增加，梁与梁相交时，不扣除次梁梁头所占主梁模板面积；梁与板连接时，梁侧壁模板算至板下坪。②现浇混凝土柱、梁、墙、板的模板支撑，定额按3.60m编制。本工程模板支撑高度为（5.20 − 0.12）m = 5.08m > 3.6m，应计算模板支撑超高的工程量。

解： 该现浇混凝土有梁板模板的工程量计算及定额编号的确定，见表4-238。

表4-238 定额工程量计算表

序号	项目名称	单位	计 算 式	工程量	定额编号
1	现浇混凝土有梁板模板（胶合板、钢支撑）	m²	① 室内净面积 = (3 × 3 − 0.12 × 2) × (2.5 × 3 − 0.12 × 2)m² = 63.60m² ② 主梁侧面模板 = (2.5 × 3 + 0.12 × 2) × (0.5 − 0.12) × 2 × 2m² = 11.76m² ③ 次梁侧面模板 = (3 × 3 + 0.12 × 2 − 0.25 × 2) × (0.4 − 0.12) × 2 × 2m² = 9.79m² 合计：① + ② + ③ = (63.60 + 11.76 + 9.79)m² = 85.15m²	85.15	10 − 4 − 160
2	有梁板支撑超高	m²	① 支模高度 = (7.2 − 0.12)m = 7.08m > 3.6m 故需计算支撑超高部分的工程量 ② 超高次数 = (7.2 − 0.12 − 3.6) ÷ 3 次 = 1.16 次 ≈ 2 次 ③ 工程量 = 85.15 × 2m² = 170.30m²（同上）	170.30	10 − 4 − 176

【例4-90】 某现浇钢筋混凝土雨篷，尺寸如图4-179所示。采用胶合板模板（钢支撑），计算其模板工程量，确定定额编号。

分析： 现浇钢筋混凝土悬挑板（雨篷、阳台），按图示外挑部分尺寸的水平投影面积计算。挑出墙外的牛腿梁及板边模板不另计算。但嵌入墙内的梁和牛腿梁按模板工程量另行计算套用相应定额项目。现浇混凝土悬挑板的翻檐，其模板工程量按翻檐净高计算，执行10 − 4 − 211子目；若翻檐高度超过300mm时，执行栏板子目10 − 4 − 206子目。

解： 该现浇混凝土雨篷模板的工程量计算及定额编号的确定，见表4-239。

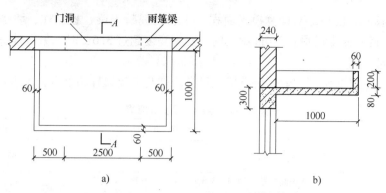

图 4-179 某现浇混凝土雨篷平面与剖面示意图
a) 某雨篷平面示意图 b) A—A 剖面图

表 4-239 定额工程量计算表

序号	项目名称	单位	计 算 式	工程量	定额编号
1	现浇雨篷模板	m²	3.5×1	3.50	10-4-203
2	雨篷翻檐模板	m²	$(3.5 + 1 \times 2) \times 0.2 + [3.5 - 0.06 \times 2 + (1 - 0.06) \times 2] \times 0.2$ 或 $[3.5 - 0.03 \times 2 + (1 - 0.03) \times 2] \times 0.2 \times 2$	2.15	10-4-211
3	雨篷梁模板	m²	$3.5 \times (0.3 + 0.3 - 0.08) + 2.5 \times 0.24$	2.42	10-4-116

【例 4-91】 某建筑物为二层现浇钢筋混凝土框架结构,柱、梁、板平面布置与剖面示意图,如图 4-180 所示。模板采用组合钢模板,钢支撑。计算首层框架柱、梁、板模板的工程量,确定定额编号。

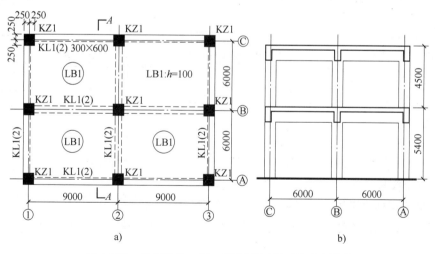

图 4-180 某框架柱、梁、板平面布置与剖面示意图
a) 框架柱、梁、板平面布置示意图 b) A—A 剖面图

分析:①现浇混凝土柱模板,按柱四周展开宽度乘以柱高,以平方米计算。柱、梁相交时,不扣除梁头所占柱模板面积;柱、板相交时,不扣除板厚所占柱模板面积。②现浇混凝土梁(包括基础梁)模板,按梁三面展开宽度乘以梁长,以平方米计算,梁与板连接时,梁侧壁模板算至板下坪。③现浇混凝土板的模板,按混凝土与模板接触面积,以平方米计

算，伸入梁、墙内的板头，不计算模板面积。④现浇混凝土梁、板、柱、墙是按支模高度（地面支撑点至模底或支模顶）3.6m 编制的，支模高度超过 3.6m 时，另行计算模板支撑超高部分的工程量。

解： 该工程底层框架柱、梁、板模板工程量计算及定额编号的确定，见表 4-240。

表 4-240　定额工程量计算表

序号	项目名称	单位	计 算 式	工程量	定额编号
1	框架柱组合钢模板	m²	$0.5 \times 4 \times 5.4 \times 9$	97.20	10-4-84
2	框架柱组合钢模板支撑超高	m²	① 超高次数 = $(5.4-3.6) \div 3$ 次 = 0.6 次 ≈ 1 次 ② 超高工程量 = $0.5 \times 4 \times (5.4-3.6) \times 9 \times 1\text{m}^2 = 32.4\text{m}^2$	32.4	10-4-102
3	框架梁模板	m²	$(0.6+0.3+0.5) \times [(9-0.25 \times 2) \times 4 + (6-0.25 \times 2) \times 4] +$ $(0.5 \times 2+0.3) \times [(9-0.25 \times 2) \times 2 + (6-0.25 \times 2) \times 2]$	114.80	10-4-110
4	框架梁模板支撑超高	m²	① 超高次数 = $(5.4-3.6) \div 3$ 次 = 0.6 次 ≈ 1 次 ② 超高工程量 = $114.80 \times 1\text{m}^2 = 114.80\text{m}^2$	114.80	10-4-130
5	现浇板模板	m²	$(9-0.05-0.15) \times (6-0.05-0.15) \times 4 + (0.2 \times 0.2 + 0.2 \times 0.1 \times 2 + 0.1 \times 0.1) \times 4$	204.52	10-4-168
6	现浇板模板支撑超高	m²	① 超高次数 = $(5.4-3.6) \div 3$ 次 = 0.6 次 ≈ 1 次 ② 超高工程量 = $204.52 \times 1\text{m}^2 = 204.52\text{m}^2$（超高构件的全部模板面积）	204.52	10-4-176

2）预制混凝土构件模板。

【例 4-92】 如图 4-181 所示，预制钢筋混凝土矩形柱 50 根。计算组合钢模板和混凝土地模的工程量，确定定额编号。

分析： 现场预制混凝土构件模板工程量，除注明者外均按混凝土实体体积以立方米计算；预制桩按桩体积（不扣除桩尖虚体积部分）计算。

解： 该工程预制柱模板的工程量计算及定额编号的确定，见表 4-241。

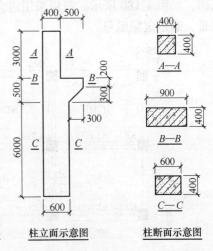

图 4-181　某预制柱立面与断面示意图

2. 清单计量与编制

（1）工程量清单计算规范

1）混凝土模板及支架（撑）。混凝土模板及支架（撑）工程量清单项目设置、项目特征描述的内容、计量单位、工程量计算规则及工作内容，应按表 4-242 的规定执行。

表 4-241　定额工程量计算表

序号	项目名称	单位	计 算 式	工程量	定额编号
1	预制柱组合钢模板	m³	$[0.4 \times 0.4 \times 3 + 0.6 \times 0.4 \times 6.5 + (0.2+0.5) \times 0.3 \div 2 \times 0.4] \times 50$	104.10	10-4-217
2	混凝土地模	m²	$[0.4 \times 3 + 0.6 \times 6.5 + (0.2+0.5) \times 0.3 \div 2] \times 50$	260.25	10-4-243

表 4-242　混凝土模板及支架（撑）（编码：011702）

项目编码	项目名称	项目特征	计量单位	工程量计算规则	工作内容
011702001	基础	基础类型			
011702002	矩形柱				
011702003	构造柱				
011702004	异形柱	柱截面形状			
011702005	基础梁	梁截面形状			
011702006	矩形梁	支撑高度			
011702007	异形梁	1. 梁截面形状 2. 支撑高度		按模板与现浇混凝土构件的接触面积计算 1. 现浇钢筋混凝土墙、板单孔面积 ≤ 0.3m² 的孔洞不予扣除，洞侧壁模板亦不增加；单孔面积 > 0.3m² 时应予扣除，洞侧壁模板面积并入墙、板工程量内计算 2. 现浇框架分别按梁、板、柱有关规定计算；附墙柱、暗梁、暗柱，并入墙内工程量内计算 3. 柱、梁、墙、板相互连接的重叠部分，均不计算模板面积 4. 构造柱，按图示外露部分计算模板面积	1. 模板制作 2. 模板安装、拆除、整理堆放及场内外运输 3. 清理模板黏结物及模内杂物、刷隔离剂等
011702008	圈梁				
011702009	过梁				
011702010	弧形、拱形梁	1. 梁截面形状 2. 支撑高度			
011702011	直形墙				
011702012	弧形墙				
011702013	短肢剪力墙、电梯井壁		m²		
011702014	有梁板				
011702015	无梁板				
011702016	平板				
011702017	拱板	支撑高度			
011702018	薄壳板				
011702019	空心板				
011702020	其他板				
011702021	栏板				
011702022	天沟、檐沟	构件类型		按模板与现浇混凝土构件的接触面积计算	
011702023	雨篷、悬挑板、阳台板	1. 构件类型 2. 板厚度		按图示外挑部分尺寸的水平投影面积计算，挑出墙外的悬臂梁及板边不另计算	
011702024	楼梯	类型		按楼梯（包括休息平台、平台梁、斜梁和楼层板的连接梁）的水平投影面积计算，不扣除宽度 ≤500mm 的楼梯井所占面积，楼梯踏步、踏步板、平台梁等侧面模板不另计算，伸入墙内部分亦不增加	

（续）

项目编码	项目名称	项目特征	计量单位	工程量计算规则	工作内容
011702025	其他现浇构件	构件类型		按模板与现浇混凝土构件的接触面积计算	1. 模板制作 2. 模板安装、拆除、整理堆放及场内外运输 3. 清理模板黏结物及模内杂物、刷隔离剂等
011702026	电缆沟、地沟	1. 沟类型 2. 沟截面		按模板与电缆沟、地沟接触的面积计算	
011702027	台阶	台阶踏步宽	m²	按图示台阶水平投影面积计算，台阶端头两侧不另计算模板面积。架空式混凝土台阶，按现浇楼梯计算	
011702028	扶手	扶手断面尺寸		按模板与扶手的接触面积计算	
011702029	散水			按模板与散水的接触面积计算	
011702030	后浇带	后浇带部位		按模板与后浇带的接触面积计算	
011702031	化粪池	1. 化粪池部位 2. 化粪池规格		按模板与混凝土接触面积计算	
011702032	检查井	1. 检查井部位 2. 检查井规格			

注：1. 原槽浇灌的混凝土基础，不计算模板。
2. 混凝土模板及支撑（架）项目，只适用于以平方米计量，按模板与混凝土构件的接触面积计算，以立方米计量的模板及支撑（支架），按混凝土及钢筋混凝土实体项目执行，其综合单价中应包含模板及支撑（支架）。
3. 采用清水模板时，应在特征中注明。
4. 若现浇混凝土梁、板支撑高度超过 3.6m 时，项目特征应描述支撑高度。

2）超高施工增加。超高施工增加工程量清单项目设置、项目特征描述的内容、计量单位及工程量计算规则，应按表 4-243 的规定执行。

表 4-243 超高施工增加（011704）

项目编码	项目名称	项目特征	计量单位	工程量计算规则	工作内容
011704001	超高施工增加	1. 建筑物建筑类型及结构形式 2. 建筑物檐口高度、层数 3. 单层建筑物檐口高度超过 20m，多层建筑物超过 6 层部分的建筑面积	m²	按建筑物超高部分的建筑面积计算	1. 建筑物超高引起的人工工效降低以及由于人工工效降低引起的机械降效 2. 高层施工用水加压水泵的安装、拆除及工作台班 3. 通信联络设备的使用及摊销

注：1. 单层建筑物檐口高度超过 20m，多层建筑物超过 6 层时，可按超高部分的建筑面积计算超高施工增加。计算层数时，地下室不计入层数。
2. 同一建筑物有不同檐高时，可按不同高度的建筑面积分别计算建筑面积，以不同檐高分别编码列项。

（2）工程量清单编制典型案例

1）案例描述。

① 图 4-182 为某工程框架结构建筑物，某层现浇混凝土及钢筋混凝土柱梁板结构图，高层 3.0m，其中板厚为 120mm，梁、板顶标高为 +6.000m，柱的区域部分为 +3.000~

+6.000m。

② 某工程在招标文件中要求，模板单列，不计入混凝土实体项目综合单价，不采用清水模板。

2）问题。根据以上背景资料及现行国家标准《建设工程工程量清单计价规范》（GB 50500—2013）、《房屋建筑与装饰工程工程量计算规范》（GB 50854—2013），试列出该层现浇混凝土及钢筋混凝土柱、梁、板、模板工程的分部分项工程量清单。

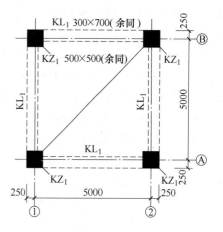

图 4-182 某现浇钢筋混凝土柱梁板平面示意图

分析：现浇混凝土框架，分别按梁、板、柱模板与现浇混凝土构件的接触面积计算。①现浇钢筋混凝土墙、板单孔面积 $\leq 0.3 m^2$ 的孔洞不予扣除，洞侧壁模板亦不增加；单孔面积 $> 0.3 m^2$ 时应予扣除，洞侧壁模板面积并入墙、板工程量内计算；②附墙柱、暗梁、暗柱，并入墙内工程量内计算；③柱、梁、墙、板相互连接的重叠部分，均不计算模板面积。

解：该层现浇钢筋混凝土柱、梁、板模板工程的分部分项工程计量与清单编制，见表4-244、表4-245。

表 4-244　清单工程量计算表

序号	项目编号	项目名称	计量单位	计　算　式	工程量
1	011702002001	矩形柱	m²	$4 \times (3 \times 0.5 \times 4 - 0.3 \times 0.7 \times 2 - 0.2 \times 0.12 \times 2)$	22.13
2	011702006001	矩形梁	m²	$[(5 - 0.25 \times 2) \times (0.7 \times 2 + 0.3 - 0.12)] \times 4$	28.44
3	011702014001	板	m²	$(5.5 - 2 \times 0.3) \times (5.5 - 2 \times 0.3) - 0.2 \times 0.2 \times 4$	23.85

注：根据规范规定，现浇框架结构分别按柱、梁、板计算。

表 4-245　分部分项工程清单表

序号	项目编号	项目名称	项目特征描述	计量单位	工程量
1	011702002001	矩形柱		m²	22.13
2	011702006001	矩形梁	1. 模板类型 2. 支撑高度	m²	28.44
3	011702014001	板		m²	23.85

注：根据规范规定，若现浇混凝土梁、板支撑高度超过3.6m时，项目特征要描述支撑高度，否则不描述。

课题 5　大型机械安装、拆卸及场外运输计量与计价

1. 定额计量与计价

（1）定额综合解释

1）本单元定额依据《山东省建设工程施工机械台班单价表》编制。编制时，对机械种类不同，但其人工、材料、机械消耗量完全相同的子目，进行了合并。

2）塔式起重机基础及拆卸，指塔式起重机混凝土基础的搅拌、浇筑、养护及拆除，以及塔式起重机轨道式基础的铺设。

3）大型机械安装、拆卸，指大型施工机械在施工现场进行安装、拆卸所需的人工、材料、机械、试运转，以及安装所需的辅助设施的折旧、搭设及拆除。

4）大型机械场外运输，指大型施工机械整体或分体，自停放地运至施工现场，或由一施工现场运至另一施工现场 25km 以内的装卸、运输（包括回程）、辅助材料以及架线等工作内容。

5）本单元定额的项目名称，未列明大型机械规格、能力等特点的，均涵盖各种规格、能力、构造和工作方式的同种机械。例如：5t、10t、15t、20t 四种不同能力的履带式起重机，其场外运输均执行 10 - 5 - 19 履带式起重机子目。

6）定额未列子目的大型机械，不计算安装、拆卸及场外运输。

7）大型机械安装、拆卸及场外运输，编制标底时，按下列规定执行：

① 塔式起重机混凝土基础，建筑物首层（不含地下室）建筑面积 600m² 以内，计 1 座；超过 600m²，每增 400m² 以内，增加 1 座。每座基础，按 10m³ 混凝土计算。

② 大型机械安装、拆卸及场外运输，按标底汇料表中的大型机械，每个单位工程至少计 1 台次；工程规模较大时，按大型机械工作能力、工程量、招标文件规定的工期等具体因素确定。

8）大型机械场外运输超过 25km 时，一般工业与民用建筑工程，不另计取。

（2）计算实例

【例 4-93】 某六层住宅楼，每层建筑面积为 800m²，使用塔式起重机（8t）1 台。计算该工程塔式起重机混凝土基础的工程量，确定定额编号。

分析：① 塔式起重机混凝土基础，建筑物首层（不含地下室）建筑面积 600m² 以内，计 1 座；超过 600m²，每增 400m² 以内，增加 1 座。每座基础，按 10m³ 混凝土计算。

② 大型机械安装、拆卸及场外运输，按标底汇料表中的大型机械，每个单位工程至少计 1 台次；工程规模较大时，按大型机械工作能力、工程量、招标文件规定的工期等具体因素确定。

解：该工程塔式起重机混凝土基础、安拆及场外运输的工程量计算及定额编号的确定，见表 4-246。

表 4-246　定额工程量计算表

序号	项目名称	单位	计　算　式	工程量	定额编号
1	塔式起重机混凝土基础	m³	$1 + (800 - 600) \div 400$ 座 $= 1.5$ 座 ≈ 2 座 工程量 $= 1 \times 10m^3 = 20m^3$	20	10 - 5 - 1
2	塔式起重机（8t）安装与拆除	台次	2	2	10 - 5 - 21
3	塔式起重机（8t）场外运输	台次	2	2	10 - 5 - 21 - 1

2. 清单计量与编制

（1）工程量清单计算规范　大型机械设备进出场及安拆工程量清单项目设置、项目特征描述的内容、计量单位及工程量计算规则，应按表 4-247 的规定执行。

（2）工程量清单编制典型案例（略）

表 4-247　大型机械设备进出场及安拆（编码：011705）

项目编码	项目名称	项目特征	计量单位	工程量计算规则	工作内容
011705001	大型机械设备进出场及安拆	1. 机械设备名称 2. 机械设备规格型号	台次	按使用机械设备的数量计算	1. 安拆费包括施工机械、设备在现场进行安装拆卸所需人工、材料、机械和试运转费用以及机械辅助设施的折旧、搭设、拆除等费用 2. 进出场费包括施工机械、设备整体或分体自停放地点运至施工现场或由一施工地点运至另一施工地点所发生的运输、装卸、辅助材料等费用

知识回顾

1. 本单元主要分项工程定额与清单两种计量方法的比较，见表 4-248。

表 4-248　金属结构主要分项工程工程量计算规则对比

项目名称	定额工程量计算规则	清单工程量计算规则
脚手架工程	①外脚手架：工程量按外墙外边线长度乘以高度以平方米计算 ②里脚手架：按墙面垂直投影面积计算 ③装饰脚手架：内墙装饰脚手架，按装饰的结构面垂直投影面积（不扣除门窗洞口面积）计算；满堂脚手架，按室内净面积计算。外墙装饰脚手架，按设计外墙装饰面积计算	①综合脚手架：按建筑面积计算 ②外脚手架、里脚手架：按所服务对象垂直投影面积计算 ③满堂脚手架：按搭设的水平投影面积计算 ④悬空脚手架：按搭设的水平投影面积计算 ⑤挑脚手架：按搭设长度乘以搭设层数以延长米计算
垂直运输机械及超高增加	①建筑物垂直运输机械：凡定额计量单位为平方米的，均按"建筑面积计算规则"规定计算 ②建筑物超高人工、机械增加：超高工程人工、机械降效，按 ±0.000 以上的全部人工、机械（除脚手架、垂直运输机械外）数量乘以相应子目中的降效系数计算	①垂直运输：按建筑面积计算；按施工工期日历天数计算 ②超高施工增加：按建筑物超高部分的建筑面积计算
构件运输及安装	①预制混凝土构件运输及安装：均按图示尺寸，以实体积计算；钢构件：按构件设计图示尺寸以吨计算；木门窗、铝合金门窗、塑钢门窗：按框外围面积计算。成型钢筋：按吨计算 ②构件运输项目的定额运距为 10km 以内，超出时按每增加 1km 子目累加计算	清单与定额不同，"构件运输及安装"清单已综合在相应构件的实体项目内
混凝土模板及支撑工程	①总则：按混凝土与模板接触面的面积，以平方米计算 ②现浇混凝土柱模板，按柱四周展开宽度乘以柱高，以平方米计算。柱、梁相交时，不扣除梁头所占柱模板面积；柱、板相交时，不扣除板厚所占柱模板面积 ③现浇混凝土梁（包括基础梁）模板，按梁三面展开宽度乘以梁长，以平方米计算。单梁，支座处的模板不扣除，端头处的模板不增加；梁与梁相交时，不扣除次梁梁头所占主梁模板面积；梁与板连接时，梁侧壁模板算至板下坪 ④现浇混凝土板的模板，按混凝土与模板接触面积，以平方米计算。伸入梁、墙内的板头，不计算模板面积 ⑤构造柱模板，按混凝土外露宽度，乘以柱高以平方米计算 ⑥现浇混凝土梁、板、柱、墙是按支模高度 3.6m 编制的，支模高度超过 3.6m 时，另行计算模板支撑超高部分的工程量	①总则：按模板与现浇混凝土构件的接触面积计算 ②基础、板、墙：现浇钢筋混凝土墙、板单孔面积 ≤0.3m² 的孔洞不予扣除，洞侧壁模板亦不增加；单孔面积 >0.3m² 时应予扣除，洞侧壁模板面积并入墙、板工程量内计算 ③现浇框架分别按梁、板、柱有关规定计算；附墙柱、暗梁、暗柱，并入墙内工程量内计算 ④柱、梁、墙、板相互连接的重叠部分，均不计算模板面积 ⑤构造柱，按图示外露部分计算模板面积 ⑥模板支撑超高部分的计算与定额相同

（续）

项目名称	定额工程量计算规则	清单工程量计算规则
大型机械安装、拆卸及场外运输	①塔式起重机混凝土基础，建筑物首层建筑面积600m²以内，计1座；超过600m²，每增400m²以内，增加1座。每座基础，按10m³混凝土计算 ②大型机械安装、拆卸及场外运输，按标底汇料表中的大型机械，每个单位工程至少计1台次；工程规模较大时，按大型机械工作能力、工程量、招标文件规定的工期等具体因素确定 ③大型机械场外运输超过25km时，一般工业与民用建筑工程，不另计取	清单与定额不同。清单规则是按使用机械设备的数量计算

2. 定额计价以直接工程费的计算为计算基础；清单计价以综合单价的计算为计算基础。

检查测试

一、填空题

1. 脚手架工程，定额包括 _____、_____、_____、_____、_____等内容。

2. 各种现浇混凝土独立柱、框架柱、砖柱、石柱等，均_____计算脚手架；混凝土构造柱，_____计算脚手架；现浇混凝土圈梁、过梁、楼梯、雨篷、阳台、挑檐中的梁和挑梁，均_____计算脚手架。

3. 混凝土独立基础高度超过_____m，按柱脚手架规则计算工程量（外围周长按最大底面周长），执行_____脚手架子目。

4. 满堂脚手架：定额工程量，按_____计算，不扣除柱、垛所占面积。清单工程量，按_____计算。

5. 定额规则：内装饰脚手架，内墙高度在_____m以内时按相应脚手架子目30%计取。但计取满堂脚手架后，_____内装饰脚手架。

6. 计算内、外墙脚手架时，均不扣除_____、_____等所占的面积。同一建筑物高度不同时，应按_____分别计算。

7. 同一建筑物，檐口高度不同时，应_____垂直运输机械。凡定额计量单位为平方米的，均按"_____"规定计算。垂直运输机械，清单有两种计算方法：①按_____计算；②按_____计算。

8. 构件运输项目的定额运距为_____km以内，超出时按每增加_____km子目累加计算。

9. 现浇混凝土模板工程量，按混凝土与模板_____计算。现浇混凝土柱模板，定额规则按_____乘以柱高，以平方米计算。柱、梁相交时，_____梁头所占柱模板面积；柱、板相交时，_____板厚所占柱模板面积。现浇混凝土梁（包括基础梁）模板，按梁_____乘以梁长，以平方米计算。单梁，支座处的模板_____，端头处的模板_____。

10. 清单规则：现浇框架模板及支架，分别按_____有关规定计算；附墙柱、暗梁、暗柱，_____墙内工程量内计算。柱、梁、墙、板相互连接的重叠部分，均_____模板面积。

二、单项选择题

1. 关于脚手架工程计量，以下说法错误的是（　　　）。

A. 外脚手架的高度，在工程量计算及执行定额时，均自设计室外地坪算至檐口顶

B. 建筑物内墙脚手架，凡设计室内地坪至顶板下表面高度超过 3.6m 小于 6m 时，按双排里脚手架计算

C. 凸出屋面的电梯间、水箱间等，执行定额时不计入建筑物的总高度

D. 不能在内墙上留脚手架洞的各种轻质砌块墙等，套用单排里脚手架项目

2. 计算内、外墙脚手架时，门窗洞口、空圈洞口等所占的面积（　　　）。

A. 扣除　　　　B. 不扣除　　　　C. 单孔面积≥0.3m² 都扣　　　　D. 以上说法都不对

3. 外墙脚手架，定额计量规则为（　　　）。

A. 外墙外边线长度乘以外墙高度，以平方米计算

B. 外墙外边线长度乘以外脚手架高度，以平方米计算

C. 外脚手架外边线长度乘以外脚手架高度以平方米计算

D. 外脚手架外边线长度乘以外墙高度，以平方米计算

4. 有一 490mm×490mm、高 3.6m 的独立砖柱，镶贴人造石板材（厚 25mm）结合层为 1∶2.5水泥砂浆厚 15mm，则独立砖柱，定额脚手架的工程量应为（　　　）m²。

A. 8.20　　　　B. 21.17　　　　C. 20.02　　　　D. 20.59

5. 关于定额中的"超高工程"，以下说法正确的是（　　　）。

A. 建筑物设计室内地坪至檐口高度超过 20m 时，即为"超高工程"

B. "超高工程"适用于建筑物檐口高度 20m 及以上的工程

C. "超高工程"适用于建筑物檐口高度 20m 以上的工程

D. 建筑物超高人工、机械降效，按 20m 以上的全部人工、机械（除脚手架、垂直运输机械外）数量乘以相应子目中的降效系数计算

6. 现浇混凝土柱模板，当柱、梁相交时，定额计量规则不扣除梁头所占柱模板面积；清单规则（　　　）梁头所占柱模板面积。

A. 不扣除　　　　　　　　　　　B. 扣除

C. 梁断面面积≤0.3m² 不扣除　　　　D. 以上说法都不对

7. 某一现浇混凝土简支梁，两端支承在墙厚 240mm 的砖墙上，梁长 6740mm，其断面如图 4-183所示。该梁模板支撑超高的工程量为（　　　）m²。

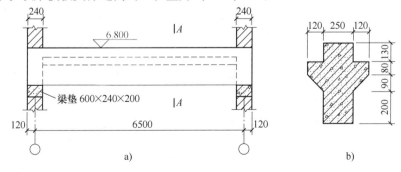

图 4-183　某现浇十字梁剖面与断面示意图

a）梁纵剖面图　b）A—A 断面图

A. 10.85   B. 11.16   C. 21.70   D. 22.66

8. 根据《房屋建筑与装饰工程工程量计算规范》（GB 50854—2013）规定，综合脚手架的项目特征必须要描述（   ）。

A. 建筑面积   B. 檐口高度   C. 场内外材料搬运   D. 脚手架的材质

三、多项选择题

1. 施工技术措施项目，是指为完成工程项目施工任务，发生于该工程施工前和施工过程中技术、生活、安全等方面的非工程实体项目。以下内容，属于措施项目的是（   ）。

A. 反铲挖土机   B. 混凝土模板   C. 满堂脚手架

D. 轻型井点降水   E. 安全网

2. 根据《房屋建筑与装饰工程工程量计算规范》（GB 50854—2013）规定，按搭设的水平投影面积计算的脚手架有（   ）。

A. 综合脚手架   B. 外脚手架   C. 悬空脚手架

D. 里脚手架   E. 满堂脚手架

3. 根据《房屋建筑与装饰工程工程量计算规范》（GB 50854—2013），下列脚手架中以 m^2 为计算单位的有（   ）。

A. 整体提升架   B. 外装饰吊篮   C. 挑脚手架

D. 悬空脚手架   E. 满堂脚手架

4. 根据《房屋建筑与装饰工程工程量计算规范》（GB 50854—2013）规定，以下关于措施项目工程量计算，说法正确的有（   ）。

A. 垂直运输费用，按施工工期日历天数计算

B. 大型机械设备进出场及安拆，按使用机械设备的数量计算

C. 施工降水成井，按设计图示尺寸以钻孔深度计算

D. 超高施工增加，按建筑物总建筑面积计算

E. 雨篷混凝土模板及支架，按外挑部分水平投影面积计算

5. 根据《房屋建筑与装饰工程工程量计算规范》（GB 50854—2013）的规定，按水平投影面积计算模板工程量的有（   ）。

A. 现浇钢筋混凝土楼梯   B. 现浇钢筋混凝土框架   C. 现浇钢筋混凝土板

D. 混凝土台阶（不包括梯带）E. 现浇混凝土雨篷、阳台

第 5 篇

房屋建筑与装饰工程
施工图预算编制实例

导语

第 4 篇，主要介绍了建筑与装饰工程中各分部分项工程的定额计量与计价、清单计量与编制。这些计量规则、计价方法及计算实例，只是针对某一分部分项工程进行的计量及计价（或编制），还没有对一幢房屋建筑、装饰工程中所有的分项工程进行计量与计价，并按照建筑、装饰工程费用的计算程序计算得出建筑、装饰工程总价，即没有形成一份完整的建筑与装饰工程预算书。因此，本篇以"一套简单的房屋建筑与装饰工程施工图"为例，按照定额计价模式"熟读图纸→工程列项→工程计量→工程计价→费用计算"的工作步骤，依次计量与计价各分项工程，最后计费汇总得到工程总价（本实例清单模式只示例清单计量与编制），真正达到通过学习《建筑与装饰工程计量与计价》，能独立编制建筑与装饰工程施工图预算的目的。

目标要求

1. 掌握建筑工程消耗量定额工程量计算规则，会准确使用定额及价目表，编制建筑工程施工图预（结）算书。

2. 掌握《房屋建筑与装饰工程工程量计算规范》（GB 50854—2013）及《建设工程工程量清单计价规范》（GB 50500—2013）的相关规定，会编制房屋建筑与装饰工程分部分项工程和措施项目的工程量清单。

主要内容

根据某单层砖混结构房屋设计示意图，完成以下内容：

1. 利用定额计算方法，编制该房屋建筑工程施工图预算书。

2. 利用清单计算方法，编制该房屋建筑工程的分部分项工程和措施项目的工程量清单。

典型案例

1. 案例描述

（1）设计说明

1）建筑设计说明：

① 某工程施工图（平面图、立面图、剖面图）、基础平面布置图，如图 5-1 ~ 图 5-7 所示。

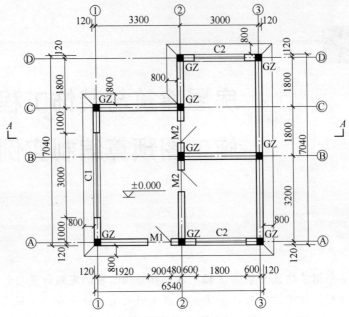

图 5-1　某工程平面图

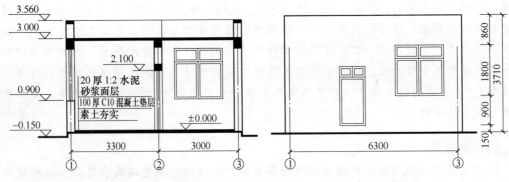

图 5-2　某工程 A—A 剖面图　　　　　图 5-3　工程①~③立面图

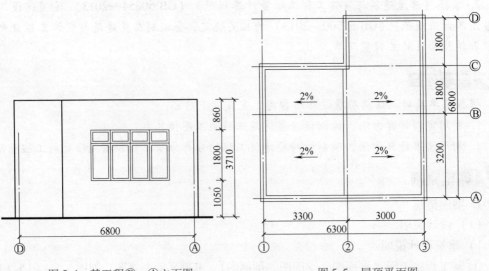

图 5-4　某工程①~④立面图　　　　　图 5-5　屋顶平面图

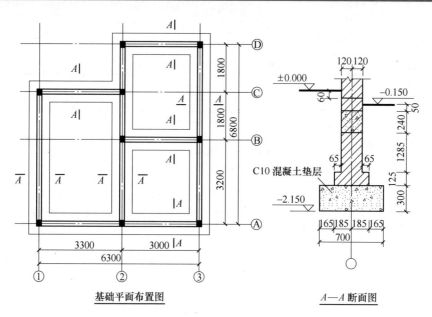

基础平面布置图　　　　　　　　　A—A 断面图

图 5-6　基础平面布置图

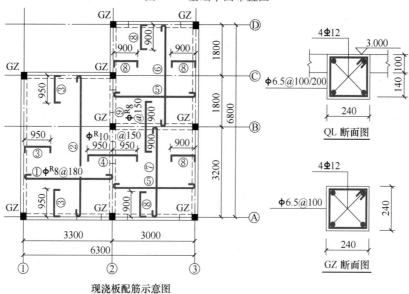

现浇板配筋示意图

图 5-7　现浇板配筋图

② 该工程为砖混结构，室外地坪标高为 -0.150 m，屋面混凝土板厚为 100mm。

③ 门窗表，见表 5-1，均不设门窗套。

表 5-1　门窗表

名　称	代　号	洞口尺寸/(mm × mm)	备　注
成品钢制防盗门	M1	900 × 2100	
成品实木门	M2	800 × 2100	带锁，普通五金
塑钢推拉窗	C1	3000 × 1800	中空玻璃 5 + 6 + 5；型材
塑钢推拉窗	C2	1800 × 1800	为钢塑 90 系列；普通五金

④ 建筑做法说明，详见表5-2。

表5-2 工程做法一览表

序号	工程部位	工程做法
1	地面	面层20mm厚1:2水泥砂浆地面压光；垫层为100mm厚C10素混凝土垫层（中砂，砾石5~40mm）；垫层下为素土夯实
2	踢脚线（120mm高）	面层：6mm厚1:2水泥砂浆抹面压光 底层：20mm厚1:3水泥砂浆
3	内墙面	混合砂浆普通抹灰，基层上刷素水泥浆一遍，底层15mm厚1:1:6水泥石灰砂浆，面层5mm1:0.5:3水泥石灰砂浆罩面压光，满刮普通成品腻子膏两遍，刷内墙立邦乳胶漆三遍（底漆一遍，面漆两遍）
4	天棚	钢筋混凝土板底面清理干净，刷水泥801胶浆一遍，7mm厚1:1:4水泥石灰砂浆，面层5mm厚1:0.5:3水泥石灰砂浆，满刮普通成品腻子膏两遍，刷内墙立邦乳胶漆三遍（底漆一遍，面漆两遍）
5	外墙面保温（-0.150m标高至女儿墙压顶）	砌体墙表面做外保温（浆料），外墙面胶粉聚苯颗粒30mm厚
6	外墙面贴块料（-0.150m标高至女儿墙压顶）	8mm厚1:2水泥砂浆粘贴100mm×100mm×5mm的白色外墙砖，灰缝宽度为6mm，用白水泥勾缝，无酸洗打蜡要求
7	屋面	①在钢筋混凝土板面上做1:6水泥炉渣找坡层，最薄处60mm（坡度2%）；②做1:2厚度20mm的水泥砂浆找平层（上翻300mm）；③做3mm厚APP改性沥青卷材防水层（上卷300mm）；④做1:3厚度20mm的水泥砂浆找平层（上翻300mm）；⑤做刚性防水层40mm厚C20细石混凝土（中砂）内配φ6.5钢筋单层双向中距200mm，建筑油膏嵌缝沿着女儿墙与刚性层相交处以及沿B轴线和②轴线贯通
8	女儿墙	女儿墙高度为560mm；顶部设置240mm×60mm混凝土强度等级为C20（中砂砾石5~10mm）的混凝土压顶；构造柱布置同平面图；女儿墙墙体用M5水泥砂浆（细砂）砌筑（标砖MU10页岩砖240mm×115mm×53mm）
9	构造柱、圈梁、过梁强度等级（中砂、砾石5~40mm）	GZ：C20，GZ埋设在地圈梁中，且伸入压顶顶面，女儿墙内不再设其他构造柱 QL：C25 GL：C20考虑为现浇240mm×120mm，每边伸入墙内250mm
10	墙体砌筑	（±0.000以上+3.000m以下）砌体用M7.5混合砂浆砌筑（细砂标砖M10页岩砖240mm×115mm×53mm），不设置墙体拉结筋
11	过梁钢筋	主筋为2φ12，分布筋为φ8@200
12	在-0.150m处，沿建筑物外墙一圈，设有宽度为800mm的散水	C20混凝土散水面层80mm（中砂，砾石5~40mm），其下C10混凝土垫层（中砂，砾石5~40mm）20mm厚；再下面是素土夯实；沿散水与外墙交界一圈及散水长度方向每6m设变形缝进行建筑油膏嵌缝
13	基础	基础埋深为室外地坪以下2m（垫层地面标高为-2.000m）；垫层为C10混凝土（中砂，砾石5~40mm）；砖基础为M15页岩标砖，用M10水泥砂浆砌筑（细砂）；在-0.060m处设置20mm厚1:2水泥砂浆（中砂）防潮层一道（防水粉5%）

2）结构设计说明：

① 材料：

a. 地圈梁、构造柱：混凝土强度等级 C20；其余梁、板：混凝土强度等级 C25。

b. 钢筋：φ—HPB300，Φ—HRB335，ϕ^R—冷轧带肋钢筋（CRB500）。

c. 基础采用 MU15 承重实心砖，M5.0 水泥砂浆砌筑。

d. ±0.000 以上采用 MU10 承重实心砖，M7.5 混合砂浆砌筑。

e. 女儿墙采用 MU10 承重实心砖，M5.0 水泥砂浆砌筑。

② 凡未注明的现浇板钢筋均为ϕ^R8@200。

③ 图中未画出的板上部钢筋的架立筋为φ6@150。

④ 本图中未标注的结构板厚均为 100mm。

⑤ 本图应配合建筑及设备专业图纸预留孔洞，不得事后打洞。

⑥ 过梁根据墙厚及洞口净宽选用相对应类型的过梁，荷载级别除注明外均为 2 级。凡过梁与构造柱相交处，均将过梁改为现浇。

⑦ 顶层沿 240 墙均设圈梁，圈梁与其他现浇梁相遇时，圈梁钢筋伸入梁内 500mm。

⑧ 构造柱应锚入地圈梁中。

（2）施工说明　土壤类别为三类土壤，土方全部通过人力车运输堆放在现场 50m 处，人工回填；无桩基础，余土外运 1km。混凝土考虑为现场搅拌，散水未考虑土方挖填，混凝土垫层非原槽浇捣，模板采用木模板；其他现浇混凝土构件均采用组合钢模版、木支撑。挖土方放坡不支挡土板，垂直运输机械考虑卷扬机，不考虑夜间施工、二次搬运、冬雨期施工、排水、降水，要考虑已完工程及设备保护。

（3）计算说明

1）挖土方、工作面和放坡增加的工程量并入土方工程量中。

2）内墙门窗侧面、顶面和窗底面均抹灰、刷乳胶漆，其乳胶漆计算宽度均按 100mm 计算，并入内墙面刷乳胶漆项目内。外墙保温，其门窗侧面、顶面和窗底面不做。外墙贴块料，其门窗侧面、顶面和窗底面要计算，计算宽度均按 150mm 计算，归入零星项目。门洞侧壁不计算踢脚线。

3）计算工程数量以"m""m²""m³"为单位，步骤计算结果保留三位小数，最终计算结果保留两位小数。

2. 案例要求

任务 1：根据以上背景资料及《山东省建筑工程消耗量定额》《山东省建筑工程量计算规则》《山东省建筑工程价目表》（2015）或《山东省建筑工程消耗量定额××市价目表》（2015）、《山东省建筑工程价目表》材料机械单价（2015）、《山东省建设工程项目费用组成及计算规则》，编制一份该房屋定额计价的建筑工程预算书。

任务 2：根据以上背景资料及现行国家标准《建设工程工程量清单计价规范》（GB 50500—2013）、《房屋建筑与装饰工程工程量计算规范》（GB 50854—2013）及其他相关文件的规定等，编制一份该房屋建筑与装饰工程分部分项工程和措施项目清单。

注："其他项目清单、规费、税金项目计价表、主要材料、工程设备一览表"不举例，其应用在《建设工程工程量清单计价规范》"表格应用"中体现。

单元19 建筑工程定额计量与计价

1）工程量计算，见表5-3、表5-4。

表5-3 定额工程量计算表

序号	项目名称	单位	计 算 式	工程量	定额编号
1	基数计算		① $L_{中} = (3.3 + 3 + 3.2 + 1.8 \times 2) \times 2m = 26.20m$ ② $L_{外} = (3.3 + 3 + 0.12 \times 2 + 3.2 + 1.8 \times 2 + 0.12 \times 2) \times$ 　　$2m = 27.16m$ 或 $L_{外} = L_{中} + 4 \times 墙厚 = (26.2 + 4 \times 0.24)m = 27.16m$ ③ $L_{内} = (3 - 0.12 \times 2 + 3.2 + 1.8 - 0.12 \times 2)m = 7.52m$ ④ $L_{净} = (3 - 0.35 \times 2 + 3.2 + 1.8 - 0.35 \times 2)m = 6.6m$ ⑤ $S_{底} = (6.54 + 0.03 \times 2) \times (7.04 + 0.03 \times 2)m^2 - 3.3 \times$ 　　$1.8m^2 = 40.92m^2$ ⑥ $S_{房} = (3.3 - 0.12 \times 2) \times (3.2 + 1.8 - 0.12 \times 2)m^2 +$ 　　$(3 - 0.12 \times 2) \times (3.2 + 1.8 \times 2 - 0.24 \times 2)m^2$ 　　$= 32.01m^2$		
2	人工平整场地	m²	$(6.54 + 2 \times 2) \times (7.04 + 2 \times 2) - 3.3 \times 1.8$	110.42	1 – 4 – 1
3	竣工清理	m³	$V = (6.54 \times 7.04 - 3.3 \times 1.8) \times 3 = 120.30$	120.30	1 – 4 – 3
4	人工挖沟槽（三类土）	m³	① 挖土深度 $= (2.15 - 0.15)m = 2m > 1.7m$（三类土放坡起点深度），考虑放坡，$k = 0.3$ ② 计算基数：$L_{中} = 26.20m$，$L_{净} = 6.6m$ $S_{槽} = (0.7 + 0.3 \times 2 + 0.3 \times 2) \times 2m^2 = 3.8m^2$ ③ 沟槽土方：$V = S_{槽} \times (L_{中} + L_{净})$ $3.8 \times (26.20 + 6.6)m^3 = 124.64m^3$	124.64	1 – 2 – 12
5	基础回填土	m³	基础回填（V）= 挖方体积 – 设计室外地坪以下埋没的 垫层、基础体积 = $[124.64 - 6.89 - 13.44 - 1.94 - 0.14 +$ $(26.2 + 7.52) \times 0.24 \times 0.15]m^3 = 103.44m^3$	103.44	1 – 4 – 12
6	室内回填土	m³	室内回填（V）= 房心面积 × 回填土设计厚度 = $32.02 \times$ $(0.15 - 0.02 - 0.08)m^3 = 1.60m^3$	1.60	1 – 4 – 10
7	弃土外运	m³	运土体积 = 挖土总体积 – 回填土（天然密实）总体积 = $[124.64 - (103.44 + 1.6) \times 1.15]m^3 = 3.84m^3$	3.84	1 – 2 – 47
8	砖基垫层C10混凝土	m³	$V = S_{垫} \times (L_{中} + L_{净})$，$L_{中} = 26.20m$，$L_{内} = 7.52m$ $V = 0.7 \times 0.3 \times (26.20 + 6.6)m^3 = 6.89m^3$	6.89	2 – 1 – 13（换）
9	基础圈梁C20混凝土	m³	$V = S_{圈} \times (L_{中} + L_{净})$，$L_{中} = 26.20m$，$L_{内} = 7.52m$ $V = 0.24 \times 0.24 \times (26.2 + 7.52)m^3 = 1.94m^3$	1.94	4 – 2 – 26
10	圈梁现场搅拌混凝土	m³	$V = 1.94 \times 1.015m^3 = 1.97m^3$	1.97	4 – 4 – 16
11	砖基础M5.0水泥砂浆砌筑	m³	计算基数：$L_{中} = 26.20m$，$L_{内} = 7.52m$ $V = (0.065 \times 2 \times 0.125 + 0.24 \times 1.85) \times (26.2 + 7.52)m^3 -$ $1.94m^3 - 0.14m^3$（构造柱）$= 13.44m^3$	13.44	3 – 1 – 1（换）

（续）

序号	项目名称	单位	计　算　式	工程量	定额编号
12	构造柱 C20 混凝土	m³	① ±0.000 以下 $V_1 = 0.24 \times 0.24 \times 0.2 \times 9 \text{m}^3 + 0.24 \times 0.03 \times 22 \times 0.2 \text{m}^3 = 0.14 \text{m}^3$ ② ±0.000 以上至板顶 $V_2 = 0.24 \times 0.24 \times 3 \times 9 \text{m}^3 + 0.24 \times 0.03 \times 22 \times 3 \text{m}^3 = 2.04 \text{m}^3$ ③ 女儿墙 $V_3 = 0.24 \times 0.24 \times 0.56 \times 8 \text{m}^3 + 0.24 \times 0.03 \times 16 \times (0.56 - 0.06) \text{m}^3 = (0.258 + 0.058) \text{m}^3 = 0.32 \text{m}^3$ $V = V_1 + V_2 + V_3 = (0.14 + 2.04 + 0.32) \text{m}^3 = 2.50 \text{m}^3$	2.50	4-2-20（换）
13	构造柱现场搅拌混凝土	m³	$V = 2.50 \times 1 \text{m}^3 = 2.50 \text{m}^3$	2.50	4-4-16
14	C25 混凝土圈梁	m³	$V = 0.24 \times (0.24 - 0.1) \times (26.2 + 7.52) \text{m}^3 - 0.24 \times 0.24 \times 0.14 \times 9 \text{m}^3 - 0.24 \times 0.03 \times 22 \times 0.14 \text{m}^3 = 1.04 \text{m}^3$	1.04	4-2-26
15	圈梁现场搅拌混凝土	m³	$V = 1.04 \times 1.015 \text{m}^3 = 1.06 \text{m}^3$	1.06	4-4-16
16	过梁 C20 混凝土	m³	$V = 0.24 \times 0.12 \times [(0.9 + 0.25 \times 2) \times 1 + (0.8 + 0.25 \times 2) \times 2] \text{m}^3 = 0.12 \text{m}^3$	0.12	4-2-27
17	主体砖墙 M7.5 混合砂浆砌筑	m³	$V = [L \times H - \sum (\text{M、C 等洞口面积})]b + V_{墙梁} - V_{构件}$ $L_{中} = 26.20 \text{m}, \ L_{内} = 7.52 \text{m}$ $V_{外} = [26.2 \times 3 - (0.9 \times 2.1 \times 1 + 3 \times 1.8 \times 1 + 1.8 \times 1.8 \times 2)] \times 0.24 \text{m}^3 - [0.24 \times 0.24 \times 3 \times 8 + 0.24 \times 0.03 \times 16 \times (3 - 0.24)] \text{m}^3 （构造柱） - 0.24 \times (0.24 - 0.1) \times (26.2 - 0.24 \times 8) \text{m}^3 （圈梁） - 0.24 \times 0.12 \times (0.9 + 0.25 \times 2) \times 1 \text{m}^3 （过梁） = (15.559 - 1.700 - 0.815 - 0.040) \text{m}^3 = 13 \text{m}^3$ $V_{内} = [7.52 \times (3 - 0.1) - 0.8 \times 2.1 \times 2] \times 0.24 \text{m}^3 - [0.24 \times 0.24 \times 3 + 0.24 \times 0.03 \times 4 \times (3 - 0.24)] \text{m}^3 （构造柱） - 0.24 \times (0.24 - 0.1) \times (7.52 - 0.24) \text{m}^3 （圈梁） - 0.24 \times 0.12 \times (0.8 + 0.25 \times 2) \times 2 \text{m}^3 （过梁） = (4.428 - 0.252 - 0.24 - 0.075) \text{m}^3 = 3.86 \text{m}^3$ $V = V_{外} + V_{内} + V_{女儿墙} = (13 + 3.86 + 2.86) \text{m}^3 = 16.86 \text{m}^3$	16.86	3-1-14（换）
18	女儿墙 M5.0 水泥砂浆砌筑	m³	$V_{女儿墙} = [26.2 \times 0.24 - (0.24 \times 0.24 \times 8 + 0.24 \times 0.03 \times 16)] \times (0.56 - 0.06) \text{m}^3 （构造柱） = 2.86 \text{m}^3$	2.86	3-1-14（换）
19	现浇平板 C20 混凝土	m³	$V = (6.54 \times 7.04 - 3.3 \times 1.8) \times 0.10 \text{m}^3 = 4.01 \text{m}^3$	4.01	4-2-38
20	平板现场搅拌混凝土	m³	$V = 4.01 \times 1.015 \text{m}^3 = 4.07 \text{m}^3$	4.07	4-4-16
21	现浇混凝土压顶	m³	$V = 0.24 \times 0.06 \times (26.2 - 0.24 \times 8) \text{m}^3 = 0.35 \text{m}^3$	0.35	4-2-58
22	压顶现场搅拌混凝土	m³	$V = 0.35 \times 1.015 \text{m}^3 = 0.36 \text{m}^3$	0.36	4-4-17

（续）

序号	项目名称	单位	计 算 式	工程量	定额编号
23	现浇混凝土散水面层 C20 混凝土	m²	$S = (27.16 \times 0.8 + 4 \times 0.8 \times 0.8)\text{m}^2 = 24.29\text{m}^2$	24.29	9－26×2
24	现浇混凝土散水垫层 C10 混凝土	m³	$V = 24.49 \times 0.02\text{m}^3 = 0.49\text{m}^3$	0.49	2－1－13（换）
25	素土夯实	m²	$S = (27.16 \times 0.8 + 4 \times 0.8 \times 0.8)\text{m}^2 = 24.49\text{m}^2$	24.49	1－4－5
26	散水变形缝建筑油膏嵌缝	m	$l = 27.16\text{m}$（外墙外边线）$+ [0.8 \times (27.16 + 8 \times 0.4)$（散水中心线）$\div 6 + 1]\text{m} = 32.76\text{m}$	32.76	6－5－4
27	成品实木门	m²	$S = 0.8 \times 2.1 \times 2\text{m}^2 = 3.36\text{m}^2$	3.36	
28	成品钢制防盗门	m²	$S = 0.9 \times 2.1 \times 1\text{m}^2 = 1.89\text{m}^2$	1.89	5－4－14
29	塑钢推拉窗	m²	$S = (3 \times 1.8 \times 1 + 1.8 \times 1.8 \times 2)\text{m}^2 = 11.88\text{m}^2$	11.88	5－6－6
30	屋面 APP 卷材防水	m²	$S = (6.3 - 0.24) \times (5 - 0.24)\text{m}^2 + (3 - 0.24) \times 1.8\text{m}^2 + (6.3 - 0.24 + 6.8 - 0.24) \times 2 \times 0.3\text{m}^2 = 41.39\text{m}^2$	41.39	6－2－34
31	屋面刚性防水层 C20 混凝土	m²	$S = (6.3 - 0.24) \times (5 - 0.24)\text{m}^2 + (3 - 0.24) \times 1.8\text{m}^2 = 33.81\text{m}^2$	33.81	6－2－1
32	屋面保温层 1:6 水泥炉渣找坡	m³	① 保温层平均厚度 $= (6.3 - 0.24) \div 2 \times 2\% \div 2\text{m} + 0.06\text{m} = 0.09\text{m}$ ② $S = (6.3 - 0.24) \times (5 - 0.24)\text{m}^2 + (3 - 0.24) \times 1.8\text{m}^2 = 33.81\text{m}^2$ ③ $V = 33.81 \times 0.09\text{m}^3 = 3.04\text{m}^3$	3.04	6－3－20
33	在保温层上水泥砂浆找平层	m²	$S = $ 卷材防水工程量 $= 41.39\text{m}^2$	41.39	9－1－2
34	在防水层上水泥砂浆找平层	m²	$S = $ 卷材防水工程量 $= 41.39\text{m}^2$	41.39	9－1－2
35	外墙外保温（胶粉聚苯颗粒 30mm 厚）	m³	$S = (6.54 + 7.04) \times 2 \times (3.56 + 0.15)\text{m}^3 - 0.9 \times 2.1 \times 1\text{m}^3 - 3 \times 1.8 \times 1\text{m}^3 - 1.8 \times 1.8 \times 2\text{m}^3 = 86.99\text{m}^3$	86.99	6－3－71
36	钢筋计算	t	$\phi 6$：质量:0.050t	0.050	4－1－2
			$\phi 6.5$：质量 $= 0.253$t	0.253	4－1－52
			$\phi 8$：质量 $= 0.190$t	0.190	4－1－3
			$\phi 10$：质量 $= 0.044$t	0.044	4－1－4
			$\Phi 12$：质量 $= 0.383$t	0.383	4－1－13
37	1:2 水泥砂浆楼地面	m²	$S = (3.3 - 0.12 \times 2) \times (5 - 0.12 \times 2)\text{m}^2 + (3 - 0.12 \times 2) \times (3.2 + 1.8 \times 2 - 0.24 \times 2)\text{m}^2 = 32.01\text{m}^2$	32.01	9－1－9
38	C10 混凝土地面垫层 100mm 厚	m³	$V = 32.01 \times 0.1\text{m}^3 = 3.20\text{m}^3$	3.20	2－1－13（换）

（续）

序号	项目名称	单位	计　算　式	工程量	定额编号
39	1:2 水泥砂浆踢脚线	m	$l = (3.3 - 0.12 \times 2 + 5 - 0.12 \times 2) \times 2m + (3 - 0.12 \times 2) \times 4m + (3.2 + 1.8 \times 2 - 0.24 \times 2) \times 2m - 0.9 \times 1 - 0.8 \times 4m = 35.22m$ 说明：门洞侧壁不做踢脚线	35.22	9 – 1 – 13
40	内墙面抹灰水泥石灰砂浆	m²	$S = [(3.3 - 0.24 + 5 - 0.24) \times 2 + (3 - 0.24) \times 4 + (6.8 - 0.24 \times 2) \times 2] \times (3 - 0.1)m² - (0.9 \times 2.1 \times 1 + 0.8 \times 2.1 \times 4 + 3 \times 1.8 \times 1 + 1.8 \times 1.8 \times 2)m² = (114.03 - 20.49)m² = 93.54m²$	93.54	9 – 2 – 31（换）
41	女儿墙内侧抹水泥砂浆	m²	$S = (6.3 - 0.12 \times 2 + 6.8 - 0.12 \times 2) \times 2 \times (0.56 + 0.24)m² = 20.19m²$	20.19	9 – 2 – 20
42	天棚抹灰	m²	$S = $ 水泥砂浆楼地面工程量 $= 32.01m²$	32.01	9 – 3 – 5
43	天棚满刮腻子二遍	m²	$S = $ 水泥砂浆楼地面工程量 $= 32.01m²$	32.01	9 – 4 – 262
44	块料墙面 1:2 水泥砂浆粘贴白色外墙砖	m²	$S = (6.54 + 0.03 \times 2 + 7.04 + 0.03 \times 2) \times 2 \times 3.71m² - (0.9 \times 2.1 \times 1 + 3 \times 1.8 \times 1 + 1.8 \times 1.8 \times 2)m² + [0.9 \times 2.1 \times 2 + (3 + 1.8) \times 2 + 1.8 \times 4 \times 2] \times 0.15m² = 92.25m²$ 说明：①外墙门、窗洞口侧壁不做保温层；②墙面贴块料面层，定额按实贴面积计算	92.25	9 – 2 – 204
45	内墙面满刮腻子二遍	m²	$S = 93.54m² + (0.9 \times 2.1 \times 2 + 0.8 \times 4 + 2.1 \times 2 \times 2 + 1.8 \times 4 \times 2 + 3 \times 2 + 1.8 \times 2) \times 0.1m² = 98.54m²$	98.54	9 – 4 – 260
46	内墙面刷乳胶漆三遍	m²	同内墙面满刮腻子工程量 $= 98.54m²$	98.54	9 – 4 – 152 9 – 4 – 158
47	天棚抹灰面刷乳胶漆三遍	m²	$S = $ 天棚抹灰面工程量 $= 32.01m²$	32.01	9 – 4 – 151 9 – 4 – 157
48	外脚手架	m²	$S = (6.54 + 7.04) \times 2 \times (3.56 + 0.15)m² = 100.76m²$	100.76	10 – 1 – 1
49	里脚手架	m²	$S = [(3.3 - 0.24 + 5 - 0.24) \times 2 + (3 - 0.24) \times 4 + (6.8 - 0.24 \times 2) \times 2] \times (3 - 0.1)m² = 114.03m²$	114.03	10 – 1 – 17
50	构造柱模板组合钢模板木支撑	m²	$S = [(0.24 \times 2 + 0.06 \times 4) \times 5 + (0.24 + 0.06 \times 6) \times 4] \times (3.56 + 0.15 + 0.29)m² = 24.00m²$	24.00	10 – 4 – 98
51	圈梁模板组合钢模板木支撑	m²	$S = [26.2(外墙中心线) - 0.18 \times 2 \times 6 - 0.36 \times 2 + 7.52 (内墙净长线) - 0.06 \times 2 - 0.36 - 0.06 \times 2] \times (0.14 + 0.24) \times 2m² = 22.98m²$	22.98	10 – 4 – 125
52	现浇平板组合钢模板木支撑	m²	$S = $ 室内净面积 $= 32.01m²$	32.01	10 – 4 – 169
53	女儿墙压顶组合钢模板木支撑	m²	$S = [26.2(外墙中心线) - 0.18 \times 2 \times 6 - 0.36 \times 2] \times 0.06m² = 1.46m²$	1.46	10 – 4 – 213
54	垫层模板	m²	$S = (26.2 + 6.6) \times 0.3 \times 2m² = 19.68m²$	19.68	10 – 4 – 49
55	垂直运输	m²	$S = $ 建筑面积 $= 40.92m²$	40.92	10 – 2 – 5

表 5-4　钢筋工程量计算表

构件名称	钢筋编号	钢筋符号及直径（间距）	钢筋简图	单根长度/m 计算式	根数/根	质量/kg
现浇板	①	$\phi^R 8@180$	3300	3.3 + 6.25 × 0.008 × 2 = 3.4	5 ÷ 0.18 + 1 = 28.8 ≈ 29	3.4 × 29 × 0.395 = 38.9
	②	$\phi^R 8@200$	5000	5 + 6.25 × 0.008 × 2 = 5.1	3.3 ÷ 0.2 + 1 = 17.5 ≈ 18	5.1 × 18 × 0.395 = 36.3
	③	$\phi^R 6@150$	60 | 950 | 60	0.95 + (0.1 - 0.02 × 2) × 2 = 1.07	(3.3 ÷ 0.15 + 1) × 2 + 5 ÷ 0.15 + 1 = 81	1.07 × 81 × 0.26 = 22.3
	④	$\phi^R 10@150$	60 | 950×2 | 60	1.9 + (0.1 - 0.02 × 2) × 2 = 2.02	5 ÷ 0.15 + 1 = 34.3 ≈ 35	2.02 × 35 × 0.617 = 43.6
	⑤	$\phi^R 8@200$	3000	3 + 6.25 × 0.008 × 2 = 3.1	3.2 ÷ 0.2 + 1 + 3.6 ÷ 0.2 + 1 = 36	3.1 × 36 × 0.395 = 44.1
	⑥	$\phi^R 8@200$	3600	3.6 + 6.25 × 0.008 × 2 = 3.7	3 ÷ 0.2 + 1 = 16	3.7 × 16 × 0.395 = 23.4
	⑦	$\phi^R 8@200$	3200	3.2 + 6.25 × 0.008 × 2 = 3.3	3 ÷ 0.2 + 1 = 16	3.3 × 16 × 0.395 = 20.9
	⑧	$\phi^R 6@150$	60 | 900 | 60	0.9 + (0.1 - 0.02 × 2) × 2 = 1.02	1.8 ÷ 0.15 + 1 + (3 ÷ 0.15 + 1) × 2 + 3.6 ÷ 0.15 + 1 + 3.2 ÷ 0.15 + 1 = 102.3 = 103	1.02 × 103 × 0.26 = 27.3
	⑨	$\phi^R 8@150$	60 | 900×2 | 60	1.8 + (0.1 - 0.02 × 2) × 2 = 1.92	5 ÷ 0.15 + 1 = 34.3 ≈ 35	1.92 × 35 × 0.395 = 26.5
钢筋小计	$\phi 6$		③ + ⑧ = (22.3 + 27.3)kg = 49.6kg			49.6
	$\phi^R 8$		① + ② + ⑤ + ⑥ + ⑦ + ⑨ = (38.9 + 36.3 + 44.1 + 23.4 + 20.9 + 26.5)kg = 190.1kg			190.1
	$\phi^R 10$		④ = 43.6kg			43.6
构造柱	主筋	4$\phi 12$		3.56 - 0.025 + 0.15 + 0.24 + 0.05 + 12 × 0.012 = 4.12	4	4.12 × 4 × 9 × 0.888 = 131.7
	箍筋	$\phi 6.5@100/200$	200 | 200	(0.24 - 0.025 × 2) × 4 + 11.9 × 0.0065 = 0.84	(0.35 + 0.5 + 1) ÷ 0.1 + (3.56 - 1.5) ÷ 0.2 + 1 = 31	0.84 × 31 × 9 × 0.26 = 60.9

（续）

构件名称	钢筋编号	钢筋符号及直径(间距)	钢筋简图	单根长度/m 计算式	根数/根	质量/kg
圈梁	主筋	4 Φ12		① 轴:5.24 − 0.05 = 5.19 ② 轴:7.04 − 0.05 = 6.99 ③ 轴:同②轴,6.99 D 轴:3.24 − 0.05 = 3.19 C 轴:3.3 − 0.05 = 3.25 B 轴:同 D 轴,3.19 A 轴:6.54 − 0.05 = 6.49	4	（5.19 + 6.99 + 6.99 + 3.19 + 3.25 + 3.19 + 6.49）× 4 × 0.888 = 125.4
	箍筋	Φ6.5@200	200 160	（0.24 − 0.05 + 0.2 − 0.05）× 2 + 11.9 × 0.0065 = 0.76	①轴:（5.24 − 0.05）÷ 0.2 + 1 = 26.95 ≈ 27 ②轴:（7.04 − 0.05）÷ 0.2 + 1 = 35.95 ≈ 36 ③轴:同②轴 D 轴:（3.24 − 0.05）÷ 0.2 + 1 = 16.95 ≈ 17 C 轴:（3.3 − 0.05）÷ 0.2 + 1 = 17.25 ≈ 18 B 轴:同 D 轴 A 轴:（6.54 − 0.05）÷ 0.2 + 1 = 33.45 ≈ 34	0.76 ×（27 + 36 × 2 + 17 × 2 + 18 + 34）× 0.26 = 36.6
地圈梁	主筋	4 Φ12		与圈梁相同	与圈梁相同	与圈梁相同
	箍筋	Φ6.5@200	200 200	（0.24 − 0.025 × 2）× 4 + 11.9 × 0.0065 = 0.84	与圈梁相同	0.84 ×（27 + 36 × 2 + 17 × 2 + 18 + 34）× 0.26 = 155.4
本工程现浇构件钢筋统计	Φ6		质量 = 49.6 ÷ 1000t = 0.050t			
	ΦR8		质量 = 190.1 ÷ 1000t = 0.190t			
	ΦR10		质量 = 43.6 ÷ 1000t = 0.044t			
	Φ12		质量 =（131.7 + 125.4 × 2）÷ 1000t = 0.383t			
	Φ6.5		质量 =（60.9 + 36.6 + 155.4）÷ 1000t = 0.253t			

2）建筑工程预算表，见表 5-5。

注意!

本工程单价（即市单价），采用《山东省建筑工程消耗量定额淄博市价目表》（2015）编制，以下表格由"英特"计价软件（2015版）生成。

表5-5 建筑工程预算表

序号	定额号	项目名称	单位	数量	单价/元	合价/元	计费单价/元	计费基础/元
1	1-4-1	人工场地平整	10m²	11.042	47.88	528.69	47.88	528.69
2	1-4-3	竣工清理	10m³	12.03	12.16	146.28	12.16	146.28
3	1-2-12	人工挖沟槽坚土深2m内	10m³	12.464	483.09	6021.23	483.09	6021.23
4	1-4-12	槽、坑人工夯填土	10m³	10.344	152.51	1577.56	152.68	1579.32
5	1-4-10	人工夯填土（地坪）	10m³	0.16	122.11	19.54	122.28	19.56
6	1-2-47	人力车运土方50m内	10m³	0.384	120.08	46.11	120.08	46.11
7	2-1-13-1	C154 现浇无筋混凝土垫层（条形基础）	10m³	0.689	2988.01	2058.74	2679.41	1846.11
8	4-4-15	基础现场搅拌混凝土	10m³	0.697	263.61	183.74	272.9	190.21
9	4-2-26.1	C253 现浇混凝土圈梁	10m³	0.194	4237.11	822	3928.06	762.04
10	4-4-16	柱、墙、梁、板现场搅拌混凝土	10m³	0.197	302.06	59.51	311.59	61.38
11	3-1-1.09	M10 砂浆砖基础	10m³	1.344	3689.23	4958.33	2937.16	3947.54
12	4-2-20.27	C203 现浇混凝土构造柱	10m³	0.25	4078.35	1019.59	3762.03	940.51
13	4-4-16	柱、墙、梁、板现场搅拌混凝土	10m³	0.25	302.06	75.52	311.59	77.9
14	4-2-26.1	C253 现浇混凝土圈梁	10m³	0.104	4237.11	440.66	3928.06	408.52
15	4-4-16	柱、墙、梁、板现场搅拌混凝土	10m³	0.106	302.06	32.02	311.59	33.03
16	4-2-27.27	C203 现浇混凝土过梁	10m³	0.012	4287.22	51.45	4004.38	48.05
17	4-4-16	柱、墙、梁、板现场搅拌混凝土	10m³	0.012	302.06	3.62	311.59	3.74
18	3-1-14.04	M7.5 混浆混水砖墙240	10m³	1.686	3973.24	6698.88	3187.31	5373.8
19	3-1-14.07	M5.0 砂浆混水砖墙240	10m³	0.286	3923.02	1121.98	3156.06	902.63
20	4-2-38.20	C202 现浇混凝土平板	10m³	0.401	3366.58	1350	3080.64	1235.34
21	4-4-16	柱、墙、梁、板现场搅拌混凝土	10m³	0.407	302.06	122.94	311.59	126.82
22	4-2-58	C202 现浇混凝土压顶	10m³	0.035	4453.36	155.87	4218.86	147.66
23	4-4-17	其他构件现场搅拌混凝土	10m³	0.036	361.02	13.01	371.23	13.36
24	9-1-26	C20 细石混凝土地面40mm	10m²	4.858	208.05	1010.71	82.84	402.44

（续）

序号	定额号	项目名称	单位	数量	单价/元	合价/元	计费单价/元	计费基础/元
25	2-1-13	C154 现浇无筋混凝土垫层	10m³	0.049	2948.68	144.49	2640.08	129.36
26	4-4-15	基础现场搅拌混凝土	10m³	0.05	263.61	13.18	272.9	13.65
27	1-4-5	人工原土夯实	10m²	2.449	12.16	29.78	12.16	29.78
28	6-5-4	建筑油膏变形缝	10m	3.275	73.23	239.83	74.45	243.82
29	9-5-143	成品门扇安装	10 扇	0.2	3917.11	783.42	152	30.4
30	5-4-14	钢防盗门安装（扇面积）	10m²	0.189	2378.47	449.53	3017.57	570.32
31	5-6-6	塑钢推拉窗（带纱扇）安装	10m²	1.188	2369.43	2814.88	2429.33	2886.04
32	6-2-34	平面一层高强 APP 改性沥青卷材	10m²	4.139	360.16	1490.7	381.37	1578.49
33	6-2-1	C20 细石混凝土防水层 40mm	10m²	3.381	289.61	979.17	287.28	971.29
34	6-3-20	混凝土板上铺水泥石灰炉渣 1:1:12	10m³	0.304	1951.4	593.23	1711.65	520.34
35	9-1-2	1:3 砂浆填充料上找平层 20mm	10m²	4.139	128.97	533.81	60.8	251.65
36	9-1-2	1:3 砂浆填充料上找平层 20mm	10m²	4.139	128.97	533.81	60.8	251.65
37	6-3-71	立面胶粉聚苯颗粒保温 30mm	10m²	8.699	311.59	2710.52	316.54	2753.58
38	4-1-52	现浇构件箍筋 φ6.5mm	t	0.253	5101.31	1290.63	6830.27	1728.06
39	4-1-2	现浇构件圆钢筋 φ6.5mm	t	0.05	4652.59	232.63	6381.51	319.08
40	4-1-3	现浇构件圆钢筋 φ8mm	t	0.19	4015.9	763.02	5741.86	1090.95
41	4-1-4	现浇构件圆钢筋 φ10mm	t	0.044	3699.77	162.79	5424.3	238.67
42	4-1-13	现浇构件螺纹钢筋 φ12mm	t	0.383	3804.75	1457.22	5456	2089.65
43	9-1-9	1:2.5 砂浆楼地面 20mm	10m²	3.201	152.09	486.84	78.28	250.57
44	2-1-13	C154 现浇无筋混凝土垫层	10m³	0.32	2948.68	943.58	2640.08	844.83
45	4-4-15	基础现场搅拌混凝土	10m³	0.323	263.61	85.15	272.9	88.15
46	9-1-13	水泥砂浆踢脚线 20mm	10m	3.522	46.58	164.05	38	133.84
47	9-2-31	砖墙面墙裙混合砂浆 14+6	10m²	9.354	162.49	1519.93	104.12	973.94
48	9-2-20	砖墙面墙裙水泥砂浆 14+6	10m²	2.019	174.46	352.23	110.2	222.49
49	9-3-5	混凝土面顶棚混合砂浆找平	10m²	3.201	115.68	370.29	88.16	282.2
50	9-4-262	顶棚抹灰面满刮成品腻子二遍	10m²	3.201	67.03	214.56	40.74	130.41

（续）

序号	定额号	项目名称	单位	数量	单价/元	合价/元	计费单价/元	计费基础/元
51	9-2-204	砂浆粘贴面砖95mm×95mm灰缝5mm内	10m²	9.225	986.52	9100.65	398.24	3673.76
52	9-4-260	内墙抹灰面满刮成品腻子二遍	10m²	9.854	62.17	612.62	36.56	360.26
53	9-4-152	室内墙柱光面刷乳胶漆二遍	10m²	9.854	86.59	853.26	24.32	239.65
54	9-4-158	室内墙柱光面刷乳胶漆增一遍	10m²	9.854	44.96	443.04	13.68	134.8
55	9-4-151	室内顶棚刷乳胶漆二遍	10m²	3.201	94.35	302.01	28.88	92.44
56	9-4-157	室内顶棚刷乳胶漆增一遍	10m²	3.201	48.87	156.43	15.96	51.09
57	10-1-1	单排外木脚手架15m内	10m²	10.076	180.52	1818.92	195.3	1967.84
58	10-1-17	单排里木脚手架3.6m内	10m²	11.403	57.78	658.87	58.44	666.39
59	10-4-98	构造柱组合钢模板钢支撑	10m²	2.4	518.74	1244.98	525.37	1260.89
60	10-4-125	圈梁组合钢模板木支撑	10m²	2.30	422.05	970.72	425.55	978.77
61	10-4-169	平板组合钢模板木支撑	10m²	3.201	526.1	1684.05	530.86	1699.28
62	10-4-213	扶手、压顶木模板木支撑	10m³	0.146	11165.18	1630.12	10893.78	1590.49
63	10-4-49	混凝土基础垫层木模板	10m²	1.968	346.25	681.42	319.93	629.62
64	10-2-5	20m内建筑混合结构垂直运输	10m²	4.092	245.66	1005.24	247.01	1010.76
		建筑项目直接工程费				41907.6		40555.89
		建筑项目定额措施费				9728.08		9838.08
		装饰项目直接工程费				17441.39		7484.63

3）材料、机械汇总表，见表5-6。

表5-6　材料、机械汇总表

序号	材料编码	材料名称及规格	单位	数量	市场单价/元	淄博15单价/元	市场合价/元	差额/元	指标
1	1	综合工日（土建）	工日	296.011	75	76	22200.83	-296.01	
2	1004	钢筋φ6.5	t	0.309	2560	2762	791.04	-62.42	
3	1005	钢筋φ8	t	0.196	2560	2762	501.76	-39.59	
4	1006	钢筋φ10	t	0.045	2560	2762	115.2	-9.09	
5	1038	螺纹钢筋φ12	t	0.391	2600	2850	1016.6	-97.75	
6	3055	模板材	m³	0.544	2620	1582.2	1425.28	564.56	

（续）

序号	材料编码	材料名称及规格	单位	数量	市场单价/元	淄博15单价/元	市场合价/元	差额/元	指标
7	3068	方撑木	m³	0.462	2259	1284.15	1043.66	450.38	
8	4006	普通硅酸盐水泥 32.5MPa	t	8.864	240	335	2127.36	-842.08	
9	4007	普通硅酸盐水泥 42.5MPa	t	0.546	280	355	152.88	-40.95	
10	4014	普通硅酸盐水泥 32.5MPa	kg	69.592	0.34	0.34	23.66		
11	5001	机制红砖 240mm × 115mm ×53mm	千块	17.456	445	440	7767.92	87.28	
12	5107	石灰	t	0.322	350	395	112.7	-14.49	
13	5167	黄砂（过筛中砂）	m³	17.578	92	93	1617.18	-17.58	
14	5194	碎石 15mm	m³	5.13	85	87	436.05	-10.26	
15	5195	碎石 5～32mm	m³	5.291	85	87	449.74	-10.58	
16	5202	碎石 20～40mm	m³	9.713	85	87	825.61	-19.43	
17	8086	软填料	kg	4.722	4.14	4.14	19.55		
18	8091	炉渣	m³	3.899	65	58.54	253.44	25.19	
19	8219	聚苯乙烯颗粒	kg	41.111	2.22	2.22	91.27		
20	8306	胶料粉	kg	460.351	2.15	2.15	989.75		
21	9012	焊条 E4303 φ3.2mm	kg	2.758	8.24	8.24	22.73		
22	12031	APP 改性沥青防水卷材	m²	51.394	20	21	1027.88	-51.39	
23	12044	建筑油膏	kg	57.869	3.36	3.36	194.44		
24	12046	密封油膏	kg	4.356	4.07	4.07	17.73		
25	13246	隔离剂	kg	12.529	2.7	2.7	33.83		
26	13256	高强 APP 基底处理剂	kg	10.463	6.71	6.71	70.21		
27	13352	高强 APP 胶粘剂 B 型	kg	37.665	5.54	5.54	208.66		
28	13355	嵌缝料	kg	2.58	3.65	3.65	9.42		
29	13382	乳液界面剂	kg	131.877	2.92	2.92	385.08		
30	14244	膨胀螺栓 M8	套	59.534	0.93	0.93	55.37		
31	14471	螺钉	百个	11.199	3.78	3.78	42.33		
32	14716	圆钉	kg	30.446	5.88	5.88	179.02		
33	14720	钢钉	kg	0.116	8.75	8.75	1.02		
34	14858	地脚	个	54.28	1.91	1.91	103.67		
35	14929	镀锌钢丝 8#	kg	120.524	6.53	6.53	787.02		
36	14945	镀锌钢丝 22#	kg	8.574	6.83	6.83	58.56		
37	25003	钢防盗门	m²	1.89	200	213.45	378	-25.42	
38	25079	塑钢推拉窗（带纱扇）	m²	11.243	180	195.12	2023.74	-169.99	

（续）

序号	材料编码	材料名称及规格	单位	数量	市场单价/元	淄博15单价/元	市场合价/元	差额/元	指标
39	26105	草袋	m²	9.986	3.5	3.5	34.95		
40	26244	草板纸80#	张	23.943	4.44	4.44	106.31		
41	26298	木柴	kg	17.36	0.56	0.56	9.72		
42	26371	水	m³	42.541	3.31	3.31	140.81		
43	27001	木脚手杆	m³	0.502	1209.76	1209.76	607.3		
44	27003	木脚手板	m³	0.114	1882.93	1882.93	214.65		
45	27030	零星卡具	kg	9.549	6.24	6.24	59.59		
46	27032	支撑钢管及扣件	kg	8.976	5.32	5.32	47.75		
47	27050	组合钢模板	kg	75.517	5.17	5.17	390.42		
48	51070	电动夯实机20~62Nm	台班	0.224	27.03	27.03	6.05		
49	53025	汽车式起重机5t	台班	0.093	501.6	501.6	46.65		
50	53050	塔式起重机6t	台班	0.998	451.49	451.49	450.59		
51	54006	载货汽车6t	台班	0.815	466.16	466.16	379.92		
52	55004	单筒快速电动卷扬机20kN	台班	3.319	167.07	167.07	554.51		
53	55010	单筒慢速电动卷扬机50kN	台班	0.252	144.72	144.72	36.47		
54	56017	灰浆搅拌机200L	台班	1.474	125.02	125.02	184.28		
55	56063	混凝土搅拌机400L	台班	1.066	160.23	160.23	170.81		
56	56066	混凝土振捣器（插入式）	台班	0.516	11.18	11.18	5.77		
57	56067	混凝土振捣器（平板式）	台班	1.112	13.33	13.33	14.82		
58	57003	钢筋切断机Φ40mm	台班	0.099	44.82	44.82	4.44		
59	57004	钢筋弯曲机Φ40mm	台班	0.15	25.01	25.01	3.75		
60	57017	木工圆锯机Φ500mm	台班	0.19	27.94	27.94	5.31		
61	59010	对焊机75kV·A	台班	0.043	132.62	132.62	5.7		
62	59031	交流电焊机30kV·A	台班	0.164	97.98	97.98	16.07		
63		小　计					51056.83	-579.62	
64	2	综合工日（装饰）	工日	98.481	75	76	7386.08	-98.48	
65	4006	普通硅酸盐水泥32.5MPa	t	3.288	240	335	789.12	-312.36	
66	4007	普通硅酸盐水泥42.5MPa	t	0.785	355	355	278.68		
67	5107	石灰	t	0.281	350	395	98.35	-12.65	
68	5167	黄砂（过筛中砂）	m³	10.304	92	93	947.97	-10.3	
69	5194	碎石15mm	m³	1.629	87	87	141.72		

（续）

序号	材料编码	材料名称及规格	单位	数量	市场单价/元	淄博15单价/元	市场合价/元	差额/元	指标
70	6077	瓷质外墙砖95mm×95mm	块	9464.85	0.45	0.49	4259.18	−378.59	
71	10024	乳胶漆	kg	55.131	22.27	22.27	1227.77		
72	12074	成品腻子	kg	35.113	8.47	8.47	297.41		
73	14498	木螺丝	百个	0.49	6.41	6.41	3.14		
74	14841	铜合页	副	6.06	11.05	11.05	66.96		
75	25069	成品门扇	扇	2	1000	341.46	2000	1317.08	
76	26002	棉纱	kg	0.923	10.4	10.4	9.6		
77	26036	白布	m²	0.072	6.6	6.6	0.48		
78	26105	草袋	m²	17.73	3.5	3.5	62.06		
79	26122	砂纸	张	95.276	0.5	0.5	47.64		
80	26200	石料切割锯片	片	0.692	95.02	95.02	65.75		
81	26371	水	m³	8.925	3.31	3.31	29.54		
82	56017	灰浆搅拌机200L	台班	1.379	125.02	125.02	172.4		
83	56067	混凝土振捣器（平板式）	台班	0.16	13.33	13.33	2.13		
84	57109	石料切割机	台班	1.07	56.18	56.18	60.11		
85		小　计					17946.09	504.7	
86		人工费合计					29586.91	−394.49	
87		材料费合计					37296.23	319.57	
88		机械费合计					2119.78		
89		合　计					69002.92	−74.92	

4）市场价差表，见表5-7。

表5-7　市场价差表

序号	材料编码	材料名称及规格	单位	数量	市场单价/元	淄博15单价/元	市场合价/元	淄博15合价/元	差额/元
1	1	综合工日（土建）	工日	296.011	75	76	22200.83	22496.84	−296.01
2	1004	钢筋 φ6.5mm	t	0.309	2560	2762	791.04	853.46	−62.42
3	1005	钢筋 φ8mm	t	0.196	2560	2762	501.76	541.35	−39.59
4	1006	钢筋 φ10mm	t	0.045	2560	2762	115.2	124.29	−9.09
5	1038	螺纹钢筋 φ12mm	t	0.391	2600	2850	1016.6	1114.35	−97.75
6	3055	模板材	m³	0.544	2620	1582.2	1425.28	860.72	564.56
7	3068	方撑木	m³	0.462	2259	1284.15	1043.66	593.28	450.38
8	4006	普通硅酸盐水泥32.5MPa	t	8.864	240	335	2127.36	2969.44	−842.08
9	4007	普通硅酸盐水泥42.5MPa	t	0.546	280	355	152.88	193.83	−40.95

（续）

序号	材料编码	材料名称及规格	单位	数量	市场单价/元	淄博15单价/元	市场合价/元	淄博15合价/元	差额/元
10	5001	机制红砖 240mm×115mm×53m	千块	17.456	445	440	7767.92	7680.64	87.28
11	5107	石灰	t	0.322	350	395	112.7	127.19	-14.49
12	5167	黄砂（过筛中砂）	m³	17.578	92	93	1617.18	1634.75	-17.58
13	5194	碎石 15mm	m³	5.13	85	87	436.05	446.31	-10.26
14	5195	碎石 5~32mm	m³	5.291	85	87	449.74	460.32	-10.58
15	5202	碎石 20~40mm	m³	9.713	85	87	825.61	845.03	-19.43
16	8091	炉渣	m³	3.899	65	58.54	253.44	228.25	25.19
17	12031	APP 改性沥青防水卷材	m²	51.394	20	21	1027.88	1079.27	-51.39
18	25003	钢防盗门	m²	1.89	200	213.45	378	403.42	-25.42
19	25079	塑钢推拉窗（带纱扇）	m²	11.243	180	195.12	2023.74	2193.73	-169.99
20		小　计							-579.62
21	2	综合工日（装饰）	工日	98.481	75	76	7386.08	7484.56	-98.48
22	4006	普通硅酸盐水泥 32.5MPa	t	3.288	240	335	789.12	1101.48	-312.36
23	5107	石灰	t	0.281	350	395	98.35	111	-12.65
24	5167	黄砂（过筛中砂）	m³	10.304	92	93	947.97	958.27	-10.3
25	6077	瓷质外墙砖 95mm×95mm	块	9464.85	0.45	0.49	4259.18	4637.78	-378.59
26	25069	成品门扇	扇	2	1000	341.46	2000	682.92	1317.08
27		小　计							504.7
28		人工费合计							-394.49
29		材料费合计							319.57
30		合　计							-74.92

5）建筑工程费用计算表，见表5-8。

表 5-8　建筑工程费用计算表

序　号	费用名称	费　率	费用说明	金额/元
1	一、直接费		（一）+（二）	52548.19
2	（一）直接工程费			41907.6
3	（一）'省价直接工程费 JF1			40555.89
4	直接工程费中人工费 R1			18061.26
5	（二）措施费		1.1+…+1.4	10640.59
6	1.1 参照定额规定计取的措施费			9728.08
7	1.1'参照定额计取的省价措施费			9838.08
8	措施定额中人工费 R21			4435.58

（续）

序　　号	费用名称	费　率	费用说明	金额/元
9	1.2 参照省发布费率计取的措施费		1)＋…+4)	912.51
10	1) 夜间施工费	0.70%	JF1	283.89
11	2) 二次搬运费	0.60%	JF1	243.34
12	3) 冬雨期施工增加费	0.80%	JF1	324.45
13	4) 已完工程及设备保护费	0.15%	JF1	60.83
14	1.3 按施工组织设计计取的措施费			
15	1.4 总承包服务费			
16	措施费率项中人工费 R22		[1)＋2)＋3)]×0.2+4)×0.1	176.42
17	(二)'省价措施费 JF2			10750.59
18	二、企业管理费	5%	JF1＋JF2	2565.32
19	三、利润	3.10%	JF1＋JF2	1590.5
20	四、有关费用调整		4.1＋4.2	−579.62
21	4.1 人材机差价			−579.62
22	其中人工差价 RC			−296.01
23	4.2 其他项目费			
24	五、规费		5.1＋…+5.5	3889.18
25	5.1 安全文明施工费		1)＋…+4)	1897.01
26	1) 环境保护费	0.11%	一+…+四	61.74
27	2) 文明施工费	0.55%	一+…+四	308.68
28	3) 临时设施费	0.72%	一+…+四	404.1
29	4) 安全施工费	2%	一+…+四	1122.49
30	5.2 工程排污费	0.15%	一+…+四	84.19
31	5.3 社会保障费	2.60%	一+…+四	1459.23
32	5.4 住房公积金	2%	R1＋R21＋R22＋RC	447.55
33	5.5 危险作业意外伤害险	1	1.2 元/m²	1.2
34	六、税金	3.48%	一+…+五	2088.47
35	七、甲方备料			
36	八、税后项目费			
37	九、建筑工程费用合计		一+…+六−七+八	62102.04

6）装饰工程费用计算表，见表5-9。

表5-9　装饰工程费用计算表

序　　号	费用名称	费　率	费用说明	金额/元
1	一、直接费		(一)＋(二)	18372.47
2	(一)直接工程费			17441.39
3	其中人工费 R1			7484.63

（续）

序　号	费用名称	费　率	费用说明	金额/元
4	（一）'省价直接工程费			16951.75
5	省价人工费 JF1			7484.63
6	（二）措施费		1.1 + … +1.4	931.08
7	1.1 参照定额规定计取的措施费			
8	其中人工费 R21			
9	其中省价人工费			
10	1.2 参照省发布费率计取的措施费			931.08
11	1）夜间施工费	4%	JF1	299.39
12	2）二次搬运费	3.60%	JF1	269.45
13	3）冬雨期施工增加费	4.50%	JF1	336.81
14	4）已完工程及设备保护费	0.15%	（一）'	25.43
15	其中人工费 R22		［1）+2）+3）］×0.2+4)×0.1	183.67
16	1.3 按施工组织设计计取的措施费			
17	1.4 总承包服务费			
18	措施省价人工费 JF2			183.67
19	二、企业管理费	49%	JF1 + JF2	3757.47
20	三、利润	16%	JF1 + JF2	1226.93
21	四、有关费用调整		4.1 +4.2	504.7
22	4.1 人材机差价			504.7
23	其中人工差价 RC			-98.48
24	4.2 其他项目费			
25	五、规费		5.1 + … +5.5	1759.66
26	5.1 安全文明施工费		1）+ … +4）	916.28
27	1）环境保护费	0.12%	一 + … + 四	28.63
28	2）文明施工费	0.10%	一 + … + 四	23.86
29	3）临时设施费	1.62%	一 + … + 四	386.56
30	4）安全施工费	2%	一 + … + 四	477.23
31	5.2 工程排污费	0.15%	一 + … + 四	35.79
32	5.3 社会保障费	2.60%	一 + … + 四	620.4
33	5.4 住房公积金	2%	R1 + R21 + R22 + RC	151.4
34	5.5 危险作业意外伤害险	0.15%	一 + … + 四	35.79
35	六、税金	3.48%	一 + … + 五	891.62
36	七、甲方供料			
37	八、税后项目			
38	九、装饰工程费用合计		一 + … + 六 - 七 + 八	26512.85

7）单位工程费汇总表，见表5-10。

表5-10　单位工程费汇总表

序　号	项 目 名 称	金额/元	造价/元
1	建筑项目	62102.04	
2	装饰项目	26512.85	
	合　计	88614.89	

单元20　建筑工程清单计量与编制

1）工程量计算。本实例清单工程量计算过程，见表5-11。

表5-11　清单工程量计算表

序号	项目编码	项目名称	计量单位	计 算 式	工程量
		建筑面积	m^2	$S = (6.54 + 0.03 \times 2) \times (7.04 + 0.03 \times 2) - 3.3 \times 1.8 = 6.6 \times 7.1 - 3.3 \times 1.8 = 40.92$	40.92
1	010101001001	平整场地	m^2	$S = $ 首层建筑面积 $= 40.92$	40.92
2	010101003001	挖基础沟槽土方	m^3	$L_{外中} = (6.3 + 6.8) \times 2 = 26.2$ $L_{内净} = [5 - (0.7 + 0.3 \times 2)] + [3 - (0.7 + 0.3 \times 2)] = 5.4$ $V = (0.7 + 0.3 \times 2 + 0.33 \times 2) \times 2 \times (26.2 + 5.4) = 123.87$	123.87
3	010103001001	回填土方	m^3	① 基础回填 $V_1 = 123.87 - 6.89 - 13.48 - 1.94 - 0.10 + 33.72 \times 0.24 \times 0.15 = 102.67$ ② 室内回填 $V_2 = (3.06 \times 4.76 + 3.36 \times 2.76 + 2.76 \times 2.96) \times (0.15 - 0.02 - 0.08) = 32.01 \times 0.05 = 1.60$ ③ $V = 102.67 + 1.60 = 104.27$	104.27
4	010103002001	余方弃置	m^3	$V = 123.87 - 104.27 = 19.6$	19.6
5	010501001001	砖基垫层	m^3	$L_{外中} = 26.2$ $L_{内净} = (5 - 0.7 + 3 - 0.7) = 6.6$ $V = 0.7 \times 0.30 \times 32.8 = 6.89$	6.89
6	010503004001	地圈梁	m^3	$L_{外中} = 26.2$ $L_{内净} = 5 - 0.24 + 3 - 0.24 = 7.52$ $V = 0.24 \times 0.24 \times 33.72 = 1.94$	1.94
7	010401001001	砖基础	m^3	$L_{外中} = 26.2$ $L_{内净} = 5 - 0.24 + 3 - 0.24 = 7.52$ $V = (0.125 \times 0.13 + 1.85 \times 0.24) \times (26.2 + 7.52) - 1.94 - 0.14 (构造柱) = 13.44$	13.44
8	010401003001	主体砖墙	m^3	$V = (26.2 + 7.52) \times 0.24 \times 3.0 - 1.04 - 0.12 - 2.04 - 17.13 \times 0.24 = 16.97$	16.97
9	010401003002	砌女儿砖墙	m^3	$V = 26.2 \times 0.56 \times 0.24 - 0.32 - 0.34 = 2.86$	2.86

（续）

序号	项目编码	项目名称	计量单位	计　算　式	工程量
10	010502002001	构造柱	m³	① ±0.000 以下 $V_1 = 0.24 \times 0.24 \times 0.2 \times 9 + 0.24 \times 0.03 \times 22 \times 0.2 = 0.14$ ② ±0.000 以上至板顶 $V_2 = 0.24 \times 0.24 \times 3 \times 9 + 0.24 \times 0.03 \times 22 \times 3 = 2.04$ ③ 女儿墙 $V_3 = 0.24 \times 0.24 \times 0.56 \times 8 + 0.24 \times 0.03 \times 16 \times (0.56 - 0.06) = 0.32$ $V = V_1 + V_2 + V_3 = 0.14 + 2.04 + 0.32 = 2.50$	2.50
11	010503004002	圈梁	m³	$V = 0.24 \times (0.24 - 0.1) \times (26.2 + 7.52) - 0.24 \times 0.24 \times 0.14 \times 9 - 0.24 \times 0.03 \times 22 \times 0.14 = 1.04$	1.04
12	010503005001	过梁	m³	$V = 0.24 \times 0.12 \times [(0.8 + 0.25 \times 2) \times 2 + (0.9 + 0.25 \times 2)] = 0.12$	0.12
13	010505003001	现浇混凝土平板	m³	$V = (6.54 \times 7.04 - 1.8 \times 3.3) \times 0.10 = 4.01$	4.01
14	010507004001	现浇混凝土压顶	m³	$V = 0.24 \times 0.06 \times (26.2 - 0.30 \times 8) = 0.34$	0.34
15	010507001001	散水	m²	$S = 27.16 \times 0.8 + 4 \times 0.8 \times 0.8 = 24.29$	24.29
16	010801001001	成品实木门	m²	$S = 0.8 \times 2.1 \times 2 = 3.36$	3.36
17	010802004001	成品钢制防盗门	m²	$S = 0.9 \times 2.1 \times 1 = 1.89$	1.89
18	010807001001	塑钢推拉窗	m²	$S = 3.0 \times 1.8 + 1.8 \times 1.8 \times 2 = 11.88$	11.88
19	010902001001	屋面 APP 卷材防水	m²	$S = 6.06 \times 4.76 + 2.76 \times 1.8 + (6.06 + 6.56) \times 2 \times 0.30 = 33.81 + 7.57 = 41.38$	41.38
20	010902003001	屋面刚性防水层	m²	$S = 6.06 \times 4.76 + 2.76 \times 1.8 = 33.81$	33.81
21	011001001001	屋面保温层	m²	$S = 6.06 \times 4.76 \times 2.76 \times 1.8 = 33.81$ 屋面保温平均厚度 $= [0.06 + (6.3 - 0.24) \div 2 \times 2\% \div 2]m = (0.06 + 0.03)m = 0.09m$	33.81
22	011101006001	屋面砂浆找平层	m²	$S =$ 卷材防水工程量 $= 41.38$	41.38
23	011001003001	外墙外保温	m²	$S = (6.54 + 7.04) \times 2 \times 3.71 - 0.9 \times 2.1 - 3 \times 1.8 - 1.8 \times 1.8 \times 2 = 86.99$	86.99
24	010515001001	现浇构件钢筋Φ10 以内	t	质量 $= 0.493$（计算结果与定额计算相同）	0.493
25	010515001002	现浇构件钢筋Φ10 以外	t	质量 $= 0.044$（计算结果与定额计算相同）	0.044
26	010515001003	现浇构件螺纹钢筋	t	质量 $= 0.383$（计算结果与定额计算相同）	0.383

（续）

序号	项目编码	项目名称	计量单位	计　算　式	工程量
27	011101001001	水泥砂浆楼地面	m²	$S = 3.06 \times 4.76 + 3.36 \times 2.76 + 2.76 \times 2.96 = 32.01$	32.01
28	010501001001	地面垫层	m³	$V = 32.01 \times 0.10 = 3.20$	3.20
29	011105001001	水泥砂浆踢脚线	m²	$S = (15.64 + 12.24 + 11.44) \times 0.12 - (0.8 \times 4 + 0.9 \times 1) \times 0.12 = 4.23$	4.23
30	011201001001	墙面抹灰	m²	$S = (15.64 + 12.24 + 11.64) \times 2.9 - (0.9 \times 2.1 \times 1 + 0.8 \times 2.1 \times 4 + 3 \times 1.8 \times 1 + 1.8 \times 1.8 \times 2)$ $= 93.54$	93.54
31	011201001002	女儿墙内侧抹灰	m²	$S = (6.06 + 6.56) \times 2 \times (0.56 + 0.24) = 20.19$	20.19
32	011301001001	天棚抹灰	m²	$S = 3.06 \times 4.76 + 3.36 \times 2.76 + 2.76 \times 2.96 = 32.01$	32.01
33	011204003001	块料墙面	m²	$S = [(6.54 + 0.043 \times 2) + (7.04 + 0.043 \times 2)]$ $\times 2 \times 3.71 - (0.874 \times 2.087 + 2.974 \times 1.774 + 1.774 \times 1.774 \times 2) = 88.65$	88.65
34	011206002001	零星块料项目	m²	$S = (2.087 \times 2 + 0.874 + 2.974 \times 2 + 1.774 \times 2 + 1.774 \times 4 \times 2) \times 0.15 = 4.31$	4.31
35	011406001001	抹灰墙面乳胶漆	m²	$S = 93.54 + (0.8 \times 4 + 2.1 \times 2 \times 2 \times 2 + 1.8 \times 4 \times 2 + 3 \times 2 + 1.8 \times 2 + 0.9 + 2.1 \times 2) \times 0.1$ $= 98.45$	98.45
36	011406001002	天棚抹灰面乳胶漆	m²	$S = $ 天棚抹灰工程量 $= 32.01$	32.01
37	011701001001	综合脚手架	m²	$S = $ 建筑面积 $= 40.92$	40.92
38	011703001001	垂直运输	m²	$S = $ 建筑面积 $= 40.92$	40.92

注：1. 根据国家建筑面积计算规范，保温厚度应计算建筑面积。

2. 挖沟槽土方，将工作面和放坡增加的工程量并入土方工程量中，工作面、放坡根据《房屋建筑与装饰工程工程量计算规范》附录 A.1-3、A.1-4 规定计算。

3. 现浇混凝土基础垫层，执行《房屋建筑与装饰工程工程量计算规范》附录 E.1 垫层项目。

4. 根据规范的规定，圈梁与板连接算至板底。

5. 门窗以平方米计量。

6. 按规范规定，屋面防水反边应并入清单工程量。

7. 根据规范规定，屋面找平层按附录 K.1 楼地面装饰工程"平面砂浆找平层"项目编码列项。

8. 外保温不考虑门窗洞口侧壁做保温。

9. 门侧壁不考虑踢脚线。

10. 地面混凝土垫层，按《房屋建筑与装饰工程工程量计算规范》附录 E.1 垫层项目编码列项。

11. 墙抹灰工程量计算根据规范规定，不扣除踢脚线，门窗侧壁亦不增加。

12. 块料墙面根据规范规定：按镶贴表面积计算。

13. 块料零星项目主要指门窗侧壁。

14. 现浇混凝土及钢筋混凝土模板及支撑（架）不单列，混凝土及钢筋混凝土实体项目综合单价中包含模板及支架。

2）工程量清单编制，本实例清单工程量编制过程，见表5-12。

表5-12　分部分项工程和单价措施项目清单

序号	项目编码	项目名称	项目特征描述	计量单位	工程量	金额/元			
						综合单价	合价	其中	
								定额人工费	暂估价
土（石）方工程									
1	010101001001	平整场地	1. 土壤类别：三类 2. 取弃土运距：由投标人根据施工现场情况自行考虑	m²	40.92				
2	010101003001	挖基础沟槽土方	1. 土壤类别：三类 2. 挖土深度：2.0m 3. 弃土运距：现场内运输堆放距离为50m，场外运输距离为1km	m³	123.87				
3	010103001001	土方回填	1. 密实度要求：符合规范要求 2. 填方运距：50m	m³	104.27				
4	010103002001	余方弃置	运距：运输1km	m³	19.60				
砌筑工程									
5	010401001001	砖基础	1. 砖品种、规格、强度等级：页岩标砖 MU10 240mm×115mm×53mm 2. 砂浆强度等级：M10 水泥砂浆 3. 防潮层种类及厚度：20mm 厚 1:2 水泥砂浆（防水粉5%）	m³	13.44				
6	010401003001	实心主体砖墙	1. 砖品种、规格、强度等级：页岩标砖 MU10　240mm×115mm×53mm 2. 砂浆强度等级、配合比：M7.5 混合砂浆	m³	16.97				
7	010401003002	实心女儿砖墙	1. 砖品种、规格、强度等级：页岩标砖 MU10 240mm×115mm×53mm 2. 砂浆强度等级、配合比：M5 水泥砂浆	m³	2.86				
混凝土及钢筋混凝土工程									
8	010501001001	砖基垫层	1. 混凝土种类：现场搅拌 2. 混凝土强度等级：C10	m³	6.89				
9	010501001002	地面垫层	1. 混凝土种类：现场搅拌 2. 混凝土强度等级：C10	m³	3.20				
10	010502002001	现浇混凝土构造柱	1. 混凝土种类：现场搅拌 2. 混凝土强度等级：C20	m³	2.50				
11	010503004001	现浇混凝土地圈梁	1. 混凝土种类：现场搅拌 2. 混凝土强度等级：C20	m³	1.94				

（续）

序号	项目编码	项目名称	项目特征描述	计量单位	工程量	综合单价	合价	其中	
								定额人工费	暂估价
混凝土及钢筋混凝土工程									
12	010503004002	现浇混凝土圈梁	1. 混凝土种类：现场搅拌 2. 混凝土强度等级：C25	m³	1.04				
13	010503005001	现浇混凝土过梁	1. 混凝土种类：现场搅拌 2. 混凝土强度等级：C20	m³	0.12				
14	010505003001	现浇混凝土平板	1. 混凝土种类：现场搅拌 2. 混凝土强度等级：C25	m³	4.01				
15	010507004001	现浇混凝土压顶	1. 混凝土种类：现场搅拌 2. 混凝土强度等级：C20	m³	0.34				
16	010507001001	散水	1. 垫层材料种类、厚度：C10 混凝土、厚 20mm 2. 面层厚度：80mm 3. 混凝土强度等级：C20 4. 填塞材料种类：建筑油膏	m²	24.29				
17	010515001001	现浇构件钢筋（φ10 以内）	钢筋种类、规格：φ6.5、φ8、φ10	t	0.493				
18	010515001002	现浇构件钢筋（φ10 以上）	钢筋种类、规格：φ12	t	0.044				
19	010515001003	现浇构件钢筋（螺纹）	钢筋种类、规格：Φ12	t	0.383				
屋面及防水工程									
20	010902001001	APP 卷材防水	1. 卷材品种、规格：APP 防水卷材、厚 3mm 2. 防水层做法：详见西南地区建筑标准设计通用图《屋面第一分册 刚性、卷材、涂膜防水及隔热屋面》（西南 03J201 - 1）	m²	41.38				
21	010902003001	刚性防水	1. 刚性层厚度：刚性防水层 40mm 厚 2. 混凝土种类：细石混凝土 3. 混凝土强度等级：C20 4. 嵌缝材料种类：建筑油膏嵌缝，沿着女儿墙与刚性层相交处以及 B 轴和②轴线贯通 5. 钢筋规格、型号：内配φ6.5 钢筋双向中距 200mm	m²	33.81				
22	011101006001	屋面找平层	找平层厚度、配合比：20mm 厚 1:2 水泥砂浆、20mm 厚 1:3 水泥砂浆	m²	41.38				

（续）

序号	项目编码	项目名称	项目特征描述	计量单位	工程量	金额/元			
						综合单价	合价	其中	
								定额人工费	暂估价
			防腐、隔热、保温工程						
23	011001001001	保温屋面	1. 部位：屋面 2. 材料品种及厚度：水泥炉渣 1:6、找坡 2%、最薄处 60mm	m^2	33.81				
24	011001003001	外墙保温	1. 部位：外墙面 2. 材料品种及厚度：30mm 厚胶粉聚苯颗粒	m^2	86.99				
			楼地面工程						
25	011001001001	水泥砂浆楼地面	面层厚度、砂浆配合比：20mm 厚 1:2 水泥砂浆	m^2	32.01				
26	011105001001	水泥砂浆踢脚线	1. 踢脚线高度：120mm 2. 底层厚度、砂浆配合比：20mm 厚 1:3水泥砂浆 3. 面层厚度、砂浆配合比：6mm 厚1:2 水泥砂浆	m^2	4.23				
			墙、柱面工程						
27	011201001001	墙面一般抹灰	1. 墙体类型：砖墙 2. 底层厚度、砂浆配合比：素水泥砂浆一遍，15mm 厚 1:1:6 水泥石灰砂浆 3. 面层厚度、砂浆配合比：5mm 厚 1:0.5:3 水泥石灰砂浆	m^2	93.54				
28	011201001001	女儿墙内面抹灰	1. 墙体类型：砖墙 2. 底层厚度、砂浆配合比：素水泥砂浆一遍，15mm 厚 1:1:6 水泥石灰砂浆 3. 面层厚度、砂浆配合比：5mm 厚 1:0.5:3 水泥石灰砂浆	m^2	20.19				
29	011204003001	块料墙面	1. 墙体类型：砖外墙 2. 黏结层厚度、材料种类：8mm 厚 1:2 水泥砂浆 3. 面层材料品种、规格、颜色：100mm×100mm 白色外墙砖、厚 5mm 4. 缝宽、嵌缝材料种类：灰缝宽 6mm，白水泥勾缝	m^2	88.65				
30	011206002001	块料零星项目	1. 墙体类型：砖外墙 2. 黏结层厚度、材料种类：8mm 厚 1:2 水泥砂浆 3. 面层材料品种、规格、颜色：100mm×100mm 白色外墙砖、厚 5mm	m^2	4.31				

（续）

序号	项目编码	项目名称	项目特征描述	计量单位	工程量	金额/元			
						综合单价	合价	其中	
								定额人工费	暂估价
			天棚工程						
31	011301001001	天棚抹灰	1. 基层类型：混凝土板底 2. 抹灰厚度、材料种类：12mm 厚水泥石灰砂浆 3. 砂浆配合比：水泥 801 胶浆一遍，7mm 厚 1:1:4 水泥石灰砂浆，5mm 厚 1:0.5:3 水泥石灰砂浆	m²	32.01				
			门窗工程						
32	010801001001	成品实木门安装	1. 门类型及代号：实木装饰门、M2 2. 五金：包括合页、锁	m²	3.36				
33	010802004001	防盗门	1. 门类型代号：钢制防盗门、M1 2. 五金：包括合页、不含锁	m²	1.89				
34	010807001001	塑钢窗	1. 窗类型及代号：塑钢推拉窗、C1、C2 2. 玻璃品种、厚度：中空玻璃 5 + 6 + 5 3. 五金材料：拉手、内撑	m²	11.88				
			油漆、涂料、裱糊工程						
35	011406001001	墙抹灰面乳胶漆	1. 基层类型：抹灰面 2. 腻子种类：普通成品腻子膏 3. 刮腻子遍数：两遍 4. 油漆品种、刷漆遍数：立邦乳胶漆、底漆一遍、面漆两遍	m²	98.45				
36	011406001002	天棚抹灰面乳胶漆	1. 基层类型：抹灰面 2. 腻子种类：普通成品腻子膏 3. 刮腻子遍数：两遍 4. 油漆品种、刷漆遍数：立邦乳胶漆、底漆一遍、面漆两遍	m²	32.01				
			措施项目						
37	011701001001	脚手架	1. 建筑结构形式：砖混结构 2. 檐口高度：3.05m	m²	40.92				
38	011703001001	垂直运输机械	1. 建筑物建筑类型及结构形式：房屋建筑、砖混结构 2. 建筑物檐口高度、层数：3.05m、一层	m²	40.92				

参 考 答 案

第1篇

一、填空题

1. 预计　　实际　　固定资产　　建筑安装工程　　建设工程
2. 计价的单件性　　计价的多次性　　计价的组合性　　计价方法的多样性　　计价依据的复杂性
3. 单项　　单位（子单位）　　分部（子分部）　　分项
4. 新建　　扩建　　改建　　迁建　　恢复　　生产性　　非生产性
5. 注册造价工程师　　全国建设工程造价员
6. 初始注册　　延续注册　　变更注册　　甲级　　乙级

二、单项选择题

1. B　　2. A　　3. C　　4. D　　5. C　　6. A　　7. D

三、多项选择题

1. BCE　　2. BE　　3. BCD

第2篇

一、填空题

1. 费用构成要素　　造价形成　　人工工日消耗量　　人工日工资单价
2. 材料原价（或供应价格）　　材料运杂费　　运输损耗费　　采购及保管费
3. 折旧费　　大修理费　　经常修理费　　安拆费及场外运输费　　人工费　　燃料动力费　　税费
4. 社会保险费　　住房公积金　　工程排污费
5. 人工费　　材料费　　施工机具使用费　　企业管理费　　利润　　风险费用
6. Ⅲ
7. 工程计量　　工程计价　　工料　　综合
8. 分部分项工程量　　措施项目　　其他项目　　规费　　税金项目

二、单项选择题

1. B　　2. C　　3. D　　4. C　　5. A

三、多项选择题

1. ABD　　2. BCDE　　3. ACE

第3篇

一、填空题

1. 物理计量单位　　自然计量单位

2. 分部分项工程项目　　措施项目　　其他项目的名称和数量　　规费　　税金项目

3. 统筹程序　　合理安排　　利用基数　　连续计算　　一次算出　　多次使用　结合实际　　灵活机动

4. 楼地面　　使用面积　　辅助面积　　结构面积　　使用面积　　辅助面积

5. 自然层　　结构层

6. 自然层外墙结构　　2.20m 及以上　　2.20m 以下

7. 2.10m 及以上　　1.20m 及以上　　2.10m 以下　　1.20m 以下

8. 结构外围水平　　结构底板水平投影

二、单项选择题

1. C　　2. A　　3. D　　4. C　　5. D

三、多项选择题

1. ABDE　　2. BD　　3. ABCD

第4篇

单元9

一、单项选择题

1. C　　2. C　　3. B　　4. D　　5. C

二、多项选择题

1. ABCE　　2. CE　　3. ACDE

三、计算题

序号	项目名称	单位	计　算　式	工程量	定额编号
1	机械平整场地	m²	$S = (3.6 \times 3 + 0.24 + 4) \times (5.1 + 3 + 0.24 + 4)\text{m}^2 - 3.6 \times 5.1\text{m}^2 = 167.23\text{m}^2$	167.23	1-4-2
2	人工挖沟槽	m³	（1）判断是否放坡 $H = (1.75 - 0.45)\text{m} = 1.3\text{m} > 1.2\text{m}$，放坡。$k = 0.5$，$h = 1.3\text{m}$（垫层厚度大于200mm时，从垫层底开始放坡） （2）工程量计算 $L_{中} = (3.6 \times 3 + 3 + 5.1) \times 2\text{m} = 37.8\text{m}$ $L_{净} = (3 - 0.46 \times 2)\text{m} = 2.08\text{m}$ $S_{断} = (0.92 + 2 \times 0.1 + 0.5 \times 1.3) \times 1.3\text{m}^2 = 2.3\text{m}^2$ $V_{挖} = S_{断} \times L = 2.3 \times (37.8 + 2.08)\text{m}^3 = 91.72\text{m}^3$	91.72	1-2-10

（续）

序号	项目名称	单位	计　算　式	工程量	定额编号
3	人工挖地坑	m³	（1）判断是否放坡 $H = (2 - 0.45)\text{m} = 1.55\text{m} > 1.2\text{m}$，放坡 $k = 0.5$，$h = 1.55\text{m}$ （2）工程量计算 $V_{挖} = (2.3 + 2 \times 0.1 + 0.5 \times 1.55) \times (2.3 + 2 \times 0.1 + 0.5$ $\times 1.55) \times 1.55\text{m}^3 + 0.5^2 \times 1.55^3 \div 3\text{m}^3$ $= 16.94\text{m}^3$	16.94	1-2-16
4	房心人工夯填土	m³	$V = [(3.6 - 0.24) \times (3 - 0.24) + (7.2 - 0.24) \times (8.1 - 0.24) - 0.4 \times 0.4] \times (0.45 - 0.13)\text{m}^3$ $= 20.42\text{m}^3$	20.42	1-4-10

单元 10

一、填空题

1. 垫层　　填料加固　　桩基础　　强夯　　防护　　降水

2. 垫层编制　　1.05　　1.10　　1.00

3. 地面垫层　　基础垫层　　设计图示尺寸

4. 设计桩长（包括桩尖）

5. 设计图示

6. m　　m³　　根

二、计算题

解：计算过程见下表。

工程量计算表

序号	项目名称	单位	计　算　式	工程量	定额编号
1	C10 混凝土垫层	m³	（1）条形基础垫层 工程量 = 垫层断面面积 × $\left(\sum L_中 + \sum L_净\right)$ $L_中 = (3.6 \times 3 + 3 + 5.1) \times 2\text{m} = 37.8\text{m}$ $L_净 = (3 - 0.46 \times 2)\text{m} = 2.08\text{m}$ $V = 0.92 \times 0.25 \times (37.8 + 2.08)\text{m}^3 = 9.17\text{m}^3$	9.17	2-1-13（换）
			（2）独立基础垫层 工程量 = 设计图示尺寸乘以平均厚度 $= 2.3 \times 2.3 \times 0.1\text{m}^3 = 0.52\text{m}^3$	0.52	2-1-13（换）
			（3）地面垫层 工程量 = $[S_房 - 独立柱面积 - \sum($构筑物、设备基础、地沟等面积$)] \times$ 垫层厚 $= [(3.6 - 0.24) \times (3 - 0.24) + (7.2 - 0.24) \times (8.1 - 0.24) - 0.4 \times 0.4] \times 0.08\text{m}^3 = 5.11\text{m}^3$	5.11	2-1-13

（1）条形基础垫层　2-1-13（换）

基价调整 = 2640.08 元/10m³ + (775.96 + 10.53) 元/10m³ × 0.05 = 2679.41 元/10m³

（2）独立基础垫层　2-1-13（换）

基价调整 $= 2640.08$ 元/$10m^3 + (775.96 + 10.53)$ 元/$10m^3 \times 0.1 = 2718.73$ 元/$10m^3$

单元 11

一、单项选择题

1. A   2. C   3. C

二、多项选择题

1. BE   2. ACD

三、计算题

解：墙体工程量计算过程，见下表。

工程量计算表

序号	项目名称	单位	计 算 过 程	工程量	定额编号
1	基数计算	m	$L_{中}$（直形部分）$=(6 \times 2 + 3.6 \times 2 + 8) m$ $= 27.2m$ $L_{内} = (6 - 0.24 + 8 - 0.24) m = 13.52m$		
2	普通黏土砖墙(240mm)	m^3	（1）直形墙外墙 洞口面积 $= 1.4 \times 1.7 \times 4m^2$（C1）$+ 1.5 \times 1.7 \times 2m^2$ 　　（C2）$+ 1 \times 2.6 \times 1m^2$（M1）$+ 1.2 \times 2.6 \times 1m^2$ 　　（M2）$= 20.34m^2$ 墙高 $=(3.4 - 0.11) m = 3.29m$ 过梁体积 $= 0.24 \times 0.18 \times (1.9 \times 4 + 2 \times 2 + 1.5 \times 1 +$ 　　$1.7 \times 1) m^3 = 0.639m^3$ 工程量 $=(27.2 \times 3.29 - 20.34) \times 0.24m^3 - 0.639m^3$ 　　$= 16.60m^3$ （2）内墙 墙高 $=(3.4 - 0.13) m = 3.27m$ 洞口面积 $= 1 \times 2.6 \times 1m^2 = 2.6m^2$ 过梁体积 $= 0.24 \times 0.18 \times 1.5m^3 = 0.065m^3$ 工程量 $=(13.52 \times 3.27 - 2.6) \times 0.24m^3 - 0.065m^3$ 　　$= 9.92m^3$ （3）弧形墙部分 工程量 $= 4 \times 3.14 \times 3.29 \times 0.24m^3 = 9.92m^3$ （4）内、外墙工程量合计 　　$=(16.60 + 9.92 + 9.92) m^3 = 36.44m^3$	36.44	3 – 1 – 14
3	弧形墙另加工料	m^3	工程量 $= 4 \times 3.14 \times 3.29 \times 0.24m^3 = 9.92m^3$	9.92	3 – 1 – 17

单元 12

一、填空题

1. 现场搅拌　　商品

2. 单件　　0.05

3. 侧面　　主断面

4. 钢筋设计长度

5. 6.25　　3

6. 设计长度 外皮长度

7. 最外层 50 25

8. 体积 牛腿 反挑檐

二、解：工程量计算过程及定额项目的确定，见下表。

工程量计算表

序号	项目名称	单位	计 算 式	工程量	定额编号
1	现浇带形无梁式基础	m³	(1) J1 $L = [24 + (4+4.8+10.8) \times 2]m = 63.2m$ $S = 0.9 \times 0.3m^2 + (0.48+0.9) \times 0.15 \div 2m^2 = 0.374m^2$ $V_1 = L \times S = 63.2 \times 0.374m^3 = 23.64m^3$ (2) J2 $L = 4 \times 4m + (6-0.45-0.55) \times 5m + [4-0.45-(0.55+0.45) \div 2] \times 2m = 47.1m$ $S = 1.1 \times 0.3m^2 + (0.48+1.1) \times 0.15 \div 2m^2$ $= 0.449m^2$ $V_2 = L \times S = 47.1 \times 0.449m^3 = 21.15m^3$ (3) T形接头 ① J2与J1接头：$V_{T1} = (0.21 \times 0.15 \div 2 \times 0.48 + 0.21 \times$ $0.15 \div 2 \times 0.31 \div 3 \times 2) \times 7m^3$ $= 0.076m^3$ ② J2与J2接头：$V_{T2} = (0.31 \times 0.15 \div 2 \times 0.48 + 0.31 \times$ $0.15 \div 2 \times 0.31 \div 3 \times 2) \times 5m^3$ $= 0.080m^3$ ③ J2与J2及J1接头：$V_{T3} = [(0.21 \times 0.15 \div 2 + 0.31 \times$ $0.15 \div 2) \times 0.24 + 0.21 \times$ $0.15 \div 2 \times 0.31 \div 3 + 0.31 \times$ $0.15 \div 2 \times 0.31 \div 3] \times 2m^3$ $= 0.027m^3$ T形接头小计： $V_T = (0.076 + 0.080 + 0.027)m^3 = 0.183m^3$ (4) 工程量合计 $V = \sum (S \times L) + V_T = (1) + (2) + (3)$ $= (23.64 + 21.15 + 0.183)m^3$ $= 44.97m^3$	44.97	4-2-4
2	场外集中搅拌混凝土	m³	44.97×1.015	45.64	4-4-2
3	混凝土运输车运混凝土	m³	44.97×1.015	45.64	4-4-3
4	泵送混凝土	m³	44.97×1.015	45.64	4-4-6
5	泵送混凝土增加材料	m³	44.97×1.015	45.64	4-4-18
6	管道输送基础混凝土	m³	44.97×1.015	45.64	4-4-19

三、解："列表法"计算梁钢筋工程量，见下表。

梁钢筋工程量计算表

钢筋编号	钢筋号及直径	钢筋简图	钢筋单根长度/m计算式	根数	总长度/m	总重/kg	定额编号
①	Φ25		$(5.74 - 0.025 \times 2)m = 5.69m$	2	11.38	43.81	4-1-19
②	Φ25		$[5.74 - 0.025 \times 2 + 0.414 \times (0.5 - 0.025 \times 2) \times 2 + 0.2 \times 2]m = 6.46m$	1	6.46	24.87	4-1-19
③	φ12		$(5.74 - 0.025 \times 2 + 6.25 \times 0.012 \times 2)m = 5.84m$	2	11.68	10.37	4-1-5
④	φ6.5		$(5.50 - 0.24 - 0.025 \times 2 + 6.25 \times 0.0065 \times 2)m = 5.291m$	4	21.16	5.503	4-1-2
⑤	φ6.5@200		单根长度 $= (0.25 - 0.05 + 0.5 - 0.05) \times 2m + 11.9 \times 0.0065 \times 2m = 1.455m$ 根数 $= (5.74 - 0.025 \times 2) \div 0.2$ 根 + 1 根 = 30 根	30	43.65	11.35	4-1-52
⑥	φ6.5@200		$(0.49 - 0.05 + 0.05 \times 2)m = 0.54m$ 根数 $= (5.50 - 0.24 - 0.025 \times 2) \div 0.2$ 根 + 1 根 = 27 根	27	14.58	3.79	4-1-2

单元 13

一、填空题

1. 木门窗　　金属门窗　　塑料门窗　　木结构

2. 1.3　　1.35

3. 1/3

4. 门窗洞口面积　　扇外围面积

5. 600　　套　　个

6. 竣工木料

7. 樘　　平方米

8. 展开面积

二、计算题

解：各分项工程量计算过程，见下表。

带纱镶木板门制作、安装、门锁及附件工程量计算表

序号	项目名称	单位	计算式	工程量	定额编号
1	平开全板钢大门制安	m²	$3 \times 3.3 \times 5$	49.5	5-4-18（制作） 5-4-19（安装）
2	平开全板钢大门配件	樘	3	45	5-9-26

单元 14

一、填空题

1. 屋面　防水　保温　排水　变形缝　止水带　耐酸防腐
2. 墙面　柱面
3. 坡度系数　平屋面　250　500
4. 中心线　净　中心线展开
5. 实铺面积
6. 斜面积　不增加
7. 面积　0.3　并入

二、计算题

1. 解：各分项工程工程量计算过程及定额项目的确定，见下表。

工程量计算表

序号	项目名称	单位	计　算　式	工程量	定额编号
1	沥青隔气层	m²	$(27-0.24)\times(12-0.24)+(12-0.24)\times(8-0.24+0.24)$	408.78	6-2-72（含第一遍冷底子油） 6-2-63（第二遍冷底子油）
2	保温层蛭石块	m³	408.78×0.08	32.70	6-3-6
3	1:10 现浇水泥珍珠岩找坡保温层	m³	保温层平均厚度 $=(12-0.24)\div2\times0.015\div2m=0.044m$ 工程量 $=408.78\times0.044m^3=17.99m^3$	17.99	6-3-15
4	PVC 橡胶卷材（防水层）	m²	$408.78+(27-0.24+12-0.24)\times2\times0.25$	428.04	6-2-44

2. 解：各分项工程工程量计算过程及定额项目的确定，见下表。

工程量计算表

序号	项目名称	单位	计　算　式	工程量	定额编号
1	耐酸瓷砖地面面层	m²	$(3.6+3.3\times2-0.24)\times(6-0.24)+(1+1.2)\times0.12-0.24\times0.24\times4$	57.40	6-6-17

单元 15

一、填空题

1. 制作　探伤　除锈　现场　企业附属加工厂制作
2. 刷一遍防锈漆
3. 1
4. 吨　焊条　铆钉　螺栓　最大对角线　最大宽度
5. 焊缝长度

二、单项选择题

1. B　　2. D　　3. B

单元 16

一、填空题

1. 建筑物　　构筑物　　构筑物
2. 20%　　可以
3. 0.3
4. 平均中心线　　$V = \sum H \times C \times \pi D$
5. 烟囱
6. 立方米　　20
7. 延长米

二、单项选择题

1. C　　2. B　　3. D

三、计算题

解：1）混凝土垫层工程量 $= 3.14 \times 2.95^2 \times 0.1 \text{m}^3 = 2.73 \text{m}^3$

C15 混凝土独立基础垫层，套定额 2 - 1 - 13（换）。

基价调整 $= [2640.08 + (775.96 + 10.53) \times 0.1]$ 元/$10\text{m}^3 = 2718.73$ 元/10m^3

2）混凝土烟囱基础工程量 $= 3.14 \times [2.85^2 \times 0.56 + (2.55^2 - 0.3^2) \times 0.5 + (2.25^2 - 0.6^2) \times 0.5 + (1.95^2 - 1.22^2) \times 1.1] \text{m}^3 = 39.73 \text{m}^3$

C20 现浇混凝土烟囱基础，套定额 8 - 1 - 4，基价 $= 2867.48$ 元/10m^3。

单元 17

一、填空题

1. 主墙间净　　实铺
2. 踏步　　最后一级踏步宽　　休息平台　　500
3. 门窗洞口　　空圈　　踢脚板　　挂镜线　　0.3m^2　　亦不
4. 各自抹灰　　系数　　平方米
5. 设计面积　　垂直投影面积

二、单项选择题

1. C　　2. C　　3. D　　4. A　　5. B

三、多项选择题

1. ABE　　2. BCDE　　3. ABCE

单元 18

一、填空题

1. 外脚手架　　里脚手架　　满堂脚手架　　悬空及挑脚手架　　安全网
2. 需单独　　不单独　　不单独
3. 1　　单排外

4. 室内净面积　　　搭设的水平投影面积

5. 3.6　　　不再计取

6. 门窗洞口　　　空圈洞口　　　不同高度

7. 分别计算　　　建筑面积计算规则　　　建筑面积　　　施工工期日历天数

8. 10　　　1

9. 接触面的面积　　　柱四周展开宽度　　　不扣除　　　不扣除　　　三面展开宽度　　　不扣除　　　不增加

10. 梁、板、柱　　　并入　　　不计算

二、单项选择题

1. D　　2. B　　3. B　　4. C　　5. C　　6. B　　7. B　　8. B

三、多项选择题

1. BCDE　　2. CE　　3. ABDE　　4. ABCE　　5. ADE

参 考 文 献

[1] 中华人民共和国住房和城乡建设部标准定额研究所. GB/T 50353—2013 建筑工程建筑面积设计规范 [S]. 北京：中国计划出版社，2014.

[2] 中华人民共和国住房和城乡建设部标准定额研究所. GB 50854—2013 房屋建筑与装饰工程工程量计算规范 [S]. 北京：中国计划出版社，2013.

[3] 中华人民共和国住房和城乡建设部标准定额研究所. GB 50500—2013 建设工程工程量清单计价规范 [S]. 北京：中国计划出版社，2013.

[4] 规范编制组. 建设工程计价计量规范辅导 [S]. 北京：中国计划出版社，2013.

[5] 山东省建设厅. 山东省建筑工程消耗量定额 [S]. 北京：中国建筑工业出版社，2003.

[6] 山东省建设厅. 山东省建筑工程量计算规则 [S]. 北京：中国建筑工业出版社，2003.

[7] 全国造价工程师执业资格考试培训教材编审委员会. 建设工程技术与计量 [M]. 北京：中国计划出版社，2013.

[8] 全国造价工程师执业资格考试培训教材编审委员会. 建设工程计价 [M]. 2014 修订版. 北京：中国计划出版社，2014.

[9] 全国造价工程师执业资格考试培训教材编审委员会. 建设工程造价管理 [M]. 北京：中国计划出版社，2013.

[10] 黄伟典. 建设工程计量与计价 [M]. 北京：中国环境科学出版社，2009.

[11] 冯占红. 建筑工程计量与计价 [M]. 上海：同济大学出版社，2012.

[12] 天津理工大学造价工程师培训中心. 全国造价工程师执业资格考试应试指南（建设工程计价）[M]. 北京：中国计划出版社，2015.

[13] 天津理工大学造价工程师培训中心. 全国造价工程师执业资格考试应试指南（建设工程造价管理）[M]. 北京：中国计划出版社，2015.